개정신판

Der Teil und das Ganze
Gespräche im Umkreis der Atomphysik

부분과 전체

원자물리학을 둘러싸고 나눈 대화

베르너 하이젠베르크 지음
김용준 옮김

지식산업사

부분과 전체

초   판 제 1쇄 발행   1982. 7. 16.
개정판 제 1쇄 발행   1995. 10. 25.
개정신판 제 1쇄 발행 2005. 4. 25.
개정신판 제32쇄 발행 2022. 1. 5.

지은이   베르너 하이젠베르크
옮긴이   김 용 준
펴낸이   김 경 희
펴낸곳   (주)지식산업사
　　　　본사 ● 10881, 경기도 파주시 광인사길 53 (문발동)
　　　　　　　전화 (031)955-4226~7 팩스 (031)955-4228
　　　　서울사무소 ● 03044, 서울특별시 종로구 자하문로6길 18-7 (통의동)
　　　　　　　전화 (02)734-1978 팩스 (02)720-7900
　　　　누 리 집 www.jisik.co.kr
　　　　전자우편 jsp@jisik.co.kr
　　　　등록번호 1-363
　　　　등록날짜 1969. 5. 8.

책값은 뒤표지에 있습니다.

ⓒ 김용준, 2005
ISBN 89-423-8905-8 03400

이 책을 읽고 저자에게 문의하고자 하는 이는
지식산업사 전자우편으로 연락 바랍니다.

머 리 말

서로 주고받은 대화를 한마디도 빠짐없이 정확하게 기억한다는 것은 도저히 불가능한 일이었으므로 나는 내 추측에 따라 그때그때의 상황에서 가장 옳다고 생각되는 대로 각 대화자들로 하여금 이야기하게 하였습니다. 그러면서 나는 구체적으로 전개되는 사상의 흐름에 다가가려고 노력하였습니다. ─투키디데스

과학은 사람이 만든 것입니다. 이와 같은 사실을 사람들이 다시 한 번 새겨 본다면 때때로 한탄하고 있는 정신과학 ─ 예술 분야와 기술 ─ 자연과학 분야라는 두 문화 사이에 가로놓여 있는 단절을 메울 수 있지 않을까 하고 생각해 봅니다. 이 책은 저자 자신이 살았던 최근 50년 동안 발전해 온 원자물리학에 관한 이야기들입니다. 자연과학이란 실험에 바탕을 두고 있으며, 바로 그 실험에 종사하고 있는 사람들은 실험의 의미에 관해서 서로 숙고하고 토론하는 과정에서 일정한 성과를 얻게 되는 것입니다. 바로 이와 같은 토론이 이 책의 주요한 내용이 되고 있으며, 과학은 토론을 통해서 비로소 성립된다는 사실이 분명하게 밝혀질 것입니다. 물론 수십 년이 지난 오늘날에 와서 토론에서 서로 주고받은 말들을 그대로 재현하는 일이 불가능하다는 것은 자명한 일입니다. 다만 오고간 편지의 사연만이 그대로 인용될 수 있을 뿐입니다. 본디 나는 본격적인 회상록

을 쓰려고 마음먹었던 건 아니었으므로 여러 곳에서 생략을 거듭하였고, 때로는 긴장감을 주면서 역사적인 정확성을 기하는 일은 아예 단념하였습니다. 그렇지만 본질적인 점에서는 그려내는 묘상(描像)이 정확해야만 하는 것은 두말할 나위가 없습니다. 토론과 대화에서 원자물리학이 항상 주역을 맡은 것은 아닙니다. 오히려 인간적이고 철학적이며 정치적 문제들이 자주 등장하는데, 이는 자연과학이 이와 같은 일반적인 문제들과 분리되어서는 성립하기가 매우 어렵다는 사실을 분명히 밝히는 데 큰 도움이 되리라고 생각하기 때문입니다.

이 책에 나오는 많은 인물들은 대부분 공식적인 이름이 아닌 애칭으로 불리고 있습니다. 왜냐하면 그들이 뒷날 그 이상 공식적인 장소에 등장하는 일이 없었다는 이유도 있고, 그와 같은 애칭이 그들과 저자 사이의 관계를 더 잘 표현해 주며, 여러 가지 사건에서 아주 세부적인 점에 이르기까지 역사적으로 충실하게 재현하려 한다는 그릇된 인상도 쉽게 피할 수 있으리라 여겨지기 때문입니다. 같은 까닭에서 각 사람들의 개성은 그들이 이야기하는 말투에서 어느 정도는 알 수 있을 것이므로, 등장인물들의 개성을 정확하게 묘사하는 일도 포기하였습니다. 도리어 토론이 이루어졌던 당시의 분위기를 정확하고 생생하게 묘사하는 데 역점을 두었습니다. 그와 같은 묘사를 통하여 과학의 생성과정이 분명하게 나타나고, 여러모로 서로 다른 부류의 사람들의 공동체가 결국에 가서는 얼마나 중요한 의미를 갖게 되는가를 잘 이해할 수 있게 해 주기 때문입니다. 또한 현대원자물리학 분야와는 거의 관련이 없는 분들에게도 이 학문 분야의 탄생과 그 발전의 역사에 수반되었던 사고활동에 관한 인상을 어떻게든지 전달하고 싶은 것이 필자의 의도이기도 합니다. 그러나 어떤 토론에서는 전문적 지식 없이는 이해하기 어려운 대단히 추상적이고 어려운 수학적 관계가 그 배경에 깔려 있었던 경우도 적지 않았으나, 이러한 점을 밝히는 일은 부득이 생략할 수밖에 없었습니다.

끝으로 필자는 이 모든 토론을 기술하는 데서 한걸음 더 나가서, 또 하나의 목표를 추구하였다는 점을 말씀드리지 않을 수 없습니다. 현대원자물리학은 철학적이며 윤리적이고 정치적인 문제에 이르기까지 새로운 문제점을 던지고 있다는 사실을 간과할 수 없습니다. 이러한 점에서 되도록 넓은 범위의 사람들이 토론에 참여해 주었으면 합니다. 여러분 앞에 내놓는 이 작은 책이 이와 같은 새로운 토론의 광장을 마련하는 데 이바지할 수 있었으면 하는 마음이 간절할 뿐입니다.

베르너 하이젠베르크

차   례

Der Teil und das Ganze : **부분과 전체**

Gespräche im Umkreis der Atomphysik : 원자물리학을 둘러싸고 나눈 대화

1. 원자론과 만남

1920년 봄이었던 것으로 기억한다. 제1차 세계대전의 종결은 독일 청년들을 불안과 동요의 상태로 몰아넣는 결과를 가져왔다. 크게 실망한 앞선 세대들의 손에서 고삐는 빠져나갔고, 따라서 젊은이들은 자기자신들이 새롭게 나아갈 길을 찾기 위하여, 또는 이미 부서진 것처럼 보이는 낡은 나침반 대신 사람들이 표준으로 삼을 수 있는 새로운 나침반을 발견하기 위하여, 크고 작은 여러 종류의 단체와 그룹으로 모이기 시작하였다.

이러한 상황에서 나는 어느 맑은 봄날에, 대부분이 나보다는 나이가 어린 10여 명의 친구들과 함께 도보여행을 하고 있었다. 내 기억이 옳다면 우리들은 슈타른베르크호(湖)의 서쪽에 있는 언덕을 따라 걷고 있었다. 때때로 시야가 트이면 빛나는 너도밤나무 숲 사이로 왼쪽 밑에 가로놓인 호수가 보였고, 그 뒤에 우뚝 서 있는 산까지 호수의 수면이 펼쳐져 있는 것같이 보였다. 이와 같은 도보여행 가운데 이상하게도 원자세계에 관한 첫 대화가 이루어졌으며, 이 대화는 나중에 내 학문의 발전에 대단히 큰 뜻을 갖게 되었던 것이다. 피어나는 자연의 아름다움이 넓게 펼쳐져 있는 가운데서, 그리고 한 순진한 젊은이들의 그룹 안에서 이와 같은 대화가 전개될 수 있었다는 것을 이해하려면 다음과 같은 사실이 상기되어야 할 것이다. 평화스러운 시기에 젊은이들을 감싸주는 가정과 학교의 보호가 시대의 혼란 속에서 멀리 사라져 버렸으며, 그 대신 비록 근거는 불충분하더라도 자신들의 판단을 신뢰하는 경향이 젊은이들 사이에 생겼다는 점이다.

훤칠하게 키가 큰 젊은이가 나보다 몇 걸음 앞서 걸어가고 있었다. 그의 부모는 얼마 전에 내게 자기 아들의 학교 공부를 과외 지도해달라고 부탁한 적이 있었다. 그는 1년 전 아버지가 뮌헨 평의회공화국을 둘러싼 전투에 참가해 뷔텔스바하 샘 뒤에서 기관총을 가지고 진을 치고 있다가 시가전이 벌어지자, 15세의 소년으로서 탄약통을 끌어 날랐었다. 2년 전만 하더라도 나 자신을 포함해서 이들 젊은이들은 바이에른의 산골지방에서 농장의 일꾼으로 노동에 종사하고 있었다. 따라서 휘몰아치는 거센 바람도 우리에게는 그다지 낯설지 않았으며, 우리들은 어떠한 어려운 문제에 부딪치더라도 자신의 의견을 세우는 데 두려움이라는 것을 몰랐다.

이 대화는, 내가 여름으로 다가온 고등학교 졸업시험에 대비해야 한다는 처지에 있었고, 나와 자연과학적 대상들에 대한 관심을 함께 나눌 수 있었던 엔지니어 지망생 친구 쿠르트가 함께 있었다는 데서 그 표면적인 동기를 찾을 수 있을 것이다. 프로테스탄트의 장로 가정 출신인 쿠르트는 스포츠를 매우 즐기는, 믿을 만한 친구였다. 그와 나는 지난해 뮌헨이 정부군에 봉쇄되고 빵이 떨어졌을 때, 나의 형과 함께 전선을 뚫고 가르힝까지 가서, 빵·버터·베이컨 등의 식료품으로 가득 찬 배낭을 짊어지고 돌아온 일이 있었다. 이 같은 공통된 체험이 우리들 사이에 거리낌 없는 신뢰와 즐거운 의사소통의 바탕을 마련해 주었던 것이다. 그런데 이번에는 자연과학적인 의문을 지닌 공동과제에 관한 쪽으로 이야기가 진행되었다.

나는 쿠르트에게 물리학 교과서에 있는 도해가 완전히 무의미하게 여겨진다고 말했다. 문제는 화학결합의 경우 두 개의 균일한 원소가 결합하여 새로운 다른 균일한 물질의 원소가 되는 화학의 기초과정에 관한 것이었다. 가령 탄소와 산소로부터 탄산가스가 형성된다.

이와 같은 과정에서 관측되는 규칙성을 이해하기 위하여 가장 좋은 방법은 다음과 같이 가정하는 것이라고 이 책은 가르치고 있었다. 즉 그 규칙성은 한 원소의 가장 작은 부분인 원자가 다른 원소의 원자와 이른바 분자라고 불리는 작은 원자단으로 결합되는 데서 오는 것이라고. 그래서 탄산가스 분자는 탄소원자 하나와 산소원자 둘로 이루어지는데, 그 책에서는 그러한 원자단들을 설명하고자 그림이 그려져 있었다. 즉 탄소원자 하나와 산소원자 둘이 왜 항상 탄산가스 분자를 형성하는가를 더 뚜렷하게 설명하려고, 도해자는 원자들이 호크와 고리를 가지고 있어서 바로 이 호크와 고리로 연결되어 분자를 형성하는 것으로 설명하고 있었다. 이와 같은 설명은 나에게 아주 무의미한 것으로 보였다. 그 까닭은 호크와 고리 같은 것은 사람들이 임의로 자기들의 기술적 합목적성에 따라 만들어 놓은 형성물이기 때문이다. 그러나 원자는 엄연한 자연법칙의 결과이며 분자 또한 자연법칙에 따라 형성되어야 하는데, 이와 같은 사람의 임의성이 개입할 수 있는 호크와 고리 같은 것으로 분자가 설명될 수는 없다고 나는 믿고 있었던 것이다.

쿠르트는 이렇게 대답하였다.

"그것은 나에게도 의심스럽게 생각되기는 하지만, 내가 호크와 고리를 믿으려 하지 않는다면 무엇보다도 어떠한 경험사실들이 도해자로 하여금 그렇게 그림을 그리게 하였는지를 먼저 알아야만 할 것이다. 왜냐하면 오늘날의 자연과학은 경험에서부터 나오는 것이지, 어떤 철학적 사색에서 나오는 것이 아니기 때문이다. 따라서 사람들이 경험사실들을 신뢰할 수 있을 때, 즉 아주 세심한 주의를 기울여 얻어진 사실일 때는 그것으로 만족하지 않으면 안 될 것이다. 내가 알기에는 화학자들은 우선 화학 결합에서 원소의 구성요소들은 항상 어떤 일정한 무게관계를 유지한다는 사실을 확정하였다. 이와 같은 사실은 충분히 주목할 만한 것이다. 왜냐하면 사람들이 원자의 존재, 즉 모든 화학적 원소들의 특징을 나타내는 가장 작은 입자들의 존재를 믿을지라도 그것이 자연계에 존재하는 다른 종류의 힘이 항상 탄소원자 하나가 산소원자 두 개만을 끌어당겨 결합하게 만든다는 사실을 이해시키기에는 충분치 못하기 때문이다. 두 종류의 원자 사이에 인력이 존재한다면 왜 때때로 산소원자 세 개가 결합되어서는 안 될까?"

"아마도 탄소나 산소의 원자들은 산소원자 세 개가 결합하는 것을 불가능하게 하는 어떤 공간적인 배열 형태를 가지고 있기 때문이겠지."

"그런 가정이 그럴 듯하지 않게 들리는 것은 아니지만, 네가 말하는 것도 교과서의 호크와 고리의 이론과 다를 바가 없지 않은가? 교과서의 도해자도 틀림없이 네가 말했던 바로 그러한 점을 표현하려고 했을 것이다. 왜냐하면 그는 원자들의 정확한 형태를 전혀 알지 못하기 때문이다. 그는 하나의 탄소원자가 항상 세 개의 산소원자가 아니라 두 개의 산소원자와 결합할 수밖에 없는 어떠한 형태가 있다는 것을 다소 극적으로 표현하고자 호크와 고리를 사용하였음에 틀림없다."

"좋다. 그러니까 호크와 고리는 실질적으로는 무의미한 것이로군. 그러나 너는 원자들의 존재형태는 책임성 있는 자연법칙들의 결과이며, 또한 그 올바른 결합을 위해 적합한 어떤 형태를 가질 것이라고 말했다. 다만 우리들이 현재로서는 그 형태를 알지 못할 뿐이며 그 그림의 도해자도 그것을 분명히 알지 못했다. 우리가 지금까지 그 형태에 대하여 안다고 믿을 만한 유일한 것은 바로 하나의 탄소원자는 두 개의 산소원자와만 결합될 수 있고 세 개의 산소원자와는 결합될 수 없는 어떤 형태를 가진다는 사실뿐이다. 따라서 화학자들은 — 이 책에도 언급되어 있지만 — 이 경우에 '화학적 원자가(原子價)'라는 개념을 고안해 냈던 것이다. 그러나 그것이 다만 하나의 단어에 그치는 것인지, 아니면 이미 이용할 수 있는 적절한 개념인지를 사람들은 먼저 알아내야 할 것이다."

"단순한 하나의 단어 이상의 어떤 것이 있을 법하다. 왜냐하면 탄소원자에 기속(羈束)되어 있는 원자가가 4가라는 사실은 — 4가 가운데 2가는 항상 한 산소원자의 2가라는 원자가를 만족시켜야 하는데 — 탄소원자의 4가체 꼴의 형태와 어떤 관련이 있는 것으로 보인다. 따라서 지금 우리가 접근할 수 있는 것 이상의 어떠한 특정한 사실들이 그 배후에 숨어 있는 것같이 느껴진다."

이 대목에서 지금까지 묵묵히 우리 얘기를 들으면서 걸어가고 있던 로베르트가 대화에 끼어들었다. 가늘고 숱이 많은 검은 머리카락으로 둘러싸인 그의 얼굴은 강해 보였으며, 또 약간 무뚝뚝한 표정을 하고 있었다. 그는 이런 도보여행에는 으레 따르게 마련인 가벼운 잡담에 끼어드는 일이 거의 없었다. 그러나 저녁 무렵에 텐트에서 낭독회를 갖거나, 식사 전에 시 한 수씩 읊을 때는 우리는 반드시 그를 끌어들이곤 했다. 그처럼 독일문학은 말할 것도 없고 철학 서적에 정통한 사람은 아무도 없었기 때문이다. 또 그가 특별한 억양도 없이 조용히 읊는 시의 내용은 우리들 가운데서 가장 냉철한 사람까지도 곧잘 감동시키는 것이었다. 그가 말하는 방식이나 그에게서 풍기는 침착한 분위기는 다른 사람으로 하여금 듣지 않으면 안 되게끔 하는 어떤 힘을 갖고 있었다. 그의 말은 다른 사람보다 무게가 있었고 그가 학교공부말고도 철학서적에 몰두하고 있다는 사실을 우리는 다 알고 있었다. 로베르트는 우리가 나눈 원자에 관한 대화에 불만이었던 모양이다. 그는 다음과 같이 말하였다.

"너희처럼 자연과학을 공부하는 사람들은 항상 너무나 쉽게 경험적 사실에 의지해 버리고, 또 그것으로 진리를 얻었다고 믿어 버린다. 그러나 사람들이 경험에서 실제로 무엇이 일어나는가를 고찰한다면 너희들이 갖는 방식은 나에게는 매우 논란의 여지가 많은 것으로 보인다. 너희들이 말하는 것은 요컨대 너희들이 사고하는 방식에서 오는 것이며, 너희들이 알고 있다는 것은 그런 사고방식 외에는 아무것도 아니다. 그러나 그런 사고는 물론 사물 안에는 존재하지 않는다. 우리는 사물들을 직접 인지할 수는 없는 것이다. 우리는 그것들을 먼저 표상으로 변화시키고 그리고 나서 그것들로부터 개념을 형성해야 한다. 감성적인 인지를 통해 외부로부터 우리에게 몰려드는 것은 매우 다양한 종류의 인상들의 무질서한 혼합물이다. 우리가 나중에 인지한 형태나 성질들은 직접적으로는 그 인상들과는 아무런 관계가 없는 것이다. 우리가 가령 사각형을 종이 위에서 본다고 말할 때 우리 눈의 망막 위에나 두뇌의 신경세포에 사각형의 형태를 가진 어떠한 것이 생겨나는 것은 아니다. 오히려 우리는 우리가 받는 감각인상들을 무의식적으로 한 표상을 통해서 정리해야 하며 그 총체를, 말하자면 한 표상으로, 즉 하나의 연관성 있는 '의미 있는 상(像)'으로 변화시켜야 한다. 이런 변화로써, 그리고 개체적인 인상들로부터 '이해할 수 있는' 어떤 것으로 정리함으로써 비로소 우리는 인지가 가능해지는 것이다. 그러므로 우리의 표상들을 위한 상들이 어디서부터 비롯하는지, 그것들이 개념적으로 어떻게 이해되는지, 또 우리가 아주 확실히 경험에 대한 판단을 내리기 전에 그것이 사물들과 어떠한 관계가 있는지, 이러한 점들을 검토해야 할 것이다. 왜냐하면 그 표상들은 분명히 경험 이전에 있었고 또한 경험을 위한 전제이기 때문이다."

"도대체 네가 그렇게까지 날카롭게 지각 대상으로부터 분리하려고 하는 그 표상들 자체는 어쨌든 경험으로부터 오는 것이 아닌가? 아마도 사람들이 소박하게 생각하고 싶어 하는 것처럼 그렇게 직접적으로가 아니라, 가령 감각인상이 비슷한 그룹의 빈번한 반복이라든가 또는 다양한 감각들로써 증명할 수 있는 관계들을 통해서 간접적으로 생기는 것일 수도 있지 않은가?"

"그것이 내게는 결코 확실하게 여겨지지 않으며, 더구나 명백하지도 않다. 나는 최근 철학자 말브랑슈의 저서를 연구하였는데, 그 책에서 바로 이 문제와 관련된 부분에 마주친 적이 있다. 말브랑슈는 본질적으로 표상들의 생성 가능성을 세 가지로 구분하고 있다. 그 하나는 바로 네가 언급한 것이다. 즉, 대상은 감각인상을 통하여 직접적으로 인간의 영혼에 그 표상을 생기게 한다는 것이다. 말브랑슈는 감각인상은 사물 또는 그 사물과 관련이 있는 표상들과는 질적으로 다르기 때문에 이 견해를 거부하고 있다. 둘째는 인간의 영혼은 처음부터 표상을 소유하고 있으며, 적어도 이와 같은 표상 자체를 이룰 수 있는 힘을 갖고 있다는 것이다. 이럴 경우에는 감각인상을 통해서 이미 존재하고 있는 표상만을 기억해내거나 감각인상에 따라서 표상들을 형성하도록 자극을 받는다는 것이다. 셋째는 — 말브랑슈는 이것에 찬의를 표하고 있지만 — 인간의 영혼은 신적이성(神的理性)에 참여한다는 것이다. 그것은 즉 신과 결합된다는 것이고, 그러므로 신에 의해 인간의 영혼에 표상력이 주어지고 상이나 이념들이 주어진다는 것이다. 따라서 인간은 이와 같은 것들을 가지고 잡다한 감각인상들을 정리할 수 있고 개념적으로 분류할 수 있다는 것이다."

그러자 쿠르트가 불만을 터뜨렸다.

"너 같은 철학자들은 항상 신학과 손을 잡고 싶어 한다. 그래서 무언가 어려워지면 너희들은 모든 난점을 스스로 해결하는 위대한, 알 수 없는 존재를 내세운다. 그러나 나는 도저히 그것으로는 만족할 수 없다. 네가 다시 한 번 그 문제를 제기한다면 나는 도대체 사람의 영혼이 피안의 세계가 아니라, 바로 이 세계에서 어떻게 표상에 이를 수 있는 것인지 알고 싶다. 이 세상에는 영혼과 표상들이 존재하기 때문이다. 표상들이 단순히 경험에서 비롯한다는 것을 인정하려 들지 않는다면, 너는 어떻게 표상들이 인간의 영혼 안에 주어질 수 있는지를 설명해야 할 것이다. 아니면 어린아이들이 세상을 경험하는 바로 그 표상들과, 그와 같은 표상을 만들 수 있는 능력은 타고나는 천부의 것이어야만 하는가? 네가 이와 같은 것을 주장한다 하더라도, 우리 주변에는 그와 같은 표상들은 이미 이전 세대의 경험에서 생긴 것이라는 견해도 있다. 그리고 지금의 경험이냐, 아니면 지나간 세대들의 경험이냐 따위의 문제는 여기서 그리 중요한 게 아니다."

로베르트가 대답했다.

"아니다! 내가 그렇게 생각하고 있는 것은 결코 아니다. 왜냐하면 한편에서는 배운 것, 즉 경험의 결과가 일반적으로 유전되는지 유전되지 않는지에 대하여 매우 의심스럽게 생각하고 있기 때문이다. 또 다른 한편에서는 말브랑슈가 생각한 것은 물론 신학 없이도 잘 표현될 수 있고, 이것은 너희들의 현대자연과학에도 잘 적합할 것이기 때문에 나는 그쪽을 시도해 보련다. 말브랑슈는 아마도 다음과 같이 말할 수도 있었을 것이다. 즉 세계에서 눈에 띄는 질서 또는 자연법칙, 즉 화학적 원소들의 생성과 그것들의 특성, 결정의 형성, 생명의 생성 등 모든 것에 책임성 있게, 동일하게 질서를 세우려는 경향은 인간 영혼의 생성과 그 영혼 자체에도 작용하는 것이다. 그것은 사물에 표상을 대응시키고 개념적 분류의 가능성을 부여한다. 이와 같은 경향이 바로 실지로 존재하는 구조를 가능케 하는 것이며, 그 구조를 우리의 인간적인 관점에서 고찰할 때, 그리고 그것들이 우리의 사고에서 고정될 때라야 비로소 하나의 객체 — 즉 사물 — 와 주체 — 즉 표상 — 가 서로 분리되어 나타나는 것처럼 보이게 된다. 모든 표상이 경험에서 비롯한다는 너희들의 자연과학에서 가장 그럴 듯하게 보이는 견해와, 외부세계에 대한 유기체들의 관계를 통하여 발전사(發展史)에서 표상형성의 능력이 이루어질 수 있다는 말브랑슈의 명제와는 공통점이 있다. 그러나 말브랑슈는 아울러 단순한 인과론을 가지고는 일련의 개체과정(個體過程)에서 설명될 수 없는 연관성이 문제된다는 점을 강조하고 있다. 즉 결정(結晶)이나 생명체의 생성에서와 같이 원인과 결과라는 한 쌍의 개념을 가지고는 파악할 수 없는, 좀더 형태학적인 특징과 같은 상위의 구조들이 작용하고 있다는 점을 강조하는 것이다. 그러므로 경험이 표상보다 앞섰느냐, 또는 그 반대냐 하는 물음은 닭이 먼저냐 달걀이 먼저냐 하는, 예부터 있어 왔던 물음보다 나을 것이 없다. 그러나 나는 원자에 관한 너희들의 대화를 방해하려는 것은 아니다. 다만 원자에 관해서 경험을 밑바탕으로 너무 단순하게 말하는 것을 경고하고자 했을 뿐이다. 왜냐하면 사람들이 항상 직접 관찰할 수 없는 원자와 같은 것들은 단순한 물체도 아닐 뿐더러, 표상과 사물을 따로 분리하는 것이 아무런 의미를 가질 수 없는, 더 기본적인 구조에 속하는 그러한 것임에 틀림없기 때문이다. 물론 사람들은 너희 교과서에 있는 호크와 고리 같은 그러한 도해를 받아들일 수 없을 것이며, 마찬가지로 통속적인 저서에서 여기저기 눈에 띄는 원자에 관한 그림도 또한 받아들이지 않을 것이다. 이해를 쉽게 하고자 그려진 그 같은 도해는 도리어 문제를 어렵게 하고 있을 따름이다. 내가 아까 말했던 '원자의 형태'라는 개념을 좀더 조심스럽게 받아들여야 한다고 생각한다. 사람들이 이 '형태'라는 말을 공간적인 의미에서뿐만이 아니라, 내가 사용한 '구조'라는 말과 별로 다른 의미를 갖지 않는 그러한 일반적인 의미로 이해할 때, 어느 정도 이 개념과 친숙해질 수가 있다고 나는 생각한다."

이와 같은 대화의 전환에서 나는 순간적으로 1년 전에 나를 매혹시켰고, 그래서 스스로 몰두했었던 한 저서를 떠올리게 되었다. 그 당시에 이

해할 수 없었던 그 책의 중요한 몇 구절이 생각났다. 그것은 플라톤의
《티마이오스》(*Timaios* 또는 *Timaeus*)라는 대화였는데, 거기서도 물질의
최소단위에 관한 철학적 사색이 논해지고 있었다.

그런데 로베르트의 말에서 — 아주 분명한 것은 아니었지만 — 다음과
같은 점이 처음으로 이해되었다. 즉 내가 플라톤의 《티마이오스》에서
발견했던 바와 같이 사람들이 일반적으로 최소단위에 관한 주목할 만한
사고구조에 이를 수 있다는 점이 이해된 것이다. 처음에는 매우 불합리
한 것으로 여겨졌던 구조가 갑자기 내게 그럴 듯하게 보였다는 것이 아니
라, 다만 여기서 처음으로 (적어도 원칙적으로는) 그와 같은 종류의 구조
에 이를 수 있다는 하나의 가능성을 보았던 것이다. 이 시점에서 《티마
이오스》의 연구를 상기한 일이 내게 매우 큰 뜻을 갖는다는 데 대한 독자
들의 이해를 돕기 위하여, 이 책을 읽었던 당시의 상황을 간단하게 소개
해야겠다. 1919년 봄의 뮌헨은 상당한 혼란을 거듭하고 있었다. 노상에
서는 누가 적이고 누가 자기편인지를 분간조차 못 하면서 서로 총을 쏘아
댔고, 정권은 거의 이름도 알 수 없는 인물과 기관 사이에서 둔갑을 거듭
하고 있었다. 나도 한 번 피해를 입은 적이 있는 강탈과 약탈이 자행되었
고, '평의회공화국'이라는 말은 마치 불법상태라는 말과 동의어같이 생
각되었다. 그러나 마침내는 뮌헨 밖에 바이에른주의 정부가 구성되었고,
이 정부가 뮌헨을 탈환하려고 군대를 출동하기에 이르렀을 때 우리는 질
서가 회복되기를 바라는 마음이 간절했었다. 그때, 전에 학교 공부를 도
와준 일이 있었던 친구의 아버지가 그 도시를 탈환하려고 출동한 어느 지
원병 중대를 지휘하고 있었다. 그가, 아직 성인은 되지 않았지만 그 도시
의 지리에 밝은 자기 아들 친구들에게 출동한 군대의 전령을 담당해 도와
줄 것을 요청해서 우리들이 제11기병사수 사령부에 배속된 일이 있었다.
우리가 배속된 사령부는 루트비히가(街)에 자리잡고 있는 대학 맞은편의

신학교 건물에 진을 치고 있었다.

우리들은 그곳에서 근무하게 되었고, 좀더 정확하게 말한다면 여기서 매우 방종한 모험생활을 했던 것이다. 우리들은 이미 여러 번 경험했던 대로 이번에도 학교에서 해방되었고, 따라서 우리는 학교에서 해방된 자유를 다른 측면에서 세상을 파악하는 데 사용하고자 하였다. 그로부터 1년 뒤에 슈타른베르크 호반의 언덕으로 도보여행을 하게 된 친구들의 모임이 생긴 것도 바로 여기에 그 근원을 찾을 수 있는 것이다. 그러나 이 모험적인 생활도 몇 주일밖에는 지속되지 않았다. 전쟁은 소강상태로 접어들고 근무는 단조로웠다. 그래서 나는 중앙전화교환국에서 철야 근무를 마치면 일출과 함께 모든 의무에서 해방되는 일이 종종 있었다.

그때 나는 차츰 학교 공부에 대한 마음의 준비를 다시 가다듬게 되었고, 그래서 플라톤의 '대화'에 관한 그리스어 숙제를 가지고 신학교 지붕 위로 올라갔다. 나는 거기 있는 홈통에 누워서 막 떠오르는 첫 햇볕으로 몸을 따뜻하게 할 수 있었고, 아주 편안한 마음으로 공부에 몰두할 수 있었다. 때로는 루트비히가가 새벽에 깨어나는 모습을 지켜볼 수도 있었다. 떠오르는 아침 햇빛이 이미 대학건물과 그 앞에 있는 분수대 위에 넘쳐흐르고 있었던 어느 날 아침, 나는 《티마이오스》라는 대화 ─ 특히 물질의 최소단위에 관해 언급하고 있는 구절에 빠져들어 가고 있었다. 그 구절은 우선 번역하기가 매우 어려웠던 까닭에, 아니면 내가 전부터 흥미를 가지고 있었던 수학적 문제가 다루어지고 있었기 때문에 나를 매혹시켰던 것 같다. 나는 그때 어째서 이 부분에 그렇게도 정신을 집중시키게 되었는지, 그 까닭을 확실히 기억할 수가 없다.

그러나 거기서 읽은 것은 내게는 완전히 어리석은 것으로 생각되었다. 왜냐하면 물질의 최소단위가 직각삼각형에서부터 구성된다는 것, 즉 그것들은 부분적으로 정삼각형 또는 정사각형으로 만들어진 뒤에 입체기하학의 정다면체 — 다시 말해 정육면체·정사면체·정팔면체·정이십면체로 구성된다고 주장하고 있었기 때문이다. 이와 같은 네 가지 입체들이 그때의 4원소인 흙, 불, 공기, 그리고 물의 기본단위라는 것이었다. 그런데 이 경우에 정다면체들이 다만 상징으로서 이렇게 표현된 것인지 — 예를 들면 정육면체가 흙이라는 원소에 해당한다는 것은 흙의 딱딱함이라든가, 이 원소가 움직이지 않는다는 성질을 표현한 것인지 — 아니면 실제로 흙이라는 원소의 가장 작은 부분이 바로 정육면체의 형태를 가져야만 한다는 것인지가 확실치 않았다. 나는 이 같은 표상들은 하나의 거친 사변(思辨)이라고 느꼈고, 고대 그리스에서는 상세한 경험적 지식이 부족했었다는 점에서 이해할 수는 있었으나, 플라톤과 같이 그렇게 날카롭게 비판적으로 생각할 수 있었던 철학자가 그 같은 사변에 빠졌다는 것이 도무지 납득이 가지 않았다. 나는 플라톤의 사변을 잘 이해할 수 있는 좋은 실마리를 어떻게 발견할 수 없을까 하고 근심하였지만 희미하게나마 아무런 실마리도 찾을 수가 없었던 것이다. 다만 물질의 최소부분에서 마지막에 가서는 수학적 형식에 부닥치지 않으면 안 되었다는 상상에 매혹당한 것은 부인할 수 없다.

자연현상들의 거의 풀 수 없는, 그리고 통찰할 수 없는 조직을 이해하기 위해서는 그 안에서 수학적 형식을 발견할 때만 가능하였던 것이다. 그러나 플라톤이 어떤 정당성으로 입체기하학의 정다면체를 생각하였는지 나로서는 이해할 수 없었다. 그것들은 어떠한 설득력도 가지고 있는 것 같지 않았다. 따라서 나는 그 대화를 그리스어 지식을 새롭게 하는 데만 사용했을 뿐이다. 그러나 여전히 불안은 남아 있었다. 그 독서가 나에게 준 가장 중요한 결론은 사람들이 물질계를 이해하고자 할 때 물질들의 최소부분에 대하여 그 무엇을 알아야만 한다는 확신이었다. 교과서나 대중잡지들로부터 나는 현대과학도 원자에 대한 연구에 들어갔다는 사실

을 알고 있었다. 나도 혹시 뒤에 이 방면으로 연구를 하게 될지도 모른다
는 생각이 들었다. 그러나 그것은 먼 훗날의 일이었다.

　이와 같은 불안은 계속되었으며, 이 불안이 나에게는 당시 독일의 젊은
이들을 사로잡았던 저 '일반적인 불안'의 일부가 되고 있었다. 플라톤 정
도의 한 철학자가 현재의 우리에게서 사라져 버린, 그리고 또한 접근하기
도 어려워진 자연현상의 질서라는 것을 인식하였다고 믿었다면, 그 '질
서'란 말은 도대체 무엇을 뜻하는 것일까? 질서라는 것은, 그리고 이에
대한 이해는 한 시대와 결부되어 있는 것일까? 우리는 잘 정돈된 것처럼
보였던 한 세계 안에서 성장하였다. 부모들은 우리에게 그 질서를 위하
여, 바로 그 질서의 전제를 이루고 있는 시민적 덕을 가르쳤다. 질서가 잡
힌 국가를 위하여 자기 생명을 바치는 것이 때때로 필연적일 수도 있다는
것은 이미 그리스인들과 로마인들도 알고 있었으며, 따라서 그것은 특별
한 것은 아니었다. 많은 친구들과 친척들의 죽음이 세계가 바로 그렇다
는 것을 우리에게 보여주고 있었다. 그러나 이제는 전쟁이 하나의 범죄
라고 말하는 사람들이 많아졌다. 더구나 그것이 무엇보다도 유럽의 옛
질서를 유지해야 한다는 책임을 느끼고 있던 지배계급의 범죄라고 말해
지고 있었으며, 그들은 그 질서가 다른 목적추구를 위한 노력과 충돌을
일으키고 있는 곳에서도 타당성이 유지되어야 한다고 믿고 있었다. 유럽
의 옛 구조는 전쟁의 패배를 통해서 파괴되었다. 이 또한 특별한 것은 아
니다. 전쟁이 있는 곳에 패배가 있게 마련이기 때문이다. 그렇다고 옛 구
조의 가치를 근본적으로 재평가하게 되었는가? 이제 이 폐허의 잿더미에
서 다시 한 번 새로운, 좀더 강력한 질서를 세우는 일이 문제로 된 것이 아
닌가? 또는 옛 스타일의 질서로 복귀하는 것을 모두 거부하고, 그 대신 이
제는 어떤 하나의 국가가 아니라 모든 인류를 아우르는 미래의 질서 —
비록 패권국민인 독일사람들 이외의 대다수 사람들은 그러한 질서를 세

우는 것을 전혀 생각조차 않고 있을지도 모르지만 — 를 선포하고자 뮌헨
의 거리에서 자기 생명을 희생하였던 저 사람들이 옳았단 말인가? 이와
같은 물음이 뒤죽박죽이 되어 젊은이들의 머리 속은 혼란을 거듭하였고,
기성세대들은 이러한 물음에 아무런 대답을 주지 못하고 있었다.

그래서 《티마이오스》의 독서와 슈타른베르크 호숫가의 도보여행 사
이에 또 하나의 체험을 하였다(이 체험은 내 뒷날의 사고방식에 많은 영
향을 주었기 때문에, 원자에 관한 대화를 다시 계속하기 전에 여기에 관
하여 기록해 두지 않으면 안 되겠다). 뮌헨이 정복된 지 몇 달 뒤에 군대
는 도시에서 물러갔고, 우리들은 그동안 우리 자신이 취한 행동의 가치에
대해 별로 생각해 보지도 않은 채 전과 같이 학교에 나가고 있었다. 그러
던 어느 날 오후, 레오폴트가(街)에서 나는 낯선 한 청년에게서 다음과 같
은 말을 듣게 되었다.

"너는 다음 주에 젊은이들이 프룬성(城)에서 모인다는 사실을 알고 있
는가? 우리는 모두 그곳에 가기로 했으며 너도 가야만 할 것이다. 전부
참석해야 할 것이다. 우리는 지금이야말로 모든 일이 어떻게 되어 나갈
것인지를 숙고할 때라고 생각한다"는 그의 음성은 내가 지금까지 듣지
못한 어떤 힘을 가지고 있었다. 그래서 나는 프룬성으로 가기로 결심하
였고, 쿠르트도 나와 동행하기로 하였다.

그 당시 아주 불규칙적으로 달리던 기차가 여러 시간 뒤에 우리를 알트
뮐 계곡 아래쪽에 실어다 주었다. 전기(前期) 지질시대에는 이곳은 아마
도 도나우강의 계곡이었을 것이다. 알트뮐은 그곳으로부터 많은 굴곡을
이루면서 프랑켄의 유라산맥을 관통하여 흐르고 있었다. 라인 계곡과 비
슷하게, 옛 성곽이 이 그림 같은 계곡을 장식하고 있었다. 프룬성까지 마
지막 몇 킬로미터는 도보로 걸어야만 했다. 수직으로 깎은 듯한 절벽 위
에 세워진 성곽을 향해 사방에서 젊은이들이 올라가는 모습이 눈에 띄었

다. 오래 전 두레우물이 있는 이 성의 안뜰에는 이미 많은 사람이 모여 있었다. 대부분은 학생들이었지만 그 가운데는 전쟁의 공포를 체험한 뒤 이제는 모습을 바꿔 버린 전후의 세계로 돌아온 군인 출신 연장자도 끼어 있었다. 많은 연설이 행해졌다. 그때의 그 정열은 오늘날의 우리에게는 아마도 기묘한 느낌을 갖게 할 그러한 것들이었다. 우리 민족의 운명이 우리에게 더 중요한지, 또는 모든 인류의 운명이 우리에게 더 중요한지, 또 패전으로 말미암아 희생된 전사들의 죽음이 무의미한 것이 되어 버렸는지, 젊은이가 그의 생활을 자기 스스로의 가치 척도에 따라 형성할 권리를 가질 수 있는 것인지, 내적인 진실성이 수백 년 동안 인간생활의 질서를 유지해 왔던 옛 형식보다 더 중요한지 ─ 이와 같은 모든 문제에 대하여 정열적으로 얘기하고 또 토론하였다.

나는 이 논쟁에 참여하기에는 너무나도 자신이 없었다. 그래서 논쟁에 귀를 기울이면서 질서라는 개념에 대하여 혼자 생각에 잠기기도 했다. 연설 내용의 혼란은 나에게는 순수한 질서도 서로 모순에 빠질 수가 있으며, 따라서 이 모순에서 일어나는 충돌을 통해 그 질서와는 반대되는 일도 생길 수 있다는 것을 보여주는 듯싶었다. 그러나 이와 같은 일들은 중심적인 질서와 결합이 끊어진 부분적 질서가 문제되었을 때 일어나게 되는 것같이 보였다. 즉 그 부분적 질서는 자체의 형성력은 아직 상실하지 않았지만 중심으로의 방향설정은 이미 잃고 있었다. 오랫동안 토론을 듣고 있으면 있을수록 내게는 중심의 부재가 차츰 고통스럽게 느껴졌고, 마침내는 생리적인 고통으로까지 변하는 것이었다. 그러나 나 자신도 논쟁의 미로(迷路)에서 중심의 영역에 이르는 길을 발견할 수가 없었다. 이러는 가운데 시간은 흘러갔다. 연설은 계속되었고 이에 대한 반론이 속출하였다. 성곽 뜰 위에 비친 그림자가 차츰 길어졌고, 마침내 더운 여름 날씨는 회청색의 황혼으로 바뀌었으며, 이윽고 달빛이 밝은 밤이 되었다.

여전히 논쟁이 계속되고 있는 속에 바이올린을 가진 한 젊은이가 성의 앞뜰 발코니에 나타났다. 주위가 조용해지자 바흐가 작곡한 〈샤콘느〉의 라단조 협화음이 우리 머리 위로 울려 퍼졌다. 바로 이때를 계기로 하여 중심으로 향한 재결합이 갑자기 회복되었다. 우리의 눈앞에 펼쳐진 달빛에 흠뻑 젖어 있는 알트뷜 계곡이 낭만적인 분위기로 매혹되는 데 충분한 풍경을 이루고 있었던 것도 사실이었다. 그러나 이것이 그 원인은 아니었다. 〈샤콘느〉의 분명한 음형(音形)은 찬바람과 같이 안개를 갈라놓았고, 그 안개 속에 가려져 있었던 예리한 구조의 모습을 드러내게 하였던 것이다. 그래서 사람들은 음악의 언어로써, 철학의 언어로써, 그리고 종교의 언어로써 중심적인 영역에 관해서 말할 수 있게 되었다. 그것은 플라톤과 바흐에서도 가능하였고, 지금과 미래에도 가능할 것이 틀림없다. 나는 이와 같은 사실을 체험했던 것이다.

우리는 그날 밤을 모닥불을 둘러싸고, 그리고 성곽 위에 펼쳐 있는 초원에 설치된 천막 안에서 지새웠다. 그러면서 우리는 아이헨도르프의 낭만적 분위기에 젖을 수가 있었다. 이미 대학생이었던 젊은 바이올리니스트는 우리 그룹에 끼어서 모차르트와 베토벤의 미뉴에트를 연주하였고, 그 사이사이에 옛 민요도 함께 연주하였다. 나는 기타로 그의 연주를 반주하려고 시도하였다. 그는 자기의 바흐 〈샤콘느〉 연주 솜씨에 대해 칭찬받기를 좋아하지 않았으며, 자연스럽게 우리 틈에서 쾌활하게 떠들어댔다. 그러나 누군가가 그의 연주에 대하여 언급하자 그는 도리어 다음과 같이 반문하였다.

"너는 여리고의 나팔이 어느 음조로 불렸는지 아는가?"

"모른다."

"물론 그것은 라단조였지."

"어째서?"

"왜냐하면 그들이 여리고성을 라단조화하였기 때문이다."(라단조라는 독일어는 d—moll인데, 이 d—moll이라는 단어를 d—moll—iert라는 말로 바꾸어 농담을 한 것임 — 역주)

이와 같은 그의 재담에 우리는 분개하였고, 그는 재빨리 우리에게서 도망쳐 버렸다.

이날 밤의 일도 이제는 희미한 기억 속에서 가물거릴 뿐이다. 우리는 슈타른베르크 호반의 언덕 위를 거닐면서 원자에 관한 대화를 나누었다. 말브랑슈에 관한 로베르트의 언급은 나로 하여금 원자에 관한 실험사실은 참으로 간접적인 것에 지나지 않으며, 원자는 아마도 실재가 아닐지도 모른다는 것을 확신케 하였다. 플라톤이 《티마이오스》에서 진술하고 있는 것도 분명히 이와 같은 사실을 말한 것이며, 그가 정다면체에 관하여 광범하게 언급한 사변들도 이렇게 해석함으로써 대강 이해되는 것이었다. 또한 현대자연과학에서 원자의 형태에 관해 이야기할 때도 형태란 말은 가장 일반적인 뜻에서 공간과 시간상의 구조로서, 힘의 대칭성으로서, 그리고 다른 원자들과의 결합 가능성으로서 이해할 수 있었다. 사람들은 그러한 구조들을 결코 직관적으로 서술할 수는 없을 것이다. 그 까닭은 원자는 물체의 객관적인 세계에 일의적으로 속해 있는 것이 아니기 때문이다. 그러나 수학적인 고찰은 그곳에 접근할 수 있을지도 모른다고 생각되었다.

따라서 나는 원자에 관한 문제의 철학적인 측면을 더 알고 싶었기 때문에, 로베르트에게 직접 플라톤의 《티마이오스》에 있는 바로 그 구절에 관해 얘기해 보려고 했다. 모든 물질은 원자로 구성되어 있다는 주장, 즉 모든 물질에는 마지막에 가서는 불가분의 최소단위가 있으며, 모든 물질은 바로 그와 같은 원자로 분해될 수 있다는 의견에 대하여 어떻게 생각하고 있는지 그에게 물었던 것이다. 나는 그가 물질의 원자구조라는 개념세계 전반에 대해 상당히 회의적이라는 인상을 받았다.

그의 다음과 같은 대답으로 그 같은 내 인상을 뒷받침해 준다는 것을 알 수 있었다.

"우리의 직접적인 체험세계에서부터 그렇게 멀리 떨어져 있는 그런 문제들은 내게는 낯선 것들이다. 사람들의 세계나 바다와 숲의 세계가 나에게는 원자의 세계보다 훨씬 가깝게 느껴진다. 그러나 사람들이 저 멀리 있는 별과 행성에 생물이 있느냐 없느냐 하는 질문을 할 수 있는 것과 같이, 물질을 계속 분해해 나갈 때 그곳에 어떠한 현상이 일어나는가를 물을 수 있다. 그러나 나에게는 그와 같은 문제는 그다지 달가울 것이 없다. 나는 그 같은 문제의 해답을 별로 알고 싶은 마음이 없다. 우리 세계에는 그보다 더 중요한 과제가 얼마든지 많이 있다."

나는 이렇게 대답했다.

"나는 지금 여러 가지 과제들의 중요성에 대하여 너와 논쟁할 마음은 없다. 자연과학은 나에게 항상 흥미로운 것이었으며, 또 많은 진지한 사람들이 자연과 그 법칙에 관하여 더 많은 것을 알려고 노력하고 있다는 사실도 나는 안다. 그들의 작업 성과가 인간사회에서 매우 중요한 일이라는 것도 사실이지만 지금 내게는 그 같은 것이 문제가 되지 않는다. 지금 나를 불안하게 만들고 있는 문제는 다음과 같은 것이다. 즉 전에 쿠르트도 이미 언급한 바 있지만, 자연과학과 기술의 근대적인 발전에 따라 우리가 낱낱의 원자, 또는 적어도 원자의 작용을 직접 관찰하거나 원자에 관한 실험을 할 수 있을 정도까지 진전되었다. 우리들은 아직 거기까지 배우지 않았기 때문에 거기에 관해 아는 것이 적지만, 만약 이와 같은 일들이 사실이라면 너는 이것을 어떻게 생각하며, 네 철학자인 말브랑슈의 관점에서는 이에 대하여 무어라고 말할 수 있을 것인가?"

"어쨌든 나는 원자는 우리가 일상적으로 경험하는 사물과는 전혀 다르게 존재하리라고 생각하고 있다. 사람들이 물질을 더욱 작은 부분으로 나누려는 시도를 계속한다면 결국 불연속성에 맞닥뜨릴 것이고, 거기서부터 사람들은 물질의 입자구조를 추론하게 될 것이라고 생각한다. 그러나 그때 사람들이 다루지 않을 수 없는 형체는 우리가 상상할 수 있는, 객관적으로 고정된 그러한 것과는 동떨어져 있으며, 그것은 오히려 자연법칙에 대한 일종의 추상적인 표현이지 어떤 사물은 아니라는 것을 추측할 수 있다."

"그러나 사람들이 그것을 직접 볼 수 있다면?"

"볼 수는 없고, 다만 그 작용만을 알 수 있을 것이다."

"그것은 서툰 변명이다. 왜냐하면 그것은 다른 모든 사물들에서도 똑같기 때문이다. 가령 네가 한 마리의 고양이를 본다고 하자. 이때 너는 그 고양이로부터 나오는 광선만을 보고 있는 것이다. 다시 말하면 고양이 자체를 보는 것이 아니라 고양이 작용을 본다고 말할 수 있을 것이다. 설사 네가 고양이의 털을 쓰다듬는다고 하더라도 근본적으로는 다를 바가 없을 것이다."

"아니야. 네 말은 옳다고 할 수 없다. 나는 고양이를 직접 볼 수 있기 때문이다. 이때에 나는 감각인상을 표상으로 변화시킬 수 있으며, 또 그래야만 하기 때문이다. 고양이에 관해서는 객관적인 측면과 주관적인 측면이 다 같이 존재한다. 즉 사물로서의 고양이와 표상으로서의 고양이가 있다. 그러나 원자에서는 그것은 전혀 다르다. 원자에서는 표상과 사물이 분리되지 않는다. 왜냐하면 원자는 본디 그 어느 쪽도 아니기 때문이다."

여기서 쿠르트가 다시 대화에 끼어들었다.

"도대체가 너희들의 대화는 지나치게 고상한 것같이 생각된다. 너희들은 단순한 경험적 사실을 문제삼아야 할 곳에서 철학적 사변을 즐기고 있다. 아마도 뒷날 우리는 원자에 관해서 연구하거나 원자 그 자체를 연구할 때가 올 것이다. 그때가 되면 우리는 원자가 무엇이냐는 것을 알게 될 것이다. 그리고 원자도 다른 모든 사물과 같이 사람들이 실험할 수 있는 현실적이고 실재적인 것임을 배우게 될 것이다. 모든 물질적인 사물이 원자들로 구성되어 있다는 것이 사실이라면, 이 원자도 물질적인 사물과 같이 현실적이고 실재적인 것임에 틀림없다."

로베르트가 대답하였다.

"아니다. 네 결론은 논란의 여지가 많다고 생각된다. 네 말대로라면 이렇게 말할 수 있을 것이다. 즉 모든 살아 있는 존재가 원자로 구성되어 있기 때문에 원자도 살아 있다고 말이다. 그러나 그것은 분명히 엉터리다. 많은 원자가 서로 결합되어서 더 큰 구조물을 형성할 때 비로소 이 구조물에 성질이 주어지고, 또 바로 그 구조물 또는 사물로서 특징지워지는 특성들이 주어진다."

"그래서 너는 원자는 현실적인 것도 아니고 실재적인 것도 아니란 말이냐?"

"그것은 너무 지나친 질문이다. 아마도 여기서 우리에게 문제가 되는 것은 원자가 아니라 전혀 다른 물음, 즉 '현실적'이라든가 '실재적'이라는 말들이 과연 무엇을 뜻하는가이다. 네가 아까 플라톤의 《티마이오스》에 있는 구절에 대하여 언급하면서 플라톤은 물질의 최소부분이 수학적 형식인 정다면체와 동일한 것으로 생각하고 있다고 말했다. 플라톤이 원자에 관한 아무런 실험도 하지 못했기 때문에 그것이 옳지 않을지도 모르지만, 사람들이 그것을 가능한 것으로 가정한다면 너는 바로 그 수학적 형식들을 '현실적'이고 '실재적'인 것이라고 부를 수 있겠는가? 그와 같은 형식이 자연법칙들의 표현 — 물질세계의 중심적 질서의 표현이라면 사람들은 물론 그것을 '현실적'이라고 불러야 할 것이다. 그 까닭은 거기서부터 작용이 나오고 있기 때문이다. 그러나 사람들은 그것을 '실재적'이라고도 부르지 않을 것이다. 그것이 바로 '실체(res)'도 아니고 '사실 (sache)'도 아니기 때문이다. 사람들은 여기서 언어를 어떠한 의미로 사용해야 하는지를 잘 모르고 있다. 원자의 세계는 우리의 직접적인 경험의 세계와는 너무나 거리가 멀리 떨어져 있고, 또 우리의 언어는 이와 같은 영역 안에서 이미 선사시대에 형성된 것임을 고려한다면 이것은 결코 놀랄 만한 이야기는 아닐 것이다."

쿠르트는 이 대화의 흐름에 대하여 아직 충분히 만족할 수가 없어서 다음과 같이 말하였다.

"나는 이에 대한 결론도 경험에 맡기고 싶은 심정이다. 사람들이 아직도 물질의 최소부분의 세계를 상세한 실험을 통해서 충분히 이해하지 못하고 있으면서 상상력으로 물질의 최소부분들의 관계를 왈가왈부하는 것은 옳지 못하다고 생각한다. 실험이 항상 양심적으로 아무런 선입관 없이 이루어질 때만 순수한 이해가 나올 수 있다고 생각한다. 따라서 나는 그렇게 어려운 대상에 대하여 너무나 상세하고 철학적인 토론을 거듭하는 일에 반대하며 또한 회의적이다. 그럴 경우에는 뒤에 쉽게 이해할 수 있는 곳에서도 도리어 이해를 어렵게 만드는 사상적 선입관이 너무나 쉽게 형성되기 때문이다. 따라서 나는 미래에도 자연과학자들이 먼저, 그리고 그 다음에 철학자들이 원자에 대해 다루어 주기를 바란다."

이때 같이 걷고 있던 다른 친구들이 더 이상 참을 수 없다는 듯이 끼어들었다.

"야, 아무도 이해하지 못하는 그 따위 괴상한 소리들은 집어치우는 게 어때. 시험공부를 하려면 집에 가서 해. 자, 이젠 노래나 부르자."

그래서 곧 노랫소리가 터져 나왔다. 젊은 음성의 밝은 노랫소리와 피어나는 초원에 만발한 꽃들의 색깔이 원자에 대한 사고보다 훨씬 더 현실적이었다.

2. 물리학을 전공하기로 결심하다

내 고교시절과 대학시절 사이에는 깊은 단절이 있었다. 고등학교 졸업시험 뒤, 지난봄에 슈타른베르크호에서 원자론에 관해 논쟁을 벌였던 그 친구들과 다시 프랑켄 지방을 여행하였고, 그뒤 나는 심한 병에 걸려 몇 주일 동안 고열에 시달렸고, 그에 이은 회복기에도 오랫동안 책만을 벗 삼아 홀로 지낼 수밖에 없었다. 이같이 아주 위험했던 몇 달 사이에 나는 어려워서 절반 정도밖에는 이해할 수 없었지만 그 내용이 나를 매혹시킨 한 권의 책을 손에 넣었다. 수학자 헤르만 바일이 아인슈타인의 상대성 이론의 원리를 수학적으로 서술한 《공간·시간·물질》이라는 저서였다. 여기에 전개된 어려운 수학적 방법과 그 뒤에 깔려 있는 추상적인 사상체계와 대결에 몰두한 나에게 이 저서는 이미 수학을 전공하려고 마음 먹고 있었던 내 결심을 더욱 굳게 해 주었다.

그러나 대학에서 바로 첫날, 나에게는 참으로 뜻밖의 기이한 일이 벌어졌다. 뮌헨대학에서 중세 그리스어와 근대 그리스어를 가르치고 있던 아버지가 내게 수학교수 린데만과의 상담을 주선해 주었던 것이다. 린데만 교수는 원(圓)의 구적법(求積法)에 대한 최종적인 해결을 이룩한 것으로 유명한 교수로서, 대학행정에도 참여하고 있었다. 나는 고등학교 시절에 쌓아올린 수학실력이 린데만 교수의 세미나에 참석하기에 충분하다고 자부하고 있었기 때문에 교수에게 그 세미나에 참가하도록 허락해 달라고 요청하려던 참이었다.

나는 기묘하게 고풍스럽게 장식된 어두컴컴한 대학 건물 이층에 자리잡고 있는 린데만 교수의 연구실을 방문했다. 어딘지 딱딱한 방의 분위기가 나를 약간 위축시켰다. 아주 천천히 일어선 교수와 이야기를 나누기 전에 그의 책상 바로 옆에 웅크리고 앉아 있는 검은 털의 작은 강아지 한 마리가 눈에 띄었다. 이와 같은 분위기 속에서 이 강아지는 나에게 파우스트의 서재에 있었던 삽살개를 곧바로 연상시켰다. 거무스름한 이 네발 짐승은 나를 적의에 찬 눈초리로 응시하고 있었다. 그는 분명히 나를 자기 주인의 평안을 방해하려는 침입자로 여기는 듯했다. 나는 순간 당황할 수밖에 없었다. 그래서 말을 더듬으면서 내 용건을 말하였다. 그러나 말을 해 놓고 보니 내 태도가 얼마나 불손하였던가를 나 자신도 느낄 수가 있었다. 얼굴 전체가 흰 수염으로 덮여 있고 약간 피로한 기색인 노신사 교수도 나의 이 불손한 태도가 마음에 거슬렸는지 다소 불쾌한 기색이 감돌았고, 그것을 눈치챘는지 강아지가 무섭게 짖기 시작하였다. 교수가 그것을 멈추게 하려고 애를 썼으나 막무가내였다. 이 작은 짐승은 차츰 기승을 부리며 사납게 짖어대는 바람에 이 대화를 차츰 더 어렵게 만들었다.

그래도 교수는 나보고 최근에 무슨 책을 공부하였느냐고 물었다. 그래서 나는 바일의 저서 《공간 · 시간 · 물질》을 공부하였다고 대답하였다. 작고 검은 '파수꾼'의 지속적인 소란 속에서 교수는 "그렇다면 자네는 이미 수학을 끝낸 것이나 다름이 없소"라는 말로써 우리 대화를 끝내 버리고 말았다. 나는 하는 수 없이 물러났다.

수학공부는 이렇게 해서 끝장이 나고 말았다. 실의에 찬 나는 아버지

와 상의한 결과 수리물리학을 시도해 볼 수 있겠다는 결론을 얻게 되었
다. 그래서 조머펠트(Arnold Sommerfeld, 1868~1951) 교수를 방문하기로
합의를 보았다. 그는 당시 뮌헨대학에서 이론물리학 분야를 대표하고 있
었고, 그 대학에서 가장 우수한 교수 가운데 한 사람으로 꼽혔을 뿐 아니
라, 젊은이들의 좋은 이야기 상대로 알려져 있기도 했다. 조머펠트는 한
밝은 방에서 나를 맞이하였다. 그 방 창문을 통해 교정 안의 큰 아카시아
나무 아래 놓여 있는 벤치에 학생들이 앉아 있는 것을 볼 수 있었다. 군인
다운 기풍이 있는 검은 콧수염의 작달막한 이 사람은 얼핏 엄한 인상을
풍기고 있었다. 그러나 나는 그의 첫마디에서 그의 솔직한 호의를 느낄
수 있었고, 지도와 충고를 찾아서 자기에게 온 젊은이에 대한 친절을 느
낄 수 있었다. 학교공부 틈틈이 해 오던 내 수학공부와, 바일의 책《공
간ㆍ시간ㆍ물질》에 관한 이야기가 나왔을 때 조머펠트는 린데만과는 전
혀 다른 반응을 보였다.

그는 다음과 같이 말하였다.

"학생은 너무나 야망이 크군요. 가장 어려운 것부터 시작하였다고 해
서 더 쉬운 문제가 저절로 이해된다고는 말할 수 없지요. 나는 학생이 상
대성이론의 문제영역에 매혹되어 있다는 것을 충분히 이해합니다. 현대
물리학은 다른 영역에서도 철학적 기본명제가 문제되고 있으며, 또한 가
장 자극적인 종류의 인식을 문제삼고 있는 영역으로 진출하고 있는 것도
사실입니다. 그러나 그곳으로 가는 길은 지금 학생이 생각하고 있는 것
보다 더 먼 곳에 있습니다. 따라서 학생은 전통적인 물리학의 영역에서
부터 겸손하고 세심한 작업을 해 나가기 시작해야 할 겁니다. 학생이 물
리학을 전공한다면 우선 실험물리를 할 것인지 이론물리를 할 것인지 앞
서 선택해야 합니다. 학생의 이야기를 들으니 이론물리 쪽으로 기울고
있는 것 같군요. 학생은 고등학교 시절에 가끔 도구를 사용하여 실험을

해본 적이 있을 터인데······."

나는 고등학교에 다닐 때 조그마한 실험장치나 모터, 그리고 유도코일 등을 즐겨 만들어 보았다고 말하였다. 그렇지만 전체적으로는 실험장치의 세계와 친숙하지 못한 편이고, 별로 중요하지도 않은 데이터를 정밀하게 측정하는 데 지불해야 하는 세심성이 아주 견뎌내기 어려운 일이었다는 것도 말했다.

"그러나 학생이 이론물리를 한다 하더라도, 학생에게 별로 중요하다고 여겨지지 않는 작은 문제들도 또한 세심하게 다뤄야 합니다. 가령 아인슈타인의 상대성이론이나 플랑크(Max Planck, 1858~1947)의 양자론(量子論)과 같은, 철학에까지 미치는 큰 문제를 다루는 데서도 초보를 넘어선 사람들이 해결해야만 하는 작은 문제들이 많이 있습니다. 이와 같은 문제들을 포괄하는 전체 안에서 비로소 새롭게 개척되는 영역의 한 상을 파악할 수 있게 되는 것입니다."

이때 내가 "그러나 저는 그같이 사소한 문제들보다는 그 뒤에 가로놓여 있는 철학적 문제에 훨씬 더 흥미를 느끼고 있습니다"라고 수줍게 반박하였지만, 조머펠트 교수는 좀처럼 납득하려 하지 않았다.

"그러나 학생은 실러가 칸트와 그의 주석자들에 관하여 한 다음과 같은 말을 기억하겠지요. '왕이 공사(工事)를 시작하면 비로소 일꾼들에게 할 일이 생긴다.' 처음에는 우리들은 모두 일꾼입니다. 학생도 더 작은 일을 세심하게 그리고 성실하게 해 나가서 그 결과로 우리가 바라는 무엇인가 뜻 있는 일이 생긴다면 그때 참다운 기음을 알게 될 것입니다."

그리고 교수는 이제부터 내가 연구를 시작하는 데 필요한 지시를 주었고, 내가 나의 능력을 시험할 수 있도록 최근의 원자론에서 논쟁이 되고 있는 조그마한 문제 하나를 제시해 줄 것을 약속하였다. 이렇게 해서 그 뒤 몇 년 동안 조머펠트 문하에 몸을 담게 되었다.

현대물리학에 정통하고 상대성이론과 양자론에서 중요한 발견을 한 이 석학과 가진 첫 대화는 그뒤 오랫동안 나에게 영향을 미쳤다. 작은 일에 세심하라는 요청을 나는 잘 이해할 수가 있었다. 왜냐하면 나는 아버지한테서도 이와 같은 주의를 자주 들었기 때문이다. 그러나 내가 깊이 관심을 가지고 있었던 영역이 아직도 먼 곳에 있다는 사실은 나를 몹시 실망시켰다. 따라서 조머펠트 교수와 나눈 첫 대화에 관해서 친구들과 많은 이야기를 나누게 되었는데, 그가운데서 현대물리학이 우리가 살고 있는 이 시대의 문화적 발전과 어떤 관련이 있는가에 관한 대화가 기억에 남아 있다.

나는 그해 가을, 지난번에 말한 프룬성에서 〈샤콘느〉를 연주했던 바이올리니스트와, 훌륭한 첼리스트인 발터라는 친구 집에서 자주 모였다. 우리는 고전적 3중주곡을 완전히 익히려고 노력하고 있었고, 어떤 축제를 위해서 유명한 슈베르트의 3중주곡도 연습하고 있었다. 발터의 아버지는 일찍 돌아가셨기 때문에 그의 어머니가 두 아들과 같이 엘리자베트 가(街)에 있는 세련되게 정돈된 꽤 큰 집에서 살고 있었다. 그 집은 호헨촐레른가(街)에 있는 우리 집에서 몇 분밖에 안 걸리는 거리에 있었는데, 그 집 거실에 있는 베크슈타인사의 훌륭한 그랜드 피아노는 내게 피아노 연주의 기쁨을 한층 북돋워 주었다. 합주 연습을 하느라고 우리는 밤늦게까지 앉아서 이야기꽃을 피우곤 하였다. 때로는 내 전공에 관한 이야기도 나오곤 했다. 발터의 어머니는 내게 왜 음악을 전공하지 않았느냐고 물었다.

"학생은 그 연주 솜씨로 보나 음악에 관하여 이야기하는 투로 보나 자연과학이나 기술보다 예술에 더 소질이 있는 것같이 보입니다. 그리고 학생은 근본적으로 그와 같은 음악의 내용을 기구(器具)나 수식(數式) 또는 정교한 기술적인 장치에서 표현되는 정신보다 더 아름답게 생각하고

36

있는 것으로 보입니다. 그런데 학생은 왜 자연과학을 공부하려고 결심하였는지 알고 싶군요. 이 세계가 나아가는 길은 젊은이들이 무엇을 하고자 원하는가에 달려 있습니다. 젊은이가 아름다움을 선택하면 이 세상은 그만큼 아름다워질 것이고, 젊은이들이 유용한 것을 선택하면 이 세상에는 유용한 것이 더 많이 생길 것입니다. 따라서 한 사람 한 사람의 결정은 자기자신을 위해서만이 아니라 인간사회에도 큰 뜻을 갖는 것입니다."

나는 이렇게 변명을 했다.

"저는 사람들이 본질적으로 그렇게 쉽게 미래를 선택할 수 있다고 보지 않습니다. 그 까닭은 내가 훌륭한 음악가가 될 수 없다는 것은 차치하더라도 오늘날 사람들이 어느 영역에서 가장 많은 성과를 거둘 수 있느냐 하는 문제가 남기 때문입니다. 그리고 이 문제는 그 영역의 상태에 따라 달라집니다. 음악의 경우, 최근의 작곡가들은 옛날의 작곡가에 견주어 충분히 이해가 가지를 않습니다. 17세기의 음악은 그 당시의 생활 속에 깔려 있었던 종교적인 핵심에서 벗어나지 못했으며, 18세기의 음악에서는 개개인의 감정세계로 이행이 이루어졌고, 낭만주의적인 19세기의 음악은 인간 영혼의 가장 깊은 곳까지 침투해 들어갔습니다. 그러나 최근의 음악은 이상하게도 불안감이 짙으며 도리어 허약한 실험단계에 빠진 것같이 느껴집니다. 이 단계에서 이미 정해진 궤도에 따라서 전진하려는 확실한 의식보다는 이론적인 고찰이 더 큰 구실을 하고 있는 것같이 보입니다. 그러나 자연과학, 특히 물리학에서는 상황이 다릅니다. 그곳에서는 이미 설정된 궤도의 추구 — 20년 전까지만 해도 그 목표는 전자기적(電磁氣的) 현상의 이해였음에 틀림없지만 — 는 저절로 공간과 시간의 구조라든가, 인과법칙의 타당성과 같은 철학적인 근본적 위치가 문제되는 그러한 곳에까지 이르게 되었습니다. 바로 앞조차 뚜렷이 내다볼 수 없는 신천지가 열렸으며, 따라서 뚜렷한 대답을 얻기 위하여서는 많은 물리학자들이 여러 세대에 걸쳐 활동하지 않으면 안 되리라고 믿습니다. 이러한 분야에서 내가 무엇인가 공동작업을 할 수 있다는 것은 매우 매력 있는 일로 여겨집니다."

바이올리니스트인 친구 롤프는 내 말에 만족하지 않았다.

"네가 현대물리학에 대해 말한 것은 오늘의 음악에도 그대로 적용될 수 있지 않을까? 음악에도 이미 설정된 궤도는 존재한다고 생각한다. 예부터 내려오는 음악의 조성(調聲)의 한계는 이미 극복되었으며, 우리는 협화음과 리듬은 거의 마음대로 할 수 있는 자유를 가질 수 있는 신천지에 들어와 있다고 생각한다. 따라서 네가 말하는 자연과학에서와 같이 음악에서도 풍부한 성과를 기대할 수 있지 않을까?"

그러나 발터는 이 비교에서 많은 의문점을 느꼈다. 그리고 그는 다음과 같이 반박하였다.

"나는 표현수단의 선택의 자유가 바로 성과가 풍부한 신천지가 되는 것인지 잘 모르겠다. 언뜻 보기에는 더 큰 자유는 가능성을 풍부하게 하고 가능성의 증가를 표현하는 것같이 보인다. 그러나 나는 과학에서보다는 좀더 가까이 있는 예술에서는 그와 같은 것을 본디 인정할 수가 없다. 예술의 발전은 인간의 삶을 개조하는 더딘 역사적 과정 — 이 과정에는 개개인이 영향력을 행사할 수 없다 — 을 통해서만 새로운 내용을 불러일으키는 그와 같은 방식에 따라서 성취되고 있다. 그러면 개개의 재능이 뛰어난 예술가들은 자기의 예술을 위한 소재, 즉 색조나 악기 등으로부터 새로운 표현 가능성을 입수해서 이 새로운 내용에다 눈으로 볼 수 있거나 귀로 들을 수 있는 어떠한 형태를 부여하려고 시도하는 것이다. 이 변동 (만약 그렇게 부르기를 원한다면) 표현의 내용과 표현수단의 한정 사이의 투쟁은 실제로 예술이 탄생하는 필요불가결의 전제라고 나는 본다. 따라서 이와 같은 표현수단의 한정이 없어진다면, 가령 음악에서 사람들이 제

멋대로 음색을 내도 좋은 것이라면 이미 이와 같은 싸움은 없어지는 것이고, 예술가들의 노력은 말하자면 공허 속에 부딪히고 말 것이다. 그러므로 자유도(自由度)가 너무 크다는 것에 대해서는 나는 좀 회의적이다."

발터는 계속하였다.

"그러나 자연과학에서는 새로운 기술에 따라 새로운 실험들이 항상 되풀이 가능할 것이고, 또한 이 가능성이 실현되면서 새로운 경험들이 모일 것이다. 그래서 새로운 내용물이 생기게 될 것이다. 여기서 표현수단이라는 것은 새로운 내용을 파악하고 그것을 이해해 나아가야 할 개념들이다. 예를 들면 네가 그렇게 흥미 있어 하는 상대성이론만 하더라도, 세기의 전환기에 공간에서의 지구의 운동을 빛의 간섭현상을 이용해서 증명하려고 시도하였을 때 경험한 어떤 사실에서 발단되었다는 것을 어느 대중과학서적에서 읽은 적이 있다. 그런데 이 같은 증명이 실패하였을 때 사람들은 이 새로운 경험이 — 그것을 새로운 내용물이라고도 할 수 있다 — 표현 가능성의 확장, 다시 말해서 물리학의 개념체계의 확장을 필요로 한다는 사실을 알게 되었다. 그때는 공간과 시간과 같은 그렇게 기본적인 개념이 철저하게 바뀌어야만 한다는 것을 예견한 사람은 한 사람도 없었을 것이다. 그런데 그때 시간과 공간에 관한 개념에 무엇인가 변화가 있어야 하고, 또 변화되지 않으면 안 된다는 것을 처음으로 인식하였던 것은 아인슈타인의 위대한 발견이 아닐 수 없다. 그러므로 나는 네가 물리학에 대해 한 이야기를 18세기 중엽의 음악의 발전과 견주어 보고자 한다. 당시 개개인의 감정세계는 더딘 역사적 과정을 통하여 우리들이 루소 또는 괴테의 《젊은 베르테르의 슬픔》에서 알 수 있는 바와 같이 시대의 의식 안으로 들어왔고, 그래서 저 위대한 고전파 하이든, 모차르트, 베토벤, 슈베르트 등이 표현수단을 확장함으로써 이 같은 감정세계의 적절한 표현을 성공시켰던 것이다. 그러나 오늘의 음악에서는 새로운 내용의 빈약성을 걱정하지 않을 수 없다. 따라서 표현 가능성의 과잉상태는 오히려 나를 불안하게 할 뿐이다. 오늘의 음악은 지나치게 부정적인 방향으로 달리고 있다는 느낌이 든다. 사람들은 옛날의 조성을 포기해야 한다고 말하고 있다. 그 조성을 가지고는 더 이상 표현할 수 없는 어떤 새로운 강한 내용이 있어서가 아니라, 사람들은 그 영역은 이미 다 소진되었다고 생각하기 때문이다. 그러나 사람들이 그 조성을 버린 뒤에 어디로 가야 하는지에 대해서는 아직 음악가들 사이에 정설이 없다. 다만 더듬는 시도만이 있을 뿐이다. 현대 자연과학에서는 문제설정이 뚜렷하며 그 설정된 문제의 해답을 찾는 것이 과제이다. 현대예술에서는 바로 그 문제설정 자체가 애매하다. 네가 말하고 또 믿고 있는 물리학에서 앞으로 개척해 나가려 하고 있는 그 신개척지에 대해 좀더 자세히 이야기해 주기 바란다."

나는 병석에서 한 독서와 대중적인 해설서에서 얻은 원자물리학에 대한 작은 지식을 다른 사람들에게 이해시켜 보려고 했다. 그래서 발터에게 이렇게 대답하였다.

"상대성이론의 경우에는 네가 아까 지적한 실험이 분명히 다른 종류의 실험들과 잘 들어맞아서 아인슈타인으로 하여금 지금까지의 동시성이라는 개념을 포기하게 만들었다. 이 같은 사실만으로도 이는 매우 자극적인 말이 된다. 왜냐하면 모든 사람은 먼 거리에서 일어나는 사건에 대해서도 '동시성'이라는 말이 무엇을 뜻하는지를 정확하게 알고 있다고 믿기 때문이다. 그러나 그것은 분명히 잘못 알고 있는 것이다. 다시 말해서 만일 사람들이 그 같은 두 사건이 동시적인지 아닌지를 어떻게 확인할 수 있는가를 묻고, 그 결과를 바탕으로 다양한 확인방법의 가능성을 살핀다면, 그 대답이 결코 일의적(一義的)이 아니라 관찰자의 운동상태에 따라 변한다는 정보를 자연으로부터 얻게 될 것이다. 따라서 공간과 시간은 이때까지 사람들이 믿고 있었던 바와 같이 서로 독립적으로 떨어져 있는 것이 아니다. 아인슈타인은 매우 간결한 수학적 형식을 빌려 이 같은 공간과 시간의 새로운 구조를 완결하게 서술하고 있다. 나는 병석에 누워 있는 몇 달 동안 이 수학적 세계를 약간 파고들어가 보았다. 그러나 내가 이미 조머펠트에게서 배운 대로, 이 영역은 이미 상당히 광범위하게 해명되어 있으며, 따라서 그것은 이미 신개척지라고는 말할 수 없다. 지금 가장 흥미 있는 문제들은 다른 방향, 즉 원자론에 있다. 이웃에서는 어째서 물질세계에서는 항상 반복되는 같은 형태나 성질이 존재하느냐라는 근본문제가 제기되고 있다. 예를 들면 물이라는 액체는 얼음이 녹는다든지 수증기가 액화할 때, 또는 수소가 연소할 때도 항상 그 모든 특성을 그대로 가지고 있는 똑같은 것이 새롭게 형성되는데, 그 이유가 무엇이냐 하는 근본적인 물음이 제기되고 있는 것이다. 지금까지 물리학에서는 이와 같은 사실이 항상 전제되어 왔으나 한 번도 이해되어 본 일은 없었다. 예를 들어, 사람들이 물은 원자로 구성되어 있다고 가정한다면, 화학은 이 개념을 효과 있게 사용해 왔지만 우리가 학교에서 배운 뉴턴(Newton)의 운동법칙을 가지고는 그 같은 물질의 최소부분의 운동의 안전도를 설명할 수는 없을 것이다. 따라서 이곳에서는 원자들이 항상 반복하여 같은 상태로 배열되고 운동하고, 그 결과 동일한 안정된 특성을 가진 원소들이 반복해서 생성된다는 사실을 설명할 수 있는 다른 종류의 자연법칙이 작용하지 않으면 안 된다는 말이 된다. 이와 같은 새로운 자연법칙에 관해서는 20년 전에 발표된 플랑크의 양자론에서 최초로 시사된 바 있다. 그리고 덴마크의 물리학자 보어(Niels Bohr, 1884~1962)가 플랑크의 아이디어를 영국에서 러더포드가 발전시켰던 원자의 구조에 관한 표상과 결부시켰다. 그때 그는 처음으로, 내가 지금 이야기한 원자세계에서 기이한 안정성에 대하여 빛을 던질 수 있었으나 조머펠트가 생각하는 바와 같이 이 영역을 명백하게 이해하기에는 아직 거리가 멀다. 따라서 앞으로 수십 년 동안 이 영역에서 사람들이 새로운 관련성을 발견할 수 있는 신개척지가 열려 있다고 본다. 아마도 사람들이 이 영역에서 자연법칙을 올바로 정식화한다면 화학 전체를 원자물리학으로 귀속시킬 수 있을 것이다. 따라서 새로운 영역을 올바르게 찾을 수 있는 정확한 새로운 개념을 찾아내는 일이 중요할 것이다. 그러므로 나는 오늘날에서는 사람들이 음악에서보다는 원자물리학에서 더 중요한 연관성과 더 중요한 구조를 추적할 수 있다고 생각한다. 그러나 지금부터 150년 전에는 상황이 정반대였다는 사실을 나는 또한 기꺼이 인정한다."

발터가 대답하였다.

"그렇다면 네 말은 그 시대의 정신적 구조에 이바지하려고 생각하는 개인은, 역사적인 발전이 바로 그 시대의 그에게 설정해 준 가능성에 따라야 한다는 것이냐? 모차르트가 우리 시대에 태어났다면 그 또한 오늘날의 작곡가들과 같이 무조(無調)의 실험적 음악만 작곡하고 있었을까?"

"물론 나는 그렇게 생각한다. 아인슈타인이 12세기에 살았다면 그는 확실히 별 다른 중요한 자연과학의 법칙을 발견할 수 없었을 것이다."

이때 발터의 어머니가 반대하였다.

"그러나 항상 모차르트나 아인슈타인과 같은 위대한 인물들에 관해서만 이야기하는 것은 용인될 수 없는 일이다. 대부분의 개개인에게는 결정적인 자리에서 이바지할 수 있는 가능성이 거의 없으며, 그들은 훨씬 조용한 조그마한 영역에 참여하게 될 것이다. 그러니까 슈베르트의 3중주곡을 연주하는 편이 어떤 장치를 만들거나 수학공식을 쓰는 것보다는 아름다운 일이 될 수 있지 않은가를 잘 생각해 보아야 할 것이다."

나는 이 점에서 많은 고민을 했었다는 사실을 인정했다. 그리고 조머펠트 교수와 나눈 대화와, 나의 장래의 스승이 실러의 "왕이 공사를 시작하면 비로소 일꾼들에게 할 일이 생긴다"는 말을 인용하였다는 이야기도 했다.

그러자 롤프가 이렇게 말했다.

"그 점에서는 우리 모두가 마찬가지라고 생각한다. 음악가의 경우 우선 악기의 기술적 숙달을 위해서 무한히 많은 노력을 기울여야 하며, 가령 그것이 이루어졌다 하더라도 이미 수백 명의 음악가들의 해석을 거친 곡목을 반복해서 연주하지 않으면 안 될 것이다. 네가 물리를 공부하는 데서도, 처음에는 다른 사람들이 이미 고안해 놓은 장치를 끈기 있게 힘들여서 만들지 않으면 안 될 것이고, 이미 다른 사람들에 의해서 예리하게 통찰된 수학적인 고찰을 뒤따르지 않으면 안 될 것이다. 그리고 이 모든 것이 이루어졌다 하더라도, 우리가 '일꾼'에 속하는 한 우리는 끊임없이 훌륭한 음악과 접촉해야 할 것이며, 그러다가 가끔 어떤 해석이 특별히 잘 되었다는 데 만족을 느끼는 것이 우리가 누릴 수 있는 최고의 기쁨이 될 것이다. 네 경우에는, 때로 어떤 관계를 종전보다 더 잘 파악한다든가, 어떤 현상을 선배들보다 더 정확하게 측정하는 데 성공할 수 있을 것이다. 사람들이 좀더 중요한 것에 이바지할 수 없는지, 또는 어느 결정적인 자리에서 한 발짝 더 나아갈 수 있다든지 하는 것을 너무 지나치게 계산해서는 안 될 것으로 생각한다. 아직 개발될 여지가 많이 남아 있는 신개척지가 있는 영역에서도 지나친 계산은 금물이라고 본다."

깊은 생각에 잠겨 귀를 기울이고 있던 발터의 어머니가 우리를 향해서라기보다는 자기자신에게 타이르듯이 입을 열었다.

"아마도 '왕과 일꾼'에 대한 비유는 항상 잘못 해석되고 있는 것 같아요. 물론 우리들에게는 모든 영광은 왕의 행위로부터 나오고 일꾼의 노동은 다만 보조적인 부속물같이 생각되고 있지만 사실은 그 반대가 아닐까요? 왕의 영광은 근본적으로는 일꾼의 노동에 그 바탕을 두고 있는 것일 겁니다. 도대체가 그 영광이라는 것은, 오로지 일꾼들의 다년간에 걸친 힘든 노동과 그 노동으로부터 나오는 기쁨과 성과가 거두어질 때 비로소 가능한 것이지요. 아마도 바흐나 모차르트 같은 인물들이 음악의 왕으로서 우리 앞에 나타난 것은 수많은 무명의 음악가들이 200년에 걸쳐 최고의 세심성과 성실성을 가지고 그들의 사상을 재현하고 새롭게 해석함으로써 청중들에게 이해할 수 있는 가능성을 주었기 때문이라고 생각됩니다. 그리고 청중들 자신도 이 세심한 재현과 해석의 작업에 동참함으로써 저 위대한 음악가들에 의해서 표현된 내용이 비로소 생생한 현존의 것으로 될 수가 있는 것입니다. 이것은 예술에서나 과학에서나 마찬가지라고 생각됩니다. 역사적인 발전과정을 보면 모든 분야에 '긴 침묵의 시대'와 '천천히 발전하는 시대'가 반드시 있게 마련입니다. 그러나 이와 같은 시대에서도 가장 세부적인 데 이르기까지 성실하고 정확한 작업이 매우 중요한 것입니다. 온 힘을 바치지 않은 일들은 모두 잊혀지게 마련이며, 언급할 가치도 없다고 생각해요. 그러나 이 느린 과정에서 시대의 변천에 따라 문제되는 분야의 내용도 바뀌게 되고, 이래서 전연 예기치 않았던 새로운 가능성과 새로운 내용들이 돌연히 나타나게 되지요. 위대한 천재들은 이와 같은 과정 속에서 그 모습을 나타내는 성장력에 마술적으로 끌려 들어가서 불과 20, 30년 안에 대단히 우수한 예술작품을 창조하거나 아주 중요한 뜻을 갖는 과학적 발견을 성취하게 됩니다. 이와 같이 해서, 18세기 후반에는 고전주의 음악이 빈에서 성립되었고, 15, 16세기에는 회화가 네덜란드에서 탄생하게 되었던 것입니다. 위대한 천재들은 새로운 정신적인 내용에다 외면적인 표현을 부여하고, 또 그 이상으로 발전을 가능케 하는 가치 있는 형식을 창조하지만 그들 자신이 새로운 내용을 본래적으로 창조해내는 일 따위는 거의 없습니다. 물론 우리는 지금 큰 결실을 볼 수 있는 자연과학시대에 서 있는지도 모릅니다. 그리고 사람들은 한 젊은이가 시대의 요구에 참여하고자 하는 것을 막을 수는 없을 것이며, 예술 분야와 과학 분야에서 아울러 눈부신 발전을 요구할 수도 없을 것입니다. 오히려 직접적인 목격자로서나 적극적으로 이바지할 수 있는 자로서 이와 같은 발전에 힘써 도울 수 있다면 그야말로 감사해야 할 겁니다. 그 이상을 기대한다는 것은 무리일 겁니다. 때문에, 현대예술 ─ 그것이 현대음악이든 현대회화든지 간에 ─ 에 대하여 자주 던지는 비난도 또한 부당한 것이라고 생각해요. 18세기로부터 19세기에 걸쳐서 음악이나 조형미술 분야에 커다란 과제들이 설정되었고, 그것이 해결된 다음에는 안정된 조용한 시기가 뒤따랐을 겁니다. 이 시대에서는 옛것이 보호되고 새것은 불확실하게 실험적으로 시도될 수 있었을 뿐일 겁니다. 현재의 음악에서 구성 가능한 것과 고전주의 음악의 위대한 시대적 성과를 서로 견주어 보는 것은 부당한 처사라고 생각해요. 그건 그렇고, 오늘 밤은 학생들이 한 번 더 슈베르트 3중주곡의 느린 악장을 되도록 가장 아름답게 연주하는 것으로 끝내는 게 어떻습니까?"

그래서 롤프의 다소 우울한 바이올린 선율이 울려나왔고, 우리는 거기서 유럽 음악의 위대한 시대는 완전히 지나갔다고 보고 있는 그의 서글픈 기분을 느낄 수가 있었다.

며칠 뒤 조머펠트 교수가 강의를 하곤 했던 대학의 강의실에 들어간 나는, 넷째 줄에서 검은 머리에 약간 불안한 듯하면서도 어딘가 사려 깊은 얼굴을 하고 있는 한 학생을 발견하였다. 그는 이미 내가 조머펠트 교수와 첫 대면을 끝낸 뒤 그의 세미나실에서 본 적이 있는 인상 깊은 학생이었다. 조머펠트 교수는 그를 나에게 소개해 주면서, 이 학생을 문하생 가운데서 가장 재능 있는 학생으로 생각하고 있으며, 이 학생에게서 많은 것을 배울 수 있을 것이라고 말했다. 그래서 나는 물리학에서 무엇인가 이해하기 곤란한 것이 있을 때는 안심하고 그에게 질문을 던질 수 있었다. 그의 이름은 볼프강 파울리였다. 그는 그뒤 평생 동안 나에게 날카로운 비판자와 항상 변함없는 친구라는 두 가지 구실을 해 주었다.

그래서 그날도 나는 그의 옆에 앉았고, 강의 뒤에 공부를 위한 조언을 해달라고 부탁하였다. 그때 조머펠트 교수가 강의실에 들어왔다. 그가 강의를 시작하자마자 볼프강은 내 귀에다 대고 "교수가 늙은 기병대 연대장처럼 보이지 않니?" 하고 속삭이는 것이었다.

강의가 끝난 뒤 이론물리학연구소 세미나실로 돌아갔을 때, 나는 볼프강에게 다음과 같은 두 가지 물음을 제기하였다. 즉 만약 이론물리학을 전공하려 할 때 사람들은 어느 정도 실험기술을 배워야 하는지, 그리고 현대물리학에서 상대성이론이 원자론과 견주어 볼 때 어느 정도로 중요한 것인지에 대해 그의 의견을 물었다. 그는 이렇게 대답하였다.

"나는 조머펠트 교수가 우리에게 어느 정도 실험을 익혀야 한다고 주장하는 것을 알고 있다. 그러나 나에게는 특히 이것은 거의 불가능한 일이다. 나는 도대체가 실험장치와는 인연이 멀다. 나는 모든 물리학이 실험의 결과로 이루어지고 있다는 사실을 잘 알고 있다. 그러나 일단 결과가 나온 다음의 물리학은 지금까지는 어떠하였는지 모르지만 오늘날에는 실험물리학자들에게 너무나 어려운 것이 되고 만다. 이것은 분명히 우리의 일상생활의 개념을 가지고는 도저히 적절히 서술할 수 없는 그러한 자연 영역까지 밀고 들어갔다는 데 그 원인이 있다고 생각한다. 그러므로 사람들은 현대수학의 철저한 훈련 없이는 감당할 수 없는 추상적 언어에 기댈 수밖에 없게 되었다. 따라서 제한을 받지 않을 수 없고 전문화될 수밖에 없다. 나에게는 바로 이 추상적 수학의 언어가 도리어 쉽게 이해되며, 그러므로 나는 이것으로써 물리학에 무엇인가 이바지할 수 있기를 바라고 있다. 물론 어느 정도의 실험적 지식은 필요하고 불가결한 요소이다. 순수 수학자는 제 아무리 우수하다 하더라도 물리학 일반에 관해서는 아는 바가 없다."

계속해서 나는 연로한 린데만 교수와 나눈 대화, 그의 애완용 검은 삽살개, 그리고 바일의 책 《공간 · 시간 · 물질》의 독서에 대하여 말하였다. 볼프강은 나의 이 말에 몹시 재미있어 했다.

그는 말하였다.

"그것은 내가 상상한 대로이다. 린데만 교수는 말하자면 수학적인 엄정성에 대한 광신자이다. 따라서 그에게는 모든 자연과학, 특히 수리물리학은 허튼 수작에 지나지 않는다. 바일은 확실히 상대성이론에 관해서 무엇인가를 이해하고 있다. 까닭에 린데만 교수에게 바일은 정통적인 수학자의 반열에서 제외된 존재일 수밖에 없다."

상대성이론과 원자론의 의의에 관한 내 물음에 볼프강은 다음과 같이 대답하였다.

"이른바 특수상대성이론은 이미 완전히 완결되었으며, 따라서 사람들은 예부터 내려오는 물리학과 마찬가지로 그것을 쉽게 배우고 또 응용하지 않으면 안 된다. 그러므로 그것은 새로운 것을 발견하려는 사람들에게는 더 이상 흥밋거리가 안 된다. 아인슈타인의 일반상대성이론, 또는 중력이론은 그런 의미에서 완결되었다고 생각할 수 없다. 가장 어려운 수학적 유도식(誘導式)을 가진 100쪽이 넘는 이론인데도, 그 이론에서 단 하나의 실험만이 나왔다는 사실만 가지고도 이유는 불충분하다고 말할 수밖에 없다. 따라서 사람들은 이것이 과연 옳은 것인지 아닌지를 확실히 알지 못하고 있다. 그러나 이 이론은 새로운 사고의 가능성을 열었으며, 따라서 사람들은 그것을 매우 신중하게 다뤄야 할 것이다. 나는 최근 일반상대성이론에 관하여 논문을 하나 썼는데, 바로 그 때문에 나는 원자론을 근본적으로 훨씬 더 흥미 있는 것으로 생각하게 되었다. 원자물리학에서는 아직 이해되지 않은 실험결과들이 얼마든지 나뒹굴고 있다. 한

곳에서는 자연을 이렇게 진술하고 있는데 다른 곳에서는 전혀 모순되게
진술하고 있다. 현재로서는 불충분한 대로라도 어떤 연관성을 갖는 모순
없는 상을 그릴 수가 없는 상태에 놓여 있다. 덴마크의 닐스 보어는 외부
세계로부터 오는 교란에 대한 원자들의 기묘할 정도의 안정성과 플랑크
의 양자가설(量子假說)을 결부시키는 데 성공하였으며 ― 물론 그것도 충
분한 것은 못 되지만 ― 극히 최근에 보이는 원소들의 주기적 체계와 개
체원소들의 특성을 완전히 이해하는 데 성공했다고 듣고 있다. 그러나
그도 앞서 말한 모순들을 완전히 극복한 것은 아니기 때문에 앞으로 그가
어떻게 이것을 성취해 나갈 것인지는 나도 알 수가 없다. 그러니까 이 모
든 영역에 걸쳐서 사람들은 암중모색의 상태를 벗어나지 못하고 있는 것
이 사실이고, 바른 길을 찾기까지는 아직도 몇 해가 더 걸릴 것이라고 본
다. 조머펠트 교수는 사람들이 실험을 바탕으로 하여 새로운 규칙성을
추측할 수 있기를 기대하고 있다. 옛날 피타고라스학파의 학자들이 흔들
리는 현(弦)의 진동의 조화를 믿었던 것과 같이 조머펠트는 수의 관계를
믿고 있으며, 일종의 수의 신비교(神秘敎)를 믿는 신자라고 말할 수 있다.
그러므로 그의 과학의 이와 같은 측면을 '원자신비'라고 즐겨 부르고 있
지만, 지금까지 아무도 그 이상은 모르는 것이 사실이다. 아마도 지금까
지 물리학의 커다란 폐쇄성을 잘 모르고 있는 사람들이 더 쉽게 올바른
길을 찾아낼지도 모르는 일이다. 그러한 뜻에서 너는 유리한 자리에 서 있
는지도 모르지. 그렇다고 모른다는 것이 반드시 성공한다는 보장은 없지."
　이렇게 말하면서 볼프강은 짓궂게 미소 지었다.
　이와 같이 약간 무례한 말을 하면서도 내가 지금까지 물리학을 전공하
기 위하여 기초로서 준비한 모든 것을 대체로 잘 된 것으로 인정해 주었
다. 나는 순수수학 쪽을 전공으로 택하지 않은 것을 다행으로 생각하게
되었고, 린데만 교수의 사무실에 있는 그 검은 강아지는 '끊임없이 악을

원하는, 또 끊임없이 선을 창조하는 저 힘의 한 부분'이라는 파우스트의
글로서 항상 나의 기억 속에 남게 되었다.

3. 현대물리학에서 '이해'라는 개념

　뮌헨에서 보낸 처음 2년 동안의 대학생활은 청년운동에 종사하는 클럽과 이론물리학의 추상적 합리적 영역이라는 두 세계에서 보내게 되었다. 이 두 곳은 매우 강렬한 생활로 채워져 있었기 때문에 나는 항상 긴장상태에 있었다. 그리고 내게는 하나의 세계로부터 다른 세계로의 이행이 그리 쉬운 일이 아니었다. 조머펠트 교수의 세미나에서는 볼프강 파울리와의 대화가 내 공부의 대부분을 차지하였다. 그러나 볼프강의 생활방식은 나와 정반대였다. 나는 밝은 낮을 좋아하였으며, 자유시간이면 되도록 도시를 피하여 산을 거닐거나 바이에른 호수에서 수영을 하거나 일광욕을 즐기며 보냈던 반면에, 볼프강은 분명히 밤의 사람이었다. 그는 도시의 거리를 좋아하였고, 밤에는 거리의 회관에서 상연되는 쇼를 즐기면서 흥분했으며, 그 흥이 채 가시지 않은 상태에서 밤 깊도록 물리학 문제에 끈질기게 몰두하면서 큰 성과를 올리고 있었다. 그래서 그는 조머펠트 교수가 유감스럽게 생각하는데도 아랑곳없이 그의 아침강의를 빼먹기 일쑤였고, 오후가 되어서야 강의실에 나타나곤 하였다. 그와 나의 이같은 생활방식의 차이는 종종 상대방의 생활을 빈정대는 사소한 말다툼으로 번질 때도 없지 않았지만 그 때문에 우리의 우정이 영향을 받지는 않았다. 물리학에 대한 공동관심이 매우 강렬하였기 때문에 다른 영역에 서의 관심의 차이는 쉽게 해소되었던 것이다.

내가 1921년의 여름을 회상하면 떠오르는 갖가지 기억들을 종합하여 하나의 상을 만들어보면, 내 눈앞에는 어느 숲가에 놓여 있는 텐트의 야 영지가 전개된다. 눈을 저 아래로 돌리면 미명의 새벽안개 속에 우리가 수영하고 노닐던 호수가 있고, 그 호수 너머 저쪽에는 베네딕트 산맥의 깎아지른 듯한 산줄기가 우뚝 솟아 있다. 아직 꿈속에서 잠들고 있는 동 료들을 뒤로 남기고 나는 해뜨기 전에 그곳을 떠나곤 했다. 다음 기차 정 거장까지 오솔길을 약 한 시간 가까이 걸어가기 위해서였다. 그곳에서 떠나는 아침 열차를 타야 아침 9시에 시작되는 조머펠트 교수의 첫 강의 에 늦지 않게 뮌헨에 닿을 수 있었다. 그 오솔길은 아래로 내려가면 호수 에 이르고, 습지대를 지나서 빙퇴석층(氷堆石層)의 언덕에 이르게 되어 있 었다. 그곳에서 사람들은 아침 햇볕 속에, 베네딕트 절벽에서 추크스피 제에 이르는 알프스의 연봉을 한눈에 바라볼 수가 있었다. 들꽃이 만발 한 들판에 성능이 좋은 제초기들이 떠오르고, 그리하여 3년 전처럼 미즈 바하의 그로스탈 농장의 일꾼으로서 한 쌍의 황소들을 부려보지 못하는 것이 내게는 못내 아쉬워지는데, 그 제초기는 너무도 똑바로 풀밭을 가로 질러가기 때문에, 잘리지 않은 풀들 — 우리 농부 아저씨는 그것을 '못된 놈'이라 불렀다 — 의 띠무늬는 생기지 않았다. 그러면 내 머리 속에는 농 부의 일상생활과 자연의 아름다움, 그리고 다가오고 있는 조머펠트 교수 의 강의가 서로 엇갈려 떠오르면서 내가 이 세상에서 가장 행복한 사내라 고 다짐하곤 했다.

조머펠트 교수의 강의가 끝난 뒤 한두 시간쯤 지나서 볼프강이 세미나 실에 나타나면 우리들의 인사는 다음과 같은 식으로 시작되곤 하였다.

볼프강 : 굿 모닝! 우리의 자연의 사도가 여기 계시군. 그대의 수호신인 루소의 교훈에 따라서 또 며칠을 자연과 더불어 사신 것이 틀림없으시겠지. 역시 '자연으로 돌아가라. 그리고 너희 원숭이들은 나무 위로 올라가라'는 유명한 명제가 자네의 수호신에게는 어울리는 말이지.

하이젠베르크 : 그 명제의 후반부는 루소의 말이 아니야. 그리고 '굿모닝'은 말도 안 돼. 도대체 지금이 몇 시인 줄 알아? 12시란 말이야. 그러니까 '굿 애프터눈'이라야 하는 거야. 그것은 그렇고, 이번에는 나도 한번 물리학에서 기막힌 영감을 얻을 수 있도록 네가 즐기는 야간 사교클럽에 나를 한번 안내하지 그래.

볼프강 : 그것은 네게는 보나마나 아무 소용이 없을 거야. 그건 어쨌든, 이젠 네가 곧 세미나에서 발표해야 할 크라머스의 논문에 대하여 공부한 것을 내게 보고해야 할 차례다.

이렇게 해서 우리의 대화는 실제적으로 전문적인 토론으로 넘어가는 것이다. 우리의 이 같은 물리에 관한 대화에 오토 라포르테라는 이름의 친구도 곧잘 끼어들었다. 그는 영리하고 냉철한 실용주의자로서, 볼프강과 나 사이의 중개자 구실을 맡는 좋은 친구였다. 그는 나중에 조머펠트 교수와 같이 이른바 '스펙트럼의 다중구조'에 관한 중요한 논문을 발표하였다.

우리 셋, 즉 볼프강, 오토, 그리고 내가 산으로 자전거 여행을 할 수 있었던 것도 또한 오토의 중재로 이루어진 것으로 그에게 감사해야 할 것이다. 이 여행은 베네딕트보이어로부터 케셀산을 넘어 발헨 호수까지, 그리고 거기서부터 멀리 로이자하 계곡까지 이르렀던 것으로 볼프강이 내 세계로 발을 들여놓았던 전무후무한 단 한 번의 여행이었다. 이 여행에서 이루어졌던 대화는 뒷날 뮌헨에 돌아가서도 둘 또는 넷 사이에 계속

이어져 나갔고, 참으로 많은 결실을 가져왔다.

우리는 며칠째 함께 여행을 하고 있었다. 케셀산의 말안장형 정상까지 자전거를 밀면서 힘들여 올라갔던 우리들은, 발헨호 서안의 가파른 산비탈을 깎아서 만든 급경사의 길을 따라 전혀 힘 안 들이고 자전거를 굴려 내려갈 수가 있었다. 나는 그 당시에 이 작은 땅조각이 내게 얼마나 중요한 곳이 될 것인가를 전혀 예감할 수가 없었다.

그리고 우리는 이전에 《빌헬름 마이스터》 가운데서 미뇽과 하프 타는 늙은이의 모델이 된 한 노인과 그의 딸이 이탈리아로 향하는 괴테의 역마차에 올라탔던 지점을 통과하였다. 괴테는 일기장에 "어두운 호수를 지나서 처음으로 눈이 쌓인 높은 산들을 보았다"고 기록하고 있다. 우리도 이 그림과 같은 경치에 환성을 올렸으나 우리의 대화는 언제나 우리의 연구와 학문에 관한 문제로 옮겨가고 있었다.

그라이나우의 어느 여관에서 보낸 밤으로 기억하는데, 볼프강은 나에게 조머펠트의 세미나에서 대단히 큰 비중을 차지하고 있는 아인슈타인의 상대성이론을 이해하고 있는지를 물었다. 나는 도대체 자연과학에서 '이해'란 말이 무엇을 뜻하는지가 뚜렷하지 않았기 때문에 알지 못한다고 대답할 수밖에 없었다. 상대성이론의 수학적 구조는 내게 그다지 어려움을 주지는 않았으나, 어째서 운동하고 있는 어떤 관찰자는 '시간'이라는 말을 정지하고 있는 관찰자와는 다르게 생각하는지를 아직도 이해하지 못하고 있었다. 이 시간개념의 혼란은 내게는 아직도 불분명한 것으로 남아 있었다.

볼프강이 반박하였다.

"그러나 네가 수학적 구조를 이해한다면 너는 어떠한 실험에서도 정지하고 있는 관찰자와 운동하고 있는 관찰자가 각각 지각하고 측정하는 것은 무엇이든지 계산할 수가 있을 것이다. 그리고 너는 우리가 계산이 예언하는 것과 동일한 실험결과가 나올 수 있다는 가정을 뒷받침하는 충분한 근거를 가지고 있다는 사실도 알고 있다. 그렇다면 너는 그 이상의 무엇을 또 요구하고 있는 것인가?"

"그것이 바로 내 어려움이다."

나는 대답하였다.

"사람들이 더 이상 무엇을 요구해야 하는지를 나도 모르고 있다는 점이 내 어려움이다. 나는 수학적 구조를 움직이는 그 논리에 내가 기만당하고 있다고 느낀다. 이렇게 말하면 너는 내가 그 이론을 머리로써는 이해하고 있지만 아직 가슴으로는 모르고 있다고 말할지도 모르겠다. 물리를 배우지 않고서도 우리는 '시간'이 무엇인가를 안다고 믿고 있다. 우리의 모든 사고와 행위는 항상 이같이 소박한 시간개념을 이미 전제하고 있는 것이다. 아마 다음과 같이도 말할 수 있을 것이다. 우리들의 사고는 이 시간개념을 사용할 수 있으며, 그것으로 우리가 많은 성과를 거두고 있다는 데 그 사고의 근거를 두고 있다고. 따라서 우리가 지금 이 시간개념이 바뀌어야 한다고 주장한다면 우리가 사용하고 있는 언어와 사고도 바른 길을 찾는 데 필요한 작업도구가 될 수 있느냐 없느냐 하는 문제에 맞닥뜨리게 되는데, 나는 이 문제를 이해하지 못하고 있다. 이 경우에 나는 공간과 시간을 직관 형식으로서 선천적으로 표현하고, 또 그럼으로써 그것들이 이전의 물리학에서도 타당한 것으로 보였듯이 이 기본형식에 절대적인 권리를 부여할 것을 바라는 칸트를 인용하려고 하는 것은 아니다. 나는 다만 그렇게 기초적인 개념을 변화시킬 때 우리의 사고도 언어도 불확실한 것이 되고 만다는 점을 강조하고 싶었을 뿐이다. 바로 이 불확실성은 이해와는 거리가 먼 것이다."

오토는 내 의구심을 근거가 없는 것으로 받아들였다. 그래서 그는 이렇게 말하였다.

"학교에서 배우는 철학에서는 물론 '공간'이나 '시간'과 같은 개념이 이미 확고하고 더 이상 바뀔 수 없는 의미를 갖는 것처럼 보인다. 그러나 그것은 학교에서 배우는 철학이 잘못된 것임을 보여줄 뿐이다. 나는 공간과 시간의 '실체'에 대하여 아름답게 표현하고 있는 화법은 딱 질색이다. 너는 너무 지나치게 철학에 몰두하고 있는 것같이 보인다. 그렇지만 너는 '철학은 오로지 이 목적을 위해서 고안된 명명법(命名法)의 조직적인 남용이다'는 정의도 명심할 필요가 있다고 생각한다. 모든 절대성의 요구는 처음부터 거부되어야 할 것이다. 실제로 사람들은 직접적으로 감각적인 지각에 관련될 수 있는 그러한 말이나 개념만을 사용했어야 했다. 이때 사람들은 감각적인 지각은 물론 복잡한 물리학적 관찰로 대치할 수도 있을 것이다. 그와 같은 개념은 많은 설명 없이도 이해될 수 있다. 바로 관찰할 수 있는 것으로서 상환청구(償還請求)야말로 아인슈타인의 위대한 공로였다. 아인슈타인은 그의 상대성이론에서 시간은 시계로부터 읽어내는 것이라는 평범한 확인에서부터 출발하였다. 네가 그와 같은 평범한 의미를 받아들인다면 상대성이론에는 아무런 어려움이 없을 것이다. 한 이론이 관찰의 결과를 정확하게 예고하는 것이 허용되는 한 그 이론은 이해를 위하여 필요한 모든 것을 제공하게 된다."

볼프강은 이에 대하여 몇몇 조건들을 덧붙였다.

"그러나 네가 말한 것은 사람들이 꼭 언급하고 넘어가야 할 매우 중요한 몇몇 전제 아래서만 타당한 것이다. 첫째로 이론의 예언은 전후 모순이 없이 뚜렷하게 일관되어 있다는 것이 확실해야 한다. 상대성이론의 경우에는 이것은 간단하게 내다볼 수 있는 수학적 구조로써 보증되고 있다. 둘째로는 그것이 어떤 현상에는 적용될 수 있고 어떤 것에는 적용될 수 없다는 한계가 이론의 개념적 구조로부터 나와야 한다. 그러한 제한이 없다면 모든 이론은 곧 모순에 빠지고 말 것이다. 왜냐하면 한 이론이 세계의 모든 현상을 예언할 수 없기 때문이다. 그러나 이와 같은 전제가 다 이루어진다 할지라도 사람들이 그 영역에 속하는 모든 **현상**들을 예언할 수 있다는 것이 바로 완전한 이해와 통하는 것인지에 대해서는 나는 확신이 서지 않는다. 즉 어느 경험 영역을 완전히 이해하였다고 하더라도 미래의 관찰 결과를 정확하게 미리 계산할 수 없는 그러한 역의 결과도 생각할 수 있다고 보기 때문이다."

나는 여기서 역사적인 실례를 들어서 미리 계산할 수 있는 능력과 이해를 동등시하는 데 대한 내 의구심의 근거로 삼으려고 하였다.

"너는 고대 그리스의 천문학자 아리스타르코스가 이미 태양이 우리 행성계의 중심에 있을 가능성을 생각했던 사실을 알고 있을 것이다. 그러나 이 생각은 히파르코스에게서 거부되었고 그뒤로 잊혀지고 말았다. 그래서 프톨레마이오스는 중심에 정지하고 있는 지구로부터 출발하여 행성의 궤도를 많은 원궤도의 중첩, 즉 대원(大圓)과 이 대원 주위를 중심으로 움직이는 소원(小圓), 즉 주전원(周轉圓)의 조합으로 구성되는 것으로 간주하였다. 그는 이와 같은 이해를 바탕으로 일식과 월식을 미리 정확하게 계산할 수 있었고, 그의 학설은 무려 1500년 동안이나 천문학의 확실한 기초로서 중요시되었던 것이다. 그렇다고 프톨레마이오스가 행성계를 정말로 이해하였다고 말할 수 있는 것일까? 관성의 법칙을 알았고, 또 운동량의 변화에 대한 원인으로서 힘을 도입하였던 뉴턴이 비로소 중력에 따른 행성의 운동을 실제로 설명한 것이 아닌가? 그가 최초로 이 운동을 이해한 것이 아니었을까? 이것이 바로 나에게는 아주 결정적인 물음으로 여겨진다. 또다시 최근 물리학의 역사에서 한 실례를 들어보자. 이것은 조머펠트의 강의에서 배운 것이다. 18세기 말엽에 사람들이 전기 현상에 관하여 좀더 정확하게 알게 되었을 때 대전(帶電)된 물체들 사이의 정전기적인 힘에 대하여 매우 정확한 계산을 할 수 있었다. 그곳에서 뉴턴의 역학에서와 같이 물체는 힘의 운반자로 나타났다. 그러나 영국인 인 패러디가 문제를 바꾸어서 힘의 장(場)에 관하여, 즉 힘이 공간과 시간 안에서 어떻게 분배되어 있는가를 물었을 때 비로소 전자기적인 현상을 이해할 수 있는 기초를 마련하였으며, 이와 같은 이해를 맥스웰은 수학적 으로 정식화한 것이다."

오토는 내가 든 실례를 그다지 설득력 있는 것으로 생각지 않았다. 그 는 이렇게 말하였다.

"나는 정도의 차이는 인정할 수 있지만 근본적인 차이는 인정할 수가 없다. 프톨레마이오스의 천문학은 아주 훌륭한 것이었다. 그렇지 않았다 면 그것이 1,500년 동안이나 지속됐을 리가 없다. 뉴턴의 천문학이라고 해서 처음부터 그렇게 훌륭한 것은 아니었고, 시간이 흘러가면서 비로소 사람들이 뉴턴의 역학으로써 천체의 움직임을 프톨레마이오스의 원과 주전원에 따른 것보다 더 정확하게 계산할 수 있다는 것을 알게 되었을 뿐이다. 나는 본디 뉴턴이 프톨레마이오스보다 원칙적으로 더 좋은 어떤 것을 만들었다고 인정할 수 없다. 그는 다만 지구의 운동에 대하여 다른 수학적 서술을 하였을 뿐이며, 그뒤 시간이 흘러감에 따라 좀더 결실이 풍부한 것임이 증명되었을 뿐이다."

그러나 볼프강은 이 같은 견해를 지나치게 실증주의 일변도로 흐를 주 장으로 보았다. 그는 말하였다.

"나는 뉴턴의 천문학은 원칙적으로 프톨레마이오스의 것과는 다르다 고 생각한다. 다시 말하면 뉴턴은 문제 설정에 변화를 가지고 온 것이다. 그는 운동을 주된 문제로 삼은 것이 아니라, 먼저 운동의 원인을 문제삼 았다. 그는 그 원인을 힘에서 찾았고, 행성계에서는 힘이 운동보다 간단 하다는 것을 발견하였다. 그는 그것을 만유인력의 법칙으로 기술하였던 것이다. 우리가 뉴턴 이후에 행성의 운동을 이해하였다고 한다면 정확한 관측에 따른 행성의 매우 복잡한 운동을 대단히 간단한 것, 즉 중력에 귀착시킴으로써 설명할 수 있다는 것을 뜻한다. 프톨레마이오스에게는 사람들은 그 복잡한 것을 원과 주전원의 중첩을 통하여 서술할 수 있었으나 그것은 단순한 경험적 사실을 받아들인 데 지나지 않았다. 뉴턴은 그 밖에도 행성의 운동에도 던져진 돌의 운동, 진자의 진동, 또는 팽이의 춤 등에서와 같은 운동과 본질적으로는 같은 운동이 일어나고 있다는 사실을 보여주었다. 뉴턴의 역학에서는 이 같은 일련의 상이한 현상들을 동일한 바탕 위에, 즉 '질량×가속도=힘'이라는 유명한 공식에 귀착시킬 수가 있었던 데서 행성계에 관한 뉴턴의 설명은 프톨레마이오스의 설명을 훨씬 능가하고 있는 것이다."

그러나 오토도 지고 있지만은 않았다.

"'원인'이라는 말, 즉 운동의 원인으로서 힘이란 말은 매우 그럴 듯하게 들린다. 그러나 사람들은 그와 같은 말로써 실질적으로는 다만 작은 일보를 내디딘 데 지나지 않는다. 그 까닭은 사람들은 계속 힘, 즉 중력의 원인은 무엇이냐고 물어야 하기 때문이다. 따라서 네 철학에 따르면 사람들이 중력의 원인, 그리고 또 그 원인……이렇게 무한히 물음을 계속하고, 그래서 그 원인을 알았을 때 비로소 행성의 운동을 '완전히' 이해하였다고 말할 수 있을 것이다."

그러나 볼프강은 '원인'이라는 개념에 대한 이 같은 비판에 매우 강력하게 반박하였다.

"물론 사람들은 항상 계속해서 원인의 원인을 물을 수 있고, 또 과학은 이와 같은 물음에서 비롯된다는 것도 알고 있다. 그러나 그것이 여기서는 해당되지 않는다. 도대체 자연을 이해한다는 것은 자연의 상호연관성을 구체적으로 통찰하고 그 바닥에 깔려 있는 기구를 인식함을 뜻하는 것이다. 이와 같은 지식은 낱낱의 현상이나 일정한 그룹의 현상에 관한 지

식만 가지고는 — 설사 그곳에서 어떤 질서를 발견하였다 할지라도 — 얻
어지는 것은 아니다. 그것은 사람들이 굉장히 많은 경험사실들을 서로
연관된 것으로 인식하고, 그것을 어떤 단순한 하나의 근거에다 귀착시킬
수 있을 때 비로소 얻어지는 것이다. 따라서 그때의 확실성이라는 것은,
바로 이 엄청나게 많은 경험사실에서 비롯된다. 현상들이 풍부하고 다양
할수록, 그리고 이와 같이 많은 현상들을 귀착시킬 수 있는 공통적 원리
가 간단할수록 오류를 범할 수 있는 위험성은 적어진다. 어쩌면 뒷날 더
포괄적인 연관성이 발견될지도 모른다는 것이 자네가 펴는 반론의 근거
가 될 수는 없다고 생각한다.”

여기서 내가 끼어들었다.

“자네는 예컨대 운동하고 있는 물체의 전기역학에서 상대성원리는 많
은 현상을 통일적으로 총괄하고, 하나의 공통적인 근거로 귀착시킬 수 있
기 때문에 우리들은 상대성원리를 믿을 수 있다고 말하는 것이다. 즉 여
기서 통일된 연관성은 간단하게 수학적으로 쉽게 통찰될 수 있기 때문에,
비록 지금까지의 의미와는 얼마간 다른 뜻에서 새로운 ‘공간’과 ‘시간’이
란 말에 익숙해지지 않으면 안 되지만, 상대성원리를 ‘이해’하였다는 느
낌이 우리에게 생기는 것이다.”

“그렇다. 바로 나도 그렇게 생각한다. 뉴턴이라든지, 내가 언급한 패러
디에서 결정적인 한 걸음은 그때그때의 새로운 문제설정이었고, 또 그 결
과로서 새로운 명백한 개념형성이었던 것이다. 일반적으로 말해서 ‘이
해’한다는 것은 그것으로 굉장히 많은 현상들을 통일적으로 연관된 것으
로 인식할 수 있는, 다시 말해서 ‘파악’할 수 있는 표상이나 개념을 갖는
다는 것을 뜻한다. 외관상으로는 엉클어지고 혼란된 어떤 특수한 상황이
사실은 좀더 일반적인 것의 어떤 특수한 경우에 지나지 않는다는 사실을
인식하였을 때 우리 사고는 안심하는 것이다. 즉 다양성을 일반적인 간

단한 것에 귀착시키는 일, 바로 자네가 좋아하는 그리스 인식으로 말하면 '많은 것'을 '하나'에다 소급시키는 일을 우리는 '이해'하였다는 말로 표현하는 것이다. 미리 계산할 수 있는 능력은 때로는 이해와 올바른 개념 소유의 한 결과이기는 하지만, 미리 계산할 수 있는 능력이 바로 이해한다는 것과 동일하다고 간단히 말할 수는 없을 것이다."

오토가 중얼거렸다.

"오로지 이 목적을 위해서만 고안된 명명법의 조직적인 남용일 뿐이다. 사람들이 왜 이 모든 것을 그렇게까지 복잡하게 말해야 하는지 도무지 이해할 수가 없다. 만약 언어라는 것을 그것이 직접적으로 인지된 것에 한해서만 사용한다면 오해란 도대체 일어날 수가 없을 것이다. 그 하나하나의 언어가 무엇을 뜻하는지를 사람들은 알기 때문이다. 한 이론이 이와 같은 태도를 고수한다면 누구나가 그렇게 많은 철학 없이도 그것을 이해할 수 있을 터인데 말이다."

그러나 볼프강은 이 말을 인정하려 들지 않았다.

"그렇게 그럴 듯하게 들리는 자네의 요구는, 자네도 알다시피 이미 마하(Ernst Mach, 1838~1916)가 제기한 것이다. 그리고 아인슈타인도 마하의 철학을 신봉하였기 때문에 그가 상대성원리를 발견할 수 있었다고 말해지고 있다. 그러나 이와 같은 추론방식은 나에게는 지나치게 조잡한 단순화로밖에는 보이지 않는다. 사람들이 원자를 직접 관찰할 수 없었다는 이유로 마하는 정당하게 반론을 제기할 수 있었고, 그래서 그가 원자의 존재를 믿지 않았다는 사실은 너무나 잘 알려져 있는 이야기다. 물리나 화학에는 그야말로 방대하게 많은 현상들이 있는데, 우리가 원자의 존재를 알고 난 오늘에 와서야 이 모든 현상들을 이해할 수 있겠다고 기대를 걸게 되었다. 확실히 여기서 마하, 자네가 그렇게 천거한 마하는 마하 기본명제로 말미암아 오류에 빠졌는데 이것은 결코 우연한 일은 아니라고 생각한다."

오토는 음성을 가라앉히면서 말하였다.

"오류는 누구나 범할 수 있는 것이다. 그런데 그것을 사물을 있는 것 이상으로 더 복잡하게 서술하는 계기로 삼아서는 안 될 것이다. 상대성 이론은 아주 간단하기 때문에 사람들이 이해할 수 있었지만 원자이론은 아직도 안개에 싸여 있는 것처럼 보인다."

이로써 우리들은 토론의 제2 주제에 이르게 되었다. 그러나 이 두 번째 주제에 관한 토론은 우리들의 자전거 여행에서 훨씬 확대되어 뮌헨의 세미나에서, 그리고 우리의 선생님인 조머펠트 교수와도 토론이 벌어지곤 하였다. 조머펠트의 세미나에서 중심대상은 보어의 원자론이었다. 여기서는 영국의 러더퍼드의 결정적인 실험에 의거해서 원자를 작은 행성계로 파악하고 있었다. 원자 자체보다는 훨씬 작지만 원자의 모든 질량의 무게를 지닌 원자핵이 그 중심에 자리잡고 있으며, 훨씬 더 가벼운 전자들이 행성으로서 핵의 주위를 돌고 있다고 여겨졌다. 그러나 이 전자들의 궤도는 행성계에서 기대되고 있었던 서로간의 힘이라든가 전역(前歷)에 의해서 결정되거나, 경우에 따라서는 외부의 교란으로 말미암아 바뀔 수 있는 그러한 것이 아니었다. 외부로부터 온 작용에 대하여 물질이 갖는 놀랄 만한 안정성을 설명하기 위해서는 고전적인 의미를 갖는 역학이나 천문학과는 아무런 관련이 없는 부가적인 요청에 따라서 결정되어야 했다. 1900년의 저 유명한 플랑크의 연구 이후에 그와 같은 요청을 양자조건이라고 불렀다. 이 조건이 바로 이미 앞에서 언급된 '수의 신비'라고 말할 수 있는 기묘한 요소를 원자물리학에 도입하는 것이다. 즉 궤도로부터 계산할 수 있는 어떤 양의 크기는 '플랑크의 작용양자'라고 불리는 어떤 기본단위의 정수배(整數倍)여야 한다는 것이다. 이러한 규칙은 고대 피타고라스학파의 학자들이 관찰한 것을 상기시켰다. 그들에 따르면 두 개의 진동하는 현은 같은 장력 아래서 그 길이의 비가 정수비를 이룰 때만 화성적으로 울릴 수 있다는 것이다. 그러나 전자들의 행성궤도가 진동하는 현들과 무슨 관계가 있는지? 원자에 따른 빛의 방출은 어떠한 표상으로써 파악할 수 있는가를 이해하기는 더욱 곤란하였다. 빛을 방출하는 전자가 그 경우에 어떤 하나의 양자궤도로부터 다른 궤도로 뛰어오름으로써 변화해야 하며, 이러한 도약에서 자유로워진 에너지는 하나의 완전한 덩어리, 즉 광양자(光量子)로서 빛을 방출하는 데 주어져야 하는 것이다. 이와 같은 표상으로써 일련의 실험들이 아주 순조롭고 매우 정확하게 설명되지 않았더라면 아무도 그 표상을 진지하게 받아들이려고 하지 않았을 것이다.

이와 같은 이해되지 않는 수의 신비와 의심할 수 없는 경험 성과의 혼합은 우리 젊은 대학생들에게 매우 매력 있는 대상이 될 수밖에 없었다. 조머펠트는 내가 공부를 시작한 직후에 연습문제를 내주었는데, 그것은 그와 친한 실험물리학자로부터 바로 그 실험물리학자가 경험하고 관측한 결과를 얻어가지고 와서 그 결과에서 나오는 현상에 관여되는 전자궤도와 그 양자수에 대한 결론을 내리는 문제였다. 그것은 그리 어려운 문제는 아니었지만 그 결과는 매우 의아스러운 것이었다. 나는 정수 대신에 2분의 1, 즉 반정수도 양자수로서 허용할 수밖에 없었다. 이 결과는 양자론의 정신과 조머펠트의 수의 신비 정신에 위반되는 것이었다. 볼프강은 내가 4분의 1과 8분의 1이란 수도 도입하여 마침내는 전양자론을 손아귀에 말아 쥘 것이라고 말할 정도였다. 그러나 그 실험결과는 2분의 1이라는 양자수가 잘 들어맞는 것같이 보였으며, 이는 다만 이미 알 수 없는 수많은 것들에다 이해할 수 없는 새로운 요소를 또 하나 덧붙이는 꼴이 되었다.

볼프강은 더 어려운 문제를 자기자신에게 부과하고 있었다. 그는 천문학적 방법을 사용하여 바로 계산할 수 있는 더 한층 복잡한 시스템에서 보어의 이론과 보어-조머펠트의 양자조건이 실험적으로 올바른 결론에 이르렀는지 확인하려 했다. 우리들의 뮌헨 토론에서 지금까지 성공한 이론은 특수하게 단순한 시스템에 한정된 것이 아닐까, 이미 볼프강이 착수한 더 복잡한 시스템에서는 실패로 나타나지나 않을까 하는 의구심이 우리들 사이에 생기게 되었던 것이다.

이런 연구와 관련해서 어느 날 볼프강은 나에게 물었다.

"너는 본디 전자궤도와 같은 그런 것이 원자 안에 있다고 믿느냐?"

그에 대해 나는 이렇게 대답했는데, 결과적으로 어느 정도 비꼬는 것이 되었는지도 모르겠다.

"우선 사람들은 안개상자 안에서 전자의 궤도를 직접 볼 수 있다. 안개가 응축된 물방울들이 조사(照射)되어서 이루는 선은 전자가 어디로 달려갔는지를 보여준다. 따라서 전자의 한 궤도가 안개상자 안에 있다면 원자 안에도 그것이 존재할 것이 틀림없다. 그러나 여기서 이미 의문이 생겨나고 있음을 말하지 않을 수 없다. 왜냐하면 우리들은 바로 그 궤도를 뉴턴의 역학에 따라 계산하면서 한편에서는 양자조건을 써서 뉴턴의 역학을 가지고는 도저히 소유할 수 없는 안전성을 궤도에 부여하고 있기 때문이다. 전자가 빛을 방출할 때, 전자가 한 궤도에서 다른 궤도로 뛴다고 주장하고 있지만, 그 뛰기가 너비뛰기인지 높이뛰기인지, 그렇지 않다면 이와는 다른 더 굉장한 어떠한 일이 일어나고 있는지에 관해서는 ─ 뛴다는 사실말고는 ─ 전혀 언급되지 않는 것이 좋다고 말하고들 있다. 따라서 원자에서 궤도에 관한 모든 표상은 무엇인지 모르지만 무의미한 것으로밖에는 생각되지 않는다. 무엇이 잘못되어 있는 것일까?"

볼프강은 끄떡였다.

"모든 것이 참으로 신비스러울 따름이다. 전자의 궤도가 원자 안에 있

다면 이 전자는 명백히 일정한 진동수를 가지고 주기적으로 회전해야만
한다. 그렇다면 전기역학의 법칙에 따라 주기적으로 운동하는 전하(電荷)
로부터 전기적인 진동이 발생하고, 그 진동수를 갖는 단색광(單色光)이
방사된다는 결론이 나와야 한다. 그런데 이야기는 전혀 그 이상 나가지
않으면서, 복사된 광선의 진동수는 그 신비한 '뛰기' 전후의 진동수의 중
간쯤에 있다는 이야기다. 모두 미치광이 같은 소리들이다."

"미치광이라 하더라도 그것은 하나의 방법이다"라고 나는 햄릿을 인
용하였다.

"역시 그것은 그런 것 같다. 닐스 보어는 지금 화학원소의 전주기율계
(全週期律系)에 대하여 저마다 그 원자 안에서의 전자궤도를 알았다고 주
장하고 있지만 우리는 전혀 전자궤도라는 것을 믿지 않고 있다. 조머펠
트는 아직도 보어를 믿을 것이다. 그럼에도 우리 모두가 안개상자 안에
있는 전자궤도를 뚜렷하게 볼 수 있는 것은 사실이다. 그런 뜻에서 닐스
보어가 옳은지도 모르겠다. 그러나 우리는 그것이 무엇을 뜻하는지 알지
못하고 있다."

그러나 나는 볼프강과는 반대로 그러한 의문에는 낙관적이었으며, 그
래서 아마 다음과 같이 대답했을 것이다.

"나에게는 보어의 물리학은 많은 난점이 있음에도 역시 대단히 매력적
으로 보인다. 보어 자신도 그 자체가 모순을 안고 있어서 그 형식을 가지
고는 잘 맞을 수 없는 그러한 가정에서부터 출발하고 있다는 사실을 틀림
없이 잘 알고 있었을 것이다. 그러나 그는 사람들이 어떻게 이와 같이 근
거 없는 가정으로 진리의 일부를 내포하고 있는 원자현상에 관한 묘상에
이를 수 있을까 하고 생각하는 것에 대한 확실한 직관을 가지고 있을 것이
다. 보어는 어떤 화가가 붓과 물감을 사용하듯이 고전역학이나 양자이
론을 이용하고 있는 데 지나지 않는다. 붓과 물감이 바로 그림은 아니며

그림물감이 결코 실재는 아닌 것이다. 그러나 예술가와 같이 심안(心眼)에 미리 어떤 묘상을 가지고 있다면 붓과 물감을 통해 불완전할지라도 다른 사람들이 알아볼 수 있는 어떤 것을 그리게 된다. 보어는 빛의 현상에서, 화학적 과정에서, 그리고 그 밖의 여러 과정에서 원자가 어떤 상태에 있는가를 정확하게 알고 있는 것이다. 그래서 그는 직관적으로 여러 종류의 원자구조에 관한 표상을 얻었던 것이다. 그 표상을 그는 양자조건과 같은 불완전한 보조수단으로써 다른 물리학자들에게 이해시키려 하고 있다. 따라서 보어 자신이 원자에서 전자궤도를 실지로 믿고 있는지 아닌지는 확실하지 않다. 그러나 그는 자기가 가지고 있는 표상에 대해서는 확신하고 있다. 한편 이 표상에 대하여 현재로서는 적합한 언어 내지 수학적 표현이 존재하지 않는다는 것은 불행한 일이 아니라 오히려 매우 유혹적인 과제인 것이다."

볼프강은 여전히 회의적이었다.

"나는 기어이 한번 보어—조머펠트의 가정이 내 문제에 합리적인 결과를 가져오는지 추궁해 보고야 말겠다. 나는 좋은 결과를 얻을 수 있으리라고는 생각하지 않지만, 그런대로 무엇이 잘 맞지 않는지를 알게 되는 셈이니까 그것 또한 일보 전진이라고 볼 수 있을 것이다."

그는 깊이 생각에 잠기면서 말을 계속하였다.

"보어의 상은 역시 옳은 것임에 틀림없다. 그러나 사람들이 그것을 어떻게 이해할 수 있으며, 그 뒤에는 어떤 법칙이 있는 것일까?"

며칠 뒤 보어의 원자론에 대한 긴 대화가 이루어진 다음에 조머펠트 교수가 그야말로 별안간에 다음과 같이 물었다.

"학생은 닐스 보어와 개인적인 접촉을 갖고 싶지 않습니까? 보어는 가까운 장래에 괴팅엔에서 자기 이론에 관한 일련의 강의를 하기로 되어 있습니다. 나는 거기 초대를 받았는데 학생을 데리고 갈 수도 있습니다."

　나는 잠시 대답을 주저하지 않을 수 없었다. 괴팅엔까지 기차 왕복여행은 당시 나로선 경제적으로 감당할 수 없는 일이었기 때문이다. 조머펠트 교수는 내 얼굴에 스쳐가는 어둠을 눈치 챈 모양으로, 여비 걱정은 하지 않아도 좋다는 말을 덧붙였다. 그렇다면 나로서는 주저할 까닭이 없었다.

　1922년의 초여름이었다. 하인베르크의 비탈은 소극장과 정원들로 덮여 있었으며, 쾌적한 소도시 괴팅엔은 수없이 피어나는 숲들과 장미꽃, 그리고 화단으로 장식되어 있었다. 우리는 뒤에 이 행사를 괴팅엔의 '보어 축제'라고 불렀다. 첫 강의의 정경은 평생 내 머리에서 지울 수 없는 인상 깊은 것이었다. 강의실은 만원이었다. 북유럽 사람 특유의 몸매를 가진 이 덴마크의 물리학자는, 가볍게 머리를 기울인 채 약간 당황한 듯한 미소를 지으면서 단상에 나타났다. 단 위로 활짝 열린 창문을 통해 괴팅엔의 여름빛이 흘러들어오고 있었다. 보어는 조용하고 매우 부드러운 덴마크의 악센트로 말하였다. 그가 자기 이론의 가정을 하나하나 설명할 때는 조머펠트 교수보다 훨씬 주의 깊고 조심성 있게 신중하게 말하는 것이었다. 조심성 있게 표현되는 한마디 한마디 뒤에는 긴 사색의 흔적을 엿볼 수 있었다. 강의의 내용은 새로운 것 같기도 하고 그렇지 않은 것 같기도 하였다. 우리는 이미 조머펠트 교수에게서 보어의 이론을 배웠고, 따라서 무엇이 문제인가를 알고 있었기 때문이다. 그러나 보어의 입에서 직접 듣는 강의의 내용은 조머펠트 교수를 통해 듣는 것과는 다르게 들렸다. 보어는 그 결과를 계산과 증명을 통해서가 아니라 직관과 추측을 통해 얻은 것이라는 것, 그리고 괴팅엔의 고도로 앞서 있는 수학자들의 아성 앞에서 자기의 이론을 변호하는 것이 그에게는 매우 어려운 과제였다는 점을 나는 바로 감지할 수 있었다. 각 강의마다 토론이 전개되었으며 제3의 강의가 끝난 뒤에 나는 비판적인 의견을 감히 털어 놓았다.

보어는 내가 조머펠트의 세미나에서 발표하였던 크라머스의 논문에 관하여 언급하였고, 그 끝머리에서 자기 이론의 기초는 아직 완전히 해명된 것은 아니지만 사람들은 크라머스의 결과가 옳으며, 뒷날 이것이 실체에 의해서 확인되리라는 것은 믿어도 좋을 것이라고 말하였다.

나는 일어서서 우리들이 나눈 뮌헨의 대화에서 제기되었고, 나 자신이 크라머스의 결과에 대하여 품었던 의문점을 갖고서 반론을 폈다. 보어는 내 반론이 자기 이론을 면밀하게 검토한 결과에서 비롯되었다는 점을 바로 감지하는 것 같았다.

그는 내 반론에 약간 불안해진 것같이 보였으며 말을 더듬으면서 이에 답변하였다. 그 토론이 끝난 뒤 그는 나에게로 와서 내가 제기한 문제들을 철저하게 구명하기 위해서 오후에 하인베르크산을 산책할 뜻이 없느냐고 물었다.

이 산책은 그날 이후의 내 학문적 발전에 가장 강한 영향력을 발휘하였다. 아니 내 본격적인 학문적 성장이 이 산책과 더불어 비로소 시작되었다고 말하는 것이 더 타당한 표현일지도 모르겠다. 우리는 잘 손질된 우거진 숲속의 한 오솔길을 따라서, 많은 사람들이 찾는 춤 론스라는 카페를 지나 햇빛이 내려쬐는 언덕을 향해 걸어갔다. 그 정상에서는 고대의 요한과 야곱의 교회탑이 우뚝 솟아 있는 유명한 대학 소도시와 라이네 계곡의 반대쪽에 있는 언덕이 한눈에 보였다.

보어는 오전의 토론으로 되돌아가서 이야기를 시작하였다.

"학생은 오늘 아침에 크라머스의 논문에 관해 몇 가지 반론을 폈습니다. 나는 학생이 표명한 그 반론을 충분히 이해할 수 있다는 점을 먼저 말해 두고 싶습니다. 그리고 나는 내가 이와 같은 문제들에 대해서 전체적으로 어떻게 대처해 나가고 있는지를 학생에게 좀더 자세히 설명해야 하겠습니다. 나는 근본적으로는 학생이 진술한 그 이상으로 학생과 의견이 일치하고 있다고 생각합니다. 그리고 나는 원자의 구조에 관한 모든 주장에서 사람들이 이를 얼마나 신중히 다루어야 하는가를 매우 잘 알고 있습니다. 우선 이 이론의 역사부터 이야기를 시작합시다. 그 출발점은 원자가 행성계를 축소시켜 놓은 것과 같다는 사상, 또는 사람들이 여기에 천문학의 법칙을 적용할 수 있겠다는 그러한 사상이 아니었습니다. 나는 그 모든 것을 그렇게 문자 그대로 받아들이지는 않았습니다. 내 출발점은, 지금까지 물리학의 관점에서 볼 때는 그야말로 경이라고밖에는 말할 수 없는, 물질의 안정성이었습니다. 내가 안정성이라는 말로써 말하고자 하는 것은 물질이 항상 반복하여 같은 성질을 나타내고 있다는 점, 또 같은 결정(結晶)을 반복 형성한다는 점, 그리고 항상 같은 화학결합이 생긴다는 점 등등입니다. 이것은 외부의 작용에 따라서 많은 변화가 일어난 다음에도 철원자(鐵原子)는 결국 같은 성질을 갖는 철원자라는 것을 뜻합니다. 그것은 고전역학으로 도저히 이해할 수 없는 것이며, 더욱이 한 원자가 어떤 행성계와 비슷하다는 생각으로도 이해할 수 없는 일입니다. 따라서 자연에는 특정한 형식을 형성하고자 하는 하나의 경향이 있으며 — 여기서 나는 '형식'이라는 말을 가장 일반적인 의미로 사용하고 있지만 — 이 형식이 방해를 받든가 또는 파괴되었다 할지라도 항상 다시 새롭게 그 형식을 성립시키려고 하는 경향이 분명히 있습니다. 이와 같은 연관성에서 아마도 생물학적인 현상을 생각해 볼 수가 있을 것입니다. 왜냐하면 살아 있는 유기체의 안정성이라든가 복잡한 형태의 형성 같은 것은 그때그때 하나의 전체로서 존재가 가능하게 되는데, 이것 또한 같은 종류의 현상이기 때문입니다. 그러나 생물학에서는 가장 복잡하고 또한 시간적으로 변화할 수 있는 구조들이 문제이지만, 여기서는 그 문제를 다루고 싶지 않습니다. 다만 물리학이나 화학에서 우리가 항상 경험하는 간단한 형식에 관해서 말하고 싶습니다. 통일적인 물질의 존재, 그리고 고체의 현존, 이 모든 것은 원자의 안정성에서 비롯하는 것입니다. 예를 든다면 특정한 기체로 채워진 형광등으로부터는 항상 같은 색깔의 광선, 즉 정확하게 같은 스펙트럼선을 갖는 발광 스펙트럼을 얻을 수 있다는 사실도 같은 이야기입니다. 이와 같은 모든 사실은 결코 자명하지는 않습니다. 오히려 사람들이 뉴턴 물리학의 원칙, 즉 사건의 엄격한 인과론적 결정론을 받아들인다면 지금의 상태는 바로 그 직전의 상태로 말미암아 분명히 결정되어야 하는데, 이와 같은 견해로는 도저히 이해되지가 않습니다. 일찍이 이와 같은 모순이 나를 괴롭혔던 것입니다. 물질의 안정성에 대한 놀라움은, 지난 수십 년 사이에 다른 종류의 몇몇 중요한 실험들로 말미암아 각광을 받지 않았더라면 아직도 주목을 끌지 못한 채 남아 있을 것이 틀림없습니다. 학생이 알고 있는 바와 같이 플랑크는 원자계의 에너지는 쉽게 불연속적으로 변화한다는 것, 즉 그러한 체계에 따른 에너지의 방출에서는 내가 뒷날 정상상태(正常狀態)라고 불렀던 특정한 에너지를 가지고 있는 정류소가 있다는 것을 발견하였습니다. 그리고 러더퍼드는 뒷날의 발전에 결정적인 구실을 하게 되는 원자의 구조에 관한 실험을 하였습니다. 나는 맨체스터에 있는 러더퍼드의 실험실에서 이와 같은 모든 문제점을 배웠습니다. 그 당시 나는 학생과 같이 젊은 나이였고, 그래서 러더퍼드와 이에 관한 이야기를 참으로 많이 나누었습니다. 최근에 이르러 빛의 현상이 더 정확하게 연구되었고, 사람들은 각 화학원소의 특정한 스펙트럼선을 측정하였으며, 여러 가지 화학적 경험사실들은 또한 원자의 작용에 관한 많은 정보를 제공하였습니다. 당시 내가 몸소 체험하였던 이 모든 발전을 통해서 사람들이 이 시대에서 더 이상 피할 수 없는 하나의 문제가 설정되었습니다. 즉 이 모든 것들이 어떻게 연관되느냐 하는 물음입니다. 따라서 내가 한 것이 있다면 이와 같은 연관성을 어떻게 제시할 수 있느냐 하는 것말고는 아무것도 아닙니다. 그러나 그것은 본디 아주 희망 없는 과제입니다. 즉 이 과제는 이 영역 이외의 과학에서 일어나는 모든 문제와는 전혀 성질이 다른 것입니다. 그 까닭은 지금까지의 물리학에서, 또는 다른 모든 자연과학 분야에서는 사람들이 하나의 새로운 현상을 설명하려고 할 때 이미 현존하는 개념과 방법을 사용하여서 그 새로운 현상을 이미 알려진 현상이나 법칙에 소급시키는 시도를 할 수 있었습니다. 그러나 원자물리학에서는 우리가 지금까지 알고 있는 개념으로는 결코 충분치 않다는 것을 알고 있습니다. 뉴턴의 물리학은 물질의 안정성 때문에 원자의 내부에서는 적용이 될 수 없으며, 기껏해야 경우에 따라 하나의 거점을 제공할 뿐입니다. 그러므로 원자구조에 대한 직관적 서술도 불가능합니다. 직관적이어야 한다는 그 자체가 벌써 고전물리학의 개념을 필요로 하기 때문입니다. 그러나 이 현상은 이미 그와 같은 개념으로는 설명할 수가 없게 되었습니다. 우리가 본디 불가능한 것을 시도하고 있다는 사실을 학생은 잘 알 것입니다. 왜냐하면 우리가 원자의 구조에 대해서 어떤 것을 서술한다고 하지만 그것을 이해할 수 있는 언어를 가지고 있지 않기 때문입니다. 따라서 우리는 말하자면 먼 나라로 표류한 항해자와 같은 상태에 있다고 말할 수 있습니다. 생활조건이 자기 고향의 그것과 전혀 다를 뿐만이 아니라, 그곳에 사는 사람들이 그가 전혀 들어본 적이 없는 언어를 사용하고 있는 나라에 표류한 상태라는 말입니다. 그는 의사소통이 간절히 요구되지만 그 의사소통을 위한 아무런 수단도 갖지 못하고 있습니다. 그러한 상태에서는 이 이론을 다른 과학에서 일반적으로 사용하고 있는 의미로는 '설명'할 수가 없는 것입니다. 그렇기 때문에 경험들 사이의 관련성을 제시하고 신중하게 손으로 더듬어 가는 수밖에는 별 도리가 없습니다. 크라머스의 계산도 이렇게 이루어진 것이며, 내 설명이 불충분했을지도 모르지만 현재로서는 그 이상의 것을 하는 것은 전혀 불가능합니다."

보어의 이와 같은 이야기로부터 나는 우리가 뮌헨에서 토론한 모든 의심과 반론을 그도 충분히 잘 알고 있음을 바로 느낄 수가 있었다. 그러나 나는 내가 올바로 이해하고 있는가를 확인하기 위하여 되물었다.

"그렇다면 선생님이 지난 며칠 동안 강의에서 설명하시고, 더 나아가서 그렇게 생각하시게 된 이유를 말씀하신 바로 그 원자의 상은 도대체 무엇을 뜻합니까? 선생님은 이 점을 어떻게 생각하고 계십니까?"

보어는 대답하였다.

"이 상은 확실히 경험에서부터 나온 것이며, 학생이 원한다면 추측된 것이라고 말해도 좋지만, 어쨌든 이론적 계산에서부터 얻어진 것은 아닙니다. 나는 이 상이 원자의 구조를 잘 서술할 수 있기를 바랍니다. 하지만 고전물리학의 직관적 언어로는 가능한 범위 안에서 잘 서술되기를 바랄 뿐입니다. 한 가지, 여기서의 언어는 시에서의 언어와 같이 사용될 수밖에 없음을 확실하게 해 둘 필요가 있습니다. 시에서는 언어란 어떤 사실을 정확하게 표현하는 것 그 자체가 중요한 것이 아니라 청중의 의식 속에 어떤 상을 형성케 하고 그 상에 의해서 사람들 사이에 마음의 결합을 가져오게 하는 것입니다."

"그렇다면 어떻게 진보를 이룰 수가 있는 것입니까? 결국 물리란 정밀과학이어야 할 터인데 말입니다."

보어는 말하였다.

"우리는 양자이론의 역설이나 물질의 안정성과 관련되어 있는 이해할 수 없는 특성들이 여러 가지 새로운 경험으로써 차츰 더 예리한 빛에 조사되기를 기대해야 할 것입니다. 만약에 이런 일들이 일어난다면 시간이 흘러가면서 원자 안의 이와 같은 비직관적 현상들도 어떻게든지 파악할 수 있는 새로운 개념이 형성되리라고 기대할 수가 있을 것입니다. 그러나 유감스럽게도 우리는 아직 그와 같은 상태로부터 멀리 떨어져 있는 것 또한 부인할 수가 없습니다."

보어의 사고의 줄거리는, 우리가 슈타른베르크 호숫가에서 거닐 때 로베르트에 의해서 대표된 '원자는 사물이 아니다'라는 견해와 일맥상통하는 데가 있는 것 같다. 그 까닭은 보어가 화학에서 원자의 내부구조의 굉장히 많은 세세한 점까지를 인식하였다고 할지라도 원자의 껍질을 형성하고 있는 전자들은 이미 사물이 아님은 분명하기 때문이다. 어쨌든 유보조건 없이 위치·속도·에너지, 그리고 연장과 같은 개념들로써 기술할 수 있는 지금까지의 물리학적 의미에서 말하는 사물은 아니라는 것은 확실하기 때문이다. 그러므로 나는 보어에게 물었다.

"만약에 원자의 내부구조가 선생님이 말씀하시는 것과 같이 그렇게 직관적 서술로써는 접근하기 어렵고, 또 우리가 이 구조에 관해서 말할 수 있는 언어를 갖지 못하고 있다면 우리는 도대체 언제쯤 원자를 이해할 수 있단 말입니까?"

보어는 잠시 머뭇거린 다음 이렇게 말하였다.

"그러나 우리는 바로 그때 동시에 '이해'라는 말이 무엇을 뜻하는지도 배우게 될 것입니다."

그러는 동안에 우리는 하인베르크의 정상에 이르렀고, 그곳에 있는 '돌아감'이라는 이름이 붙어 있는 음식점에 이르렀다. 아마도 예부터 많은 사람들이 이곳까지 와서 되돌아갔기 때문에 그 음식점이 그런 이름을 가지고 있는 것 같았다. 우리는 그곳에서 이번에는 남쪽을 향해서, 언덕과 숲과 라이네 계곡에 있는 마을을 바라보면서 계속 걸음을 옮겼다.

보어가 다시 말을 이었다.

"우리는 참으로 어려운 문제를 많이 이야기하였습니다. 그리고 또한 내가 어떻게 학문에 종사하게 되었는지도 학생에게 말했습니다. 그러나 나는 학생에 관해서는 아직 아무것도 모릅니다. 학생은 아직도 매우 젊어 보이는데, 학생은 우선 원자물리학을 공부한 다음에 고전물리학과 다른 학문도 공부한 것으로 생각되는군요. 조머펠트가 아마도 학생을 일찍이 이 같은 모험적인 원자의 세계로 유인한 것이 틀림없을 것 같습니다. 그것은 그렇고, 그래 전쟁 중에는 어떤 경험을 했습니까?"

그래서 나는 아직도 나이가 20세밖에는 되지 않은, 4학기째로 접어든 학부생이라는 것과, 따라서 본디 물리학은 부끄러울 만큼 아는 것이 거의 없다는 점을 고백하였다. 그리고 조머펠트 교수의 세미나 이야기도 하였으며, 그 세미나에서 양자이론의 혼미함과 이해할 수 없는 불가해함이 나를 매혹시켰다는 것도 말하였다. 그리고 전쟁에 관해서는, 나이가 너무 어렸기 때문에 우리 가족 가운데는 아버지만이 프랑스에서 예비역 장교로서 전투에 참가하였으며, 아버지는 1916년에 부상으로 집에 돌아오셨다는 것도 이야기하였다. 그리고 지난 전쟁 말기에 굶주림에서 벗어나기 위하여 바이에른 고산지대에 있는 어느 농가에서 머슴살이를 한 일과, 뮌헨의 혁명전쟁에 약간 가담했었지만 본격적인 전투에는 말려든 일이 없었다고 대답하였다.

보어가 말하였다.

"나는 아직 별로 아는 것이 없는 학생의 나라와, 괴팅엔의 물리학자들이 내게 이야기해 준 청년운동에 관해서도 많은 것을 학생에게서 듣고 싶군요. 꼭 한번 코펜하겐으로 우리를 방문해 주기를 바랍니다. 그리고 좀 더 오래도록 우리들과 같이 머무르면서 물리학을 연구하기를 바랍니다. 그러면 나는 학생에게 우리의 작은 나라를 보여줄 수 있을 것이고, 우리 나라 역사를 이야기해 줄 수도 있을 것입니다."

우리가 시가의 근교에 있는 찻집에 이르렀을 때 우리의 대화는 괴팅엔의 물리학자와 수학자들로 넘어가고 있었다. 즉 내가 이 며칠 동안에 비로소 알게 되었던 막스 보른, 제임스 프랑크, 리처드 쿠란트와 다비트 힐베르트에 관한 이야기들이었다. 내 학생생활의 일부를 괴팅엔에서 보낼 수 있는 가능성에 관해서도 간단히 의논하였다. 그래서 내 장래는 새로운 희망과 가능성으로 부풀었다. 나는 보어를 그의 숙소까지 바래다주고 내 숙소로 돌아오면서 빛나는 내 미래를 계속 마음속에 그리고 있었다.

4. 역사에 관한 교훈 1922~1924

　1922년의 여름은 나를 몹시 실망시킨 사건으로 끝을 맺었다. 내 스승인 조머펠트는 나에게 라이프치히에서 열리는 독일의 자연과학자와 의사들의 모임에 참석할 것을 권하였다. 이 모임에서는 아인슈타인의 일반상대성이론에 대한 보고강연이 있을 예정이었다. 아버지가 사준 기차표로 뮌헨에서 라이프치히까지 왕복하게 된 나는 상대성이론의 발견자 자신의 강연을 직접 들을 수 있는 기회에 대한 기대가 컸다. 라이프치히에 도착해서 가장 빈곤한 지역에 있는 제일 값싼 여관에 짐을 풀었다. 나에게는 더 좋은 여관에 자리잡을 경제적 여유가 없었기 때문이었다. 강연회장에서 나는 괴팅엔의 '보어의 축제'에서 만났던 몇몇 젊은 물리학자들을 볼 수가 있었다. 아인슈타인의 강연에 대하여 그들에게 문의하였더니 바로 몇 시간 뒤인 그날 밤에 개최된다는 것이었다. 그때 나는 이유는 분명치 않았으나 지난번 괴팅엔에서와는 달리 어딘가 긴장감이 감도는 이상한 분위기를 느낄 수 있었다. 강연이 시작될 때까지 몇 시간을 민족전쟁기념비까지 산책하는 데 이용하였다.

　공복과 야간 기차여행으로 피로가 겹쳐서 기념비 아래 풀밭에 누워 있다가 곧 잠이 들고 말았다. 나는 한 어린 소녀가 던진 자두에 맞아서 잠을 깼다. 그러나 그 소녀는 내가 화를 내지 않도록 내 옆에 와 앉아서 자기 과일바구니를 나에게 디밀었다. 그 바구니로부터 내가 원하는 만큼의 과일을 마음대로 먹고 시장기를 메울 수 있었던 것은 내게 큰 도움이었다.

아인슈타인의 강연은 커다란 홀에서 열렸다. 이 홀은 극장과 같이 여러 곳에 있는 작은 문을 통해서 들어갈 수 있었다. 내가 그가운데 한 문을 통해서 막 들어가려고 할 때, 한 젊은이가 — 뒤에 들은 바에 따르면 이 젊은이는 남부 독일의 대학도시에서 온 유명한 물리학 교수의 조수이거나 학생이었다고 한다 — 빨갛게 인쇄된 종이쪽지를 손에 쥐여주는 것이었다. 그 쪽지에는 아인슈타인의 상대성이론에 대한 경고가 적혀 있었는데, 그것은 대략 다음과 같은 것이었다. 즉 이상대성이론이란 독일의 본성과는 아무런 관계가 없는 유대인 신문들의 과대선전으로 말미암아 부당하게 과대평가되어 있는, 아주 불확실하기 짝이 없는 사변을 다루고 있다는 것이었다. 처음에는 이 같은 삐라가 이러한 학회에 곧잘 나타나곤 하는 미치광이의 소행인 것쯤으로 여겼다. 그러나 그 삐라의 주동자가 실험상 중요한 연구업적으로 높이 평가되고 있던 인물이며, 조머펠트의 강의에서도 그의 이름을 가끔 들을 수 있었던 학자였다는 사실을 알게 되었을 때, 내 가장 소중한 소망 하나가 산산이 무너지는 느낌을 받은 것은 어찌할 수가 없었다.

나는 적어도 학문만큼은 — 내가 뮌헨의 시민전쟁에서 아주 싫증이 나도록 들었던 — 정치적 의견 싸움으로부터 완전히 떨어져 있을 수 있다고 확신하고 있었다. 그런데 성격적으로 약한 사람들이나 병적인 인간들을 이용하면 학문의 생활도 악의 있는 정치적 격정에 휩쓸려 오염되고 이그러질 수 있다는 사실을 목격한 것이다. 이 삐라의 내용에 관한 한 그동안 기회 있을 때마다 볼프강과 논의했던 모든 의문점에도, 나에게 상대성이론의 정당성을 굳게 확신시키는 구실을 한 것은 두말할 나위가 없었다.

왜냐하면 뮌헨의 시민전쟁에서 경험한 사실들을 통하여 나는 오래전부터 정견은 큰소리로 선전하거나 실제로 달성하려고 노력하는 그 목표를 바탕으로 판단할 것이 아니라, 다만 그것을 실현시키기 위한 수단에 따라서 판단해야 한다는 것을 배웠기 때문이다. 부당한 수단은 이미 그 수단을 사용하고 있는 장본인부터 그 명제의 설득력을 스스로 믿지 않고 있다는 사실을 증명하고 있는 것이었다. 여기서도 한 물리학자가 상대성이론에 반대하여 사용한 수단은 아주 잘못된 것이고 비현실적인 것이기 때문에, 이 반대자는 분명히 상대성이론을 학문적으로 논박할 수 있다는 것을 믿지 않는다는 증거가 되는 것이었다. 나는 이와 같은 환멸을 느낀 다음에는 아인슈타인의 강연조차 제대로 들을 수가 없었고, 강의가 끝난 뒤에도, 예를 들어 조머펠트 교수의 소개로 아인슈타인과 직접 인사를 하는 일도 굳이 하려 하지 않았다. 나는 의기소침하여 숙소로 돌아갔는데, 설상가상으로 내가 강연을 듣고 있던 사이에 이곳에서는 내 전 재산, 즉 내 배낭과 옷가지를 전부 도난당했다는 사실을 알게 되었다. 불행 중 다행으로 기차표는 호주머니 속에 넣고 있었기 때문에 바로 역으로 가서 뮌헨으로 돌아가는 다음 기차에 몸을 실을 수 있었다. 나는 기차 안에서 참으로 절망에 빠지지 않을 수 없었다. 그 까닭은 나는 그때 아버지가 이와 같은 큰 재정적 손실을 부담할 만한 사정이 못 된다는 것을 충분히 알고 있었기 때문이다. 나는 뮌헨에 돌아온 다음에도 부모를 먼저 만나지 않고 뮌헨 남부 숲 지대의 포르스텐리더 공원에서 나무꾼 일자리를 먼저 찾았다. 이 소나무 숲에는 당시 나무좀벌레가 내습해서 많은 나무를 베어내야 했고, 그 나무껍질들을 태워 버리는 일거리가 있었던 것이다. 나는 그곳에서 도난 맞은 손실을 어느 정도 보충할 수 있을 만큼의 돈을 벌고 나서야 비로소 물리학으로 되돌아갔다.

이런 에피소드를 얘기하는 것은 망각 속에 잊혀지는 편이 훨씬 좋았을,

유쾌하지 않은 사건들을 다시 밝혀보려는 의도에서가 아니라, 뒤에 닐스 보어와 나눈 대화에서, 학문과 정치 사이의 위험한 공간에서 내가 취했던 태도에서 이때의 일들이 어떤 구실을 하였기 때문이다. 어쨌든 라이프치 히에서 가진 그 경험이 학문 전체의 일반적 의미에 대하여 깊은 실망과 의심을 남긴 것은 사실이었다. 학문에서도 진리가 아니라 이익 투쟁이 문제가 된다면 학문에 바치는 노력이 무슨 가치가 있단 말인가? 그러나 하인베르크의 산책에 대한 내 기억은 결국 이와 같은 비관적인 기분을 억 눌러 주었다. 나는 보어가 그렇게 자발적으로 제안한 초대가 언젠가는 실현될 것이고, 그러면 그곳에 오래 머물면서 많이 대화할 기회가 주어질 것이라는 희망을 간직할 수 있었다.

그러나 보어를 방문하기까지는 1년 반이라는 세월이 더 흘러야 했다. 그동안에 한 학기를 괴팅엔에서 공부하였고, 유체(流體) 흐름의 안정성에 관한 학위논문 작성과 거기 따르는 시험을 뮌헨에서 치렀으며, 다음 한 학기는 괴팅엔에서 보른의 조수로서 일하였다. 1924년 부활절 휴가 때 나는 드디어 바르네뮌데에서 덴마크행 나룻배를 탔다. 항해 도중에 많은 돛단배를 바라보며 즐겼다. 제1차 세계대전은 지구상에 존재하였던 증 기선의 대부분을 해저로 침몰시켰기 때문에 옛 화물선들이 다시 바다 위 로 끌려나왔고, 따라서 마치 100년 전과 같은 다채로운 풍경이 눈앞에 펼 쳐지고 있었다. 도착하였을 때 내 짐 때문에 사소한 문제가 있었다. 그 나 라의 말에 익숙하지 못한 나는 도무지 문제를 잘 풀어나갈 수가 없었다. 그러나 내가 닐스 보어 교수 밑에서 일하게 되어 있다고 말하자, 이 이름 이 모든 어려운 고비들을 해결해 주었고, 즉각적으로 모든 장애가 해소되 었다. 그러므로 나는 처음부터 이 친절한 작은 나라의 가장 강력한 인물 의 보호 아래 있다는 사실을 실감하였다.

그럼에도 보어의 연구소에서 보낸 처음 며칠은 내게는 그렇게 쉬운 것이 아니었다. 나는 갑자기 세계 곳곳에서 모여든 굉장한 재능을 지닌 많은 젊은이들과 대하지 않으면 안 됐기 때문이다. 그들은 나보다는 확실히 어학실력도 월등하였고 처세술도 능란했으며, 학문에서도 훨씬 정통하고 있었다. 닐스 보어도 좀처럼 나한테는 와 주지 않았는데, 그는 연구소 행정에 많은 시간을 빼앗기고 있었다.

그래서 나는 다른 연구원들보다 더 많은 시간을 그에게서 뺏는 것을 삼가야겠다고 생각하였다. 그러던 어느 날 그는 내 방에 들어와 며칠 동안 스앨란드섬으로 도보여행을 같이 가지 않겠느냐고 물었다. 그는 연구소에서는 자세한 대화를 할 기회가 매우 적다면서 나를 좀더 잘 알고 싶다고 말하는 것이었다. 그래서 우리는 배낭만을 메고 단둘이서 여행을 떠났다. 처음에 전차로 도시의 북쪽 경계까지 가서, 은자의 암자가 있는 조촐한 작은 성이 한가운데 있고, 숲속의 빈터에서 사슴과 노루 떼가 뛰어다니는 옛날의 사냥터를 지나서 북쪽을 향해 계속 걸었다. 오솔길은 대부분 해안을 따라서 뻗어 있었고, 때로는 바다에서 떨어져서 육지의 숲과 호수를 지나가고 있었다. 아직 이른 철이라서 막 피어오르는 나무숲 사이의 호숫가에는 여름별장들이 아직 덧문이 닫힌 채로 잠들어 있었다. 우리의 대화는 곧 독일의 상황으로 옮겨갔는데, 여기서 보어는 10년 전인 제1차 세계대전이 시작될 무렵의 내 체험담을 듣기 원하였다.

보어는 이렇게 말하였다.

"나는 전쟁 발발 당시 이야기를 자주 들었습니다. 우리 친구들은 1914년 8월 첫날에 독일을 통과하면서 여행을 하고 있었습니다. 그 당시 전 독일 민족은 커다란 감격의 물결 속으로 휘말려 가고 있었으며, 국외자들까지도 그 물결 속으로 휘말릴 정도였으나, 그들 자신은 커다란 공포를 느낄 수밖에 없었다고 알려 왔습니다. 전쟁이 쌍방에 얼마나 무서운 희생을 요구하며 얼마나 많은 부정이 쌍방에 의해 일어날 것인가를 알고 있었을 텐데도 한 민족이 순수한 감격에 도취되어 전쟁으로 돌입해 간다는 것은 참으로 어이없는 일이 아닐 수 없습니다. 학생은 이것을 나에게 설명해 줄 수 있습니까?"

나는 아마도 다음과 같이 말하였던 것 같다.

"저는 그 당시 열두 살의 초등학교 학생이었습니다만 저의 부모와 조부모의 대화를 통해서 자연히 저 나름대로 의견이 있었습니다. 나는 '감격'이란 말이 그 당시 우리들의 상태를 올바로 표현하고 있다고 생각하지 않습니다. 내가 알고 있었던 어떤 사람도 눈앞에 펼쳐진 사건에 만족하고 있었던 사람은 하나도 없었습니다. 또 전쟁이 일어날 것이라는 데 대하여 아무도 좋게 생각하는 사람은 없었습니다. 무엇이 일어났느냐를 구태여 말하라면 다음과 같이 말할 수 있을 것입니다. 즉 모든 일이 갑자기 매우 심각하게 되었습니다. 우리들은 오스트리아 황태자의 살해로 말미암아 갑자기 이때까지의 아름다운 환상이 허물어지고 그 뒤에서 현실의 가혹한 핵심, 즉 우리나라와 우리 국민 모두가 더 이상 회피할 수 없으며, 바로 받아들이지 않으면 안 되는 하나의 요구가 나타났음을 느끼지 않을 수 없었습니다. 사람들은 이와 같은 현실을 깊이 우려하면서도 굳은 결심을 하지 않을 수 없었습니다. 물론 우리들은 독일로서의 정당한 권리라는 것을 생각하였습니다. 우리들은 독일과 오스트리아는 항상 결합되어 있는 통일체로 보았으며, 따라서 세르비아의 비밀조직이 황태자 프란츠 페르디난트와 황태자비를 살해한 것은 분명히 우리를 향한 도전이라고 생각하였기 때문입니다. 그러므로 우리는 우리 스스로를 지켜야 하였으며, 이와 같은 결심은 이미 말씀드린 바와 같이 독일 국민 모두가 굳게 간직했던 것입니다. 이와 같이 국민이 하나같이 궐기한다는 사실이 우리들을 도취시켰고, 한편으로는 아주 무시무시하고 불합리한 어떤 것을 일으켰음에 틀림없는 것 같습니다. 나 자신도 1914년 8월 1일에 그러한 것을 경험하였습니다. 나는 그 당시 부모와 함께 뮌헨에서 아버지가 예비역 대위로 근무하도록 되어 있는 오스나브뤼크로 가는 기차 안에 있었습니다. 모든 역은 소리치고 우왕좌왕하며 흥분된 어조로 이야기하는 사람들로 가득 차 있었고, 꽃과 나뭇가지로 위장된 거대한 화물열차에는 군인과 무기가 가득 실려 있었습니다. 기차가 떠나는 마지막 순간까지 젊은 아낙네들과 어린이들은 울거나 노래를 부르면서 기차를 둘러싸고 있었습니다. 사람들은 생전 처음 보는 사이인데도 마치 다년간 친숙한 사이인 것처럼 이야기를 나눌 수 있었고, 모든 사람들이 자기들이 할 수 있는 최대한으로 서로를 돕고 있었습니다. 그 순간, 우리 모두에게 공통적으로 떨어진 하나의 운명을 향해 모든 생각이 집중되고 있었습니다. 나는 이날을 내 생애에서 지우고 싶은 생각은 조금도 없습니다. 그곳에 있었던 사람이라면 누구라도 결코 잊을 수 없으며, 거의 상상을 뛰어넘는 이날의 모습이 일반적으로 전쟁 감격이라든가 심지어는 전쟁에 대한 기쁨이라고 말하는 것은 도대체 무슨 영문인지 저는 알 수가 없습니다. 그것은 아마도 전쟁이 끝난 뒤에 모든 것이 잘못 해석된 때문이라고 생각합니다."

보어가 말하였다.

"학생은 우리가 살고 있는 이 조그마한 나라(덴마크)에서는 이 문제를 매우 달리 생각하고 있다는 점을 이해해야 할 것입니다. 역사적인 고찰부터 시작하여도 상관없겠지요? 지난 세기에 독일이 획득할 수 있었던 세력의 확장은 너무나 쉽게 이루어졌던 것으로 생각합니다. 우선 독일은 1864년에 우리들에게 많은 쓰라린 추억을 남겨준 덴마크와 전쟁을 했고, 1866년엔 오스트리아와 치룬 전쟁에서 승리를 거두었고, 계속해서 1870년에는 프랑스를 이겼습니다. 이런 사실들은 분명 독일사람들로 하여금 순식간에 '거대한 중유럽 제국'을 건설할 수 있겠다는 생각을 틀림없이 갖게 했을 겁니다. 그러나 문제는 그렇게 간단치가 않습니다. 하나의 제국을 건설하려면 — 설사 그것이 무력 없이는 성취되기 어렵다고 할지언정 — 무엇보다도 통합된 새로운 형태의 인심을 얻어야만 하는 것입니다. 그러나 프러시아 사람들은 그들에게 탁월한 능력이 있음에도 이런 인심을 얻는 데는 성공하지 못하였습니다. 그것은 아마도 독일사람들의 생활방식이 너무 엄격하였기 때문에, 그리고 규율에 대한 그들의 개념이 다른 나라 사람들에게는 납득이 가지 않았기 때문일 것입니다. 독일사람들은 그들이 다른 나라 사람들을 더 이상 설득할 수 없다는 것을 너무 늦게 깨달았다고 생각합니다. 따라서 작은 나라인 벨기에에 대한 침략은 오스트리아 황태자의 살해에 대한 보복으로서도 결코 정당화될 수 없었던 순수한 폭력행위로밖에는 보이지 않았던 겁니다. 사실상 벨기에 사람들은 이 암살기도와는 아무런 관련이 없었으며, 또 그들은 독일을 반대하는 어떠한 동맹에도 가입한 일이 없었습니다."

"확실히 우리 독일사람들이 많은 부정을 저질렀음을 인정하지 않을 수 없습니다"라고 나는 수긍하였다.

"그러나 우리의 적들도 마찬가지였습니다. 전쟁 때는 참으로 많은 부정이 벌어지게 마련입니다. 그리고 이와 같은 부정에 대한 유일한 심판자인 세계사가 우리에게 불리한 판결을 내렸다는 사실도 인정하지 않을 수 없습니다. 그 밖에 나는 어떤 정치가가 어떤 자리에서 올바른 결정을 내렸는지, 잘못된 결정을 내렸는지를 판단하기에는 아직 나이가 너무 어렸다고 봅니다. 그러나 여기에 두 가지 의문이 있습니다. 그것은 정치의 인간적인 측면에 더 많이 관련된 것으로, 나를 항상 불안하게 하였던 문제들입니다. 나는 선생님께서 이 문제를 어떻게 생각하시는지를 알고 싶습니다. 우리는 전쟁의 발발에 대하여 이야기하였고, 전쟁이 일어난 첫 시간과 첫날에 세계가 온통 변했던 일에 대해서도 이야기하였습니다. 그 당시에는 그때껏 우리 생활의 중심과제였던 — 예를 들면 부모와 친구들에 대한 개인적인 관계 같은 것들은, 공동운명에 내맡겨진 모든 사람들에 대한 일반적이고 더 직접적인 관계에 견주면 아무것도 아닌 것이 되어 버리고 말았습니다 — 집, 거리, 그리고 숲, 이 모든 것들이 전과는 전혀 다르게 보였으며, 야콤 부르크하르트가 말한 것처럼 '하늘조차도 다른 색조를 띠게' 되었습니다. 나보다 몇 살 위이며 가장 가까운 친구이기도 한 사촌이 군인이 되었습니다. 그가 징집됐는지 자원했는지는 뚜렷하지가 않습니다. 지금도 저는 확실하게 알지를 못합니다. 어쨌든 커다란 결정이 내려졌고, 그래서 신체적으로 건강한 모든 사람들은 군인이 되었던 것입니다. 이 친구는 전쟁을 좋아하지도 않았으며, 독일을 위한 정복전쟁에 참여할 생각조차 해본 적이 없었다는 것을 입대 전에 나눴던 대화로 알고 있습니다. 그에게 승리에 대한 신념이 있었다 하더라도, 도대체 그 승리에 대해서는 생각조차 해본 일이 없었던 그런 사람이었습니다. 그러나 그는 그때 자기 생명의 희생을 요구받고 있다는 것을 알고 있었으며, 그것은 다른 모든 사람에게도 마찬가지였습니다. 그는 잠시 마음속으로는 두려워했을는지 모르지만, 그는 모든 다른 사람들과 같이 '예'라고 대답하였습니다(그때 나이를 몇 살 더 먹었더라면 나에게도 그와 같은 사건이 있었을 것입니다). 그래서 내 친구는 얼마 뒤에 프랑스에서 전사했습니다. 그러나 선생님의 말씀에 따르면 이와 같은 일은 난센스며 도취이고 암시에 지나지 않으며, 이 같은 생명의 희생 요구에는 응해서는 안 된다고 생각했어야 합니까? 도대체 어떤 법정이 이와 같은 말을 할 권리를 가질 수 있습니까? 아직 정치적 관련성을 통찰할 수 없는 젊은이들의 이성에, 다만 '사라예보에서 벌어진 살해'라든가 '벨기에로의 침략'과 같은 거의 이해할 수 없는 낱낱의 사건들만이 들려왔으니 말입니다."

보어는 대답하였다.

"당신의 말은 나를 몹시 슬프게 하는군요. 나는 학생의 생각을 잘 이해할 수가 있습니다. 아무 의심도 없이 선한 일이라고 확신하고 출전하였던 젊은이들이 느꼈던 것은 아마도 사람들이 체험할 수 있는 가장 큰 인간의 행복에 속하는 일이라고 생각합니다. 또한 학생이 언급하였던 그 시점에서 '아니요'라고 말할 수 있는 어떤 법정도 있을 수 없습니다. 그러나 그것은 참으로 무서운 진리가 아닙니까? 학생이 체험하였던 그 움직임은 가령 가을에 남쪽을 향하여 떠나는 철새들의 움직임과도 비슷한 점이 있다고 볼 수 있지 않습니까? 그 철새들 가운데 어느 한 마리도 누가 남쪽으로 행렬을 결정하였는지, 또 왜 이와 같은 움직임이 일어났는지를 알지 못합니다. 그러나 낱낱의 새들은 일반적인 자극에 따라서, 즉 그 자리에 다른 새들과 같이 있으려는 욕망에 사로잡혀서, 비록 그 움직임이 멸망을 가져온다 할지라도 같이 날 수 있다는 그 자체만으로 충분히 행복한 것입니다. 이 일반적인 움직임에 참가한 젊은이들은 일상생활에서 느꼈던 사소한 근심과 걱정은 다 내동댕이쳐 버릴 수가 있었습니다. 생사가 문제되는 곳에서는 평상시에 생활을 좌우했었던 사소한 생각들은 이미 문제가 되지를 않습니다. 그곳에서는 차원이 얕은 취미 따위에 관한 생각은 이미 고려의 여지가 없어지고 맙니다. 온 힘을 다하여 목표의 달성, 즉 승리만을 향해서 돌진하는 그곳의 생활은 그 이전의 어느 때보다도 단순하고도 명쾌해 보입니다. 젊은이들의 이와 같은 독특한 상황을 실러의 《발렌슈타인의 기사의 노래》만큼 훌륭하게 묘사해 놓은 것은 없을 겁니다. 학생도 그 마지막 행을 기억하겠지요. '너희가 생명을 걸지 않으면 결코 생명을 얻을 수 없을 것이다.' 이것은 확실히 단순한 진리입니다. 그럼에도 우리는, 아니 바로 그렇기 때문에 전쟁을 피하기 위해 모든 노력을 기울여야 합니다. 그러므로 우리들은 전쟁이 불러올 긴장상태를 처음부터 만들지 않도록 노력을 아끼지 말아야 할 것입니다. 이 일을 위해서도 우리가 이렇게 덴마크에서 함께 여행을 하는 것은 참으로 좋은 일일 수도 있습니다."

"두 번째 질문을 하고 싶습니다"라고 나는 계속 말하였다.

"선생님께서는 다른 나라 사람들에게는 잘 납득이 가지 않는 프러시아의 규율에 대하여 말씀하셨습니다. 저 자신도 남부 독일에서 성장하였고, 제가 받은 전통과 교육 때문에, 예컨대 마르부르크와 쾨니히스베르크 사이의 사람들과는 다른 사고방식을 가지고 있습니다. 프러시아식의 생활방식, 즉 공통적인 과제를 향한 개개인의 종속감, 사생활의 절제, 성실, 청렴, 기사도 정신, 정확한 의무수행 등은 항상 나에게 감명 깊은 것이었습니다. 그들의 이 같은 생활신조가 뒤에 정치적으로 악용되었는지는 모르겠지만 이것을 과소평가할 수는 없다고 생각합니다. 이러한 점에 관하여, 예컨대 선생님의 나라인 덴마크 사람들은 왜 다르게 생각하는 겁니까?"

"나는 우리들이 프러시아식 생활태도의 가치를 올바르게 평가할 수 있다고 생각합니다. 그러나 우리는 프러시아의 생활태도에서 이루어지는 것보다 개인의 견해와 계획에 더 많은 활동의 여지가 허락되기를 희망합니다. 개개인이 타인의 권리를 충분히 인정하는 매우 자유스러운 사람들의 공동체일 때에만 우리는 본디 하나의 공동체를 이룰 수 있습니다. 우리에게는 개개인의 자유와 독립성이 한 공동체의 규율을 통해서 얻어지는 힘보다 더 중요합니다. 원래 신화나 전설 속에 살아 있으면서 여전히 어떤 큰 힘을 가지고 있는 역사상의 지도인물로 말미암아서 그와 같은 생활양식이 종종 좌우된다는 사실은 매우 주목할 만한 일이라고 생각합니다. 내가 믿는 바에 따르면 프러시아식의 태도는 청빈과 순결, 그리고 순종이라는 수도승의 선서를 통하여 하나님의 보호하심에 힘입어, 기독교의 가르침을 전파하기 위하여 이교도와 싸우는 기사수도회의 모습과 상통하는 데가 있다고 봅니다. 그러나 덴마크에서는, 우리는 독일과는 달리 아이슬란드의 전설적인 영웅, 즉 스칼라그림의 아들, 즉 시인이고 전사인 에길을 떠올리게 됩니다. 그는 이미 세 살 때 아버지의 뜻을 어기고 말을 마구간에서 끌고 나와 몇 킬로미터나 아버지를 뒤쫓았다고 전해지고 있습니다. 또 누구보다도 법률지식에 정통하여 모든 논쟁에 그의 조언이 필요하였던 현인 니알을 생각하게 됩니다. 이 사람들 또는 그들의 조상들은 강력해진 노르웨이의 왕 밑에서 무릎 꿇기가 싫었기 때문에 아이슬랜드로 이주하였던 것입니다. 그들은 자신의 의사에서가 아니라 한 왕의 명에 따라서 어느 전쟁에 참여할 것을 강요당하는 일을 참아 넘길 수가 없었던 것입니다. 그들은 용감하고 호전적인 사람들이었습니다. 나는 그들이 해적행위를 통해서 생계를 유지하지 않았나 생각합니다. 학생이 이들에 관한 전설을 읽으면 그곳에서 얼마나 많은 싸움과 살인이 자행되었는가를 보고 놀랄 것입니다. 그러나 이 사람들은 무엇보다도 자유를 원했습니다. 그렇기 때문에 그들은 또한 자유로워지려는 다른 사람들의 권리를 존중하였습니다. 이들은 재산이라든가 명예를 위해서는 투쟁을 하였지만 남을 복종시키는 권력을 위해서 싸우는 일은 없었습니다. 물론 이 사람들에 관한 전설이 얼마나 역사적인 사실들과 부합하느냐에 관해서는 정확하게 말할 수 없으나, 아이슬랜드에서 일어났고 연대기적으로 잘 부합되는 이 사건들의 서술은 커다란 시적 힘을 간직하고 있습니다. 따라서 이와 같은 상들이 오늘날 우리들이 가지고 있는 자유의 표상을 규정하고 있다는 사실은 조금도 이상할 것이 없습니다. 그 밖에도 일찍이 노르만인들이 큰 구실을 담당하였던 영국인들의 생활 속에도 이 독립성의 정신이 확고히 부각되어 있습니다. 영국형 민주주의, 즉 예의와 다른 사람의 사고와 관심에 대한 배려, 정의에 대한 높은 평가, 이 모든 것은 바로 위에서 말한, 그러한 원천에서 유래된 것인지도 모릅니다. 영국인들이 커다란 세계의 왕국을 건설할 수 있었던 데는 이와 같은 본질적인 특성이 큰 구실을 했음은 분명할 것입니다. 물론 개별적으로는 옛날의 바이킹에서 볼 수 있는 바와 같이 많은 폭력이 행사되기도 하였습니다만."

그럭저럭 오후가 되었다. 우리는 해안을 따라 작은 어촌을 통과하여 계속 도보여행을 하였고, 외레 해협 너머 막 석양에 비치는 스웨덴의 해변을 멀리 바라볼 수 있었다. 그곳은 덴마크의 해안으로부터 불과 몇 킬로미터밖에 떨어지지 않은 가까운 거리였다. 우리가 헬싱괴르에 도착했을 때는 이미 날이 어두워지기 시작하였다. 그러나 우리는 크론보르크성의 외곽을 순회하는 짧은 길을 계속 걸었다. 그 성은 외레 해협의 가장 좋은 곳에 자리잡아 수로를 제어하고 있었으며, 그 성벽 위에는 오래전에 지나간 권력의 상징인 옛 대포들이 서 있었다. 보어는 이 성의 역사에 관하여 내게 이야기하기 시작하였다. 덴마크의 프리드리히 2세가 16세기 말에 요새로 쓰려고 네덜란드의 르네상스 양식으로 이 성을 세웠다. 높이 쌓아올려진 벽과 해면을 거슬러 멀리 밖으로 밀어붙인 능보(稜堡)는 여기가 군사적인 목적으로 사용되었던 곳이라는 것을 상기시켰다. 누벽(壘壁)으로 둘러싸인 방들은 17세기 스웨덴 전쟁 때 포로수용소로 사용되었다고 한다. 그래서인지 우리가 저녁 황혼에 능보 위 옛 대포 옆에 서서 외레 해협 위에 떠 있는 돛단배와 높은 르네상스 건축을 번갈아 바라보았을 때, 끝까지 싸움이 계속되었던 그 장소로부터 풍겨 나오는 어떤 조화 같은 것을 확실히 느낄 수가 있었다. 사람들이 그 옛날에 서로 밀어붙이고 배를 파괴하고 승리의 환성과 절망의 울부짖음을 일으켰던 그 어떤 힘을 느낄 수는 있었으나, 이제 그곳에는 어떠한 위험도 없었으며, 사람들의 생활을 이루거나 또는 일그러지게 할 수 있는 것은 아무것도 없었다. 그리고 이 모든 것들 위에 펼쳐져 있는 조용함을 피부로 바로 느낄 수가 있었다.

크론보르크성은 좀더 정확하게 말하면 흉악한 숙부의 위협을 피하려고, 정말 미쳤는지 아니면 미친 것처럼 가장을 했는지 알 수 없는 덴마크의 왕자 햄릿에 관한 전설과도 얽혀 있었다. 보어는 이에 관해 이야기를 한 뒤 다음과 같이 말을 이었다.

"바로 이 성에 햄릿이 살았었다는 것을 알고 나면 이 성이 달리 보이는 것은 참으로 이상한 일이 아닙니까? 우리가 말하는 과학이라는 견지에서 말한다면, 사람들은 이 성이 돌들로 구성되어 있다는 것을 믿고 있으며, 또한 건축가가 쌓아올린 그 형식에 만족하고 있습니다. 돌들과 녹이 슬어 있는 녹색 지붕의 교회 안에 있는 부조(浮彫), 이것들이 바로 이 성입니다. 햄릿이 여기서 살았었다는 사실을 알게 된 다음에도 이 모든 것들은 아무런 변화를 일으키지 않고 그대로 있는데도 이 성은 완전히 다른 성이 되어버리고 맙니다. 갑자기 이 성의 담과 돌벽은 우리에게 다른 언어로 말을 걸어옵니다. 성의 안뜰이 전세계로 바뀌고 어두운 구석은 인간 영혼의 어두움을 상기시키고, 우리는 '사느냐 죽느냐'라는 저 유명한 물음을 듣게 됩니다. 우리는 실제로는 햄릿에 관해서 거의 아무것도 아는 게 없습니다. 다만 13세기 연대기의 짧은 주석 안에 '햄릿'이란 이름이 나와 있을 뿐입니다. 그가 실제로 생존했던 인물인지, 그가 여기서 살았는지 아닌지는 아무도 증명할 수 없습니다. 그럼에도 모든 사람들은 셰익스피어가 이 인물과 어떠한 문제를 결부시켰는지, 그리고 그때 인간 영혼의 어느 깊은 곳을 비추어냈는지를 다 알고 있습니다. 그래서 이 인물은 이 지상에서 한 장소가 필요했으며, 바로 그 장소로 이 크론보르크성을 찾아냈던 것입니다. 우리가 일단 이 모든 것을 알고 난 다음에는 이 성은 바로 다른 성이 되어버리고 마는 것입니다."

이러한 대화가 오고가는 동안에 황혼은 어느덧 깜깜한 암흑으로 바뀌었고 찬바람이 외레 해협에서 불어 닥쳐 우리는 그곳을 떠나지 않을 수 없게 되었다.

다음날 아침에는 바람이 더욱 강해졌다. 그러나 하늘은 밝게 개어 담청색의 동해 너머 북쪽으로 멀리 스웨덴 해안의 클렌곳까지 확연하게 바라볼 수가 있었다. 우리들은 그 섬의 북쪽 끝을 따라 서쪽을 향해 걷고 있었다. 이 근처는 해발 20내지 30미터에 자리잡고 있었으며, 여러 지점에서 해안으로 가파르게 침강하여 절벽을 이루고 있었다. 클렌곳을 바라보며 보어는 다음과 같이 말하였다.

"학생은 산이 가까운 뮌헨에서 자랐고, 따라서 학생은 등산여행에 관해서 나에게 많은 이야기를 해 주었습니다. 산이 많은 나라에서 산사람들에게는 우리나라가 너무나 얕은 평지이기 때문에 학생이 우리나라와 쉽게 친숙해지기는 어려울지도 모르겠습니다. 그러나 우리들에게는 이 바다가 매우 중요합니다. 바다를 멀리 바라보고 있노라면 우리는 무한대의 한 부분을 파악한 것같이 느껴지곤 합니다."

"말씀하시는 뜻을 잘 알겠습니다. 어제 해변에서 본 어부들의 얼굴에서 여기 사람들의 시선은 먼 곳으로 향해 있으며 아주 조용하다는 것을 저는 매우 인상 깊게 느꼈습니다. 우리 산사람들은 전연 다릅니다. 그곳에서는 시선이 가장 가까이 있는 조그마한 개체들로부터 아주 복잡한 형태를 띠고 있는 바위 덩어리나 빙산을 이루고 있는 산봉우리 너머로 곧 하늘을 향하게 됩니다. 그렇기 때문에 우리 산사람들은 매우 쾌활한지도 모르겠습니다."

보어가 말하였다.

"우리 덴마크에는 산이라곤 하나밖에 없습니다. 그런데 그 산의 높이가 160미터입니다. 그것이 우리에게는 매우 높기 때문에 우리는 그 산을 '하늘의 산'이라고 부릅니다. 어떤 덴마크 사람이 노르웨이 친구에게 우리나라의 경관에 대한 감명을 주기 위해 이 산을 보여주었다고 합니다. 그랬더니 그 노르웨이 친구가 좀 어이없다는 듯이 비꼬는 말투로 다음과 같이 말하였다는 이야기가 있습니다. '이런 정도의 것은 우리 노르웨이에서는 구릉이라고 부릅니다.' 학생은 이렇게까지 가혹하게 평하지는 않기를 바랍니다. 그것은 그렇고, 학생이 친구들과 같이했다는 도보여행에 대하여 좀더 이야기해 주지 않으렵니까? 좀더 자세히 알고 싶군요. 그것은 어떻게 하는 것인지?"

"우리는 자주 여러 주일에 걸치는 도보여행을 합니다. 예를 들자면, 지난여름의 경우 우리는 뷔르츠부르크에서부터 룀을 지나 하르츠 산맥의 남쪽 끝까지 갔다가 거기서 예나와 바이마르를 넘어 다시 돌아 튀링 숲을 거쳐 밤베르크까지 갔었습니다. 날씨가 따뜻하면 간단하게 노숙을 할 때도 있지만 대개의 경우는 텐트에서 자며, 날씨가 지나치게 나쁠 땐 농가의 헛간을 빌려 건초 위에서 자기도 합니다. 경우에 따라서는 이런 숙소를 얻기 위하여 추수하는 농부들을 돕는 일도 합니다. 그럴 때 우리가 큰 도움이 되면 그 대가로 먹을 것을 굉장히 많이 얻기도 합니다. 이런 경우를 제하고는 우리는 숲속에서 모닥불로 손수 밥을 해먹습니다. 그리고 밤에는 모닥불을 피워놓고 글을 낭독하기도 하고, 노래 부르며 악기를 연주하기도 합니다. 많은 옛 민요를 수집하여 바이올린과 플루트의 반주가 붙은 중창곡으로 편곡한 음악을 즐기기도 합니다. 우리는 중세 말엽의 유랑민을 꿈꾸며, 최근의 전쟁과 그에 따르는 내부 혼란을, 가장 비참하였으면서도 그렇게 훌륭한 민요들을 많이 속출시킨 30년전쟁 당시의 혼란과 견주기도 합니다. 이와 같은 시대의 유사성이 독일 곳곳에 있는 젊은이들을 사로잡았던 것으로 보입니다. 한번은 낯모르는 청년이 저에게 말을 걸고 알트뮐 계곡으로 오라고 했습니다. 그곳에 있는 옛 기사의 성에서 젊은이들이 모이게 되어 있다는 것이었습니다. 정말로 그 프룬성에는 많은 젊은이들이 사방에서 떼를 지어 모여들었습니다. 그 성은 프랑켄의 유라산맥 속, 그림과 같이 아름다운 장소에 자리잡고 있었으며 거의 수직으로 비탈진 바위 위에서 알트뮐 계곡을 한눈에 내려다보고 있었습니다. 저는 그때 어제 말씀드렸던 1914년 8월 1일과 같이 참으로 자발적으로 형성된 하나의 공동체에서 우러나오는 힘에 사로잡히고 말았습니다. 그러나 그때가 유일한 경우였으며 우리의 청년운동은 정치적 문제와는 거의 관련이 없습니다."

"학생이 묘사한 생활은 참으로 낭만적인 것으로 보입니다. 그리고 그곳에 함께 있었으면 하는 마음이 생기게 하는군요. 또한 여러 가지 점에서 우리가 어제 이야기를 나누었던 기사수도회의 지방색이 그곳에서도 작용하고 있는 것같이 생각됩니다. 그러나 그런 단체에 가입하고자 할 때 어떤 맹세 같은 것이 요구되지는 않는지?"

"성문화된 규약은 물론 구두로 된 규약도 없습니다. 우리는 그런 형식에 매우 회의적입니다. 그렇지만 정확하게 말한다면 어떤 불문율이 있다고 해야 할 것입니다. 예컨대 담배를 피우지 않고 술도 거의 입에 대지 않습니다. 우리 복장은 부모님들의 눈에는 지나칠 정도로 간소하며 차라리 너절한 편입니다. 우리는 아무도 밤의 환락이나 나이트클럽 같은 곳에 흥미를 갖지 않습니다. 그렇지만 뚜렷한 원칙 같은 것은 없습니다."

"만약에 누가 그와 같은 불문율을 깨뜨리는 경우에는 어떻게 됩니까?"

"잘은 모르겠습니다만 다만 그 친구는 모두의 조소거리가 될 것입니다. 그러나 그런 일은 거의 일어나지 않습니다."

보어가 말했다.

"예부터 내려오는 하나의 상이 수백 년 지난 오늘에서도 성문화된 것도 아니고, 그렇다고 외부로부터 강요를 당하고 있는 것도 아닌데, 아직도 인간의 생활을 이룰 만큼 어떤 힘을 가지고 있다는 사실은 참으로 무서운 일이 아닐 수 없으며, 경우에 따라서는 굉장한 일인지도 모르겠습니다. 우리가 어제 이야기하였던 수도승의 맹세 가운데 처음의 두 항목은 아마 오늘날의 거의 모든 사람들도 수긍할 것입니다. 그것은 오늘에서도 우리 모두가 가지고 있는, 어느 정도 더 엄하고 절제 있는 생활을 받아들이려는 겸손과 준비의 정신에 돌릴 수 있다고 생각합니다. 그러나 나는 세 번째 맹세, 즉 복종의 정신이 너무 일찍 발동하지 않기를 바라는 마음이 간절합니다. 그것은 잘못하면 커다란 정치적인 위험을 가져올지도 모르기 때문입니다. 학생은 내가 아이슬랜드의 에길과 니알을 프러시아의 기사수도회보다 높이 평가하는 이유를 이제는 잘 이해할 것입니다. 그런데 학생은 뮌헨의 시민전쟁을 실제로 체험하였다고 말하였는데, 그렇다면 학생은 국가적 공동체에 관한 일반적인 문제를 생각하였음에 틀림없습니다. 당시 일어난 정치적 문제에 대한 학생의 처지와 청년운동에서 학생의 생활 사이에는 어떠한 연관성이 결부되는지 알고 싶습니다."

나는 다음과 같이 대답하였다.

"시민전쟁에서 나는 정부군 편에 서 있었습니다. 나에게는 그 싸움이 무의미하게 생각되었고, 따라서 전쟁이 하루 빨리 끝나기를 바랐기 때문입니다. 그러나 나는 당시의 우리의 적에 대하여 양심의 가책을 받고 있었습니다. 일반사람들도 노동자들도 전쟁 중에는 다른 모든 사람들과 같이 승리를 위하여 온 힘을 다하였으며 다른 사람들과 같이 희생을 치렀습니다. 확실히 그 당시의 지도층은 해결할 수 없는 문제를 독일 민족에게 제기하였기 때문에 그들의 지도층에 대한 비판은 철저히 옳은 것이었습니다. 그러므로 전쟁이 끝난 다음에는 일반 시민들과 노동자들과의 우호적인 접촉이 빨리 이루어지는 일이 매우 중요하다고 나는 생각하였습니다. 이 생각은 청년운동자 대부분이 받아들이고 있었습니다. 지금부터 4년 전인 그 당시 뮌헨에서 민중대학 강좌를 설립하는 데 저도 협력을 하였습니다. 나는 천문학에 관한 야간강좌를 담당하는 데 조금도 주저하지 않았습니다. 나는 이 야간강좌에서 수백 명의 노동자들과 그들의 부인들에게 노천에서 밤의 별자리를 설명하였고, 또 행성간의 운동과 그 거리에 대하여 이야기하였으며, 그래서 그들이 은하계의 구조에 대하여 관심을 갖도록 노력하였습니다. 나는 또 한번은 어느 한 젊은 부인과 함께 같은 그룹을 상대로 독일 오페라 강좌를 연 일도 있었습니다. 그녀는 아리아를 불렀고 저는 피아노로 반주를 하였습니다. 그때 그녀는 오페라의 역사와 그 내부 구조에 대하여 설명하였습니다. 물론 이와 같은 일은 말하자면 좀 뻔뻔스러운 소인극에 지나지 않았지만, 노동자들은 우리의 성의를 받아주었고 우리의 강의를 기쁘게 들었으리라고 저는 믿고 있습니다. 그 당시 청년운동에 가담하고 있었던 많은 젊은이들이 민중대학 교사로 직업전향을 하였으며, 저는 지금도 이 민중대학이 이른바 정규 고등학교보다 더 우수한 교사들을 확보하고 있다고 자부하고 있습니다. 일반적으로 외국인들이 독일의 청년운동이 너무 낭만적이고 지나치게 이상주의적으로 기울어져 있고, 또 정치적으로 악용될 우려가 있는 것으로 걱정하는 점을 이해 못 하는 바는 아닙니다. 그러나 나는 지금 그러한 걱정은 없다고 생각하고 있습니다. 도리어 여러 가지로 좋은 움직임이 이 운동에서 비롯되었습니다. 즉 고전음악의 바흐 또는 그 이전의 교회음악이나 민중음악에 대하여 새로운 관심을 불러일으킨 점이라든가, 소박한 수공예 미술품에 대한 노력, 또 민중이 예술의 참 기쁨을 느낄 수 있도록 하는 소인극단이나 소인음악가 단체들의 시도를 말하는 것입니다."

"학생이 그렇게 낙관적인 것은 매우 좋군요. 확실히 민중 선동가들에 의해서 과장되어 있는 줄은 압니다만, 신문에 독일에서의 어두운 반(反)유대주의적인 경향이 보도되고 있는데, 학생은 이에 대하여 아는 것이 있는지요?"

"네, 뮌헨에서 그와 같은 단체가 어떤 구실을 하고 있습니다. 그들은 최근의 전쟁에서 패배하였다는 사실을 아직 극복하지 못한 옛날의 장교들과 연결되어 있습니다. 그러나 우리들은 이와 같은 단체들을 전적으로 받아들이지 않고 있습니다. 사람들은 단순한 복수심만 가지고는 결코 올바른 정치를 할 수 없다고 생각하고 있습니다. 나는 이와 같은 난센스를 제법 흉내 내고 있는 저명한 학자들도 있다는 것이 가장 곤란한 문제라고 생각하고 있습니다."

그래서 나는 상대성이론에 반대하는 싸움이 정치적 수단으로서 이끌어졌던 라이프치히에서 열린 자연과학자학회에서 체험을 이야기하였다. 우리는 둘 다 당시에 언뜻 별로 중요한 것 같지도 않았던 정치적 실책으로부터 나중에 얼마나 무서운 결과들이 비롯되었는가에 대해서는 전혀 꿈도 꾸지 못하고 있었다. 여기서는 이 문제를 다루지 않는 것이 좋겠다. 어쨌든 보어도 어리석은 옛 사관들이나 상대성이론에 만족하지 못하는 물리학자들에 대해 똑같은 평을 하였다.

"학생도 이제는 이해하겠지만, 나는 여기서 또 한번 영국적인 태도가 프러시아식의 태도보다 몇 가지 점에서 능가하고 있다는 것을 느끼게 됩니다. 영국에서는 잘 패할 수 있다는 것이 최고의 덕에 속합니다. 독일에서는 패한다는 것이 치욕에 속합니다. 물론 그들은 패자에 대해서 관용을 베푸는 것을 승자의 덕으로서 존중하고 있습니다. 이것은 매우 훌륭한 일입니다. 그러나 영국에서는 패자가 자기의 패배를 인정하고 모든 쓰라림을 참아내고 승자에 대하여 의연할 수 있는 패자를 존중합니다. 이것은 아마 승자의 관용보다 더 어려울 것입니다. 그러나 이 태도를 끝까지 관철하는 패자는 그럼으로써 다시 승자의 위치로 올라가게 됩니다. 그는 다른 자유로운 사람들과 나란히 자유인으로 남아 있습니다. 학생은 이미 내가 옛날의 바이킹에 대하여 이야기하였다는 것을 알고 있을 것입니다. 학생은 이것 또한 지나치게 낭만적이라고 생각할지 모르지만, 그러나 사실은 학생이 생각하고 있는 것보다 훨씬 더 심각합니다."

나는 "아닙니다. 나는 그것이 매우 심각하다는 것을 충분히 이해하고 있습니다"고 대답하는 것이 고작이었다.

이와 같은 대화를 나누면서 우리는 스앨란트섬 북단의 휴가지 길렐레예에까지 이르게 되었다. 이곳 여름은 피서객으로 인산인해를 이루지만, 이같이 추운 날씨에는 방문객이라고는 우리 둘뿐이었다. 그곳 물가에는 납작한 작은 돌들이 있었으므로 우리는 그 돌로 물수제비뜨기를 하거나 해안에서 좀 떨어져서 물 위에 표류하고 있는 오래된 나무 바구니나 각재(角材)에 돌을 던져 맞히는 놀이를 하면서 시간을 보냈다. 보어는 전쟁 직후에 크라머스와 함께 이곳에 한 번 왔었다는 이야기를 해 주었다. 그때 자기들은 바닷가 물속에 있는, 불발인 채 표류해 온 독일의 기뢰(機雷)를 보았고, 돌을 던져서 물위로 드러난 신관(信管)에 맞는 순간 그들의 생명도 그 폭발과 아울러 산산조각이 날 것을 깨닫고는 돌 던지기의 목표물을 딴 것으로 바꾸었다고 했다.

이와 같이 멀리 떨어져 있는 대상을 돌을 던져 맞히려는 시도는 뒷날 우리들의 도보여행에서 여러 번 계속되었고, 이와 같은 놀이는 다시 한 번 우리에게 묘상의 위력에 관한 대화를 나눌 수 있는 기회를 마련해 주었다. 나는 저만큼 떨어진 곳에 있는 전주 하나를 발견하였다. 그것은 상당히 멀리 떨어져 있었기 때문에 내가 모든 힘을 다해 돌을 던져야 가까스로 닿을 만한 거리였다. 확률적 예상을 뒤엎고 나는 단 한 번으로 그 전주에 맞췄다. 보어는 아주 깊은 생각에 잠기면서 다음과 같이 말하였다.

"사람들이 어떻게 팔을 움직여야 하는가를 깊이 생각하면서 돌 던지기를 시도할 때는 적중할 확률은 거의 없다. 그런데 모든 이성을 무시하고 혹시 맞을지도 모르겠다는 단순한 생각 아래 던지면 사정은 좀 달라집니다. 지금 바로 그것이 일어난 것입니다."

그때 우리는 더 나아가서 원자물리학에서 상과 표상들의 의미에 대해서 이야기하였지만 여기서는 언급하지 않기로 하겠다.

　우리는 그 밤을 그 섬의 서북쪽 숲가에 있는 아주 한적한 여관에서 보냈고, 다음 날 아침에 보어가 뒷날 원자물리학에 관하여 많은 대화가 이루어질 티스빌데에 있는 그의 별장을 보여주었다. 그러나 이 계절에는 아직 방문객을 위한 준비가 되어 있지 않았다. 코펜하겐으로 돌아오는 길에 우리는 잠시 힐러뢰드에 들러 프레데릭스보르크성을 둘러보았다. 바다와 공원으로 둘러싸여 분명히 이전에는 왕궁의 사냥놀이를 즐겁게 해 주었을 네덜란드 양식의 화려한 르네상스 건축이었다. 보어에게는 이 궁전생활과 그 시대의 반은 놀이를 위해서 건축된 이 궁성보다는 햄릿의 옛 성 크론보르크궁이 훨씬 더 관심을 끌게 한다는 것이 확실했다. 그래서 대화는 다시 원자물리학으로 되돌아갔는데, 그 원자물리학은 뒷날 우리들의 모든 사고를, 그리고 아마도 우리들 생애의 가장 주요한 부분을 채워주어야만 하는 것이었다.

5. 아인슈타인과 나눈 대화 1925~1926

　원자물리학은 닐스 보어가 하인베르크의 산책에서 나에게 예언하였던 바와 같이 결정적인 시기에 발전을 거듭하고 있었다. 원자와 그 안전성에 대한 이해를 곤란하게 하고 있었던 난점과 내부의 모순들은 도대체 완화되거나 제거될 기미를 보이지 않았다. 도리어 차츰 더 예리하게 그 모습을 드러내고 있었다. 이전의 물리학의 개념을 수단으로 사용하여 이 문제를 극복해 보려는 어떠한 시도도 처음부터 어려운 고비에 부딪치리라는 것이 명약관화하게 내다보였다.

　예를 들어, 미국인 컴프톤은 빛(더 정확하게 말하면 뢴트겐 복사)은 전자에 산란될 때 그 진동수가 변화한다는 사실을 발견하였다. 이 실험결과는 아인슈타인이 이미 시사한 바와 같이 빛은 작은 입자 또는 에너지의 다발로 구성되어 있고, 이것이 빠른 속도로 움직이다가 때에 따라서는 산란과정에서 전자와 충돌한다고 가정했을 때 비로소 설명될 수 있는 현상이었다. 그러나 한편에서는 빛은 전파와 원칙적으로 다른 것이 아니라 다만 파장이 짧다는 차이밖에는 없으며, 따라서 빛은 어떠한 입자의 흐름과 같은 것일 수도 없고 하나의 파동현상이어야 한다는 실험결과도 많이 나오고 있었다. 또한 네덜란드 사람인 오른슈타인이 착수한 측정결과도 매우 주목할 만한 것이었다. 여기서는 다중항에 일치되는 스펙트럼선의 강도관계(强度關係)를 규명하는 것이 문제가 되었다. 이 관계는 보어의 이론으로 평가할 수 있었는데, 그 이론으로 얻어진 공식은 그대로는 맞지 않지만 이 관계를 좀 수정하면 실험결과와 아주 잘 부합되는 공식이 얻어 진다는 사실이 밝혀졌다. 이와 같이 사람들은 난점을 조금씩 해결해 나 가는 방법을 배워가고 있었다. 사람들은 이전의 물리학으로부터 원자의 영역으로 끌어왔던 그 개념과 상들이 반은 옳고 반은 옳지 않다는 점에 익숙해져 갔으며, 따라서 그것을 사용할 때에는 엄밀한 척도로 측정해서 는 안 된다는 것에도 익숙해졌다. 또 한편에서는 이와 같은 자유를 적절 하게 잘만 이용하면 때에 따라서는 낱낱의 현상들을 정확하게 수학적으 로 간단하게 정식화할 수도 있었다.

1924년 괴팅엔에서 막스 보른이 지도하는 세미나가 열렸는데, 여기서 이미 새로운 양자역학에 관한 논의가 있었다. 그것은 뒷날 마땅히 뉴턴 역학을 대신하는 새로운 것이어야 했지만, 그 당시로서는 낱낱의 유리된 상태에서 윤곽밖에는 포착할 수가 없었다. 이어 계속되는 겨울학기에 나 는 일시적으로 코펜하겐에서 일을 하고 있었는데, 그때 크라머스가 이른 바 분산현상들에 관해서 설정하였던 한 이론을 완성하려고 애썼다.

우리는 올바른 수학적인 관계를 이끌어내지는 못하였으나 고전역학에 서 유도되는 공식과의 유사성에서 어떤 관계를 이끌어내 보려고 노력을 집중하였다.

이 몇 달 동안의 원자이론을 돌이켜볼 때 나는 또 하나의 도보여행을 떠올리지 않을 수 없다. 이 도보여행은 1924년 늦가을에 청년운동을 하 고 있는 몇몇 친구들과 크로이트와 아헨호 사이의 산에서 이루어졌다. 그 당시 날씨가 흐려서 산들은 구름에 덮여 있었다. 위로 올라감에 따라 안개는 차츰 더 깊어지면서 우리가 올라가는 좁은 길을 완전히 덮어 버렸다. 잠시 뒤에 우리는 완전히 혼란에 빠져 바위와 소나무 사이를 더듬어 헤매게 되었고, 아무리 애를 써도 도저히 길을 찾을 수가 없었다. 우리는 만일의 경우 과연 되돌아가는 길을 발견할 수 있을까 하는 불안감에 사로잡히면서도 여전히 정상을 향해 올라가려고 했다. 그렇게 계속 올라가고 있는 동안 이상한 변화가 일어났다. 안개는 더욱 짙어져서 우리는 다른 사람들을 시야에서 완전히 잃어 버린 채 서로 외치는 목소리를 통해서만 의사를 주고받고 있었다. 그런데 별안간 우리 머리 위가 밝아졌다. 그런가 했더니 바로 다시 어두워졌다. 이와 같은 명암의 교차가 반복되었다. 우리는 분명히 안개 기류의 흐름 속에 휘말려 있었던 것이다. 그리고 갑자기 두 갈래의 짙은 안개 사이로 햇빛에 빛나는 높은 암벽의 모서리가 잠깐씩 드러나 보였다. 이와 같이 몇 번 되풀이 되는 순간적인 조망은 우리의 눈앞에, 그리고 머리 위에 자리잡고 있을 산의 지형에 대한 확실한 윤곽을 잡는 데 충분하였다. 10분쯤 험한 산을 더 오른 뒤에 우리는 햇빛이 비치는 안장고지에 서서 눈앞에 펼쳐진 안개바다를 바라보고 있었다. 남쪽으로는 존벤트 산맥의 산봉우리들, 뒤로는 중앙 알프스 산맥 정상의 설경이 분명하게 보였고, 등산로에 대한 걱정은 어느새 완전히 사라져 버렸다.

원자물리학도 이와 비슷했다. 1924년에서 1925년에 이르는 겨울학기에는 앞날을 내다볼 수 없을 정도로 안개가 짙었지만 — 말하자면 이미 머리 위가 밝아지는 그러한 경지에 이르고 있었다 — 밝음의 차이는 결정적인 투시의 가능성을 시사하고 있었던 것이다.

1924년 7월 이후 코펜하겐에서 사강사로 있던 나는 1925년 여름학기에 다시 — 코펜하겐에서 크라머스와 같이 연구하여 증명된 바와 같은 방법으로 — 수소원자의 스펙트럼선의 강도에 대한 공식을 세우기 위한 연구에 들어갔다. 그러나 이 시도는 실패로 끝났다. 수학적으로 매우 복잡한 미로에 빠져들어 좀체 그 출구를 발견하지 못했던 것이다. 그러나 이 시도로부터 나는 원자 안에서는 절대로 전자의 궤도를 문제삼아서는 안 되며, 진동수와 선의 강도를 결정하는 양(즉 이른바 진폭)을 궤도 대용으로 사용할 수 있겠다는 확신을 가질 수 있었다. 어쨌든 이 양은 직접 관찰할 수 있었다. 따라서 친구 오토가 발헨호로 가는 자전거 여행 도중에 아인슈타인의 견해를 대변해서 주장하였던 그 철학대로 이 관찰할 수 있는 양만을 원자의 결정요소로 간주해야 한다고 생각하였다. 이와 같은 구상을 수소원자에서 관철시켜보려던 내 시도는 문제의 복잡성 때문에 결국 좌절되고 말았다. 그래서 나는 계산능력으로 해결할 수 있는 수학적으로 좀더 간단한 역학계를 찾기 시작하였다. 그러한 계로서 진동하는 진자 또는— 더 일반적으로는— 원자물리학에서 분자 안의 진동의 모델로 나타나는 이른바 비조화진동자(非調和振動子)를 생각할 수 있었다. 이번 경우 이 같은 내 계획은 외부의 방해로 저지되기는커녕 오히려 촉진되었다.

1925년 말에 나는 아주 불쾌한 고초열병(枯草熱病)에 시달리게 되었다. 나는 도리 없이 보른에게 2주일 동안의 휴가를 얻을 수밖에 없었다. 고초열병을 완치하기 위하여 나는 헬골란트섬으로 여행을 하면서 바다공기를 마시기로 했다. 헬골란트에 도착하였을 때는 얼굴이 부어올라 참으로 비참한 몰골을 하고 있었다. 내가 방을 빌렸던 여관의 여주인은 내 얼굴을 보고서 내가 지난밤에 누구와 치고받으며 싸운 줄로 알고 빨리 회복되기를 바란다고 말할 정도였다. 내가 든 방은 아랫마을과 그 후면에 있는 사구와 대양을 한눈으로 내려다볼 수 있는 곳에 자리잡은 여관의 3층이었다. 발코니에 앉으면, 사람이 넓은 바다를 바라보고 있으면 무한대의 일부를 포착한 것 같은 마음이 된다는 보어의 말이 자주 떠오르곤 했다.

이 섬에서는 매일 고지로 산책을 하고 해변의 모래 언덕에서 일광욕을 하는 것말고는 내 연구를 방해하는 외부의 유혹이 없었기 때문에, 괴팅엔에서보다 오히려 몇 배나 능률을 올릴 수 있었다. 그래서 겨우 며칠 만에 내 당면문제에 대한 간단한 수학적 정식화에 성공하였다. 그 다음 며칠 동안의 노력으로, 관찰 가능한 양만이 어떤 구실을 맡아야 하는 물리학에서 무엇이 보어-조머펠트의 양자조건의 자리에 들어와야 하는가를 확실히 알 수가 있었다. 이 부가조건으로 이론의 중심점이 정식화되었다.

그러나 그때 나는 이렇게 이루어진 일반적인 수학적 도식이 자기모순에 빠지지 않고 통용될 수 있다는 보장이 전혀 없다는 점을 깨달았다. 특히 이 도식에서 에너지 보존법칙이 그대로 적용되는지를 도저히 알 수가 없었다. 그리고 그 에너지 보존법칙을 무시하고서는 이 도식 전체가 아무런 가치도 가질 수 없을 거라는 점을 간과할 수 없었다. 그리고 다른 한편에서는 내가 여러 가지로 계산을 하는 과정에서 에너지의 법칙을 증명할 수가 있다면 내가 고안한 수학이 실제로 아무런 모순 없이 일관성 있게 발전할 수도 있겠다는 힌트도 얻었다. 그래서 나는 이 에너지의 법칙이 성립되는지를 더욱 집중적으로 검토하게 되었다. 그러던 어느 날 밤, 에너지의 표, 즉 요즘의 언어로 말하면 에너지 행렬(매트릭스)의 각각의 항을 오늘날의 척도로 보면 매우 복잡하고 번잡하지만 계산을 통해서 표현할 수 있는 경지에까지 이르렀다. 최초의 1항으로서 에너지의 법칙이 확증되었을 때 나는 일종의 흥분상태에 빠져서 다음 계산이 자꾸만 틀리곤 하였다. 그래서 그 계산의 최종 결과가 나온 것은 새벽 3시가 가까워서였고, 모든 항에서 에너지의 법칙이 타당한 것으로 증명되었다. 즉 모든 항에서 별 다른 무리 없이 문제가 풀려 나갔던 것이다. 그래서 나는 수학적으로 아무런 모순이 없는 완전한 양자역학이 성립되었다는 사실을 더 이상 의심할 수가 없었다. 처음 순간, 나는 참으로 놀라지 않을 수 없었다. 모든 원자현상의 표면 밑에 깊숙이 간직되어 있는 내적인 아름다움의 근거를 바라보는 그러한 느낌이었다. 나는 이제 자연이 내 눈앞에 펼쳐 보여준 수학적 구조의 풍요함을 추적해야 한다는 데 생각이 이르자 현기증을 느낄 정도였다. 흥분의 도가니에 빠진 나는 도저히 잠을 이룰 수가 없었다. 그래서 새벽의 여명을 뚫고 여관이 자리잡고 있는 고지의 남단에 있는 산봉우리를 향해 걷기 시작하였다. 그곳에는 바다에 돌출하여 고고하게 서 있는 바위 탑이 있었고, 그것은 지금까지 항상 내게 등반의 유혹을 안겨주곤 했었다. 나는 큰 어려움 없이 그 탑에 올라가 꼭대기에서 일출을 기다렸다.

그날 밤 헬골란트에서 내 심안에 보인 것은, 물론 아헨 호반의 산에서 보았던 햇살이 비친 바위 모서리 이상의 것은 아니었다. 그러나 항상 지나칠 정도로 비판적이었던 볼프강이 내 결과를 보고받고서는 그 방면에서 계속 노력하라고 격려해 주었다. 괴팅엔에서는 보른과 요르단이 이 새로운 가능성을 받아들었으며, 케임브리지에 있는 젊은 영국인 디랙은 여기서 제기된 문제를 해결하기 위하여 그 나름의 수학적 방법을 발전시켰다. 그래서 불과 몇 달 뒤에는 이 물리학자들의 집중적인 연구를 통해서 짜임새 있는 포괄적인 수학적 얼거리가 형성되었고, 그것은 원자물리학의 다양한 경험에 실제로 부합될 것으로 기대되었다. 이와 같은 상황에서 우리들이 수개월 동안 숨 막히는 더 없이 어려운 연구에 몰두하였던 일에 대해서는 언급을 생략하겠다. 그러나 베를린에서 있은 새로운 양자역학 강연 뒤에 아인슈타인과 나눈 대화에 관해서는 말하는 것이 좋겠다.

베를린대학은 그 당시 독일에서 물리학의 아성이라고 여겨지고 있었다. 여기서는 플랑크, 아인슈타인, 폰 라우에, 그리고 네른스트가 활약하고 있었다. 플랑크가 양자론을 발견하고, 루벤스가 그것을 열복사 측정을 통해 확증하고, 또한 아인슈타인이 1916년에 일반상대성이론과 중력의 이론을 발표한 곳이 바로 이곳이었다. 이와 같은 학문적 활동의 중심에는 물리학 토론회가 있었다. 이것은 헬름홀츠의 시대로부터 내려오는 전통이었고, 물리학 교수들 거의 전원이 참석하고 있었다. 1926년 봄, 나는 이 토론회에서 새로운 양자역학에 관하여 보고하도록 초청을 받았다. 나는 이것이 고명한 학자들을 처음으로 개인적으로 알 수 있는 기회였기 때문에 새로운 이론의 개념과 그 수학적 기초를 되도록 명쾌하게 설명하려고 많은 노력을 기울였다. 그 결과 나는 특히 아인슈타인의 관심을 끄는 데 성공하였다. 아인슈타인은 토론회가 끝난 뒤 이 새로운 이론에 대하여 좀더 상세히 토론하자면서 나를 자기 집으로 초대하였다.

그의 집으로 가는 도중에 그는 내 물리학 연구 경력과 지금까지의 관심사에 대하여 물었다. 그리고 그의 집에 도착하자마자 내 시도를 뒷받침하고 있는 철학적인 전제에 관해 물음으로써 대화는 시작되었다.

"당신이 토론회에서 우리들에게 들려준 이야기는 비상한 것이라고 생각됩니다. 당신은 원자 안에 전자가 있다고 가정합니다. 그 점에서 당신은 옳다고 생각합니다. 그러나 사람들이 전자의 궤도를 안개상자 안에서는 직접 볼 수 있다고 하는데, 당신은 전자의 궤도를 전적으로 무시하려 하고 있습니다. 당신은 이 기이한 가정의 근거를 좀더 정확하게 설명해 줄 수 없습니까?"

"사람들은 원자 안에 있는 전자의 궤도를 관찰할 수가 없습니다. 그러나 방전과정에서 한 원자가 방사하는 복사로부터 진동수와 원자 안에 있는 전자의 진동수에 해당하는 진폭을 유도해낼 수는 있습니다. 진동수와 진폭 전체에 관한 지식은 지금까지도 물리학에서 전자궤도의 지식에 대한 대용품과 같은 것이었습니다. 그러나 관찰 가능한 양들만을 한 이론에 받아들이는 것이 합리적이기 때문에 이 전체를 전자궤도의 대표로서 도입하는 것이 자연스럽게 생각되었던 것입니다."

"그러나 관찰이 가능한 양만을 물리학의 이론에 받아들일 수 있다는 것을 진지하게 믿어서는 안 됩니다."

나는 놀라서 물었다.

"나는 선생님이 바로 이 생각을 선생님의 상대성이론의 기초로 삼으셨다고 생각하고 있는데요. 선생님께서는 사람들은 절대시간에 대해 말해서는 안 된다고 강조하셨습니다. 그것은 사람들은 절대시간을 관측할 수 없기 때문이라고 말입니다. 운동계에서든, 정지계에서든 간에 다만 시계가 표시하는 시간만이 시간을 결정하는 기준이 될 수 있다고 말씀하셨습니다."

아인슈타인이 대답하였다.

"아마 나는 그런 철학을 이용했던 것 같습니다. 그러나 그것은 무의미한 것입니다. 좀더 신중하게 표현해 보면, 실제로 관찰이 가능한 것을 생각해내는 것은 발견 순서로서는 가치 있는 일이라고 말할 수 있을지도 모릅니다. 그러나 원칙적으로 말한다면, 관찰할 수 있는 양만을 가지고 한 이론을 세우려는 것은 전적으로 잘못된 것입니다. 사실은 정반대이기 때문입니다. 사람이 무엇을 관찰할 수 있는가를 결정하는 것은 이론입니다. 당신도 알다시피 관찰이란 일반적으로 매우 복잡한 과정입니다. 관찰되어야 할 현상은 우리들의 측정장치에서 어떤 사건을 일으킵니다. 그 결과 장치 안에서 또 다른 현상이 일어나게 되고, 그것이 돌고 돌아서 결국은 감각인상을 만들어 내어 우리의 의식 안에 현상에서부터 우리의 의식 안에 그 결속을 정착시키게 됩니다. 정착되기까지의 이 전체적인 긴 과정에서 자연이 어떻게 기능하고 있느냐를 우리는 알아야 합니다. 우리가 어떤 것을 관찰하였다고 주장하려면 우리는 적어도 자연법칙을 실질적인 면에서 알고 있지 않으면 안 됩니다. 따라서 이론, 즉 자연법칙에 대한 지식만이 감각인상을 통해서 그 바닥에 깔려 있는 현상에 관한 결론을 내릴 수 있도록 되어 있는 것입니다. 사람들이 무엇을 관찰할 수 있다고 주장할 때에는 좀더 정확하게 다음과 같이 말해야 할 것입니다. 즉 우리가 지금까지의 것들과는 일치하지 않는 새로운 자연법칙을 정식화하려고 준비하고 있을지라도, 관찰되어야 할 현상에서부터 우리의 의식까지의 과정에서는 지금까지의 자연법칙이 정확하게 작용하고 있으며, 따라서 종전의 자연법칙에 기대어 관찰에 관한 이야기를 하는 것이 허용되고 있다고 말입니다. 예를 들어 상대성이론에서도 진동계에서 시계로부터 관찰자의 눈까지 이르는 광선은 이전의 이론으로 기대하였던 대로 정확하게 작용한다는 것을 전제로 하고 있습니다. 따라서 당신의 이론에서도 당신은 진동하는 원자로부터 스펙트럼 장치에 이르는, 그리고 눈에 이르는 광선의 복사에 관한 모든 기구는 본질적으로 맥스웰의 법칙에 따라 작동하고 있다는 것을 전제하고 있는 겁니다. 만약 그렇지가 않다면 당신이 관찰할 수 있었다고 주장하는 양은 전혀 관찰이 불가능했을 것입니다. 그러니까 관측이 가능한 양만을 도입한다는 당신의 주장은 당신이 정식화하려고 노력한 그 이론의 성격에 대한 하나의 추측인 것입니다. 당신의 이론은 지금 문제가 되고 있는 그 시점에서 지금까지의 복사현상의 기술을 손상하지 않는 것으로 상정하고 있는 것입니다. 그것은 그 자체로서는 정당할지는 모르지만, 그러나 절대로 확실한 것은 아닙니다."

아인슈타인의 논지는 충분히 이해할 수 있는 것이었으나 그의 그 같은 태도는 내게는 매우 놀라운 것이었다. 그래서 나는 되물었다.

"한 이론이란 본디 사유경제(思惟經濟)의 원칙 아래서 이뤄지는 관찰의 총괄에 지나지 않는다는 생각은 물리학자이며 철학자인 마하에서 비롯된 것으로 알고 있습니다. 선생님의 상대성이론은 바로 이 마하의 생각을 결정적으로 사용한 것이라는 것이 많은 사람들이 되풀이하는 주장입니다. 그러나 지금 선생님께서 하신 말씀에 따르면 전혀 반대가 되는 것으로 생각됩니다. 도대체 무엇을 믿어야 좋을지 분간이 서지 않습니다. 선생님께서는 이 점에 관해서 무엇을 믿고 계시는 것입니까?"

"그렇다면 좀 길어지더라도 자세히 이야기해 봅시다. 마하에 따른 사유경제 개념은 진리의 일부를 포함하고 있기는 하지만 나에게는 너무나 진부한 것입니다. 우선 마하에 관해서 몇 가지 논증을 펴 봅시다. 우리들은 분명히 감각을 통해서 세계를 우리가 어려서 말하고 생각하는 것을 배울 때, 매우 복잡하기는 하지만 어떻게든지 관련이 있는 하나의 감각인상을 하나의 말, 예컨대 '공'이라는 말을 통해 표현하는 가능성을 인식하는 것으로 시작합니다. 아이들은 그것을 어른에게서 배우고 의사소통이 이루어지면 만족감을 느낍니다. 말의 형성과 그 말에 따른 '공'이라는 개념의 형성은 상당히 복잡한 감각인상을 간단하게 총괄할 수 있게 해 주기 때문에 그것을 일종의 사유경제 행위라고 할 수 있을 것입니다. 여기서 마하는 의사소통이라는 과정이 시작되기까지 어떠한 정신적 육체적인 전제들이 주어져야 —여기서는 어린이에게 — 하는가에 대한 물음에는 전혀 관여하지 않고 있습니다. 더 나아가서 마하는 자연과학적인 이론들 — 경우에 따라서 매우 복잡한 이론들에서도 — 의 형성도 근본적으로는 같은 방식으로 이루어진다고 생각하고 있습니다. 우리들은 현상들을 통일적으로 질서 짓고, 또 몇몇 작은 개념들의 도움으로 굉장히 내용이 풍부한 집단현상을 이해할 수 있게 될 때까지 그 현상을 어떠한 방식으로든지 간단한 것으로 소급시키려고 시도합니다. 이때 '이해'라는 것은 이같이 단순한 개념을 가지고 그 다양성을 파악한다는 것만을 뜻합니다. 이것은 아주 그럴 듯하게 들리지만, 사람들은 여기서 이 사유경제의 원리가 원칙적으로 어떻게 생각되고 있느냐에 대한 의문을 제기해야 할 것입니다. 즉 심리적인 경제가 문제가 되는가, 논리적 경제가 문제되는가, 아니면 문제가 되는 것이 현상의 주관적인 측면인가, 객관적인 측면인가를 물어야 할 것입니다. 어린이가 '공'이란 개념을 형성할 때 복잡한 감각인상들이 이 개념을 통해 총괄됨으로써 심리학적으로 하나의 단순화가 이루어진 탓인가, 또는 실제로 공이 존재하는 것인가? 마하는 아마도 다음과 같이 대답할 것입니다. '공이 존재한다는 명제는 간단하게 총괄할 수 있는 감각인상의 주장 이상의 것은 아무것도 포함하지 않는다'고. 그러나 이것은 옳지 않습니다. 왜냐하면 첫째, '공이 실제로 존재한다'는 명제는 미래에 나타날 수도 있는 감각인상에 관한 많은 진술을 포함하고 있기 때문입니다. 가능한 것, 기대될 수 있는 것은 실재적인 것과 더불어 간단히 망각되어서는 안 되는 현실의 중요한 성분입니다. 둘째로, 감각인상으로부터 표상과 사물들을 추론하는 것은 우리의 사고의 기본적 전제에 속한다는 것입니다. 따라서 우리가 감각인상에 대해서만 말하려고 한다면 우리는 언어와 사고를 단념해야 한다고 생각합니다. 말을 바꾸면 마하는 세계가 실제로 존재한다는 사실, 그리고 우리의 감각인상은 어느 정도 객관적인 것에 바탕을 두고 있다는 사실을 지나치게 간단히 다루고 있습니다. 그렇다고 여기서 소박한 실재론을 변호하려는 것은 아닙니다. 좀 어려운 문제들을 다르고 있다고 생각되기는 합니다만 어쨌든 마하의 관찰개념은 지나치게 소박하다는 점을 지적하지 않을 수 없습니다. 마하는 마치 사람들이 '관찰'이란 말의 의미를 이미 잘 알고 있는 것처럼 사용하고 있습니다. 그는 이 자리에서 '주관적이냐 또는 객관적이냐' 하는 결정을 피할 수 있다고 믿기 때문에 그의 단순성의 개념은 대단히 의심스러운 상업적 성격을 띤 사유경제라는 뜻을 포함하고 있는 것입니다. 이 개념은 너무나 지나치게 주관적입니다. 실제로 자연법칙의 단순성은 객관적인 사실이기도 하며, 올바른 개념구성에서는 단순성의 주관적인 측면과 객관적인 측면의 균형을 유지하는 것이 매우 중요합니다. 그러나 그것은 매우 어려운 점이기도 합니다. 어쨌든 다시 당신의 강연 주제로 돌아가 봅시다. 나는 지금 우리가 서로 이야기한 그 시점에서 당신의 이론이 뒷날 어려운 고비에 부딪치지 않을까 하는 의구심을 가지고 있습니다. 그 까닭을 좀더 정확하게 말해 보지요. 당신은 당신의 관찰의 측면에서 모든 것을 지금까지의 상태대로 둘 수 있는 것처럼, 즉 물리학자가 관측하는 것을 지금까지의 언어로 말할 수 있는 것같이 다루고 있습니다. 그렇다면 당신은 다음과 같이 말했어야 했을 것입니다. 즉 우리는 안개상자 안에서의 전자의 궤도를 그 상자를 통해서 관찰할 수 있다. 그러나 원자 안에서는 전자의 궤도는 더 이상 존재해서는 안 된다고. 그것은 분명히 어불성설입니다. 단순히 전자가 움직이고 있는 공간을 축소하였다고 해서 궤도개념이 폐지될 수는 없는 일이 아닙니까?" 나는 여기서 새로운 양자역학의 변호를 시도하지 않으면 안 된다고 생각하였다.

"현재까지 우리들은 어떠한 언어로 원자 안의 사건을 설명할 수 있는지를 전혀 알지 못하고 있습니다. 우리는 확실히 수학적 언어, 즉 수학적 도식을 가지고 있습니다. 그것의 도움을 빌려서 원자의 정상상태나 한 상태에서 다른 상태로 이행하는 확률을 계산할 수 있지만 이 언어가 우리의 통상적인 언어와 일반적으로 어떻게 연관이 있는가에 대해서는 아직 아무도 모르고 있습니다. 이론을 실험에 적용시키기 위해서는 이 연관성이 무엇인가를 알아야만 합니다. 왜냐하면 우리는 실험결과에 관해서는 아직도 항상 일반적인 언어, 즉 고전물리학에서 지금까지 사용되어 온 언어를 그대로 사용하고 있기 때문입니다. 따라서 아직은 양자역학을 이해하였다고 말할 수 있는 단계가 아닙니다. 수학적인 도식은 이미 형성되었다고 하더라도 일반적인 언어와 맺는 연관성은 아직 형성되지 않았습니다. 일단 이것이 형성되기만 하면 사람들은 안개상자 안의 전자 궤도에 대해서도 아무런 내부모순이 없이 말할 수 있게 될 것입니다. 따라서 선생님께서 지적하신 난점을 해결하기에는 아직 시기상조라고 봅니다."

"좋습니다. 그것은 그대로 놓아둡시다. 우리는 2, 3년 안에 또 한 번 이 문제에 대해서 이야기하게 될 것입니다. 그것은 그렇고, 나는 다른 질문을 하나 더 해야겠습니다. 양자론은 확실히 매우 다른 두 면을 가지고 있습니다. 그 일면은 보어가 항상 정당하게 주장하는 바와 같이 원자의 안전성에 대하여 배려하고 있습니다. 즉 원자는 항상 반복해서 같은 형식을 생성한다는 사실 말입니다. 다른 일면은 자연의 비연속성, 즉 그 불연속성이라는 기묘한 요소를 설명하고 있습니다. 예를 든다면, 우리는 암실에서 영상막을 이용해 방사성 장치로부터 나오는 빛의 섬광을 관찰할 때 이러한 현상을 뚜렷하게 인식할 수가 있습니다. 물론 이 두 측면은 서로 연관되어 있습니다. 당신의 양자역학에서도 원자에 의한 빛의 복사에 대하여 말할 때 또한 이 두 측면을 말해야 할 것입니다. 당신은 정상상태의 불연속적인 에너지의 양을 계산할 수 있을 것입니다. 그렇기 때문에 당신의 이론은 서로 연속적으로 이행할 수는 없고 일정한 유한한 양만큼 서로 구별되면서 항상 재형성될 수 있는 어떤 형식들의 안정성에 대하여 무슨 답변을 줄 수 있는 것같이 보입니다. 그러나 빛의 방사에서는 도대체 무엇이 일어나고 있는 것입니까? 당신은 원자의 에너지 차(差)를 에너지 파켓 — 이른바 광양자 — 으로서 방출함으로써 한 정상상태의 에너지 준위로부터 다른 상태의 에너지 준위로, 말하자면 갑자기 떨어진다는 표상을 내가 이전에 시도했음을 알고 있을 겁니다. 그것은 아마도 불연속성이라는 요소에 대한 뚜렷한 하나의 실례가 될 것입니다. 당신은 이와 같은 표상이 옳다고 생각하십니까? 당신은 하나의 정상상태로부터 다른 정상상태로의 이행을 어떻게 좀더 정확하게 서술할 수가 있습니까?"

그에 대한 대답은 보어에게로 되돌아갈 수밖에 없었다.

"나는 그와 같은 이행은 지금까지의 일반적인 개념을 가지고는 설명할 수 없으며, 공간과 시간의 한 과정으로는 서술할 수 없다는 것을 보어 선생에게서 배웠습니다. 물론 이와 같은 설명을 가지고는 매우 작은 부분밖에는 다루지 못한다고 생각합니다. 즉 이 점에 관해서는 사람들이 아무엇도 모르고 있다고 말하는 것과 큰 차가 없습니다. 내가 광양자를 믿어야 할지의 여부는 내 자신이 결정할 수가 없습니다. 물론 복사는 선생님이 광양자로써 서술하신 불연속성의 요소를 확실히 포함하고 있습니다. 그러나 다른 한편 간섭현상(干涉現象)에서 나타나는, 그리고 빛의 파동에서도 간단히 서술할 수 있는 연속성의 요소도 분명하게 존재합니다. 그러나 선생님께서는 사람들이 아직 충분히 이해하지 못하고 있는 새로운 양자역학으로부터 이같이 굉장히 어려운 물음에 대하여 무엇을 배울 수 있는가를 묻고 계십니다. 나는 적어도 무엇인가를 배울 수는 있다고 믿고 있습니다. 예컨대 주위에 있는 원자들 사이, 또는 복사장 사이에서 에너지 교환을 하고 있는 한 개의 원자를 생각할 때, 흥미 있는 정보를 얻을 수 있다고 생각합니다. 선생님이 말씀하시는 광양자의 표상에 따라서 기대되는 바와 같은 불연속적인 변동이 일어난다면 그 변동 — 수학적으로 정확하게 표현해서 변동의 제곱평균 — 은 여러 가지 연속적으로 변화할 때보다 더 클 것입니다. 양자역학에서는 더 큰 수치가 나올 것이고, 따라서 사람들은 불연속성의 요소를 직접 볼 수 있으리라는 것을 믿고 싶습니다. 다른 한편에서는 간섭현상의 실험에서 눈에 보이는 연속성의 요소도 인지되어야 할 것입니다. 아마도 사람들은 한 정상상태로부터 다른 정상상태로의 이행을 보통 영화에서 상의 이행과 같은 것으로 상상해야 할 것입니다. 이와 같은 이행은 갑자기 이루어지는 것이 아니라, 한 상이 차츰 약해지는 한편으로 다른 상이 서서히 나타나면서 차츰 강하게 되는데, 잠시 동안은 두 상이 서로 뒤범벅이 되어서 무엇이 무엇인가를 잘 분간할 수 없게 됩니다. 원자도 위의 상태에 있는지 아래의 상태에 있는지를 거의 알 수 없는 어떤 중간상태가 존재한다고 생각합니다."

"당신은 지금 위험한 방향에서 사고를 전개하고 있는 것 같습니다."

아인슈타인이 경고하였다.

"즉 당신은 당돌하게도 사람이 자연에 관해서 알고 있는 것을 이야기 하고 자연이 실제로 작용하는 것에 대해서는 말하지 않고 있습니다. 그 러나 자연과학에서는 자연이 실제로 작용하는 것을 이해하는 것만이 중 요합니다. 당신이 자연에 관해서 내가 알고 있는 면과는 다른 면을 알고 있다는 것은 좋은 일입니다. 그러나 그것이 누구에게 흥미 있는 일입니 까? 아마도 당신과 나 정도일 것입니다. 다른 사람들에게는 그런 것은 아 무런 관심거리가 되지 않습니다. 따라서 당신의 이론이 옳다는 것을 주 장하려면 당신은 나에게 원자가 한 정상상태로부터 빛의 복사를 통해 다 른 정상상태로 이행할 때 그 원자가 실제로 무슨 작용을 하고 있는가를 말해야 할 것입니다."

나는 머뭇거리면서 대답했다.

"선생님께서는 언어를 지나치게 엄격하게 사용하시는 것이 아닌가 생 각됩니다. 물론 지금 제가 대답할 수 있는 모든 것은 전부가 평계에 지나 지 않는다는 사실을 솔직히 인정합니다. 원자론이 앞으로 어떻게 발전되 어 나갈 것인지는 좀더 기다려야 할 겁니다."

아인슈타인은 약간 비판조로 나를 바라보았다.

"당신은 아직도 이렇게 많은 중요한 문제들이 풀리지 않은 채 산적되 어 있는데도 당신의 이론에 대해 그렇게도 확신을 가질 수 있습니까?"

아인슈타인의 이 물음에 대답하기까지는 오랜 시간이 필요했다. 아마 도 나는 이렇게 대답했던 것 같다.

"나도 선생님과 같이 자연법칙의 단순성은 객관적인 성격을 갖는다는 점, 그리고 사유경제만이 문제되는 것은 아니라는 점을 믿고 있습니다. 자연이 이때까지 아무도 생각할 수 없었던 아주 단순하고 아름다운 수학 적인 형식들 — 나는 여기서 이 수학적인 형식의 기초가 되는 가정, 공리, 그리고 그와 같은 것들의 시종일관된 체계를 뜻합니다만 — 에 의하여 유도될 때, 사람들은 이것이야말로 '진짜'다, 즉 바로 그것이 자연의 참모습을 나타내는 것이라고 믿지 않을 수 없을 것입니다. 이 형식이 바로 자연에 대한 우리의 관계를 나타내고 있을지도 모르며, 또 그 안에 사유경제의 요소들도 포함되고 있는지 모릅니다. 그러나 이 형식은 저절로 나타난 것은 아닐 것이고 분명히 자연이 우리에게 계시한 것이기 때문에, 그것은 실재에 대한 우리의 사상뿐만 아니라 실재 그 자체에 속해 있다고 생각합니다. 내가 여기서 단순성과 아름다움에 대하여 이야기하였다고 해서 선생님께서는 심미적인 진리의 판단규준을 사용하고 있다고 저를 비판하실 수도 있을 것입니다. 그러나 저는 우리에게 계시된 수학적 체계의 단순성과 아름다움이 대단한 설득력을 지니고 있다는 사실을 인정하지 않을 수 없습니다. 자연이 갑자기 어느 한 사람 앞에 이때까지 전혀 예상조차 할 수 없었던 현상 사이의 단순성과 완결성을 펼쳐보여 주었다면 그 사람은 아마도 두려움에 가까운 놀라움에 사로잡힐 것입니다. 선생님께서도 틀림없이 이와 같이 체험하셨을 것입니다. 어느 개인이 그러한 장면에서 갖게 되는 감정은, 예컨대 어떤 한 개의 수공예품 ― 그것이 물리적이든 비물리적이든 간에 ― 을 특히 잘 완성시킬 수 있었다고 믿었을 때 느끼는 기쁨과는 완전히 다른 것입니다. 그렇기 때문에 저는 이미 언급된 모든 어려운 문제들은 어떻게든지 해결될 것이라고 믿고 있습니다. 수학적인 도식의 단순성은 그 결과를 대단히 정확하게 이론에 따라서 미리 계산할 수 있는 많은 실험을 틀림없이 고안해낼 수 있다고 나는 생각하고 있습니다. 그렇게 되어서 그와 같은 실험이 이루어지고 거기서 미리 예언된 결과가 얻어진다면 사람들은 이 이론이 이 영역에서 자연을 올바로 표현하고 있다는 것을 거의 의심하지 않을 것입니다."

아인슈타인은 말하였다.

"실험에 따른 검증은 물론 하나의 이론에 대한 당연한 전제입니다. 그러나 사람들이 항상 모든 것을 검증할 수는 없습니다. 그러므로 당신이 말하는 그 단순성에 대해서는 나도 매우 흥미가 있습니다. 그러나 나는 아직도 자연법칙의 단순성이라는 것이 무엇이라는 것을 완전히 이해하였다고는 주장할 수가 없군요."

물리학에서의 진리규준에 대한 대화가 잠시 동안 더 계속된 뒤에 나는 아인슈타인과 작별을 고하였다. 그뒤 1년 반이 지나서 나는 브뤼셀에서 열린 솔베이 회의에서 다시 아인슈타인을 만났다. 그 회의에서 이론의 인식론적, 철학적 기초들이 다시 한 번 가장 자극적인 토론의 주제가 되었다.

6. 신세계로 출발 1926~1927

　미국 대륙을 발견한 크리스토퍼 콜럼버스의 위대성은, 지금까지 동쪽으로만 한정됐던 인도로의 항해를 지구가 구형이라는 것에 착안하여 서쪽으로도 갈 수 있다고 생각한 데 있는 것이 아니었다. 이 아이디어는 이미 다른 사람들이 생각해 온 것이었기 때문이다. 그것은 또 그의 탐험여행에 대한 세심한 준비도 전문가적인 장비도 아니었다. 이런 일들은 다른 사람들에게도 얼마든지 가능한 일이었을 것이다. 이 역사적 항해에서 가장 중요한 것은 지금까지 알려져 있었던 모든 육지를 떠나, 그때 보유하고 있던 지식으로는 되돌아간다는 일이 불가능해지는 바로 그 지점에서 더 멀리 서쪽으로 뱃머리를 돌린 그 결단에 있었다고 말해야 할 것이다.

　마찬가지로 과학에서도 실질적인 신세계는 어느 결정적인 자리에서 지금까지 과학이 서 있었던 그 밑바탕을 박차 버리고, 말하자면 허공에 뛰어들 각오가 되어 있을 때에만 얻어질 수 있는 것이다. 아인슈타인은 그의 상대성이론에서 그때까지의 물리학이 확고한 바탕으로 삼고 있었던 동시성의 개념을 포기하였다. 그리고 많은 지도적인 물리학자나 철학자들은 동시성에 관한 종전의 개념을 포기하는 것을 받아들이지 못하여 상대성이론의 격렬한 반대자가 되었던 것이다. 과학의 진보는 그 종사자들에게 새로운 사고 내용을 받아들여서 그것을 구체화하는 것을 요구한다고 말할 수 있을 것이다. 과학에 종사하고 있는 사람들은 이를 위한 마음의 준비가 되어 있다. 그러나 실제로 신세계에 들어가려면 새로운 사고 내용을 받아들여야 할 뿐만이 아니라 새로운 사실을 이해하기 위해 사고구조를 바꾸어야 할 경우도 있는 것이다. 그러나 대부분의 사람들은 이러한 사실을 받아들일 준비가 되어 있지 않거나 받아들일 위치에 놓여 있지 않다. 그리고 이와 같은 결정적인 한 발짝을 내딛는 일이 얼마나 어려운가를 나는 라이프치히의 자연과학자대회에서 처음으로 강렬하게 느낄 수 있었다. 그래서 우리는 양자론에서도 본질적으로 어려운 고비가 눈앞에 놓여 있다는 것을 각오해야만 했다.

1926년 초의 몇 달 동안, 즉 내가 베를린에서 강연을 해야 할 무렵에 빈의 물리학자 시뢰딩거의 연구결과가 괴팅엔의 학자들에게 알려졌는데, 그는 원자론의 문제들을 아주 새로운 측면에서 다루고 있었다. 이미 1년 전에 프랑스의 루이 드 브로이는 빛의 현상에 대한 합리적인 설명을 한때 불가능하게 했던 파동적 표상과 입자적 표상 사이의 기묘한 이동성이 물질 — 예컨대 전자 — 의 경우에서도 어떤 구실을 할 수 있다는 사실에 주목했다. 시뢰딩거는 이 생각을 더욱 발전시켜서 물질파가 전자기적 역장에서 전파될 수 있는 기본법칙을 파동방정식이라는 하나의 수학적 형식을 빌려 정식화한 것이다. 이와 같은 표상에 따라서 원자각의 정상상태를 어느 한 계(系), 예를 들어 진동하는 현의 정상진동과 견줄 수 있었다. 이 경우, 보통은 정상상태의 에너지로 생각되었던 양들이 여기서는 정상진동의 진동수로 나타났다. 시뢰딩거가 이 방법을 써서 얻어낸 결과들은 새로운 양자역학의 결과들과 매우 잘 일치하고 있었다. 더 나가서 시뢰딩거는 그의 파동역학이 수학적으로는 양자역학과 동등한 것이며,

따라서 같은 사실에 대한 두 가지의 상이한 수학정식화가 문제시되고 있는 것이라는 사실을 증명하는 데 성공하였다. 우리는 이 같은 새로운 발전에 매우 흐뭇함을 느끼고 있었다. 그것이 새로운 수학적 정식화의 정당성에 대한 우리의 신뢰도를 강화시켜주었기 때문이다. 아울러 시뢰딩거의 방정식을 사용하여 이때까지 굉장히 복잡하였던 많은 계산을 간단히 처리할 수도 있었다.

그러나 수학적 도식의 물리학적인 해석에서 어려운 문제에 맞닥뜨리게 되었다. 시뢰딩거는 이와 같은 입자로부터 물질파로의 전향으로 말미암아 지금껏 양자역학을 그렇게 이해할 수 없는 것으로 만들었던 모순을 완전히 제거할 수 있을 것이라고 믿고 있었다. 따라서 물질파란 ― 사람들이 전자파나 음파의 경우에서 이미 익숙해져 있는 바와 같이 ― 공간과 시간 안에서 일어나는 직관적 현상들이어야 하며 '양자비약(量子飛躍)'이라든가 그와 비슷한 이해하기 어려운 불연속성 따위는 이론에서 완전히 사라져야만 했다. 나는 이와 같은 해석을 믿을 수가 없었다. 그것은 우리 코펜하겐학파의 표상과는 완전히 모순되는 것이기 때문이었다. 그러나 많은 물리학자들은 이와 같은 시뢰딩거의 해석에서 일종의 해방감 같은 것을 느끼고 있음을 보고 나는 불안해졌다. 여러 해에 걸쳐서 닐스 보어, 볼프강 파울리, 그리고 다른 많은 사람들과 나눈 대화에서 우리는 원자 안의 현상들을 직관적이고도 시공간적으로 서술하는 일은 불가능하다고 믿고 있었다.

베를린에서 아인슈타인이 원자현상의 특징으로서 이미 지적한 불연속성의 요소도 그와 같은 서술을 허락지 않기 때문이었다. 그러나 이와 같은 확신은 부정적인 확증이 하나 있을 뿐, 우리는 아직도 양자역학의 완전한 물리학적인 해석과는 멀리 떨어져 있는 것이 사실이었다. 그럼에도 우리들은 어떻게 해서든지 공간과 시간 안에서 일어나는 객관적인 표상으로부터는 탈출해야 한다고 확신하고 있었다. 그러나 시뢰딩거의 해석은 — 이것은 큰 놀라움이지만 — 결과적으로 불연속성의 존재를 간단히 부인해 버렸다. 원자가 한 정상상태에서 다른 상태로 이행할 때 그 에너지가 갑자기 변하여 아인슈타인의 광양자의 형태로 에너지가 방사되는 일은 있을 수 없다는 것이었다. 오히려 그와 같은 현상에서는 복사가 두 개의 정상적인 물질파를 동시에 일으켜 쌍방의 진동의 간섭이 전자기파, 예컨대 광파(光波)의 복사를 일으키는 원인이 된다는 것이었다. 나로서는 이 가정이 너무나 대담하며, 진실과 동떨어진 것으로 보였다. 나는 불연속성이 실제적인 사실의 고유한 특징이라는 것을 증명할 수 있는 모든 방증을 긁어모았다. 가장 가까운 논증은 물론 플랑크의 복사공식이었다. 그것이 실험적으로는 옳다는 것을 의심할 사람은 아무도 없었으며, 플랑크의 명제 자체가 불연속적인 정상(定常) 에너지였던 것이다.

1926년 여름학기 끝머리에 시뢰딩거는 뮌헨의 세미나에서 그의 이론에 관한 강의를 하도록 조머펠트의 초대를 받았다. 그때 처음으로 이 문제에 관한 토론의 기회가 주어졌다. 나는 이 당시 코펜하겐에서 일하고 있었으며 헬륨 원자에 대한 연구를 통해 시뢰딩거의 방법도 습득하고 있었다. 나는 노르웨이의 묘자호에서 휴가를 보내면서 연구를 완결지은 뒤 그 원고를 배낭에 넣고 구드브란달에서 조그네표르드까지 거의 인적이 없는 산길을 홀로 걸어서 많은 산을 넘는 도보여행을 했다. 그리고는 코펜하겐에 잠깐 들렀다가 휴가의 나머지를 부모님 곁에서 보내기 위하여 뮌헨으로 향하고 있었다. 그래서 나는 시뢰딩거의 강의를 들을 기회를 가질 수 있었다.

그 세미나에는 뮌헨대학의 실험물리연구소장 빌헬름 빈도 참석했는데, 그는 평상시에 조머펠트의 원자신비에 대하여 극단적으로 비판적인 견지를 갖고 있었던 인물이었다.

시뢰딩거는 파동역학의 수학적 원리를 우선 수소원자의 경우를 예로 들어 논술하였는데, 볼프강 파울리가 매우 어렵고 복잡한 양자역학적 방법으로 해결해야 했던 문제를 통상적인 간단한 수학적 방법으로 훌륭하게 풀어낸 데 대해 모두 황홀할 정도로 놀라고 말았다. 마지막에 시뢰딩거는 내가 믿을 수 없었던 파동역학에 대한 물리학 해석에 대해서도 설명하였다.

강의에 이어지는 토론에서 나는 이의를 제기하였다. 특히 나는 시뢰딩거의 방식으로는 결코 플랑크의 복사공식을 설명할 수 없을 것이라고 지적하였다. 그러나 이 반론은 전혀 성공을 거둘 수가 없었다. 빈이 이제는 양자역학은 끝을 고하게 되었으며, 양자비약이라든가 그와 비슷한 무의미한 것들에 대해서는 더 논할 필요조차 없게 되었고, 내가 제기한 난점도 조만간 시뢰딩거가 틀림없이 해결할 것이라고 날카롭게 대답한 것이다. 시뢰딩거 자신은 빈의 말처럼 확신을 갖지 않았으나 내가 제기한 문제를 그의 이론으로 설명하는 것은 다만 시간문제라고 자신하고 있었다. 내 논박은 누구에게도 더 이상의 인상을 줄 수가 없었다. 내게 호의를 보였던 조머펠트조차도 시뢰딩거 수학의 설득력 앞에는 무력할 수밖에 없었다.

그래서 나는 약간 우울하게 집으로 돌아왔고, 그날 밤에 토론의 경위에 관하여 보어에게 편지를 썼던 것 같다. 아마도 내가 보낸 편지가 계기가 되어서 보어도 시뢰딩거에게 초대장을 보냈다. 양자역학이나 파동역학에 관한 해석을 철저히 검토하고 토론하기 위하여 9월의 한두 주일 동안 코펜하겐을 방문해달라고 권하였던 것이다. 시뢰딩거는 이 초청에 동의하였고, 나도 이 중요한 대결에 동석하기 위하여 코펜하겐으로 갔다.

보어와 시뢰딩거의 토론은 코펜하겐의 역에서부터 시작되어 연일 이른 아침부터 밤늦게까지 계속되었다. 시뢰딩거는 보어의 집에 머물렀기 때문에 그들의 토론은 외부의 방해를 전혀 받지 않았다. 평상시 대화에서는 매우 사려 깊고 친절했던 보어가 이 토론에서는 상대방에게 한 치의 양보도 없이 아주 적은 불명확성도 용서하지 않는 거의 광인 같은 태도로 임하고 있었다. 이 토론이 얼마나 정열적으로 전개되었고, 그 대화의 바탕이 되고 있는 보어와 시뢰딩거의 확신이 얼마나 뿌리 깊은 것이었는가를 여기서 재현한다는 것은 거의 불가능한 일이다. 따라서 아래에서 소개하는 대화는, 자연에 대한 수학적 표현의 해석을 둘러싸고 두 사람이 열정을 퍼부었던 토론 정경의 극히 퇴색된 일부분이다.

시뢰딩거 : 그러나 보어 선생, 당신은 양자비약이라는 표상은 아무런 의미가 없다는 것을 이해하여야 합니다. 한 원자의 정상상태에 있는 전자는 어떤 궤도를 복사하지 않고 주기적으로 회전하고 있다고 주장되는데, 왜 방사하지 않느냐에 대해서는 아무런 설명이 없습니다. 맥스웰의 이론에 따르면 전자는 필연적으로 복사해야 합니다. 그리고 전자는 한 궤도로부터 다른 궤도로 뛰어 옮겨갈 때 복사한다고 말하고 있습니다. 그런데 이때 일어나는 전자의 이동은 갑자기 일어나는 것입니까, 아니면 서서히 일어나는 것입니까? 만약 서서히 일어나는 것이라면 전자도 서서히 그 회전에 진동수와 에너지를 변화시킬 것이 틀림없습니다. 그런데 그때 스펙트럼선의 예리한 진동수가 어떻게 주어지는 것인지에 관해서는 아무런 설명이 없습니다. 또 전자의 이동이 갑자기 일어난다면, 즉 비약에서 비롯되는 것이라면 ― 그것은 아인슈타인의 광양자라는 표상으로 빛의 정확한 진동수에 이를 수 있지만 ― 이와 같은 비약이 일어날 때 전자가 어떻게 움직이고 있는가를 문제삼아야 할 것입니다. 그 경우에 왜 전자는 전자기현상의 이론이 요구하는 직속적(直屬的)인 ― 스펙트럼을 복사하지 않는 것인지, 또 그 비약은 도대체 어떠한 법칙에 따라서 그

운동이 결정되는 것인지를 말입니다. 따라서 양자비약이란 도대체가 무의미하다는 결론밖에는 나오지 않습니다.

보어 : 네, 그건 다 옳으신 말씀입니다. 그렇다고 그것이 양자비약이 없다는 것을 증명하지는 않습니다. 다만 우리가 양자비약이라는 현상을 표상할 수 없음을 증명할 뿐입니다. 즉 우리의 일상생활과 지금까지의 물리학의 실험을 서술하는 직관적 개념을 양자비약이라는 현상을 서술하기에는 불충분하다는 것을 증명하고 있을 뿐입니다. 여기서 우리가 문제삼고 있는 현상은 우리들의 직접적인 경험의 대상이 아니라는 점, 다시말해 우리가 그것을 직접 경험할 수 없기 때문에 우리가 가지고 있는 개념들은 그 현상을 설명하기에는 적합하지 않다는 점을 고려한다면 그렇게 이상할 것은 하나도 없습니다.

시뢰딩거 : 나는 당신과 개념 형성에 대한 철학적 토론을 벌이고 싶은 마음은 없습니다. 그런 문제는 뒷날 철학자들이 문제삼을 것입니다. 나는 다만 원자 안에서 무엇이 일어나고 있느냐를 알고 싶을 뿐입니다. 그때 그 현상을 어떤 언어를 써서 설명하느냐 하는 문제에는 별로 흥미가 없습니다. 지금까지 우리가 생각해 왔던 바와 같이 원자 안에 입자인 전자가 존재한다면 그것은 운동을 하고 있을 것입니다. 그 운동을 정확하게 기술하는 일은 지금으로서는 그리 중요한 이야기가 아닙니다. 전자가한 정상상태에서 다른 상태로 움직일 때 어떻게 움직이는가를 결국은 해명하게 될 것이 틀림없습니다. 그러나 사람들은 파동역학이나 양자역학의 수학적 형식 안에는 이런 물음에 대한 합리적인 답변이 없는 것으로 생각하고 있습니다. 따라서 입자로서의 전자가 아니라 전자파 또는 물질파가 있다고 그 표상을 바꿀 용의를 갖추는 바로 그 순간에 모든 것은 달리 보이게 됩니다. 그때에는 진동의 예리한 주파수에 대하여 놀랄 것은 아무것도 없습니다. 빛의 복사는 발진기(發振器)의 안테나에 따른 라디오

122

파의 발송과 같이 간단히 이해될 수 있으며, 전에 해결될 수 없는 것같이 보이던 모든 모순도 사라지게 됩니다.

보 어: 아닙니다. 그 말씀은 유감스럽게도 옳지 않습니다. 모순이 사라진 것이 아니라 다른 곳으로 옮겨진 것뿐입니다. 당신은 이를테면 원자에 의한 빛의 방사에 대하여, 또는 더 일반적으로 원자와 그 주위에 있는 복사장과의 상호작용에 대하여 말하고 계십니다. 그리고 당신은 물질파는 있지만 양자비약은 없다고 가정함으로써 난점이 해결된다고 생각하고 있습니다. 그러나 단순히 원자와 복사장 사이의 열역학적인 균형에 관한 사항, 가령 플랑크의 복사법칙에 대한 아인슈타인의 유도방법만을 생각해 봅시다. 이 법칙의 유도에서는 원자의 에너지가 불연속적인 수치를 취하고 있으며, 경우에 따라 불연속적으로 변화한다는 사실은 움직일 수 없는 것입니다. 고유진동의 불연속적인 수치는 아무런 도움이 되지 않습니다. 당신은 양자이론의 모든 기반을 문제시하는 것은 아니시겠지요?

시뢰딩거: 물론 나는 이 관계를 완전히 이해하였다고 주장하는 것은 아닙니다. 그렇다고 당신도 양자역학에 대한 만족할 만한 물리적 해석을 내린 것은 아니지 않습니까? 물질파의 이론을 열이론에 적용하는 것이 결국 플랑크의 공식에 대한 훌륭한 설명으로 이끌어질 수도 있으리라고 바라서는 안 된다는 이유를 나는 도대체 이해할 수가 없습니다.

보 어: 아닙니다. 그것을 기대해서는 안 됩니다. 왜냐하면 사람들은 이미 1925년 이래 플랑크의 공식이 무엇을 뜻하는지 알고 있기 때문입니다. 게다가 우리는 이 불연속성, 즉 원자형상 안에서 일어나는 비약현상을 신틸레이션(scintillation)의 영상막이나 안개상자에서 직접 봅니다. 갑자기 한 섬광이 영상막에 나타나거나 전자가 안개상자를 관통하는 것을 보고 있습니다. 당신은 이 같은 비약현상을 간단히 밀어붙이고 마치 없

었던 것처럼 말할 수는 없을 것입니다.

시뢰딩거 : 이 저주스러운 양자비약에서 물러설 수가 없다면 나는 일찍이 이 양자이론에 손을 댄 것을 유감으로 생각합니다.

보 어 : 그러나 우리는 당신이 파동역학을 고안해 주신 데 대하여 깊이 감사하고 있습니다. 당신의 파동역학에서 그 수학적 명쾌성과 단순성은 양자역학의 형식에 대한 거대한 진보를 뜻하기 때문입니다.

그래서 이 토론은 합의에 이르지 못한 채 밤낮을 가리지 않고 장시간 계속되었다. 며칠 뒤 시뢰딩거는 발병하고 말았다. 아마도 극도의 긴장에서 온 것이었으리라. 그는 고열을 수반하는 감기로 자리에 누워 있어야만 했다. 보어의 부인이 그를 간호하면서 차와 과일을 날라다 주곤 하였는데, 보어는 여전히 병상 모서리에 앉아서 시뢰딩거에게 '그러나 또한 당신은……을 아셔야 할 것입니다'고 되풀이해서 말하는 것이었다. 그러나 당시에는 두 사람 가운데 누구도 완전한 이해에 이를 수는 없었다. 두 사람 모두 상대방에게 보여줄 시종일관된 완전한 양자역학적 해석을 가지고 있지 않았기 때문이었다. 그러나 시뢰딩거의 방문 끝머리에 가서 우리 코펜하겐 사람들은 우리가 올바른 길을 걸어가고 있다는 확신을 가질 수 있었다. 그리고 이 단계에서 원자현상의 시공적 서술을 포기해야 한다는 것을 훌륭한 물리학자에게조차 확신시키기가 얼마나 어려운가를 또 한 번 인식하였던 것이다.

다음 몇 달 동안 보어와 나 사이의 대화는 양자역학의 물리학적 해석이 중심주제가 되었다. 나는 당시 그 연구소 건물의 맨 꼭대기 층 지붕 바로 밑에 있는 벽이 경사진 초라한 다락방에서 기거하고 있었다. 그 방에서는 팰레드 공원 입구에 있는 나무들이 내려다보였다. 보어는 자주 밤늦게 내 방을 방문하였다. 그래서는 우리가 이론을 실제로 완전히 이해하

124

고 있는지를 시험하기 위하여 되도록 모든 사고실험을 동원하여 토론하곤 했다. 그때 우리는 난점을 해결하기 위하여 노력하는 방향이 서로 약간 차이가 있음을 발견했다. 즉 보어는 두 가지의 직관적 표상, 즉 입자상과 파동상을 동등하게 병립시켜놓고, 이 서로 배제되고 있는 두 상을 하나로 합칠 때 비로소 원자현상의 완전한 서술이 가능해질 것이라는 방향에서 정식화를 추구하고 있었다. 나는 이 같은 방법이 그렇게 달갑게 여겨지지 않았다. 나는 양자역학이 그 당시에 알려진 형태에서 이미 그 안에 나타나 있는 몇 개의 양 — 예를 들면 에너지, 전기 모멘트, 운동양 등의 시간 평균값이라든가 진동 평균값 등 — 에 대한 물리학적 해석이 이미 분명히 규정되어 있기 때문에 사람들이 물리학적인 해석에서 더 이상의 자유를 누릴 수 없을 것이라는 관점에서 출발하고 싶었다. 오히려 올바른 일반적인 해석은, 이미 알고 있는 특수한 해석으로부터 명석한 논리적인 추론을 통해서 확인할 수 있을 것이라고 생각되었다.

그래서 나는 — 이것은 확실히 내 잘못이었지만 — 괴팅엔에 있는 보른의 탁월한 연구에 대해서도 약간 불만이었다. 그 연구에서 보른은 충돌현상을 시뢰딩거의 방법에 따라서 처리하였고, 시뢰딩거의 파동함수의 제곱은 한 전자를 발견할 수 있는 확률에 대한 규준을 부여한다는 가설을 설정하고 있었다. 나는 보른의 명제는 옳다고 생각하였으나 거기에는 아직도 해석에 대한 어떤 자유가 있을 수 있어 보이는 것이 마음에 들지 않았다. 보른의 명제는 양자역학에서 어떤 특수한 양에 대한 이미 확인된 해석으로부터 불가피하게 나오는 결과일 것이라고 나는 확신하고 있었다. 이와 같은 확신은 디랙과 요르단의 수학적 연구로 말미암아 더욱 강화되었다.

다행히도 보어와 내가 나눈 저녁 대화에서는 주어진 물리학적인 실험에 대해 거의 비슷한 결론에 이르렀기 때문에 우리 노력은 접근방법이 좀 다르기는 하지만 결국 같은 결과를 가져올 것이라는 희망을 품을 수 있었다. 예를 들면, 안개상자 안에서의 전자의 궤도와 같이 매우 간단한 형상이 양자역학이나 파동역학의 수학적 형식에 어떻게 조화될 수 있는가에 대해서는 우리는 아무것도 모르고 있었다. 양자역학에서는 처음부터 궤도개념이란 있을 수가 없었고, 파동역학에서는 폭이 좁은 일정방향을 가진 물질복사는 있을 수 있었지만 그것은 전자의 직경보다는 훨씬 큰 공간영역으로 차츰 확대되어 가는 것임에 틀림없었다. 실험적 상황은 확실히 이와는 다른 것으로 생각되었다. 우리의 대화는 자주 자정 넘어 늦게까지 계속되었고, 이와 같은 노력이 몇 달에 걸쳐 강행되었지만 여전히 만족스러운 결과에 이를 수가 없었다. 그러는 동안에 우리는 기진맥진한 상태에 이르렀고, 때로는 서로 다른 사고방면에서 오는 긴장상태도 불러일으키곤 하였다.

그래서 보어는 1927년 2월에 노르웨이로 스키 휴가를 떠나기로 결심하였다. 나 또한 모처럼 코펜하겐에 홀로 남아서 이 가망이 없어 보이는 어려운 문제를 안고 혼자 씨름해 볼 기회가 온 것을 내심 매우 기뻐하였다. 나는 안개상자 안에서의 전자의 궤도가 수학적으로 어떻게 표현될 수 있을까 하는 물음에 모든 노력을 기울였다. 이러던 어느 날 밤, 극복할 수 없는 매우 어려운 고비에 부딪친 내게 혹시 우리가 문제를 잘못 제기하고 있는 것은 아닌가 하는 생각이 희미하게 떠올랐다. 그렇다면 무엇이 잘못이란 말인가? 안개상자 안에는 분명히 전자의 궤도가 있었고 사람들은 그것을 직접 관찰할 수 있었다. 그리고 양자역학적인 수학의 도식도 엄연히 존재하고 있었다. 이러한 마당에 여기에다 어떠한 변화를 허락하기에는 모두가 너무나 확실한 것들뿐이었다. 따라서 이와 같은 두 가지의 움직일 수 없는 사실의 결합은 — 모든 외관에 반해서 — 어떻게 하면 찾아낼 수 있을 것 같기도 하였다.

그러던 어느 날 밤 자정쯤이었을 것으로 생각되는데, 나는 갑자기 아인슈타인과 나눈 대화 가운데서 아인슈타인의 말, 즉 '이론이 비로소 사람들이 무엇을 볼 수 있는가를 결정한다'는 말을 기억해 냈다. 그렇게 오랫동안 닫혀 있었던 현관문의 열쇠가 여기에 있었다는 사실을 나는 깨닫게 된 것이다. 그러므로 나는 아인슈타인의 이 표현 귀결을 숙고 음미하기 위해 팰레트 공원으로의 심야 산책을 감행하였다. 우리는 안개상자 안에서 전자의 궤도를 볼 수 있다고 너무 경솔하게 말해 온 것이 아닐까? 아마도 사람들이 실제로 관찰한 것은 훨씬 적은 것이었을는지도 모르는 일이며, 부정확하게 결정된 전자 위치의 불연속적인 한 줄기 결과만을 인지할 수 있는지도 모를 일이다. 확실히 사람들이 본 것은 안개상자 안의 물방울이었을 뿐이고, 이 물방울은 전자보다는 훨씬 확대된 것임에 틀림없었다. 따라서 올바른 설문은 다음과 같아야 할 것이다. 즉 사람들이 양자역학에서 한 전자가 대략 — 즉 어떤 부정확성으로서 — 주어진 장소에 있을 수 있고, 그때 대략 — 즉 어떤 부정확성으로서 — 이미 주어진 속도를 가지고 있는 그런 한 상태를 서술할 수는 없을까? 그리고 실험에서 어려움에 부딪히지 않도록 이 부정확도를 아주 작게 할 수는 없을까? 연구소로 돌아온 나는 간단한 계산을 통해 사람들이 그런 상태를 수학적으로 표현할 수 있다는 것을 증명할 수가 있었다. 그리고 바로 이 부정확성이 뒷날 양자역학에서 불확정성원리로 불리게 된 그런 관계가 성립한다는 것도 증명했다. 즉 위치와 운동량(질량과 속도의 곱을 운동량이라고 한다)의 곱은 플랑크의 작용양자보다는 더 작아질 수 없다. 그래서 '안개상자 안에서의 관찰'과 '양자역학의 수학' 사이의 결합이 결국 이루어진 것이라고 나는 생각하였다. 이제는 어떠한 임의의 실험에서도 이 불확정성 관계가 성립되는 상태만 나타난다는 것을 증명해야만 한다. 그러나 실험에서 관찰과정 그 자체가 양자역학의 법칙을 만족시켜야 하기 때문에 나는 이 문제는 처음부터 당연한 것이라고 생각하였다. 따라서 사람들이 이 점을 전제한다면 실험에서 양자역학에 적합하지 않은 상태란 발생할 수가 없는 것이었다. 왜냐하면 '이론이 비로소 사람들이 무엇을 관찰할 수 있는가를 결정하기' 때문이다. 나는 다음날 간단한 실험들에서 이것을 개별적으로 철저하게 계산하는 데 착수하였다.

여기서도 괴팅엔에서 학교친구 부르크하르트 드루데와 나누었던 대화에 관한 기억이 도움이 되었다. 원자 안에서의 전자궤도에 대한 표상과 관련되는 어려운 문제들의 토론에서 부르크하르트 드루데는 사람들이 전자의 궤도를 직접 볼 수 있게 분리능력이 극히 높은 현미경을 만들 수 있는 원칙적인 가능성을 주장하였다. 그러한 현미경은 물론 가시광선으로써는 불가능하지만 강한 감마선을 사용하면 가능할 것이다. 그리고 원리상으로는 원자 안에서의 전자의 궤도를 이 현미경으로 촬영할 수도 있을 것이다. 따라서 나는 그러한 현미경도 결국 이 불확정성 관계가 주는 한계를 넘을 수 없다는 것을 증명하지 않으면 안 되었다. 그 증명도 성공함으로써 이 새로운 해석이 시종일관하고 있다는 내 확신을 더욱 굳혀주었다. 이 방법에 따르는 몇 가지 계산을 더 시도해 본 뒤에 그 결과를 요약해서 볼프강 파울리에게 긴 편지로 보고하였다. 그리고 함부르크에 있던 그에게서 동의한다는 편지를 받고 나는 매우 고무되었다.

닐스 보어가 노르웨이에서 스키 휴가를 마치고 돌아왔을 때 또 한 번 어려운 토론이 벌어졌다. 그는 자기 생각을 계속 추구하면서 파동상과 입자상의 이중성을 해석의 바탕으로 삼으려고 노력하고 있었다. 그의 고찰의 중심에는 그가 이번에 새롭게 고안해낸 상보성원리가 있었다. 이 원리는 하나의 사건을 두 가지의 다른 관찰방식으로 파악할 수 있는 상태를 서술하는 것이었다. 이 두 관찰방식은 서로가 서로를 배척하기도 하지만 한편에서는 서로 보충하기도 한다는 것이었다. 이 두 가지 관찰방식을 병행함으로써 비로소 하나의 현상의 직관적 내용이 완전히 풀어진다는 것이었다. 그는 처음에는 불확정성 관계도 상보성원리의 일반적인 상황 가운데 어떤 특수한 경우라고 느꼈던 모양이고, 따라서 그는 불확정성 관계에 대해서 몇 가지 유보조건들을 제시하였다. 그러나 이 문제는 당시 코펜하겐에서 일하고 있던 스웨덴의 물리학자 오스카 클라인의 도움으로, 둘은 쌍방의 해석 사이에 커다란 차이가 없다는 데 합의를 보았다. 이제는 완전히 이해된 사실을 — 그것이 비록 새로운 사실일지라도 — 일반 물리학자들에게 공개할 때 그것이 이해될 수 있도록 표현하는 문제가 중요한 과제라는 것을 우리는 인식하였다.

물리학자들과 가진 공개적인 대결은 1927년 가을에 열린 두 학회에서 이루어졌다. 그가운데 하나는 이탈리아의 코모에서 열린 일반물리학회였으며, 여기서는 보어가 새로운 상황에 대한 총괄적인 강연을 하였다. 또 하나는 벨기에의 브뤼셀에서 있었던 이른바 솔베이 회의였다. 이 회의에는 솔베이재단의 관례에 따라 전문적인 작은 그룹만이 초대되었고, 거기서 양자론에 관한 상세한 토론이 교환되도록 되어 있었다. 우리는 모두 같은 호텔에 머물렀기 때문에 가장 진지한 토론은 회의장에서가 아니라 식사시간에 이루어졌다. 보어와 아인슈타인은 새로운 양자이론의 해석을 둘러싼 논쟁의 주역을 담당하고 있었다. 아인슈타인은 이 새로운 양자이론의 원칙적인 통계학적 특징을 받아들일 준비가 되어 있지 않았다. 그는 물론 관계되는 체계의 모든 결정적 요소에 대한 정확한 지식이 없는 곳에서 확률론적인 진술을 하는 것에 반대하지는 않았다. 이전의 통계역학이라든가 열역학에서도 또한 이와 같은 진술이 그 밑바탕을 이루고 있었다. 그러나 아인슈타인은 현상의 완전한 결정을 위하여 필요한 모든 결정요소들을 아는 것이 원리적으로 불가능하다는 점을 인정하려 들지 않았다. '사랑하는 하나님은 주사위를 던지지 않는다'는 말은 그가 이 토론에서 즐겨 쓴 표현이었고, 그는 불확정성 관계에 만족할 수가 없었다. 그는 이 관계가 더 이상 성립될 수 없는 실험을 생각해내려고 노력하였다. 논쟁은 대부분 이른 아침식사 때부터, 불확정성원리가 성립될 수 없다고 단정한 그의 사고실험에 대한 설명으로 시작되었다. 우리는 물론 아인슈타인이 제안한 사고실험에 대한 분석에 바로 들어갔고, 회의장에 가는 노상에서 — 대개의 경우 나는 보어와 아인슈타인을 동반하였다 — 문제설정과 그의 주장에 대한 토론이 시작되는 것이었다. 그래서 하루가 지나는 동안 많은 대화가 오갔으며, 대체로 그날 저녁 공동식사 때 보어가 아인슈타인이 제안한 실험에서도 불확정성 관계는 피할 수 없다는 점을 증명하기에 이르곤 하였다. 그러면 아인슈타인은 그 자리에서는 약간 난색을 드러내곤 했지만, 다음날 아침식사 때는 전날보다 훨씬 복잡한 — 불확정성원리의 불가능성을 증명하는 — 새로운 사고실험을 들고 나오는 것이었다. 그러나 저녁때가 되면 이 새로운 제안도 전날과 마찬가지의 결과로 나타났다. 이 같은 게임이 며칠간 계속된 뒤에 아인슈타인의 친구인 네덜란드 라이덴에서 온 물리학자 파울 에렌페스트는 아인슈타인에게 말하는 것이었다.

"아인슈타인! 나는 자네에 대하여 부끄러운 생각이 드네. 자네는 마치 자네의 상대성이론에 반대했던 사람들처럼 이 새로운 양자이론에 반대하고 있지 않은가?"

그러나 이 같은 친구의 권고도 그를 설득할 수는 없었다.

지금까지 우리에게 사고의 근거가 되어 왔고 과학적인 연구의 기반이 되어 왔던 표상들을 포기한다는 것이 얼마나 어려운가를 나는 새삼 뼈저리게 느낄 수가 있었다. 아인슈타인은 저 외부세계의 시간과 공간 안에서 우리와는 아무런 관계가 없이 확고한 법칙에 따라 진행되는 물리학적 현상들의 객관적인 세계를 연구하는 것을 필생의 사업으로 삼았다.

따라서 그에게는 이론물리학의 수학적인 기호들은 이 객관적인 세계를 묘사해야 하며, 이를 바탕으로 그 세계의 미래적인 행태에 대한 예언이 가능해야만 했던 것이다. 이제 사람들이 원자세계까지 내려간다면 공간과 시간 안에서의 그 같은 객관적인 세계는 전연 존재하지 않으며, 또한 이론물리학의 수학적인 기호들은 실존적인 것을 묘사하는 것이 아니라 가능한 것만을 묘사한다는 사실이 주장될 수 있는 것이다. 아이슈타인은 그의 발이 딛고 서 있는 발판을 제거해 버릴 마음의 준비가 되어 있지 않았던 것이다. 그뒤 양자이론이 이미 물리학의 확고한 구성요소가 되어버린 지 오랜 시간이 흘러도 아인슈타인은 평생 동안 자기 견해를 바꾸지 못했다. 그는 양자이론을 잠정적인 과도적 설명으로는 받아들였지만 그것을 궁극적인 설명으로는 받아들일 수가 없었던 것이다. '하나님은 주사위를 던지지 않는다'는 주장은 아인슈타인에게는 흔들릴 수 없는 확고한 원칙이었으며, 그 원칙이 누구에 의해서든 침범되는 것을 허락하지 않았다. 보어는 이런 아인슈타인에게 다음과 같이 대답할 수 있을 뿐이었다.

"하나님이 이 세상을 어떻게 다스리실 것인가를 지시하는 것은 우리들의 과제가 될 수 없습니다."

7. 자연과학과 종교에 대한 첫 대화 1927

우리가 솔베이 회의에 참석하느라 브뤼셀 호텔에서 함께 머물고 있던 어느 날 밤, 이 회의에 참석한 몇몇 젊은이들이 홀에서 자리를 같이하고 있었다. 거기에는 볼프강 파울리와 나도 끼어 있었다. 그때 한 사람이 문제를 제기하였다.

"아인슈타인이 '사랑하는 하나님'에 대하여 저렇게 이야기를 많이 하고 있는데 이 사실은 도대체 무엇을 뜻하는 것일까? 아인슈타인 같은 자연과학자가 종교적인 전통에 저렇게 강한 유대를 갖는 다는 것은 참으로 상상하기가 힘 드는 일인데 말입니다."

그러자 누군가가 "그것은 아마 아인슈타인보다 막스 플랑크가 더 심할 것입니다"라고 대답하였다.

"종교와 자연과학에 관한 플랑크의 발표가 있었는데, 거기서 그는 종교와 자연과학 사이에는 모순이 없으며 서로 잘 조화되어 있다는 견해를 밝히고 있었습니다."

나는 그때 종교와 자연과학에 관한 플랑크의 견해에 대하여 아는 것이 있느냐, 있다면 거기에 대해 어떻게 생각하고 있느냐는 질문을 받았다. 나는 몇 번 플랑크와 이야기를 나눈 적이 있었지만 그 얘기는 대부분 물리학에 관한 것이었고 일반적인 문제에 관한 것은 없었다. 그러나 나는 플랑크에 대하여 많은 이야기를 해 준 플랑크의 친구들을 알고 있었기 때문에 그의 견해에 대해 내 나름대로 어떤 상을 만들 수 있겠다고 생각하였다.

그래서 나는 대개 다음과 같이 대답하였으리라고 생각한다.

"플랑크는 종교와 자연과학은 실재의 전혀 다른 두 영역에 각각 관계되는 것이기 때문에 둘이 서로 잘 조화될 수 있다고 생각하는 것으로 나는 추측하고 있습니다. 자연과학은 객관적인 물질세계를 다룹니다. 따라서 자연과학은 객관적인 실재에 대한 올바른 진술과 그 연관성을 이해하는 과제를 우리에게 부과하고 있습니다. 그러나 종교는 가치의 세계를 다루고 있습니다. 여기서는 우리가 마땅히 행해야 할 바에 관해서는 얘기하지만, 그것이 무엇인가에 대해서는 언급하지 않습니다. 자연과학에서는 옳으냐 틀리냐가 문제시되고 종교에서는 선이냐 악이냐, 또는 가치가 있느냐 없느냐가 문제됩니다. 자연과학은 기술적으로 합목적적인 행동에 대한 기반이고 종교는 윤리의 기반이 됩니다. 18세기 이래로 이 두 영역 사이에 일어났던 충돌은 사람들이 종교에서 말하는 상징과 비유를 자연과학적인 주장들로써 해석하려 할 때에 생기는 오해에서 비롯하였던 것으로 아무런 의미를 갖지 못합니다. 내가 집에서 양친으로부터 터득한 바에 따르면 이 두 영역은 서로 분리되어 이 세상의 객관적인 측면과 주관적인 측면을 잘 대응시키고 있습니다. 자연과학은 말하자면 '우리가 현실의 객관적인 측면에 어떻게 대응하며 또 어떻게 대결하느냐'는 방식인 것이며, 종교적인 신앙이란 반대로 주관인 결단의 표현이고 우리는 이 결단에서 가치를 설정하고 그 가치는 우리의 생활에서 행동을 방향지어 줍니다. 이 결단은 대개 우리가 속해 있는 공동체 — 그것이 가정이든 민족이든 또는 문화권이든 — 에 잘 조화되는 방향에서 내리게 됩니다. 그리고 이 결단은 교육과 주위환경에 의해 가장 많이 영향을 받습니다. 그러나 그것은 어디까지나 주관적인 것이기 때문에 '옳으냐? 틀리냐?'는 기준에 맡겨질 수 있는 것이 아닙니다. 내가 올바르게 이해하고 있다면 플랑크는 분명히 이 자유를 잘 이용하였으며, 그래서 그는 기독교적인 전통을 선택한 것입니다. 따라서 그의 사고와 행위는, 인간적인 관계에서도 바로 이 전통의 울타리 안에서 이루어지며, 어느 누구도 그를 존경하지 않을 수가 없을 것입니다. 그에게는 세계의 객관적인 면과 주관적인 면이 아주 훌륭하게 나뉘어 있습니다. 그러나 이와 같은 분리는 나에게는 그렇게 잘 이해되는 것이 아니라는 사실을 고백하지 않을 수 없습니다. 나는 인간 공동체가 지식과 신앙의 이 같은 날카로운 분열 속에서 언제까지나 살아갈 수 있는지 매우 의심스럽게 생각하고 있습니다."

볼프강은 이와 같은 내 우려에 동조하였다.

"그래, 그것은 그렇게 잘 될 수가 없을 것이다. 종교가 성립되었던 당시에는 그 사회가 가지고 있던 모든 지식이 바로 그 종교의 가치와 이념의 핵심을 이루는 영적인 형태를 구성하고 그 형태로 집합되어 있었음에 틀림없다. 그리고 이 영적 형태는 그 공동체를 구성하고 있는 가장 평범한 사람에게도 어떻게 해서든지 잘 이해될 필요가 있었을 것이다. 비록 그 비유와 상징이 그가 이해하고 있는 가치와 이념에 막연하게 불확실한 감각으로밖에는 전달되지 않았을지라도 그는 이 영적 형태를 잘 이해하였음에 틀림없다. 평범한 사람이 자기 생활에서 그 가치기준에 따라 결단해야 할 때 그 영적인 형태가 자기가 속해 있는 그 사회의 모든 지식을 대신하기에 충분하다는 것을 확신하지 않으면 안 된다. 믿는다는 것은 그에게는 '옳게 생각한다'가 아니라 '이 가치들에 따른 인도에 자신을 맡긴다'는 것을 뜻하기 때문이다. 그러므로 역사가 흘러감에 따라 얻어진 새로운 지식이 예부터 내려오는 영적인 형태를 파괴하려고 위협할 경우에는 커다란 위험이 일어나게 된다. 지식과 신앙의 완전한 분리는 아주 한정된 시대를 위한 비상수단에 지나지 않는다. 예를 들면 서양문화권에서는 머지않아 지금까지의 종교적 비유와 상징이 아무런 설득력을 갖지 못하는 때가 올지도 모른다. 그렇게 되면 지금까지의 윤리가 단시일 안에 붕괴해 버리고, 지금은 전연 상상할 수도 없는 놀라운 일들이 일어날 것이다. 따라서 플랑크의 철학은 그것이 제 아무리 논리적으로 질서정연하다고 할지라도, 또한 거기서 나오는 그의 인간적인 태도 존경할 만하다 할지라도, 별로 많은 구실을 하지는 못할 것이라고 본다. 아인슈타인의 견해가 나에게는 더 마음에 든다. 그가 그렇게까지 즐겨 의지하며 사랑하는 하나님은 어떠한 일이 있더라도 변경시킬 수 없는 자연법칙과 어디서든 어떤 관계를 맺고 있다. 아인슈타인은 사물의 중심질서에 대한 감각을 가지고 있다. 그는 이 질서를 자연법칙들의 단순성에서 감지하고 있는 것이다. 그는 이 단순성을 그의 상대성이론의 발견에서 직접적으로 느꼈으리라고 생각된다. 물론 여기서부터 종교의 내용에 이르기까지는 아직도 먼 거리에 있기는 하지만. 아인슈타인은 어떤 종교적 전통에 매여 있지도 않으며, 어떤 인격적인 하느님의 표상과도 전혀 무관한 분이라고 믿고 싶다. 그러나 그에게는 과학과 종교 사이에 어떠한 분리도 있을 수 없으며, 중심질서는 주관적이면서도 객관적인 영역에 속하는 것이다. 바로 이러한 견해가 내게는 더 좋은 출발점이라고 생각한다."

나는 반문하였다.

"무엇을 위한 출발점이란 말인가? 만약 커다란 연관성에 대한 견해를 순수한 개인적인 문제로 본다면, 물론 아인슈타인의 태도를 잘 이해할 수도 있겠지만 그런 태도로부터는 아무것도 나올 수 없을 것이다."

"그렇지만도 않을 거야. 최근 약 200년 동안 이루어진 자연과학의 발달은 실로 인간의 사고를, 그리스도교의 문화권을 넘어서 전체적으로 변경시킨 것이 사실이다. 따라서 물리학자들이 생각하는 것이 그렇게 중요하지 않은 것은 아니라고 본다. 인과법칙에 따라 공간과 시간이라는 하나의 테두리 안에서 전개되는 객관적인 세계의 이념의 협소함이 바로 여러 종교의 영적인 테두리와의 충돌을 불러일으킨 원인이었던 것이다. 바로 이 협소함을 자연과학이 파괴한다면 ― 그것은 상대성이론에서 이미 파괴되었고 또 지금 우리가 이렇게 격렬하게 토론하고 있는 양자이론에서 더 많이 파괴될 것이라고 생각되지만 ― 자연과학과 종교들이 그 영적인 테두리 안에서 포착하려는 내용들의 관계가 달리 보이게 될 것이다. 우리가 최근 30년 동안 자연과학에서 배운 연관성을 통해서 사고의 폭을 넓히게 된 것은 부인할 수 없다. 예를 들어 보어가 지금 양자이론의 해석에서 저렇게 강조하고 있는 상보성의 개념은, 아직은 그렇게 분명하게 표현되지는 않았지만, 신비과학이나 철학에서 결코 미지의 것은 아니었다. 그러나 그런 개념이 정밀과학에서 나왔다는 것은 실로 결정적인 변화를 뜻하는 것이다. 왜냐하면 이 사실을 통해서 사람들은 비로소 관찰하는 방법에 예속되지 않은 물질적인 객체의 표상은 실재와는 정확하게 상응하지 않는 '추상적인 외삽(外揷)'을 표현하고 있는 데 지나지 않는다는 것을 이해할 수 있게 되기 때문이다. 동양의 철학과 종교에는 대치할 객체가 전혀 없는 인식의 순수한 주체에 관한 상보적인 표상이 이미 존재하고 있었다. 그러나 이 표상도 영적 정신적인 실재와는 정확하게 상응하지 않는 하나의 추상적인 외삽이라는 것이 증명되었다. 우리가 지금 이 커다란 연관성이라는 것을 숙고해 본다면 우리는 장래에 ― 예컨대 보어의 상보성에 의해서 지시될 수 있는 ― 중용을 지키도록 강요될 것이다. 이런 사고방식을 받아들인 과학은 종교의 여러 가지 형식에 대하여 관대할 뿐만 아니라 전체를 잘 내다보기 때문에 가치세계를 위해서도 이바지할 수 있으리라고 생각한다."

　이렇게 대화가 진행되고 있을 때, 25세의 폴 디랙이 우리 사이에 끼어
들면서 '나는 도대체 이 자리에서 왜 종교에 관해서 논해야 하는지 그 이
유를 모르겠다'면서 반론을 폈다.

　"만약 사람들이 정직하다면 — 특히 자연과학자들은 그래야 하지만 —
종교에서는 그야말로 아무런 정당성도 없는 터무니없는 거짓 주장만을
외치고 있음을 인정할 것이다. '신'이라는 개념은 도대체가 인간의 환상
의 산물에 지나지 않는다. 우리보다도 훨씬 더 자연의 위력에 눌려 살던
원시민족들이 자연의 위력에 대한 공포에서 그 힘을 의인화해서 신성의
개념에 이르게 되었으리라는 것은 상상하기 어렵지 않다. 그러나 지금과
같이 자연의 연관성을 통찰하고 있는 우리 세계에서는 그런 표상을 더 이
상 필요로 하지 않는다. 나는 전능의 하나님이라는 존재의 가정이 우리
를 어떻게 해서든지 계속 도울 것이라는 사실을 인정할 수 없다. 이와 같
은 가정이 어째서, 예를 들어 하나님이 이 세상에 불행과 불의를, 부자들
에 의한 가난한 자의 억압을, 그리고 그가 막을 수 있는 다른 모든 무서운
일들을 어찌하여 허락하였느냐 하는 따위의 무의미한 문제설정에 이르
게 되는가를 이해할 수 없는 것은 아니다. 우리 시대에서 아직도 종교가
무엇인가를 가르칠 수 있는 것은 거기에 우리를 납득시킬 수 있는 어떤
근거가 있어서가 아니라 평범한 사람들, 즉 민중을 달래려는 욕망이 배후
에 숨어 있기 때문일 것이다. 말썽이 없는 사람은, 불안하고 불만에 차 있
는 사람들보다 다스리기가 쉬운 것이다. 이들을 쉽게 이용할 수도 있고
착취하기도 쉽다. 민중을 행복한 소망의 꿈으로 부풀게 해 놓고 그들에
게서 일어나고 있는 부정을 기만하기 위하여 민중에게 던지는 일종의 아
편인 것이다. 그러니까 커다란 정치적 권력단체인 두 단체, 즉 국가와 교
회의 동맹도 그렇게 쉽게 이루어지는 것이다. 자비하신 하나님은 지상에
서가 아니라 하늘나라에서, 불의에 반항하지 않고 침착하고 참을성 있게

의무를 다하는 사람에게 크게 보답하신다는 환상을 이 두 단체는 공통적
으로 필요로 하고 있는 것이다. 까닭에 이 하나님을 인간의 환상의 산물
에 지나지 않는다고 정직하게 말하면 그것은 죽음에 해당하는 가장 흉악
한 대죄로 여겨지는 것은 당연한 일이다."

나는 반박하였다.

"너는 종교가 정치적으로 남용된다고 종교를 비판하고 있지만, 사람들
은 이 세상의 모든 것을 — 네가 지난번에 이야기해 준 공산주의의 이데
올로기도 필연코 — 남용할 수 있기 때문에 사물을 그렇게 판단하는 것은
결코 용납되지 않을 것이다. 어쨌든 이 세상에는 항상 인간의 공동체가
존재할 것이고, 죽음과 삶 그리고 그 공동체 안에서 형성되는 생활과 연
결되는 위대한 연관성을 기술할 수 있는 공통적인 언어를 발견해야만 한
다. 이와 같은 공통적인 언어를 찾는 가운데 역사 안에서 발전된 정신적
인 형태는 수 세기에 걸쳐 많은 사람들이 그에 따라서 자기 생활을 이뤄
왔기 때문에 커다란 설득력을 갖고 있을 것임에 틀림없다. 네가 지금 말
한 바와 같이 그렇게 쉽게 종교가 폐지되지는 않을 것이다. 네게는 인격
적인 신의 표상이 나타나는 종교보다 고대중국의 종교가 더 큰 설득력을
가질 것으로 보인다."

폴 디랙이 대답했다.

"나는 종교적인 신화는 근본적으로 아무 소용이 없다고 생각한다. 그
것은 여러 종교가 서로 모순된 신화를 가지고 있다는 사실로도 알 수 있
는 일이다. 내가 동양에서 태어나지 않고 유럽에서 태어났다는 사실은
아주 우연에 속하는 일이다. 따라서 이와 같은 사실과 무엇이 진리이며
내가 무엇을 믿어야 하는가 하는 문제와는 아무 관계가 없는 것이다. 내
가 믿을 수 있는 것은 참된 것뿐이다. 내가 어떻게 행동해야 하느냐 하는
것은 그때 내가 처해 있는 상황에서 순전히 이성만을 가지고 결정할 수

있다. 즉 내가 한 공동체 안에서 다른 사람들과 함께 생활하고 있다는 것, 그곳에서는 내가 기본적으로 요구하고 있는 생존을 위한 동등한 권리를 그들에게도 부여해야 한다는 사실을 인정해야 할 것이다. 따라서 나는 이해관계의 공정한 균형을 위하여 노력해야 하지만 그 이상의 것은 필요로 하지 않는다. 신의 의지라든가, 죄와 회개, 그리고 내세가 있기 때문에 우리는 올바른 행동을 해야 한다는 등등의 이야기는 모두 거칠고 냉철한 현실을 은폐하는 데 도움이 될 뿐이다. 하나님의 존재를 믿는다는 것은 높은 사람의 세력에 굴복하고 복종하는 것이 '신의 뜻에 따르는' 것이 된다는 생각에 매우 유리한 뒷받침이 되었다. 위대한 연관성 따위의 말도 나는 질색이다. 생활에서나 과학에서나 마찬가지이다. 우리는 어떤 어려움 앞에 서게 되고 그 어려움을 해결하려고 노력한다. 우리는 항상 하나의 어려움을 해결해 나갈 수 있는 것이지, 여러 가지 어려움을 아울러 해결할 수는 없다. 따라서 연관성 운운하는 것도 하나의 사후적인 사족에 지나지 않는다."

이 토론은 설왕설래하면서 한 시간 동안이나 계속되고 있었는데, 평상시와는 달리 볼프강이 더 이상 이 토론에 끼어들지 않는 것이 이상하게 여겨졌다. 그는 어떤 때는 불만스러운 표정을 지으면서 또 어느 때는 짓궂은 미소를 띠면서 이야기를 경청하였지만 말참견을 하려 들지는 않았다. 그래서 우리들이 그에게 도대체 무엇을 생각하고 있느냐고 물었더니, 그는 깜짝 놀라면서 이렇게 말하는 것이었다.

"예, 예. 우리들의 친구 디랙은 하나의 종교를 가지고 있습니다. 그 종교의 주제는 '하나님은 없다'는 것입니다. 디랙은 바로 그 종교의 예언자입니다."

이 말에 모두 웃음을 터뜨렸고 디랙도 함께 웃었다. 이로써 이날 저녁의 대화는 끝을 맺었다.

얼마가 지난 뒤 — 아마 코펜하겐에서의 일로 생각되지만 — 나는 보어에게 이 대화 이야기를 하였다. 그랬더니 보어는 곧 우리 서클에서 가장 나이 어린 회원을 두둔하여 이렇게 말하였다.

"논리적인 언어로 명백하게 표현된 것에 대하여 타협을 보이지 않고 가차 없이 대치해 나가는 폴 디랙의 태도는 참으로 훌륭하다고 생각합니다. 그의 의견은 '대략적으로 진술되는 것은 분명하게 진술되어야 한다', 즉 비트겐슈타인의 말을 빌리면 '사람들이 말할 수 없는 것에 대해서는 마땅히 침묵을 지켜야 할 것이다'는 것입니다. 디랙이 내게 가져오는 논문은 수정된 곳이 하나도 없이 명쾌하게 또박또박 쓴 것이기 때문에 그 논문을 바라보는 것 자체가 하나의 심미적인 즐거움이 될 정도입니다. 경우에 따라 내가 이런 저런 부분을 수정할 것을 제안하면 그는 매우 불만스러운 표정을 지으며 대개의 경우 수정을 거부하는 것입니다. 어쨌든 그의 논문은 아주 뛰어난 것이었습니다. 최근에 나는 디랙과 함께 조그만 미술전람회에 갔었는데, 그곳에는 모네의 이탈리아 풍경화가 걸려 있었습니다. 그 그림은 훌륭한 회청색의 색조를 띤 바다 풍경이었는데, 전경에는 보트 한 척이 그려져 있었고 바로 그 옆 물속에 잘 이해할 수 없는 암회색 점이 하나 있었습니다. 그때 디랙은 이 그림을 바라보면서 '이 점은 허용될 수 없다'고 말하는 것입니다. 물론 예술 감상으로서는 좀 기이한 방법이긴 하지만 그는 옳았다고 생각합니다. 훌륭한 예술작품에서도 훌륭한 과학연구에서와 같이 모든 세부적인 부분이 일의적으로 확립되어 있어야 하는 것이지, 그곳에 우연적인 것이 있어서는 안 되는 것입니다. 그럼에도 종교에 대해서는 그렇게만 말할 수는 없는 것이 사실입니다. 나에게도 인격적인 하나님의 표상이 낯선 것은 디랙의 경우와 다를 바가 없습니다. 그러나 무엇보다 먼저 종교에서 쓰이는 언어는 과학에서와는 전연 판이하게 사용되고 있다는 것을 분명하게 해 둘 필요가 있습니다. 종교의 언어는 과학의 언어보다는 시의 언어에 가깝다고 말할 수 있습니다. 사람들은 흔히 과학에서는 객관적인 사실에 대한 정보가 중요하며 시에서는 주관적인 감정의 환기가 중요하다고 생각하는 경향이 있습니다. 그런데 종교에서는 객관적인 진리가 문제시되고 있기 때문에 과학적인 진리규준을 따라야 한다는 얘기가 됩니다. 그러나 나에게는 세계를 객관적인 면과 주관적인 면으로 완전히 나누는 것은 지나친 강제성을 띤 것으로 보입니다. 모든 시대의 종교에서 상징, 비유, 그리고 역설이 말해지고 있는 것은 종교에서 말하고자 하는 진실을 파악하는 다른 가능성이 존재하지 않는다는 것을 뜻합니다. 그렇다고 이것이 진실성이 없음을 뜻하는 것은 물론 아닙니다. 그리고 이 진실의 객관적인 면과 주관적인 면을 나누는 일은 틀림없이 별로 쓸모가 없을 겁니다. 그렇기 때문에 나는 최근 10년 동안 우리가 물리학의 발달과 더불어, '객관적'이라든가 '주관적'이라는 개념이 얼마나 문제가 있는지를 배웠다는 사실을 사고의 해방이라고 느끼고 있습니다. 그것은 이미 상대성원리에서 시작되었으며, 이것에는 두 사건이 동시에 일어난다는 진술은 언어를 통해서 일의적으로 전달되었으며, 어떠한 관측자에게도 검증될 수 있는 객관적인 확증으로 여겨졌습니다. 그러나 오늘날에는 정지하고 있는 관측자에게는 동시적인 것으로 간주되어야 하는 두 사건이 움직이는 관측자에게는 반드시 동시적이 아니라는 점에서 '동시각(同時刻)'이라는 개념이 다분히 주관적인 요소를 내포하고 있다는 사실을 우리는 알고 있습니다. 그러나 상대성이론의 서술은 모든 관측자가 환산을 통해서 다른 관측자가 그것을 이미 감지하였는지, 또는 앞으로 감지할 것인지를 확인할 수 있다는 점에서 여전히 객관적이라고 말할 수 있습니다. 어쨌든 사람들이 고대의 고전물리학적 의미에서의 객관적인 서술이라는 이념으로부터 한 발 물러선 것은 틀림없는 사실입니다. 양자역학에서는 이와 같은 이념으로부터 이반(離反)

이 훨씬 더 철저하게 이루어지고 있습니다. 지금까지의 물리학에서 사용되어 온 의미로서의 객관적인 언어로 전달될 수 있는 것은 사실에 관한 진술에 한정되어 있습니다. 예를 들면 사진의 건판이 검게 되어 있다든가 여기에 안개방울이 형성되었다는 진술은 가능하지만, 원자 그 자체에 대해서는 아무것도 말할 수가 없습니다. 그러나 확인을 근거로 하여 미래에 관해서 추론하는 것은 관측자가 자유롭게 결정할 수 있는 실험적인 문제설정에 달려 있습니다. 여기서 관측자가 사람이든 동물이든 또는 장치이든 그것은 문제가 되지 않습니다. 그러나 앞으로 일어날 사건에 대한 예언은 관측자나 관측수단과의 관련 없이는 진술될 수가 없습니다. 이러한 한에서 모든 물리학적인 사실은 객관적인 특징과 아울러 주관적인 특징도 함께 지니고 있다고 말할 수 있습니다. 전세기에서 자연과학의 객관적 세계는 우리가 잘 아는 바와 같이 이상적인 한계개념이기는 하였지만 실재는 아니었습니다. 앞으로도 실재와의 모든 대결에서 객관적인 측면과 주관적인 측면을 구별하는 것, 즉 이 두 측면 사이에 어떤 절단면을 설정하는 일은 필요하리라고 봅니다. 그러나 그 절단면의 위치 선정은 관측방식에 달려 있으며, 어느 정도까지는 임의로 선택할 수가 있습니다. 그러므로 종교의 내용이 하나의 객관적인 언어로 표현될 수 없으리라는 것은 나에게는 충분히 이해됩니다. 따라서 여러 종교들이 그 내용을 매우 다양한 정신적 형태 안에서 형상화하려고 노력한다는 사실이 바로 종교의 실재적인 핵심에 대한 반론이 될 수는 없을 것입니다. 아마도 이와 같은 다양한 형태들을 상보적인 기술방식으로 이해할 수 있으리라고 생각합니다. 그들은 서로를 배척하지만 그 전체가 하나가 되면서 비로소 사람의 위대한 연관성과의 관계에서 우러나오는 풍요로운 인상이 전달되리라고 여겨집니다."

"그러나 선생님께서 종교의 언어를 과학과 예술의 언어와 그렇게 분명하게 구별하신다면, 선생님께서 아무 의심 없이 종종 말씀하시는 명제, 즉 '살아 계신 하느님이 계시다' 또는 '불멸의 영혼이 있다'는 말은 도대체 무엇을 뜻하는 것입니까? 이 문장에서 '있다'는 말은 무엇을 뜻하는 것입니까? 과학의 비판도, 디랙의 비판도 그 같은 표현을 겨냥하고 있다는 것을 우리는 알고 있습니다. 이러한 문제의 인식론적인 측면을 고찰하기 위하여 다음과 같은 비교를 허락해 주시면 고맙겠습니다. 수학에서 잘 알려져 있는 바와 같이 우리는 허수의 단위 — 마이너스 1의 제곱근을 $\sqrt{-1}$ 이라고 쓰고, 여기에 i 라는 기호를 도입하고 있는 — 를 사용해 계산하고 있습니다. 우리는 자연수 안에는 i 라는 수가 없다는 것을 잘 알고 있습니다. 그럼에도 수학 분야의 중요한 분과인 해석함수론에서는 그 이론의 전부가 이 허수의 단위를 도입하는 데서 출발하고 있습니다. 즉 $\sqrt{-1}$ 은 추가적으로 존재한다는 말이 됩니다. '$\sqrt{-1}$ 이 존재한다'는 문장은 '$\sqrt{-1}$ 이라는 개념의 도입으로 사람들이 가장 간단하게 표현할 수 있는 중요한 수학적인 관계가 존재한다'는 말 이외에 다른 뜻이 없다고 말한다면 선생님께서는 동의하시리라 생각합니다. 그러나 이 수학적인 관계는 이 i 의 도입 없이도 성립합니다. 따라서 이러한 종류의 수학을 자연과학이나 공학에서는 실용적으로 잘 응용할 수가 있습니다. 예컨대 함수론에서 결정적인 것은 연속적으로 변화할 수 있는 변수의 한 조(組)에 의해서 표시되는 중요한 수학적 법칙성이 존재한다는 것입니다. 그것이 원리상으로는 필요한 것이 아니지만, 그리고 자연수 안에는 이 개념에 대한 상관개념도 없지만, 우리의 이해를 돕기 위하여 추상적인 개념 $\sqrt{-1}$ 을 만들면 이 관계는 참으로 쉽게 이해가 됩니다. 이와 비슷한 추상적 개념이 무한대라는 개념입니다. 이 개념도 확실히 근대수학에서 하나의 커다란 구실을 하고 있습니다. 비록 그에 대응하는 것이 없고, 때로는 이 개념의 도입으로 한층 더 어려운 고비에 부딪치는 경우가 있더라도 말입니다. 따라서 사람들은 항상 반복해서 좀더 높은 추상단계로 나아가게 되고, 이것으로 말미암아 좀더 넓은 영역의 통일적 이해를 얻게 됩니다. 다시 최초의 물음으로 되돌아가서, '있다'는 말을 종교에서도 좀더 높은 추상단계로의 향상으로 파악할 수는 없는지요? 이 향상은 세계의 연관성을 이해하는 데는 큰 도움이 될 수 있지만 그 이상은 하지 못할 것입니다. 그러나 이 연관성은 그것을 어떠한 정신적 테두리 안에서 파악하려는 우리의 의도와는 관계없이 항상 실재적인 것이 아닙니까?"

보어가 대답하였다.

"문제의 인식론적 측면이 문제시되는 한에서는 이 비교는 잘 된 것이라고 말할 수 있지만 다른 관점에서는 아직 불충분하다고 생각합니다. 수학에서는 우리들은 마음속에서 우리가 주장하는 내용과 거리를 유지할 수 있습니다. 따라서 그곳에는 우리가 관여할 수도 있고 또 그렇지 않을 수도 있는 사고의 유희가 가능해집니다. 그러나 종교에서는 우리 자신이 문제가 되고, 나아가서는 우리의 생사가 문제시됩니다. 그때 신조는 우리의 행위에 바탕을 두고 있으며 간접적으로는 우리의 존재 그 자체에 바탕을 두고 있는 것입니다. 따라서 우리가 거기 직접 참여하지 않고 외부에서 바라보고만 있을 수는 없게 됩니다. 또한 종교의 문제에 대한 우리의 태도는 우리가 속해 있는 사회에서의 처지와 분리될 수가 없습니다. 종교가 인간 공동체의 정신적 구조로서 성립되었다면 역사가 흐르는 동안에 종교가 그 공동체를 형성하는 가장 강한 힘으로서 간주되는가, 아니면 이미 성립된 공동체가 자기의 정신적 구조를 발전시키고 계속 개혁을 이루어 그때그때의 지식에 적합하게 하고 있는가는 아직 미해결의 문제로 남아 있습니다. 우리가 살고 있는 시대에서는 개개인은 그의 사고와 행위의 근거를 어떤 정신적 구조에 두느냐 하는 문제에서는 상당한 자유를 지닌 것같이 보이며, 바로 이 자유는 오늘날 문화권과 인간사회의 경계가 그 경직성을 상실하고 서로 혼합되기 시작하였다는 사실에 반영되고 있습니다. 그러나 개개인이 극단적인 독립성을 발휘하려고 제 아무리 노력한다 할지라도 그는 자기가 의식하든 의식 못하든 간에 정신적 구조로부터 많은 것을 전승받고 있을 것입니다. 그 까닭은 그가 몸담고 살기로 결심한 공동체의 다른 구성원들과 죽음과 삶에 관해서, 그리고 일반적인 연관성에 관해 서로 이야기를 나누어야 하기 때문입니다. 개개인은 자기 자녀를 그 사회의 지도자상에 따라 교육해야 하며, 자기자신도 모든 생활을 그 사회에 적응시켜야 하는 것입니다. 까닭에 여기서는 제 아무리 인식론적인 궤변을 늘어놓더라도 아무 소용이 없게 됩니다. 여기서 우리는 또 신앙적 내용에 대한 비판적인 사고와 그 종교의 정신적 구조에 근거를 둔 결단에서 비롯되는 행위 사이에 상보적인 관계가 성립한다는 것을 분명히 해 둘 필요가 있습니다. 신중히 숙고한 끝에 내린 결단은 개개인에게 힘을 주고 그 힘은 그의 행동을 이끌게 되며, 그가 혼미한 상태에 빠졌을 때 이를 극복할 수 있게 하고, 고통을 당할 때 위로하며, 커다란 연관성 아래 그를 안전하게 보호합니다. 이와 같이 종교는 그 공동체 안에서 이뤄지는 생활을 조화시키는 데 이바지하게 되고, 상징과 비유의 언어 안에서 그 위대한 연관성을 상기시키는 일이 가장 중요한 과제가 되어 있는 것입니다."

여기서 나는 질문을 계속하였다.

"선생님께서는 자주 개인의 자유로운 결단에 대해서 말씀하셨습니다. 또 원자물리학과 견줄 때 어떤 실험을 저렇게 준비할 수 있는 관측자의 자유와 유비시키고 계십니다. 이전의 물리학에서는 이와 같은 비교의 여지는 전연 없었습니다. 그렇다면 선생님께서는 오늘의 물리학의 특수한 특징을 한층 더 직접적으로 의지의 자유문제와 결부시키실 용의가 있는 것입니까? 원자물리학에서의 사건이 완전히 결정될 수 없다는 점이 오늘

날 다시 개인의 자유의지에 대한 여지와 신의 간섭에 대한 여지를 만들어
냈다는 논증으로 이용되고 있다는 사실을 선생님께서도 이미 알고 계시
지 않습니까?"

보 어 : 그것은 완전히 오해에서 비롯된 것이라고 나는 확신합니다. 사
람들은 여러 가지 상이한 문제설정을 혼돈해서는 안 됩니다. 그것은 서
로 상보적으로 상이한 고찰방식에 속해 있다고 나는 생각합니다. 우리가
자유의지를 말할 때는 그것은 결단해야 할 상황에 관해서 말하고 있는 것
입니다. 이 상황이란 우리가 우리의 행위를 위한 동기를 분석하게 되고,
생리학적인 현상, 말하자면 두뇌에서의 전기화학적인 과정을 연구하려
하는 것 같은 다른 상황과는 서로 배타적인 관계에 있는 것입니다. 그러
므로 여기에서 문제가 되는 것은 전형적인 상보적 상황이며, 따라서 자연
법칙들이 그 사건을 완전하게 결정하느냐, 아니면 통계학적으로밖에는
결정할 수 없느냐는 따위의 물음과 자유의지 문제와는 직접적으로 어떠
한 관계도 없습니다. 물론 다양한 관찰방식은 끝판에 가서는 조화되지
않으면 안 됩니다. 즉 그것들은 모순 없이 같은 진실에 속하는 것으로 인
식되어야 할 것입니다. 그러나 개체적인 경우에 그것이 어떻게 일으켜지
고 있는지는 아직 모르고 있습니다. 끝으로 신의 간섭에 관한 언급은, 어
떤 사건의 자연과학적인 제약에 관한 이야기가 아니라, 그 사건이 다른
사건들과 또는 인간의 사고와 결부되는 감각적 연관성에 대하여 이야기
하는 것이라고 생각합니다. 이 감각적 연관성도 자연과학적인 제약과 같
이 분명히 진실에 속해 있습니다. 사람들이 이런 감각적 연관성을 그것
이 어떤 진실의 주관적 측면이라고 해서 배제하고 계산하려 하였다면 그
것은 너무 도가 지나친 단순화일 것입니다. 그러나 이 경우에도 사람들
은 자연과학에서 비슷한 현상들로부터 어떠한 것을 배울 수도 있다고 생
각합니다. 즉 생물학적 연관성에서는 그것의 본질이 인과론적인 견해에

서가 아니라 합목적적인 관점에서, 다시 말해 그 목표와 관련해서 서술되고 있다는 사실을 우리는 잘 알고 있습니다. 생물이 어떠한 상처를 입었을 때의 치료과정을 예로 들어 생각할 수 있습니다. 합목적적 해석은 잘 알려진 물리화학적 또는 원자물리학적인 서술과 전형적인 상보적 관계를 유지하고 있습니다. 한편에서는 그것이 소기의 목적, 즉 생물의 정상적인 상태로의 재생으로 통하고 있는가를 묻고, 다른 한편에서는 분자적 현상의 인과론적인 경위에 대해서 묻고 있습니다. 이 두 측면의 서술방식은 서로 배타적이기는 하지만 반드시 모순되는 것은 아닙니다. 우리는 살아 있는 생물체에서도 죽은 물질에서와 똑같이 양자역학의 법칙들의 정당성을 증명할 수 있다고 보이는 모든 가정에 대한 충분한 이유를 가지고 있습니다. 그럼에도 합목적론적 서술 또한 절대로 옳은 것입니다. 나는 원자물리학이 모든 것을 지금까지보다 더 세밀하게 생각하지 않으면 안 된다는 것을 우리에게 단적으로 가르쳐 주고 있다고 믿습니다.

나는 반대했다.

"우리는 항상 너무 쉽게 종교의 인식론적 측면으로 돌아가 버린다고 생각합니다. 그렇지만 디랙의 종교에 반대하는 변론은 처음부터 윤리적인 측면에 관한 것이었습니다. 디랙은 무엇보다도 불성실성을 비판하려 하였으며, 그로서는 도저히 참을 수 없는 자기기만, 즉 모든 것을 종교적 사고와 너무 쉽게 결부시키는 것을 비판하고 싶었던 것입니다. 그러나 그는 지나치게 합리주의의 광신자가 되어 버렸고, 나는 합리주의만 가지고는 충분하지 않다고 생각했던 것입니다."

"나는 디랙이 그렇게 정열적으로 자기기만과 내적 모순의 위험성을 지적하고 비판한 것은 그 자체로서는 매우 좋았다고 생각합니다. 그러나 그때 볼프강이 재치 있는 끝말로써 그에게 이런 위험성을 전적으로 회피하는 것이 얼마나 어려운 것인가를 일깨워준 것은 참으로 절실하게 필요했던 일이라고 봅니다."

　이렇게 대꾸한 보어는 이럴 때마다 즐겨 하는 아래와 같은 이야기로써 대화를 끝맺었다.

　"티스빌데에 있는 우리 별장 근처에 한 남자가 살고 있었는데, 어느 날 그는 자기 집 대문 앞에다 말굽자석을 때려 박는 것이었습니다. 말굽자석이 그 집에 행복을 가져온다는 민간신앙이 있었기 때문입니다. 그래서 한 친구가 그에게 '너는 그렇게도 미신적이란 말이냐? 그래 말굽자석이 네 집에 정말로 행운을 가져다 줄 거라고 믿고 있니?'라고 물었을 때, 그는 '믿기는 무얼 믿어. 그렇지만 사람들은 믿지는 않으면서도 이런 것이 도움이 된다는 말들을 하고 있지 않아?'라고 대답하는 것이었습니다."

8. 원자물리학과 실용주의적 사고방식 1929

　　브뤼셀에서 열린 솔베이 회의 이후의 5년 동안은 당시 원자이론의 발전에 종사했던 젊은 사람들에게는 매우 휘황찬란한 것으로 보였기 때문에, 우리는 이 5년간을 '원자물리학의 황금시대'라고 불렀다. 이 무렵에는 몇 년 전만 해도 우리들에게 온 정력을 쏟을 것을 요구했던 어려운 큰 고비들이 모두 극복되고 있었다. 원자껍질의 양자역학이라고 불리는 새로 개척된 영역으로 향한 문이 활짝 열려 있었으며, 이곳에서 연구하며 참여하고 이 정원에 열려 있는 열매를 따려는 모든 사람들에게 이제는 새로운 방법으로 해결될 수 있는 수많은 문제들이 제공되고 있었다. 이전에는 순수한 경험법칙과 불확실한 표상과 불명확한 예감들이 실질적인 이해를 대신하였던 여러 곳 ― 즉 고체물리학이라든가 자성체(磁性體) 및 화학결합 등의 물리학 ― 에서 사람들은 새로운 방법으로 완전히 명백한 이해를 얻을 수가 있었다. 더욱이 새로운 물리학은 철학적인 관점으로서도 이전의 것보다는 결정적으로 우수하였고, 상세하게 연구를 진행시키면 더 넓고 크고 풍요로운 결과가 나타나리라는 예감을 주었다.

　　나는 1927년 늦가을에 라이프치히와 취리히대학으로부터 교수직을 맡아달라는 제안을 받고서는 결국 라이프치히대학을 택했다. 우수한 실험물리학자 피터 데바이 교수와 함께 할 공동연구가 매우 매력적으로 느껴졌기 때문이었다. 그곳에서 가진 내 첫 원자론 세미나에는 단 한 학생만이 수강했지만, 나는 결국에는 많은 젊은 학생들이 새로운 원자물리학을 배우기 위해 모여들 것이라고 확신하고 있었다.

나는 새로운 양자역학을 강의하기 위해 1년 동안 미국여행을 한 다음에 부임한다는 조건으로 라이프치히대학의 교수직을 수락했다. 그리고 1929년 2월, 혹심한 추위 속에 뉴욕으로 가는 배를 탔다. 그러나 꽁꽁 얼어붙은 두꺼운 빙벽을 뚫고 배가 출항하기까지는 이틀이 걸렸으며, 항해 가운데는 일찍이 경험한 적이 없는 사나운 풍랑을 만나서 보름이 지난 뒤에야 롱아일랜드의 해변에 이를 수가 있었고, 마침내 석양 아래 펼쳐진 뉴욕의 스카이라인을 바라보게 되었다.

신세계의 모습은 첫날부터 나를 매혹시켰다. 거침없이 늘씬하게 뻗어가는 젊은이들의 생기, 그들의 소박한 손님 접대와 조금도 거리낌 없는 친절, 그들에게서 우러나오는 낙천주의 등 모든 분위기가 내 어깨에서 무거운 짐을 벗겨놓아 주는 느낌을 갖게 하였다. 새로운 양자론에 대한 관심은 대단하였다. 나는 강연을 위하여 수많은 대학을 방문했고, 그래서 이 나라를 여러 각도에서 자세히 살필 수가 있었다. 내가 오래 머문 곳에서는 테니스를 같이 치든가 보트놀이 또는 파티 등을 통해 인간관계가 넓어졌고, 우리 학문에서의 새로운 발전에 대한 세부적인 대화도 벌어지곤 하였다. 그가운데서도 시카고대학의 젊은 실험물리학자이며 내 테니스 파트너였던 버들과 나눈 대화가 특히 기억에 남는다.

어느 날 그는 미국 북쪽, 멀리 떨어져 있는 한적한 해변의 바다낚시로 나를 며칠간 초대해 주었다. 이곳에서 이야기는 미국에서의 학술강연에서 항상 나를 놀라게 하였던 현상에 이르게 되었다. 유럽에서는 새로운 원자이론의 비직관적 특징들, 입자와 파동 개념 사이의 이중성, 자연법칙들의 순수한 통계학적인 성격들이 매우 열정적인 토론의 대상이 되고, 때로는 새로운 사상이 극심하게 거부당하는 경우까지 있는 데 반하여, 미국의 대부분 물리학자들은 새로운 고찰방식을 아무 거리낌 없이 받아들일 용의가 있는 것처럼 보였다. 나는 버튼에게 그런 차이가 어디서 비롯된다고 생각하는지를 물었다. 버튼은 대략 다음과 같이 답변했던 것 같다.

"당신네 유럽 사람들, 특히 독일사람들은 그와 같은 인식을 지나치게 원리적으로 받아들이는 경향이 짙은 것 같습니다. 그러나 우리들은 훨씬 간단하게 생각하지요. 지금까지는 뉴턴의 물리학이 관찰된 사실들에 대한 충분하고도 정확한 기술이었습니다. 그러나 사람들은 전자기현상을 알게 되었고, 뉴턴의 역학을 가지고는 이 전자기현상을 설명하는 데 충분치 않다는 것을 알게 되었으며, 그렇지만 맥스웰의 방정식이 이 현상을 설명하는 데 우선은 족하다는 것도 알게 되었습니다. 그런데 이번에는 원자현상에 관한 연구에서, 고전역학이나 전자역학을 적용해 가지고는 관찰된 결과를 충분히 설명할 수 없다는 사실에 마주하게 되었습니다. 그래서 사람들은 이전의 이론이나 방정식들을 수정하지 않으면 안 된다는 필요성을 느끼게 되었고, 그 결과 양자역학이 성립되었습니다. 근본적으로는 물리학자는 이론가이지만 여기서는 교량을 건설해야 하는 엔지니어와 같이 단순하게 행동합니다. 사람들이 지금까지 사용해 온 정력학적인 공식이 그의 새로운 건설작업에 충분하지 않다는 사실을 알게 되었다고 가정한다면 — 예컨대 풍압(風壓)이라든가, 물질의 노화 또는 온도의 변화 등에 대한 고려를 추가해야 한다고 생각하기에 이르렀다면 — 그는 지금까지의 공식에다 보조항을 더 추가하여 이 공식을 수정해야 할 것입니다. 그래서 그는 더 나은 공식을 만들게 되고, 따라서 좀더 신뢰할 수 있는 건축설계를 할 수 있게 되어서 모두가 그 발전을 기뻐하게 됩니다. 그러나 이때 본질적으로는 변한 것이 아무것도 없지요. 물리학에서

152

도 이와 마찬가지라고 생각합니다. 아마도 당신네들은 자연법칙을 절대
적인 것으로 설명하려는 오류를 범하고 있는지도 모르겠습니다. 그래서
당신들은 그 법칙이 바뀌어야 할 경우가 오면 놀라는 것 같습니다. 나에
게는 이미 '자연법칙'이라는 표현 그 자체가 근본적으로는 해당 영역에
서 자연과 교제할 때의 실용적인 하나의 처방에 지나지 않는 것인데, 그
와 같은 하나의 형식에다 신성화된 미심쩍은 찬양을 부여하고 있는 것이
아닌가 하고 생각하여 보는 때가 있습니다. 까닭에 나는 사람들이 모든
절대성의 주장을 포기할 것을 요청하고 싶습니다. 그러면 그곳에는 어떤
어려운 고비도 사라질 것입니다."

나는 반문하였다.

"그래서 당신은 한 전자를 어떤 때는 입자로, 다른 때는 파동으로 나타
내는 것에 전연 놀라지 않는다는 말씀이군요? 즉 그것은 단순히 물리학
의 — 전혀 기대하지 않았던 방식으로의 — 하나의 확장이라고밖에는 생
각하지 않으신다는 말인가요?"

"아닙니다, 그런 것은 나도 그와 같은 현상에는 이미 놀라고 있습니다.
그러나 나는 자연에서 일어나고 있는 것을 확실히 이 두 눈으로 보았으
며, 따라서 나는 그것으로 만족하지 않을 수 없습니다. 때로는 파동으로,
다른 때에는 입자처럼 보이는 현상이 있다면 사람들은 분명히 새로운 개
념들을 빚어내야 할 것입니다. 아마 사람들은 그와 같은 현상을 '파동자
(波動子)'라고 부를 것이며, 그렇게 되면 양자역학은 이 '파동자'의 행동
에 대한 수학적 표현일 것입니다."

"아닙니다. 그것은 너무 지나치게 단순하게 생각하시는 것 같습니다.
문제는 단순히 전자의 어느 한 특수한 성질에 있는 것이 아니라 모든 물
질, 모든 복사의 본성이 문제가 되는 것입니다. 전자건 광양자건, 아니면
벤젠의 분자든 돌멩이든 간에, 당신이 무엇을 취하든지 그곳에는 항상 두

성질, 즉 입자적인 성질과 파동적인 성질이 반드시 있습니다. 따라서 자연법칙에는 어디서든지 통계적인 성질을 인지할 수 있습니다. 다만 원자적인 형성물에서 양자역학적인 특징들이 일상경험의 영역에서보다 훨씬 더 뚜렷하게 나타날 뿐입니다."

"그렇다면 그래도 좋습니다. 당신들은 뉴턴과 맥스웰의 법칙을 약간 변경시켰습니다. 관측자들에게는 원자현상에서는 이 변경이 뚜렷하게 나타나 보이는 반면에 일상경험의 영역에서는 거의 이러한 변경은 나타나지 않습니다. 요컨대 이 모든 것은 다소를 막론하고 효과적인 개선이 문제가 되고 있는 것 아닙니까? 따라서 우리들이 아직도 잘 알지 못하고 있는 다른 현상들을 올바르게 기술하기 위해서는 양자역학도 장래에는 더 개선될 것이 틀림없습니다. 그러나 당분간은 현재의 양자역학이 원자 영역에서의 모든 실험을 위한 유용한 취급규정으로 나타나고 있으며, 이것은 훌륭하게 증명되어 있습니다."

버튼의 이와 같은 전체적인 고찰방식이 나로서는 전혀 분명하지가 않았다. 내 얘기를 더 잘 이해시키려면 좀더 정확하게 표현해야겠다고 생각한 나는 다음과 같이 요약하듯이 대답하였다.

"나는 뉴턴의 역학은 대체로 개선의 여지가 없다고 믿고 있습니다. 이 말은 다음과 같은 것을 뜻합니다. 즉 사람들이 어떤 현상을 뉴턴의 물리학의 개념, 즉 위치·속도·가속도·질량 그리고 힘 등으로써 기술할 수 있는 한에는 뉴턴의 법칙들은 엄격하게 타당한 것이며, 이런 점에서는 앞으로 10만 년이 지난다 하더라도 아무것도 변화하지 않을 것입니다. 더 엄밀하게 말하자면 다음과 같습니다. 즉 뉴턴의 법칙은 현상이 뉴턴의 개념으로써 기술될 수 있는 정도의 정확성을 가지고 성립됩니다. 이 정확성의 정도가 한정된다는 사실은 이전의 물리학에서도 이미 알려져 있었습니다. 그 까닭은 아무도 임의적으로 정확성을 결정할 수는 없었기 때문입니다. 그러나 불확정성 관계에서와 같이 측정정확성에 원리적으로 한계가 설정된다는 것은 원자 영역에서 사람들이 처음으로 마주친 새로운 경험이었습니다. 하지만 지금은 이 이야기를 논할 필요가 없겠지요. 측정정확성에 관한 한 뉴턴의 역학은 완전무결한 것이고 앞으로도 충분히 타당할 것이라는 점만 확인해도 된다고 봅니다."

버튼이 대답하였다.

"나는 도무지 이해할 수가 없군요. 그렇다면 상대성이론의 역학은 뉴턴역학의 개량이 아니란 말입니까? 그리고 상대성이론은 불확정성 관계와는 아무런 관련이 없었다는 말입니까?"

"네. 말씀대로 불확정성원리와는 아무런 관계가 없었습니다. 그러나 다른 시간과 공간의 구조에 관해서는, 특히 공간과 시간 사이의 관계에서는 논의가 되었습니다. 관측자의 위치와 운동상태와는 관련이 없이 외관상의 절대시간에 관해서 이야기할 수 있는 한에서, 또 우리가 일정한 외연을 가지고 있는 강체(剛體) 또는 실질적으로 강체라고 볼 수 있는 물체를 문제삼는 한에서는 뉴턴의 법칙이 성립되는 것입니다."

나는 말을 계속하였다.

"그러나 매우 고도의 속도를 갖는 현상이 문제될 경우에 그것을 아주 정확하게 측정하려 한다면 뉴턴 역학의 개념으로써는 더 이상 우리의 경험과 맞지 않는다는 사실을 알게 될 것입니다. 따라서 운동하고 있는 관측자의 시계가 정지하고 있는 시계보다 느리게 가는 것처럼 보인다는 것 등으로 우리는 거기서 '상대성이론의 역학영역'으로 이행하지 않으면 안 됩니다."

"그렇다면 어째서 선생은 상대성이론의 역학을 뉴턴 역학의 개량으로 부르는 데 그렇게 저항감을 느끼는 것입니까?"

"한 가지 오해를 막기 위해서 '개량'이라는 말의 사용을 피했을 따름입니다. 만약 이 오해만 막을 수 있다면 개량이란 말은 얼마든지 사용해도 무방하다고 생각하고 있습니다. 내가 여기서 말하는 오해란 바로 당신이 언급한 기술자가 물리학의 실제 응용에서 기도했던 그 개량과의 비교에 관한 것입니다. 뉴턴의 역학으로부터 상대론적 역학 또는 양자역학으로의 이행에서 나타나는 근본적인 변화를 엔지니어의 개량과 나란히 세우는 것은 완전히 잘못된 생각입니다. 엔지니어들이 개량이라고 할 때는 모든 말들이 이때까지의 의미를 그대로 지니고 있으며, 다만 이전에 등한시하였던 영향들을 보완하기 위하여 공식에다 새로운 보조항을 첨가한 데 지나지 않습니다. 즉 기술자에게는 도대체가 지금까지의 개념을 바꿀 필요가 없는 것입니다. 그러나 그와 같은 종류의 변화는 뉴턴의 역학에서는 아무런 의미를 갖지 못하며, 그런 변화에 접근하는 실험이란 도대체 존재하지를 않았습니다. 뉴턴의 역학은 그 통용범위에서 어떤 조그마한 변경으로 말미암아 개량이 이루어질 수 없으며, 이미 옛날에 그 법칙의 궁극적인 형식을 발견하고 있었다는 점에서 바로 뉴턴역학의 영원한 절대성의 주장이 타당하다는 점이 성립되는 것입니다. 그러나 우리에게는 뉴턴 역학의 개념 자체로써는 도저히 꿰뚫을 수 없는 경험영역이 존재합니다. 바로 이와 같은 새로운 경험영역을 위해서는 새로운 개념구조가 필요하며, 이 새로운 개념구조를 상대성이론이나 양자역학 등이 제공하고 있는 것입니다. 뉴턴의 물리학은 이미 자기 완결성을 가지며, 따라서 엔지니어의 물리적 도구가 개량할 수 있는 어떠한 여지도 결코 허락되지 않습니다. 그러나 아주 새로운 개념체계로의 이행은 가능한 것이며, 이 경우에 밝은 체계는 새로운 체계의 극한의 경우로서 이 새로운 체계에 포함될 것이 틀림없습니다."

"지금 선생이 주장한 바와 같은 자기 완결성이 뉴턴의 역학에 존재한다고 사람들은 흔히 말하고 있는데, 도대체 바로 그 자기 완결성이란 어디서 오는 것입니까? 그리고 어떠한 표준이 자기 완결된 폐쇄영역과 개방영역을 나누어 놓는 것이며, 오늘까지의 물리학 안에는 이러한 의미에서 어떤 자기 완결성의 영역이 존재하는 것인지요?"

"하나의 자기 완결적인 폐쇄영역에 대한 가장 중요한 규준은 아마도 정확하게 표현된, 자체 모순이 없는 공리계의 존재일 것입니다. 그리고 이것은 동시에 개념들과 그 체계 안에서의 합법적인 관계들을 확고하게 합니다. 이와 같은 공리체계가 어느 정도로 실제성에 적합한지는 물론 경험적으로만 결정될 수 있는 것입니다. 그리고 커다란 경험영역이 어떤 이론에 따라서 서술될 수 있을 때 비로소 그 이론은 이론으로서 성립될 수 있을 것입니다. 이와 같은 판단규준을 타당하다고 한다면 지금까지의 물리학을 네 가지의 완결된 영역으로 나눌 수 있다고 봅니다. 즉 뉴턴의 역학, 열의 통계학적 이론, 맥스웰의 전자기역학을 포함한 특수상대성이론, 그리고 새로 성립된 양자역학일 것입니다. 이 각자의 영역들은 이 같은 개념들로 서술될 수 있는 경험영역 안에 우리가 머물고 있는 한, 그 진술이 엄격하게 타당한 개념과 공리에 따라서 정확하게 정식화되는 체계를 가지고 있습니다. 일반상대성이론은 아직 완결된 영역이라고 생각할 수는 없을 것 같습니다. 그 까닭은 아직도 그 공리계가 불명확하고 우주의 문제에서 아직도 많은 종류의 해답을 허용하고 있기 때문입니다. 따라서 이것은 아직도 미해결의 문제가 많이 남아 있는 '열려 있는 이론'이라고 간주해야 할 것입니다."

버튼은 내 대답에 반쯤 만족하면서도 완결된 체계에 관한 이론의 동기에 관하여 더 알기를 원하였다.

"당신은 한 영역에서 다른 영역으로의 이행, 말하자면 뉴턴의 물리학에서 양자이론으로의 이행이 연속적이 아니라 어느 정도 불연속적으로 일어난다는 사실의 확인에 왜 그렇게 큰 가치를 두는 것입니까? 당신의 주장은 분명히 옳습니다. 분명히 새로운 개념이 도입되었고 새로운 영역에서 문제제기는 지금까지와는 다르게 보이는 것도 사실입니다. 그러나 그것이 왜 그렇게 중요한 것입니까? 결국 과학의 발전이란 더 넓은 자연의 영역을 이해한다는 것이 아닙니까? 그러나 이와 같은 발전이 연속적으로 일어나든 불연속적으로 개체적인 단계에서 일어나든 나에게는 그다지 중요한 것으로 보이지는 않는데 말입니다."

"그것은 결코 작은 일이 아닙니다. 이른바 엔지니어가 말하는 연속적인 진보라는 당신의 표상은 우리 과학에서 모든 힘을, 다시 말해서 모든 엄정성을 빼앗고 맙니다. 그래 가지고 어떻게 정밀과학을 운운하는지 나는 도무지 이해할 수가 없군요. 만약 사람들이 물리학을 이와 같은 순수한 실용주의적 방법으로 추구해 나가려고 했다면 그들은 그때그때 실험적으로 잘 접근할 수 있는 어떤 부분영역만을 문제삼고, 또 거기서 나타나는 현상들을 근사식(近似式)을 통해서 서술하려고 애썼을 것입니다. 그때 그 표현이 지나치게 부정확하다고 여겨지면 수정항을 추가해서 좀더 정확성을 기할 수 있을 것입니다. 그러나 위대한 연관성 같은 것에 대한 물음은 도대체가 필요하지 않을 것이고, 물어야 할 이유도 없을 것입니다. 예를 든다면 뉴턴의 역학을 프톨레마이오스의 천문학보다 뛰어나게 한 아주 단순한 연관성조차 도달할 가능성을 전혀 갖지 못했을 것입니다. 따라서 우리 학문의 가장 중요한 진리규준, 즉 자연법칙에서 항상 빛나고 있는 단순성이 결국은 사라지고 말 것입니다. 물론 당신은 이 연관성의 단순성에 대한 요구 뒤에는 어떠한 논리적 타당성도 결여된 절대성의 주장이 숨어 있다고 다시 한 번 항변할 수도 있을 것입니다. 즉, 어째서 자연법칙들은 단순해야 하며 커다란 경험 영역이 왜 단순한 방식으로 서술되어야만 하는가고 말입니다. 그렇다면 나는 이때까지의 물리학의 역사에서 그 근거를 찾을 수밖에 없습니다. 선생은 아마도 내가 조금 전에 말한 네 종류의 완결된 영역들이 저마다 매우 단순한 공리계를 가지며, 아주 넓은 연관성들이 이 단순한 공리계에 따라 서술되고 있다는 사실을 인정하실 것입니다. 이와 같은 공리계로 말미암아 비로소 '자연법칙'이라는 개념이 정당화되며, 만약 그것이 없다면 물리학은 정밀과학이라는 명성은 결코 얻지 못했을 것입니다. 이 단순성은 또 자연법칙과 우리 사이의 관계에 관하여 다른 측면을 갖습니다. 그러나 내가 여기서 이것을 올바로, 그리고 이해할 수 있도록 표현할 수 있을지는 자신이 없습니다. 이론물리학에서 관례적인 것처럼 우선 실험의 결과를 공식으로 요약하고, 그 공식으로 그 과정의 현상론적인 기술에 이르게 되면 사람들은 자기자신이 이 공식을 고찰하였고, 이 공식으로 많든 적든 만족할 만한 결과를 가져왔다는 느낌을 갖게 됩니다. 그러나 궁극적으로는 공리계로 귀착되는 대단히 간단하면서도 거대한 연관성에 맞닥뜨리게 될 때는 그것은 아주 다르게 보입니다. 그 경우 우리의 심안 앞에는 우리가 없어도 이미 그곳에 항상 존재하고 있었으며, 분명히 인간들에 의하여 만들어지지 않은 하나의 연관성이 갑자기 전개됩니다. 이와 같은 연관성이야말로 우리 과학의 고유한 내용이며, 사람들이 이러한 연관성의 존재를 전적으로 받아들였을 때만 비로소 우리는 과학을 실제로 이해할 수 있는 것입니다."

버튼은 심각하게 침묵을 지키고 있었다. 그는 반대하지는 않았지만 내 사고방식이 그에게는 여전히 낯설게 남아 있다는 인상을 주었다.

다행히도 우리들의 주말은 그렇게 어려운 대화들로만 메워진 것은 아니었다. 첫날은 끝없는 호수와 숲으로 둘러싸인 어느 한적한 오두막집에서 보냈다. 다음날 아침에 우리는 호수에서 잡은 물고기로 끼니를 대신하기로 하고 한 인디언의 안내를 받으며 낚시를 나섰다. 그가 안내해 준 수역에서 우리는 한 시간 안에 굉장히 큰 민물고기 여덟 마리를 잡을 수 있었는데, 이것으로 우리들뿐만 아니라 그 인디언의 가족들에게까지도 풍성한 저녁식사를 제공할 수가 있었다. 다음날 아침, 우리는 이번에는 인디언의 안내 없이 어제의 그 장소로 다시 낚시를 나갔다. 일기나 바람은 전날과 거의 다를 바가 없었고 우리는 분명히 어제와 같은 수역을 헤매었는데도 온종일 한 마리의 물고기도 낚지를 못했다. 마침내 버튼은 전날에 있었던 우리의 대화로 되돌아가서 다음과 같이 말하였다.

"아마도 원자세계도 이 한적한 곳에 있는 호수와 물고기 같은 것인지도 모르지요. 인디언이 스스로는 그것을 의식하든 의식하지 않든 간에 바람과 일기와 물고기의 생활습성에 익숙해 있는 것과 같이, 원자세계에 정통하지 못하면 원자세계를 이해할 수 있는 기회는 거의 없을지도 모르겠습니다."

미국 여행이 끝날 무렵에 나는 폴 디랙과 함께 크게 우회하여 귀국하기로 했다. 우리는 옐로우스톤 공원에서 만나 그 근처를 구경하고 태평양을 건너서 일본으로 갔다가 아시아를 거쳐 유럽으로 돌아가기로 계획을 세웠던 것이다. 우리가 만나기로 약속한 장소는 간헐천으로 유명한 올울드 페이드풀 앞에 있는 호텔이었다. 나는 약속한 날짜보다 하루 앞서서 도착하였기 때문에 혼자 등산을 떠났다. 나는 도중에서 이곳 산들은 알프스의 산들과는 달리 사람이 들어가 본 적이 없는 원시림들이고 쓸쓸한 자연 그대로임을 발견했다. 등산로는 고사하고 오솔길도 없었고 이정표나 방향 표시판도 없었다. 사람들이 조난을 당했을 때는 어떠한 구조도 기대할 수가 없다는 것을 깨달을 수 있었다. 올라갈 때 길을 꽤 헤매었기 때문에 이미 많은 시간을 빼앗겼고, 그래서 내려올 때는 몹시 지쳐 있었다. 너무 피곤한 나머지 적당한 장소를 발견하여 풀 위에 누웠다가 곧 잠이 들었다. 언뜻 잠을 깨고 보니 곰 한 마리가 내 얼굴을 핥고 있었다. 나는 후닥닥 놀라서 어느새 엄습해 온 저녁의 어두움을 뚫고, 있는 힘을 다해서 뛰어 내려갔고, 호텔로 가는 길을 간신히 발견했다.

폴과 주고받은 약속편지에서 나는 이 근처에 흩어져 있는 간헐천들을 몇 개 돌아볼 수 있을 것이라고 쓰고, 우리가 갔을 때 그 간헐천들이 물을 분출하는 순간이면 좋겠다는 뜻을 전한 것 같은데, 막상 폴을 만나고 보니 역시 꼼꼼하고 조직적인 그의 성격답게 그는 모든 간헐천들의 정확한 분출시간표를 조사해 놓고 있었다. 그 표에는 자연분천(自然噴泉)의 활동시간만 기록되어 있는 것이 아니라 코스의 순서까지도 계획되어 있었다. 그 순서대로 따라 걸으면 한 간헐천에서 다음 간헐천으로 분출시간을 맞춰서 돌아다닐 수가 있었고, 따라서 오후 반나절만으로도 수많은 자연의 분수를 즐길 수 있었다.

한편 샌프란시스코에서 하와이를 거쳐 요코하마에 이르는 긴 바다여행은 우리에게 학문에 관한 대화를 위한 좋은 기회를 마련해 주었다. 나는 일본의 기선에서 탁구나 서프보드와 같은 스포츠에 즐겨 참여하였지만 그래도 많은 시간이 남아돌았으며, 그런 때에는 갑판 위의 침대의자에 기대어 배 주위를 빙빙 돌고 있는 돌고래를 바라보든가 우리가 타고 있는 배에 놀라서 물 위로 튀는 물고기를 즐기면서 시간을 보냈다. 폴은 늘 내 옆의 침대의자를 점령하고 있었기 때문에 우리는 미국에서의 경험담과 원자물리학에서의 우리들의 장래 계획에 대하여 상세한 대화를 나눌 수 있었다. 새로운 원자물리학의 비직관적 특징들을 별로 신경 쓰지 않고 받아들이는 미국 물리학자들의 태도에 대하여 폴은 별 관심을 보이지 않았다. 그 또한 과학의 발전은 다소를 불문하고 연속적인 것으로 생각하고 있는 것 같았으며, 각 과정의 단계마다 나타난 개념구조를 문제시하기보다는 되도록 확실하고 급격한 진보를 위해서 적용할 수 있는 방법을 문제시하는 편이 훨씬 더 중요하다고 여기는 듯했다. 그것은 만약 사람들이 실용주의적인 사고방식에서 출발한다면 과학의 발전은 끊임없이 확대되는 실험적 경험사실에 우리 사고를 적응시키는 과정이 되며, 이것은 끝이 없는 것같이 보이기 때문이다. 따라서 일시적인 결말이 너무 원칙적인 것으로 생각되어서는 안 되겠지만, 그 적응방식 자체는 허용될 수밖에 없는 것이다.

이 과정에서 결국은 단순한 자연법칙이 성립되는데 — 나는 자연법칙이 출현한다고 표현하고 싶지만 — 이 문제에 대해서는 폴도 나와 같은 확신을 갖고 있었다. 그러나 방법적으로는, 그에게는 그때그때의 어려움이 출발점이었지 위대한 관련성은 문제가 되지 않았다. 그가 나에게 자기 방법을 말하는 것을 듣고 있으면 그에게서 물리학의 연구는 마치 많은 등산가가 험한 바위를 등반하고 있는 것같이 보이곤 하였다. 바로 다음 3미터를 극복하는 것만이 가장 중요한 것같이 보였던 것이다. 만약 이러한 등반이 번번이 성공한다면 결국 그는 정상에 이를 수 있을 것이다. 등산로 전체의 험난한 정도가 미리 문제가 된다면 이것은 등산객을 낙심시키는 결과만 가져올 뿐이며, 실제로 많은 사람들이 어려운 고비에 부딪쳤을 때라야 비로소 구체적인 문제를 알아차리는 것도 틀림없는 사실이다. 그러나 내게는 그런 비교가 전적으로 부당한 것으로 보였다. 나로서는 — 등산의 비유를 그대로 계속한다면 — 전등반로에 대한 결단으로부터 비로소 시작이 가능한 것이었다. 왜냐하면 올바른 루트를 발견하였을 경우에 한해서 낱낱의 곤란도 극복할 수 있다고 확신하고 있었기 때문이다. 이 비교에서 오류는 암벽의 경우 그 바위가 사람들이 정복할 수 있도록 만들어져 있는지 없는지가 결코 확실하지 않다는 점에 있다. 그러나 나는 자연과학에서는 그 연관성이 궁극적으로는 매우 단순하다는 것을 확신하고 있었다. 자연은 이해될 수 있게끔 만들어져 있다는 것이 내 신념이었다. 반대로 말을 바꿔, 우리의 사고능력은 자연을 이해할 수 있도록 만들어져 있다고 표현하는 것이 더 타당할지도 모르겠다. 이 같은 확신에 대한 기초는 이미 슈타른베르크호에서 이루어진 대화 가운데서 로베르트가 표명한 것이었다. 자연을 그 본연의 형태대로 형성시키고 우리 영혼의 구조 — 따라서 우리 사고능력의 구조 — 를 책임지고 있는 힘은 바로 언제든지 같은 질서를 만들려는 그 힘인 것이다.

폴과 나는 이 방법론적 문제와 미래의 발전에 관한 우리들의 희망에 관하여 많은 이야기를 나누었다. 여기서 우리 둘 사이의 견해차를 요약해서 표현한다면, 폴의 말은 '사람은 결국 한 번에 한 가지 이상의 어려움을 해결할 수는 없다'는 것이었다. 그러나 나는 그 반대로 다음과 같이 말했을 것이다.

"사람들은 결코 한 가지의 어려움만을 해결할 수는 없다. 사람들은 항상 많은 고난을 한꺼번에 해결하도록 강요당하고 있는 것이다."

폴은 특히 많은 어려움들을 단번에 해결하려고 하는 것은 건방진 생각이라는 점을 말하려고 했다. 그는 원자물리학처럼 우리의 일상경험에서 동떨어져 있는 영역에서 어떤 발전을 이룩하려고 할 때, 그것이 얼마나 어려운가를 정확하게 알고 있기 때문이었다. 한편 나는 한 가지 어려움이라도 그것이 정말로 해결되었다면 반드시 그 자리에서 간명하고 위대한 연관성에 맞닥뜨리고야 만다는 점을 지적하고 싶었을 뿐이다. 그러한 때에는 처음에는 전혀 상상하지도 못하였던 다른 어려움들도 자연히 해결을 보게 될 것이다. 따라서 이 쌍방의 표현양식은 진리의 한 중요한 부분을 안고 있음에 틀림없는 것 같았다. 그리고 우리의 외면적인 모순은 닐스 보어가 자주 말하는 다음과 같은 말에서 위로를 받을 수가 있었다.

"올바른 주장에 대한 반대는 하나의 잘못된 주장이다. 그러나 심오한 진리일 수가 있다."

9. 생물학과 물리학 및 화학의 관계에 대한 대화 1930~1932

미국에서 일본을 거쳐 귀국한 뒤, 나는 커다란 책임이 부여된 상황에 꽤 긴장하였다. 나는 라이프치히대학에서 강의와 연습을 맡게 되었으며, 학부 교수회의에도 참석해야 했고, 시험에도 관여해야 했다. 또 이론물리학을 위한 작은 연구실을 현대화하는 한편, 원자물리학 세미나에서 젊은 물리학자들에게 양자이론을 지도해야 했다. 이와 같은 포괄적인 활동은 나로서는 처음 겪는 일이었으며 따라서 즐거움도 되었다. 그러나 나로서는 닐스 보어를 중심으로 하는 코펜하겐 그룹과의 관계가 해가 감에 따라 차츰 없어서는 안 될 중요한 것이 되었기 때문에, 나는 학기 휴가의 대부분을 코펜하겐에서 보냈다. 그곳에서 보어를 비롯한 몇몇 친구들과 더불어 우리가 종사하는 학문의 발전에 관한 토론을 하면서 몇 주일을 보냈다. 여기서 많은 대화가 오갔는데, 이 대화는 보어의 연구소에서가 아니라 티스빌데에 있는 그의 별장이나 코펜하겐 항구의 돌제(突堤)에 정박해 있는 돛배에서 이루어졌다. 이 돛배는 보어와 그의 친구들의 공동소유였는데, 우리는 이 배를 타고 동해 멀리까지 항해하기도 하였다.

그의 별장은 젤란드섬 북쪽, 해안으로부터 수 킬로미터 떨어진 커다란 숲 가장자리에 자리잡고 있었다. 나는 보어와 단둘이서 했던 첫 번째 도

보여행 이래로 이미 이곳을 알고 있었다. 숲속의 넓은 모랫길을 지나서 우리는 자주 해수욕장에 갔었다. 거기 있는 일직선 도로로 미루어 이 숲은 전체가 폭풍과 사구의 이동을 방지하기 위하여 인공적으로 만든 것으로 보였다. 보어의 자녀들이 아직 어렸던 당시, 보어는 말 한 마리와 시골풍의 마차를 한 대 가지고 있었다. 그의 자녀들 가운데 한 아이와 함께 마차를 몰고 숲속을 돌아다니는 것이 허락되었을 때, 나는 그것을 커다란 영광으로 생각하였다.

저녁때가 되면 우리는 자주 벽난로 주위에 둘러앉았다. 그런데 그 난로를 피우기가 그렇게 쉽지가 않았다. 거실의 창문이 닫혀 있으면 연통으로 바람이 역류하여 실내가 연기로 자욱하곤 했기 때문에 적어도 창문 하나를 열어 놓아야 했다. 그러면 통풍이 잘 되면서 난로 불이 잘 타올랐지만 열린 창문을 통해서 불어 닥치는 찬바람이 방을 몹시 춥게 만들었다. 역설적인 표현을 좋아했던 보어는 "이 벽난로는 방을 덥히기 위한 것이 아니고 방을 춥게 하기 위해서 설치된 것"이라고 주장하는 것이었다. 그럼에도 이 벽난로 주위는 매우 정겹고 또한 따사로웠다. 특히 코펜하겐에서 어떤 물리학자가 방문이라도 하면 여기서 우리들의 공동관심사에 대한 대화가 활발히 벌어지곤 했다. 그러던 어느 날 밤의 대화가 특별히 기억에 남는데, 그 대화의 상대는 — 내가 옳게 기억하고 있다면 — 크라머스와 오스카 클라인이었다고 여겨진다. 이미 여러 번에 걸쳐 이야기되었듯이, 그날 밤도 우리의 대화는 전에 아인슈타인과 나눈 토론과, 양자역학의 통계학적인 성격에 관해서 아인슈타인을 끝내 설득할 수 없었다는 사실의 주위를 맴돌고 있었다.

오스카 클라인이 시작하였다.

"아인슈타인이 원자물리학에서 갖는 우연성의 역할을 받아들이는 데 그렇게 큰 어려움을 느끼고 있다는 것이 참 이상하지 않습니까? 그는 누구보다도 통계역학적인 열이론을 잘 알고 있고, 자신이 플랑크의 열복사에 관한 법칙을 통계역학적으로 훌륭하게 이끌어내고 있으면서 말입니다. 따라서 그는 이와 같은 생각에 결코 낯설 까닭이 없을 텐데도 양자역학에서 우연성이 원리적인 의미를 갖고 있다고 해서 그렇게까지 양자역학을 거부하는 까닭이 무엇인지……."

내가 다음과 같이 말을 받았다.

"바로 그를 방해하는 것은 그 원리적이라는 데 있을 것입니다. 가령 사람들이 물로 가득 찬 컵 속에서 물 분자 하나하나가 어떻게 움직이는가를 알지 못한다는 것은 자명한 일입니다. 그러므로 보험회사가 그 회사와 계약한 많은 피보험자들의 여명(餘命)을 통계적인 방법으로 계산하는 것과 같이, 우리 물리학자들이 통계학적인 방법을 사용해야 한다는 데는 아무도 이론(異論)을 제기하지 않을 것입니다. 그러나 고전물리학에서는 낱낱의 분자의 움직임을 추적하여 뉴턴 역학의 법칙에 따라 그것을 결정할 수 있다고 가정하고 있었습니다. 따라서 다음 순간의 상태를 추론할 수 있는 자연의 객관적인 상태가 외관상으로는 어느 순간에도 존재하고 있었던 것입니다. 그러나 양자역학에서는 차원이 전혀 다릅니다. 즉 관찰되어야 할 현상을 교란하지 않고서는 관찰할 수 없으며, 따라서 관찰수단에 작용하는 양자효과는 스스로 관찰되어야 할 현상 안에 불확정성을 도입하게 됩니다. 아인슈타인은 이와 같은 사실을 잘 알고 있지만, 바로 그 사실 때문에 만족을 못 하고 있는 것이지요. 그는 우리가 현상의 완전한 분석은 불가능하다고 해석하는 데 불만인 것입니다. 그렇기 때문에 그는 앞으로 사건의 새로운 결정요소가 발견되어야 하며 이 새로운 결정요소의 도움으로 현상이 객관적으로, 그리고 완전히 확인될 수 있어야 한다고 말하는 것입니다. 그러나 이것은 확실히 잘못된 생각입니다."

보어가 반박하고 나섰다.

"당신이 말한 것에 대하여 나는 전적으로 동의할 수가 없군요. 고전적인 통계학적 열이론과 양자역학적 이론 사이에 원리적인 차이라는 것이 물론 존재하지만, 당신은 그 의미를 지나치게 과장한 느낌이 있습니다. 그리고 '관찰이 현상을 교란한다'는 표현은 부정확하고 또 오해를 불러올 위험이 있다고 생각합니다. 실제로 원자적인 현상에서 '현상'이라는 말을 사용하고 싶으면, 그 경우 어떤 실험장치나 관찰수단이 반드시 고찰되어야 한다는 것을 아울러 정확하게 말해야 함을 우리는 자연으로부터 배웠습니다. 어떤 특정한 실험장치가 설정되고 그 장치로부터 하나의 특정한 관측결과가 나온다면 사람들은 현상에 관해서는 말할 수 있지만 관찰에 따른 현상의 교란에 대해서는 말할 수 없을 것입니다. 이전의 물리학에서 가능했던 것처럼 여러 가지 관찰결과들을 간단하게 관계 지을 수 없는 것은 사실이지요. 그러나 그것을 현상의 교란으로 이해할 관찰에 따른 것이 아니라, 고전물리학이나 일상생활의 경험에서 가능한 관측결과의 객관화가 여기서는 불가능하다는 점을 지적해야 하리라고 생각합니다. 여러 가지의 다른 관찰 상황들 — 실험장치 전체와 기기들의 검침을 뜻한다 — 은 서로 상보적인 경우가 많습니다. 즉 그것들은 서로 배제하므로 아울러 실현시킬 수도 없고, 하나의 결과를 다른 결과와 일의적으로 견주어 볼 수도 없습니다. 따라서 나는 양자역학에서의 관계들과 열이론에서의 관계들 사이에 그렇게 원리적인 구별이 있다고 생각하지는 않습니다. 온도측정이나 온도지시가 나타나게 되는 하나의 관찰 상황은 거기에 관여하는 모든 입자의 좌표와 속도를 결정할 수 있는 다른 상황과는 서로 배제관계에 있습니다. 왜냐하면 온도라는 개념은 이른바 정준적(定準的) 분포를 특징짓고 있는 체계에 관한 미시적 결정요소에 대한 정보가 적은 정도에 의해서 정의되기 때문입니다. 좀더 전문적인 용어를 쓴다면, 많은 입자로 구성되고 있는 한 계(系)가 그 주위나 좀더 큰 계와 정상적인 에너지 교환을 하고 있다면 낱낱의 입자의 에너지는 실제로는 항상 변하고 있으며 계 전체의 에너지도 변하고 있습니다. 그러나 많은 입자와 장시간에 걸친 평균값은 그의 정상분포 또는 '정준적' 분포에 관한 평균값과 매우 정확하게 상응하고 있습니다. 이와 같은 사실은 이미 깁스에 다 나와 있는 것들입니다. 그리고 온도란 바로 에너지 교환에 따라서만 정의되는 것입니다. 따라서 온도에 대한 정확한 지식은 분자의 위치와 속도에 관한 정확한 지식과는 일치되는 것이 아닙니다."

"그러나 그렇다고 온도가 전혀 객관적인 특성이 아님을 뜻하는 것은 아니잖습니까? 우리는 지금까지 '이 병 안에 있는 홍차의 온도는 70도이다'고 말할 때, 그것은 객관적인 사실을 말하는 것으로 익숙해져 있습니다. 그것은 바로 어떤 사람이든지 그 홍차의 온도를 측정할 때 측정방법에는 관계없이 그 온도가 70도임을 확인할 수 있다는 것을 뜻합니다. 그런데 온도라는 개념이 홍차라는 액체 안에서의 분자운동에 대한 지식이나 무지의 정도를 나타내는 것이라면 그 계의 실제적인 상태는 같다고 할지라도 온도는 관측자에 따라서 전혀 달라질 수도 있다는 이야기가 됩니다. 왜냐하면 여러 관측자들이 알게 되는 것이 달라질 수 있을 것이기 때문입니다."

보어가 나를 중단시켰다.

"아니요, 그것은 옳지 않소. 이미 '온도'라는 말이 홍차와 온도계 사이의 에너지 교환이 일어나게 되는 하나의 관찰 상황에 관계하고 있다는 사실은 온도계라는 기기의 본질상 당연한 이야기입니다. 따라서 온도계란 측정되어야 하는 계 — 여기서는 홍차와 온도계에서의 분자운동 — 가, 요구되는 정확도로서 '정준적'인 분포에 상응하고 있을 때에 한해서 실제로 온도계일 수 있는 것입니다. 그러므로 당신은 우리가 지금까지 그렇게 경솔하게 사용해 왔던 '객관적'이나 '주관적'이란 개념들이 얼마나 문제가 있는 것인지 다시 한 번 배워야 할 것입니다."

크라머스는 온도계에 대한 이와 같은 해석에 약간의 저항을 느낀 모양이었다. 그는 보어가 말한 계의 온도가 어떠한 의미인지를 확실히 알기 위해서인 듯 다음과 같이 말하였다.

"선생님은 다(茶)가 담긴 병 안의 관계를 그 다병 안의 온도와 에너지 사이에 일종의 불확정성 관계가 있는 것같이 주장하시려는 것으로 생각되는데요. 그러나 그것은 적어도 고전물리학에서는 그렇게 말할 수 없을 것 아닙니까?"

보어가 대답하였다.

"그러나 어느 정도까지는 그렇지요. 예컨대 당신이 홍차 안에 있는 낱낱의 수소원자의 성질을 문제삼는다면 가장 잘 이해가 갈 겁니다. 이때 수소원자의 온도는 확실히 홍차의 온도와 같아야 하니까 70도일 것입니다. 그것은 홍차 속의 다른 분자와 완전히 열교환을 하고 있기 때문입니다. 그러나 그 에너지는 바로 이와 같은 에너지 교환 때문에 변동합니다. 따라서 에너지에 관한 한 사람들은 확률분포만을 말할 수 있을 따름입니다. 만약 역으로 수소원자의 에너지를 측정하였다고 하면 그 에너지로부터는 홍차의 온도에 관한 어떤 결정적 결론은 이끌어낼 수가 없으며, 여기서도 또한 온도에 대한 확률분포가 주어질 뿐입니다. 이 확률분포의 상대적인 폭, 즉 온도나 에너지에 대한 값의 부정확성은 수소원자와 같이 작은 대상에서는 비교적 크기 때문에 여기에서는 유난히 눈에 띄게 됩니다. 만약 이 대상이 클 경우 — 예컨대 홍차 액체 전체 가운데서 소량의 홍차에 관해서 말한다면 — 부정확성의 정도가 매우 작아지기 때문에, 따라서 무시할 수도 있는 것입니다."

크라머스가 계속 질문을 던졌다.

"우리가 학교에서 강의를 할 때 하나의 대상에는 항상 에너지와 온도가 동시에 부가된다고 가르치지만 이들 양 사이의 어떤 부정확성이나 불확실성 관계에 대해서는 아무런 언급을 하지 않습니다. 이 사실은 선생님이 말씀하신 그 견해와는 어떻게 연결될 수 있는 것입니까?"

"이 고전적 열이론의 통계역학적 열이론에 대한 관계는 마치 고전역학의 양자역학에 대한 관계와 같다고 여겨집니다. 대상이 클 경우에는 온도와 에너지의 값을 동시에 준다 할지라도 문제가 될 만큼의 오차는 생기지 않습니다. 그러나 대상이 매우 작을 땐 어느 경우에도 다 틀린 것이 됩니다. 지금까지의 열이론에서는 대상이 작을 경우에는 일정한 에너지는 가지고 있어도 온도는 가질 수 없다고들 말해 왔지만 나는 이것이 좋은 표현방법이라고는 보지 않습니다. 왜냐하면 대상이 크다 작다 하는 한계를 어디다 두어야 하느냐는 문제조차도 해결되지 않고 있기 때문입니다."

여기서 우리는 열이론의 통계학적인 법칙들과 양자역학의 법칙들 사이의 근본적인 차이가 왜 보어에게는 아인슈타인의 경우보다 그다지 중요한 의미를 갖지 않았는가를 잘 이해할 수가 있었다. 보어는 상보성을 자연기술의 중심적인 특성으로 여기고 있었던 것이다. 이 특성은 예부터 내려오는 통계학적인 열이론, 특히 깁스에 의해서 주어진 이해 안에 이미 존재하고 있었지만, 충분히 주목을 끌지는 못하고 있었던 것이다. 반면에 아인슈타인은 항상 뉴턴의 역학이나 맥스웰의 장(場)의 이론의 표상에서부터 출발하였으며, 통계학적인 열역학 안에 존재하고 있던 상보적인 성질에는 전혀 주목하지 않았던 것이다.

토론은 더욱 진전되어서 상보성 개념의 응용에까지 뻗어나갔다. 보어는 이 개념이 생물학적인 현상과 물리화학적인 규칙성을 구분하기 위해서도 매우 중요하다고 말하였다. 그러나 이 논제는 대단한 광경이 벌어졌던 어느 날 밤의 요트 파티에서 더 상세하게 다루어졌으므로, 그리로 이야기를 돌리는 것이 나을 것 같다.

우리가 탄 요트 치타호의 선장은 코펜하겐대학의 물리화학자인 브예룸이었다. 그는 옛날의 늙은 선원과 같이 시시한 유머를 곧잘 터뜨렸으며, 항해술에 관한 기본적인 훈련을 습득한 사람이었다. 나는 이미 요트를 처음 방문하였을 때 그의 매력적인 인품에 끌렸었기 때문에, 어떠한 상황 아래서도 그의 명령에 무조건 복종할 마음의 준비가 되어 있었다. 선원으로서는 보어말고도 외과의사인 키비츠가 타고 있었다. 그는 갑판 위에서 일어난 사건들에 대하여 매우 풍자적으로 말하기 일쑤였고, 따라서 우리의 선장을 웃음거리로 만드는 일이 잦았다. 그러나 브예룸은 그와 같은 공격을 잘 받아넘겼으므로 이런저런 수작들을 옆에서 구경하는 것은 매우 즐거운 일이었다. 그 요트에는 나말고도 두 사람이 더 있었는데 그들의 이름은 기억나지 않는다.

매년 여름이 지나면 이 요트는 코펜하겐에서 핀섬에 있는 스벤트보르그로 운반되어 겨울을 나면서 보수작업을 받았다. 스벤트보르그까지의 항해는 순풍에서도 하룻길로는 무리였다. 그래서 우리는 여러 날의 항해 준비를 갖추고 어느 밝은 아침 일찍 신선한 북서풍을 받으며 코펜하겐항을 출항하였다. 우리는 아마거섬의 남단을 통과하여 앞이 트여 있는 크외게만(灣)으로 나가서 남서쪽으로 방향을 잡았다. 몇 시간 뒤에 스티븐 스클린트의 높은 절벽이 보였다. 그러나 이곳을 지난 뒤에 바람이 그치고 말았다. 그래서 우리는 거의 움직이지 못하고 잔잔한 물 위에 떠 있을 수밖에 없었다. 이렇게 한두 시간이 지나고 나니까 모두 초조해지기 시작했다. 우리는 조금 전에 불행한 북극탐험에 대해 이야기를 했었기 때문에 키비츠가 브예룸에게 다음과 같이 말하였다.

"이런 상태가 계속된다면 식량은 바닥이 날 것이고, 그러면 우리는 누가 먼저 다른 사람들에 의해 먹힐 것인가를 제비뽑아야만 할 것이다."

그러자 브예룸은 키비츠에게 맥주 한 병을 건네주면서 "허어! 당신이 그렇게 빨리 정신이 들 줄은 정말 몰랐군. 그러나 이 맥주 한 병이면 아마 한 시간 동안은 충분히 진정히 될 걸세"라고 응수하는 것이었다. 그러나 예상했던 것보다 빨리 시련이 닥쳐왔다. 바람이 완전히 방향을 바꾸어서 이번엔 남동쪽에서 불어 닥친 것이다. 하늘은 완전히 구름으로 덮여 버렸고 차츰 강해지는 바람과 함께 빗방울이 떨어지기 시작하였다. 우리는 우비를 뒤집어써야 했으며, 스앨란트섬과 뫼엔섬 사이의 좁은 수로에 이르렀을 때는 강렬한 남풍과 퍼붓는 소나기를 상대로 싸우지 않을 수 없었다. 좁은 수로에서 자주 방향을 바꾸어가며 항진해야 했기 때문에 한두 시간 뒤에는 모두 기진맥진해 버렸다. 나는 익숙지 않은 밧줄을 끌어당기는 작업 때문에 손이 아프다 못해 부어올랐다. 그때 키비츠가 말했다.

"야! 우리 선장님께서는 유감스럽게도 더 좁은 수로를 발견하지 못하였지만 애당초 우리는 즐기기 위해서 이 요트놀이를 시작했으니 잔소리만 할 수도 없게 됐군."

보어는 놀랄 정도의 체력으로 어떠한 조작에도 항상 용감하게 대처하고 있었다.

초저녁의 어둠이 깔릴 무렵, 우리는 스앨란트섬과 팔스터섬 사이에 있는 넓은 수로 시토르시트룀에 이르렀다. 여기서 우리는 코스를 북서쪽으로 잡았고, 비도 그쳐서 거의 폭풍 이전의 고요한 상태로 되돌아가고 있었다. 그제야 우리는 휴식을 취할 수 있었고 말을 할 만큼 마음의 여유도 생겼다. 이제는 완전한 어둠 속에서 나침반만 의지하여 항해해야 했고, 때때로 멀리서 비쳐오는 등대불로 방향을 잡았다. 몇 사람은 힘든 작업 끝에 엄습한 피로를 풀기 위하여 작은 선실로 내려가서 몸을 눕혔다. 키비츠는 키를 잡았고, 보어는 그 옆에서 나침반을 보며 앉아 있었으며, 나는 충돌을 피하기 위하여 뱃머리에서 다른 배의 항해등을 감시하고 있었다. 그때 키비츠가 명상하는 조로 지껄였다.

"배들의 좌현에는 빨간색, 우현에는 초록색 항해등이 있으니까 우리가 다른 배와 충돌하는 일은 없을 것이다. 그러나 만약 고래 한 마리가 길을 잃고 이 지역 안으로 들어온다면 쉽사리 충돌이 일어나고 말 것이다. 어이, 하이젠베르크, 거기 어디 고래가 보이지 않소?"

내가 대답하였다.

"내 눈에는 온통 고래밖에 보이지 않습니다. 그런데 그 대부분이 큰 파도인 것 같군요?"

"그렇다면 얼마나 좋겠소. 그런데 우리가 만약 고래와 충돌한다면 어떤 일이 일어날까? 우리 배도 고래도 둘 다 구멍이 뚫리겠지. 그런데 이것은 살아 있는 물질과 죽은 물질 사이의 차이겠지만, 고래에 난 구멍은 저절로 치료될 것이고 우리 배는 아마도 망가진 채로 남아 있겠지. 바다 밑으로 가라앉아 버리면 더 할 말 없고, 그렇지 않다면 다시 수리하지 않으면 안 되겠지."

여기서 보어가 우리 대화에 끼어들었다.

"살아 있는 물질과 죽은 물질과의 차이는 그렇게 간단한 것이 아닙니다. 고래의 경우, 일단 상처를 입은 다음에는 다시 원상으로 되돌아가려는 조형력이 작용하고 있는 것은 사실입니다. 물론 고래는 그 조형력에 관해서 아는 바가 없지만……그 능력은 생물학적인 유전자질 안에 숨겨져 있으며, 아직 밝혀지지 않은 상태입니다. 그러나 우리가 타고 있는 배도 실제로는 완전히 죽은 대응이라고는 할 수 없습니다. 이 배는 인간에 대하여, 거미가 거미줄에 대해 갖는 관계와 비슷한 관계에 있다고 생각할 수 있습니다. 그런 의미에서 — 이 경우 조형력은 인간에게서 나오는 것이지만 — 배의 수선은 또한 고래의 치유에 상응합니다. 왜냐하면 배의 형태를 결정하는 살아 있는 존재가 없었다면 배가 수선될 까닭이 없기 때문입니다. 물론 인간에게는 이 같은 조형력이 의식을 통해서 작용한다는 것이 중요한 차이기는 하지만……."

내가 되물었다.

"조형력에 대해서 그렇게 말씀하시는 것은 그것이 지금까지의 물리학이나 화학 또는 오늘의 원자물리학과는 다른 차원에 속한 것이라는 말씀이신지요? 아니면 그 조형력은 어떤 원자의 배열이나 그 상호작용 또는 어떤 공명효과와 같은 것으로 표현할 수 있다고 생각하시는지?"

보어가 대답하였다.

"우선 사람들은 하나의 살아 있는 유기체는 고전물리학에 따라서 지배되는 많은 원자적인 소재들로 이루어지는 하나의 체계가 결코 가질 수 없는 전체성의 성격을 갖고 있다는 사실을 확인해야만 할 것이라고 생각합니다. 그러나 지금은 고전물리학이 문제가 아니라 양자역학이 문제가 되고 있습니다. 물론 양자역학을 사용하여 수학적으로 표현할 수 있는, 예컨대 원자나 분자의 정상상태(定常狀態)와 같은 전체적인 구조와 생물학적인 과정의 결과로서 나타나는 구조 사이의 관계를 견주어 본 시도도 있었습니다. 그러나 거기에는 매우 특징적인 차이가 있습니다. 원자물리학의 전체적 구조들, 즉 원자, 분자, 그리고 결정, 이 모든 것들은 통계학적인 형체들입니다. 그것들은 기본 구성요소, 즉 원자핵과 전자의 일정한 수로써 형성됩니다. 그것들은 외부로부터 방해를 받지 않는다면 시간이 아무리 흘러도 아무런 변화를 보이지 않습니다. 설사 외부적인 방해가 나타난다하더라도 그것들은 일단 교란에 대하여 반응하다가도 교란이 너무 크지 않으면 그 교란이 사라진 뒤에 다시 출발상태로 되돌아갑니다. 그러나 살아 있는 유기체들은 통계학적인 형체들이 아닙니다. 태곳적에 했던 생물과 불꽃 사이의 비교는, 살아 있는 유기체가 불꽃처럼 물질이 그것을 '꿰뚫고 부어지는' 그러한 형태라는 것을 밝히고 있는 일입니다. 그래서 측정에 따라 어떤 원자는 생물에 속하고 어떤 원자는 생물에 속하지 않는다고 분간하는 일은 확실히 불가능한 것입니다. 그러므로 물음은 다음과 같아야 할 것입니다. 즉 그 형태를 통하여 매우 복잡한 화학적 성질을 가진 어떤 물질이 어느 한정된 시간 안에 '꿰뚫고 부어지는' 그러한 형태를 형성하려는 경향을 양자역학으로 이해할 수가 있는 것인가라고 말입니다."

키비츠가 반박하였다.

"의사는 이와 같은 물음의 답변에 전혀 관여할 필요가 없습니다. 의사는 한 유기체의 정상상태가 교란당했을 때 사람이 그 유기체에다 회복의 가능성만 부여한다면 유기체는 정상적인 관계를 회복하려는 경향을 가지고 있다는 사실을 전제로 하고 있는 것입니다. 아울러 의사는 그 과정들이 인과적으로 이루어진다는 것, 즉 역학적 또는 화학적인 침해가 생기면 정확히 물리학이나 화학적인 결과가 일어난다고 확신하고 있습니다. 이 두 가지 관찰방식이 본디 전혀 조화될 수 없는 것이라는 사실은 대부분의 의사들에게는 알려져 있지 않습니다."

"그것이야말로 두 가지 상보적 고찰방식의 전형적인 경우입니다. 한편에서는 우리는 인류 역사를 통해서 살아 있는 존재와의 교제로부터 형성된 개념을 가지고 유기체를 말할 수 있습니다. 그때 우리는 '살아 있는', '한 기관의 기능', '신진대사', '호흡', '치료과정' 등에 관해서 말하는 것입니다. 그러나 또 한편에서는 인과적인 경과에 관해서 물을 수 있습니다. 그때 우리는 물리학과 화학의 언어로써 화학적 또는 전기적 현상들 — 예컨대 신경전도 — 에 관한 연구를 하는 것입니다. 그리고 우리는 물리·화학적 법칙, 더 나아가서 양자이론의 법칙들이 일반적으로 유기체 안에서도 제한 없이 유효하다는 가정 아래서 확실히 큰 성과를 올렸던 것입니다. 그러나 이 두 관찰방식은 서로 대립되는 것임에 틀림없습니다. 왜냐하면 한 경우에는, 어떤 사건은 그것이 필요로 하는 목적과 향하

고 있는 방향에 따라서 결정된다는 것을 전제하고 있는 반면, 다른 경우
에는 그 사건이 직접 선행한 사건과 상황을 통해서 확립된다는 것을 믿고
있기 때문입니다. 이와 같은 두 가지 요청이 우연히 같은 결과를 가져오
는 것은 가장 있음직하지 않은 일같이 보입니다. 그러나 이 두 관찰방식
은 서로 보충되기도 합니다. 왜냐하면 우리는 그곳에 생명이 있어 이 두
가지가 다 옳다는 것을 오래전부터 알고 있었기 때문입니다. 따라서 생
물에 대하여 제기될 물음은 이 두 관찰방식 가운데서 어느 것이 옳으냐
하는 것이 아니라, 자연은 이 두 가지가 조화되도록 어떻게 작용하고 있
느냐는 것입니다."

여기서 내가 끼어들었다.

"그러면 선생님께서는 오늘의 원자물리학에서 알려져 있는 힘과 상호
작용말고도 어떤 특수한 생명력과 같은 것 ─ 말하자면 전부터 말해지고
있는 생기론(生氣論)과 같은 ─ 즉 살아 있는 유기체의 특수한 행태(여기
서는 고래의 상처 치유)를 지배하고 있는 그 무엇은 존재하지 않는다는
말씀이신지요? 말씀에 따르면 무기물에는 유사체를 발견할 수 없는 전형
적인 생물학적 규칙성의 존재 장소가 바로 지금 말씀하신 상보적인 상황
에 따라서 마련된다는 것으로 들립니다만……."

"바로 그렇지요"라고 보어가 말하였다.

"사람들은 우리가 말한 두 관찰방식을 상보적인 관찰 상황에 관계된다
고 말할 수 있을 것입니다. 원리상으로 우리는 한 세포 안에 있는 모든 원
자의 위치를 측정할 수 있습니다. 그러나 사람들은 그 측정이 살아 있는
세포를 죽이지 않고서도 가능하다고는 생각하지 않을 것입니다. 따라서
우리가 알게 되는 것은 살아 있는 세포가 아니라 죽은 세포에서의 원자들
의 배열이 됩니다. 우리가 그때 양자역학에 따라서 관측한 원자 배열을
바탕으로 해서 그 다음에 무엇이 일어날 것인가를 계산하였다고 하면, 사

람들이 무엇이라고 부르든 간에 그 세포는 붕괴하고 부패하기 시작한 상태가 되고 말 것입니다. 역으로, 세포를 살아 있는 상태로 유지하려고 하는 경우에는 매우 한정된 관찰만이 허락될 것이며, 여기서 얻어진 결과는 또한 옳은 정보이기는 하겠지만, 그것만 가지고는 그 세포가 살아 있는지 파괴되었는지를 결정하기는 매우 어려울 것입니다."

"상보성을 통해서 생물학적인 규칙성이 물리화학적인 규칙성으로 말미암아 제한을 받는다는 것은 잘 이해가 됩니다"라고 나는 대화를 계속했다.

"그러나 선생님이 말씀하신 것은 많은 자연과학자들에게 대단히 견해가 다를 수 있는 두 가지 해석의 선택여지를 남겨놓았다고 생각됩니다. 오늘날의 양자역학이 물리학과 화학은 완전히 융합하고 있는 것과 같이, 생물학이 물리나 화학과 잘 융합된 자연과학의 미래상을 그려 봅시다. 그때 선생님은 이 전체 과학에서의 자연법칙이 마치 뉴턴의 역학에다가 온도라든가 엔트로피 같은 통계학적인 개념을 부가한 것과 같이 생물학적인 법칙을 부가한 단순한 양자역학의 법칙들이라고 보십니까? 그렇지 않으면 통일적인 자연과학에서 뉴턴의 역학이 양자역학의 극한적인 경우라고 생각되듯이 양자역학이 특별한 극한의 경우로 나타나는 더 포괄적인 자연법칙이 성립된다고 생각하십니까? 첫 번째 주장의 경우, 사람들은 엄청나게 많은 유기체들을 설명하기 위하여 양자역학적인 법칙에다 어떻게든 간에 지구의 역사적 발전의 개념과 자연도태의 개념을 첨가해야 할 것입니다. 이렇게 역사적인 요소를 첨가한다 해서 원리적인 어떤 어려움이 나타난다는 이유를 발견할 수 없을 것입니다. 따라서 유기체들은 자연이 수십억 년 동안 지구상에서 양자역학적인 법칙의 테두리 안에서 연습시키고 익힌 그러한 형태들일 것입니다. 그러나 두 번째 견해에 대한 논쟁도 물론 있을 수 있습니다. 예컨대, 항상 변하는 물질을 통해서 매우 특정한 화학적 성질을 일정한 시간 동안 유지시키려는 전체적 형태가 형성되는 경향에 대하여 지금까지 양자역학에서는 아무것도 발견한 것이 없다는 점을 말할 수 있습니다. 그러나 나는 이 두 가지 견해에 대한 논쟁이 어느 정도의 무게를 갖는 것인지를 알 수 없습니다. 보어 선생님, 선생님께서는 이 점을 어떻게 생각하시는지요?"

보어가 대답하였다.

"우선 나는 과학의 현 단계에서 이 두 가능성 사이의 결정이 그렇게 중요한 것인가를 이해할 수가 없군요. 지금의 단계에서는 무엇보다도 자연현상에서 물리학적 화학적 규칙성의 지배적 구실에 대한 적절한 생물학적 위치를 발견하는 일이 더욱 중요하다고 봅니다. 그러나 이에 관해서는 아까 우리가 고찰한바 상보적인 관찰 상황으로써 충분하다고 여기기 때문에 조만간 생물학적 개념에 따른 양자역학의 보충은 일어나게 될 것입니다. 그러나 보충과 아울러 양자역학의 확장이 필요한 것인가는 아직 판단할 단계가 아닙니다. 아마도 양자역학 안에 잠재하고 있는 풍부한 수학적 형식들은 생물학적인 형식들을 표현하기에도 충분할 것으로 생각됩니다. 생물학적인 연구 자체가 양자이론적 물리학의 확장에 대한 근거를 발견하지 않는 한, 사람들은 그러한 확장을 시도해서는 안 될 것입니다. 자연과학에서는 되도록 보수적이어야 하며, 관찰의 결과에 대하여 더 이상 설명할 수 없게 되는 경우에 관해서만 확장을 시도하는 것이 항상 최선책이 될 것입니다."

"그 같은 필요성이 이미 존재한다고 믿고 있는 학자들이 있습니다"라고 나는 대화를 계속하였다.

"'우연적인 돌연변이와 도태과정을 통한 선택'이라는 다윈의 현대판 이론은 지구상에 있는 여러 가지 유기적인 형태를 설명하기에는 충분치 않다고 생각하는 학자들이 있습니다. 그러나 비전문가에게는 우연적인 돌연변이가 일어난다는 사실, 따라서 해당되는 종류의 유전형질이 때에 따라서는 이렇게 다른 때는 저렇게 변화한다는 것, 또 환경조건이 어떠하냐에 따라서 이 변화된 몇몇은 우대되고 몇몇은 저지된다는 것을 생물학자로부터 배우기만 하면 충분하다고 봅니다. 여기서는 일종의 자연도태 과정이 다루어지고 있으며, 다윈이 '가장 강한 자만이 살아남는다'고만 설명해도 사람들은 이 말을 즐겨 믿을 것입니다. 그러나 사람들은 이 문장에서 하나의 주장이 문제되고 있는지 그렇지 않으면 '강한'이란 말의 정의가 문제되고 있는지에 의문을 던질 것입니다. 우리는 어떤 주어진 상황 아래서 특히 잘 번성하는 종(種)을 '강한'이라든가 '적합한' 또는 '생활력이 왕성한' 것이라고 부릅니다. 그러나 이 자연도태라는 과정을 통하여 특히 적합하거나 생활력이 왕성한 종이 생긴다는 것을 이해하였다고 할지라도, 가령 사람의 눈과 같이, 이렇게 복잡한 기관들이 그런 우연적인 변화를 통해서만 차츰 생겨났다고 믿기란 더 어려운 일입니다. 많은 생물학자들은 확실히 그와 같은 일은 가능하며, 지구의 역사를 통하여 단계적으로 눈이라는 최종적 산물에 이르게 되었는가를 명시할 수 있는 견해에 있다고 말하고 있습니다. 그러나 다른 사람들은 매우 회의적인 것 같습니다. 수학자이며 양자이론가이기도 한 폰 노이만이라는 분이 언젠가 어떤 생물학자와 이 문제에 관하여 대화를 나눈 이야기를 들은 적이 있습니다. 그 생물학자는 현대 다윈주의의 확실한 신봉자였고 폰 노이만은 회의론자였습니다. 이 수학자는 그 생물학자를 자기 연구실의 창문으로 데리고 가서 다음과 같이 말하였습니다. '당신은 지금 저기 언덕 위에 있는 조그마한 별장을 보실 수 있지요? 바로 저 별장이 우연에 의하여 저곳에 생겼습니다. 몇 십억 년이 지나는 동안에 저 언덕은 지질학적인 과정을 통해서 이루어졌습니다. 그리고 나무들은 자라고 썩고 넘어졌다가 다시 소생하였습니다. 바람이 불어서 저 언덕의 꼭대기를 모래로 덮었고, 돌들은 화산의 분출과정을 통해서 저곳에 던져졌으며 우연히 저렇게 질서정연하게 포개져 쌓였습니다. 이렇게 해서 시간이 흘렀습니다. 물론 지구의 장구한 역사를 통하여, 그리고 이 우연한 무질서의 과정을 통하여 대부분 다른 많은 것들이 생겨났습니다. 그러나 단 한 번 긴긴 세월이 흐른 뒤에 저 별장이 생겼습니다. 그리고 지금은 사람이 이사 와서 저곳에 살고 있습니다'라고. 그 생물학자는 이와 같은 논증에 대하여 매우 불쾌하게 생각하였습니다. 물론 폰 노이만은 생물학자가 아니며, 따라서 나는 누가 옳다 그르다는 판단을 내릴 자신이 없습니다. 생물학자들 사이에서도 다윈의 도태과정이 복잡한 유기체들의 생성에 대한 충분한 설명이 되는가의 여부에 관한 통일된 견해가 없는 것으로 알고 있습니다."

"그것은 단순히 시간의 스케일에 관한 문제라고 생각합니다"라고 보어가 말하였다.

"오늘의 형태에서 다윈의 이론은 두 가지의 독립된 주장을 내포하고 있습니다. 하나는 유전과정에서 항상 새로운 형태들이 시도되며, 그가운데서 대부분은 주어진 외적 환경 아래서 다시 사용할 수 없는 것으로 제거되어 버리고 소수의 적합한 것들만 생존하게 된다고 주장하고 있습니다. 그것은 아마도 경험적으로 확실히 옳은 얘기일 것입니다. 그러나 두 번째 견해는, 새로운 형태들이 유전자 구조의 순수하고 우연적인 교란으로 말미암아 이루어진다고 가정됩니다. 그러나 이 두 번째 명제는 우리가 다른 가능성을 생각하기가 매우 어렵기는 하지만 또한 첫 번째 명제에 견주면 훨씬 더 많은 문제점을 지니고 있습니다. 물론 노이만의 논지는 충분히 긴 시간 뒤에는 거의 모든 것이 우연히 생겨날 수 있다는 것, 그러나 그런 우연에 의한 설명에서는 확실히 자연이 결코 마음대로 할 수 없는, 말하자면 어리석을 만치 불합리한 긴 시간이 필요하다는 사실을 밝히고자 하였음에 틀림없을 것입니다. 어쨌든 우리는 물리적 천체물리학적인 관찰에서 이 지구상에 원시적인 생명체가 발생한 지 기껏해야 수십억 년밖에는 지나지 않았다는 사실을 알고 있습니다. 따라서 이 기간 안에 가장 원시적인 생명체로부터 가장 고도로 발달한 생물에 이르는 전체적인 발전이 이루어졌음에 틀림없습니다. 여기서 우연한 돌연변이와 도태 과정에 따른 선택작용이 이 시간 안에 가장 복잡한, 고도로 발달한 유기체를 형성하는 데까지 이르는 데 충분한지는 새로운 생물종의 발전을 위해 필요한 생물학적 시간에 달려 있는 것입니다. 나는 사람들이 이와 같은 문제에 대하여 신뢰할 만한 답변을 하기에는 이 시간에 대해서 아는 것이 너무 적다고 생각합니다. 따라서 당분간 이 문제는 그대로 방치할 수밖에는 없다고 봅니다."

내가 계속하였다.

"때때로 양자이론의 확장 필요성이 언급되는 까닭은 앞서 말한 것말고도 인간의 의식이 존재하기 때문입니다. '의식'이라는 개념이 물리학과 화학에서 나타나지 않는 것은 의심할 나위가 없으며 양자역학에서 무엇인가 이에 매우 비슷한 것을 어떻게 만들어낼 수 있을지 전혀 알 길이 없습니다. 그러나 살아 있는 유기체까지 포괄하는 자연과학 안에서 의식에겐 그것이 소속될 장소가 필요하다고 봅니다. 의식은 실제로 존재하고 있으니까 말입니다."

"그 논증은 얼핏 매우 설득력 있는 것같이 보입니다. 우리는 물리학과 화학의 개념들에서 의식과 조금이라도 관련된 것을 발견할 수 없습니다. 우리는 다만 의식을 가지고 있기 때문에 의식이 존재한다는 것을 알고 있습니다. 따라서 의식은 자연의 한 부분이며, 더 일반적으로 말하면 실재의 일부분입니다. 까닭에 우리는 양자역학 안에 깔려 있는 물리학과 화학의 규칙성 이외의 전혀 다른 종류의 규칙성을 기술하고 이해하지 않으면 안 될 것입니다. 그러나 여기서조차도 나는 상보성의 고찰에 따라서 이미 주어져 있는 것 이상의 더 많은 자유가 필요한지는 아직 모르겠습니다. 나에게는 — 열이론의 통계학적 해석에서와 같이 — 양자역학을 변화시키지 않고 새로운 개념과 결부시켜 그 안에서 새로운 규칙성을 표현한 것과, 또 고전물리학을 양자역학으로 확장할 때 필요하였던 것과 같이 의식의 존재를 파악하기 위하여 양자이론 자체를 더 일반적인 정식화로 확장해야 하는지는 여기서도 별로 다를 바 없는 것으로 생각됩니다. 문제는 본디 다음과 같이 말해야 할 것입니다. 즉 의식과 결부되어 있는 실재의 부분을 물리나 화학으로 기술될 수 있는 다른 부분과 어떻게 조화시킬 수 있을 것인가라고 말입니다. 이 두 부분에의 규칙성들이 어떻게 모순에 빠지지 않는가? 여기에 실로 분명히 순수한 상보성적인 상황이 문제가 되며, 그것은 뒷날 생물학이 더 많은 것을 알게 됐을 때 하나하나 정확하게 분석해 보아야 할 것입니다."

이와 같이 대화는 몇 시간에 걸쳐 더 계속되었다. 얼마 동안 보어가 키를 맡았고, 키비츠는 나침반을 조절하고 있었으며, 나는 계속 뱃머리에서 캄캄한 칠흑 속에서 어떤 빛이 나타나는가를 지켜보고 있었다. 자정이 지나갔다. 상당히 짙은 구름이 하늘을 덮고 있었으며, 간간이 보이는 달빛이 달의 위치를 알리고 있었다. 우리가 시토르시트룀만(灣)에 입항한 뒤 40킬로미터는 달리고 있었으니까 우리가 정박하기 전에 통과하기로 되어 있는 오뫼 해협에 이미 접근하고 있을 것임에 틀림없었다. 해도에 따르면 그 해협의 입구는 수면에 솟아나온 부표에 의하여 경계가 지어져 있었다. 그러나 칠흑 같은 밤에 순전히 나침반에만 의존하여 40킬로미터를 항해한 우리가, 그것도 파도가 치고 있는 해면에서 부표를 어떻게 발견할 수 있을 것인지 의문이 아닐 수 없었다.

키비츠가 물었다.

"하이젠베르크, 부표가 보이나요?"

"천만에, 그것은 마치 아까 지나간 기선에서 갑판 위로 지나간 탁구공을 발견했느냐고 묻는 것과 다를 바가 없군요."

"그렇다면 당신이야말로 형편없는 뱃사공이구만……."

"그러니까 당신도 좀 앞에 나와 줄 수 없습니까?"

키비츠가 이번에는 밑에 있는 선실에서도 들릴 정도의 큰 목소리로 말하였다.

"진부한 소설에 이런 옛말이 있지. 선장은 잠들었고 배는 암초에 걸려서 선원들은 고기의 밥이 되고 말았다……."

잠에 취한 브예룸의 목소리가 밑에서부터 들려왔다.

"당신들은 도대체 우리가 어디에 있는지를 알고 있는가?"

키비츠가 되받았다.

"네! 아주 정확히 알고 있습니다. 유감스럽게도 지금 주무시고 계신 선장 브예룸 씨의 지휘 아래에 있는 요트 치타호 위에 있습니다."

드디어 브예룸이 위로 올라와서 키를 잡았다. 멀리서 등대의 불빛을 볼 수가 있었다. 이제는 정확한 방향을 잡아야 했다. 그래서 나는 측연(測鉛)으로 수심을 측정하라는 명령을 받았다. 해도를 참고하여 등대를 향한 직선과 측정된 수심의 선을 두 지표로 삼아 우리 위치를 바로 알 수 있었다. 우리가 발견하려던 그 부표로부터 고작 1킬로미터 떨어진 곳에 자리잡고 있다는 사실을 알았을 때 우리는 한편으로 놀라고 한편으로 환호성을 올렸다. 그 다음 몇 분 동안 우리는 제시된 방향으로 항해를 계속하였다. 브예룸이 내가 있는 뱃머리로 다가섰다. 내 눈에는 그야말로 아무것도 안 보이는데 브예룸이 별안간 소리를 질렀다.

"저기다!"

우리는 오뫼 해협 입구 쪽으로 수백 미터를 더 항진하여 마침내 그 섬의 반대편에 정박하였다. 그때 우리 모두는 다음날 아침까지 깊은 잠을 잘 수 있다는 기쁨에 부풀어 있었다.

10. 양자역학과 칸트 철학

　나의 새로운 라이프치히 서클은 매년 빠른 속도로 확대되어 갔다. 여러 나라에서 대단히 재능 있는 젊은이들이 양자역학의 발전에 참여하거나 그것을 물질구조에 응용하기 위하여 우리 서클에 몰려들었다. 이 활동적이고 모든 새로운 것에 개방적인 물리학자들은 세미나에서 우리 토론을 매우 알차게 만들었으며, 거의 달마다 새로운 사고에 포괄될 수 있는 영역을 확장시켜 나가고 있었다. 스위스 사람인 펠릭스 블로흐는 금속의 전기적 특성에 대한 이해의 밑바탕을 다졌으며, 러시아로부터 온 란다우와 파이얼스는 양자전자역학의 수학적 문제를 논하고, 프리드리히 훈트는 화학결합의 이론을 발전시켰다. 에드바르트 텔러는 분자들의 광학적 성질을 계산했으며, 갓 18세가 된 카를 프리드리히 폰 바이츠재커는 이 토론에 가담하여 토론 가운데 철학에 관한 부분의 노트를 만들고 있었다. 그는 물리학을 공부했지만 우리들의 세미나에서 물리학적 문제를 통한 철학이나 인식론적 문제가 부각되었을 때는 특히 긴장하여 주의 깊게 경청하였고 최대의 관심을 가지고 토론에 참여하였다.

　그로부터 약 1, 2년 뒤에 젊은 여류 철학자 그레테 헤르만이 철학적인 대화를 위한 특별한 기회를 마련하였다. 그녀는 우리들의 주장이 틀린 것이라고 철저히 믿고 있었으며, 따라서 원자물리학자의 철학적 주장과 대결하기 위하여 라이프치히를 방문했던 것이다. 그레테 헤르만은 괴팅엔의 철학자 넬슨을 중심으로 한 학파에서 공부하고 공동연구를 하였으며, 19세기초의 철학자이며 자연과학자인 프리스가 해석했던 바와 같은 칸트 철학의 사고방식 속에서 성장한 사람이었다. 철학적인 고찰도 다른 분야에서는 근대수학에서 요구되는 정도의 엄밀성을 갖추어야 한다는 것이 프리스학파, 즉 넬슨학파의 주장이었다. 따라서 그레테 헤르만은 이른바 칸트에 의해서 주어진 인과율이라는 형식이 흔들릴 수 없다는 것을 그 같은 엄밀성을 가지고 증명할 수 있을 것이라고 믿고 있었다. 그런데 양자역학이 인과율의 이 형식을 문제삼았기 때문에 이 젊은 여류 철학자는 이 싸움을 끝까지 결말지으려고 결심하였던 것이다.

그녀가 폰 바이츠재커와 나와 함께 토론하였던 첫 대화는 다음과 같은 고찰로부터 시작되었던 것 같다.

"칸트 철학에서 인과율이란 경험에 의하여 기초가 설정되거나 반증될 수 있는 그러한 경험적 주장이 아니라 반대로 모든 경험을 위한 전제이며, 칸트가 아 프리오리(a priori, 선천적)라고 부른 사고범주에 속하는 것입니다. 우리가 세계를 파악하는 감각인상은, 그 인상이 선행하는 과정에서 결과되는 어떤 법칙이 없다면, 어떤 객체도 대응할 수 없는 감각의 주관적 유희 이외의 아무것도 아닐 것입니다. 따라서 이 법칙, 즉 원인과 결과의 일의적인 연결은 사람들이 어떤 지각을 객관화하려고 할 때, 또 사람들이 어떤 것 ― 사물이나 과정 ― 을 경험하였다고 주장하려 할 때는 이미 이 법칙을 전제해야 합니다. 또 한편에서는 자연과학은 경험을, 바로 객관적인 경험을 다룹니다. 그것은 다른 사람에 의해서도 제어될 수 있는 것이고, 엄밀한 의미에서 객관적일 수 있는 경험만이 자연과학의 대상이 될 수 있습니다. 따라서 모든 자연과학은 인과율을 전제해야 하며, 이로부터 인과율이 성립되는 한에서 자연과학이 성립될 수 있다는 결론이 불가피하게 내려집니다. 그러므로 인과율이란 어떤 의미에서 우리들의 감각인상의 소재를 소화하여 경험에 이르게 하는, 말하자면 사고의 도구입니다. 그리고 이와 같은 일이 이루어지는 범위 안에서만 우리는 자연과학의 대상을 가질 수 있습니다. 따라서 양자역학이 이 인과율을 해이하게 하면서 여전히 자연과학으로 남아 있겠다는 것은 허용될 수 없는 일일 것입니다." 나는 여기서 양자이론의 통계학적인 해석에 이를 때까지의 경험을 우선 설명하려고 했다.

"우리가 지금 라듐 B라는 낱낱의 원자를 다루고 있다고 가정해 봅시다. 한 번에 많은 수의 이 원자를, 즉 소량의 라듐 B를 가지고 실험하는 편이 한 개 한 개의 원자를 가지고 실험하는 것보다 쉬울 것은 확실하겠지만, 그렇다고 원리상으로는 하나하나의 원자의 행태를 연구하는 데 어떤 지장이 있는 것은 아닙니다. 따라서 우리는 조만간 라듐 B 원자가 어떤 방향에서 전자 하나를 방출하고 라듐 C라는 원자로 이행할 것임을 알고 있습니다. 평균적으로 꼭 반시간 뒤에는 이러한 현상이 일어납니다. 그러나 원자에 따라서는 어떤 것은 1초도 안 돼 그런 전이가 일어나고, 하루가 지나서야 비로소 일어나는 것도 있습니다. 여기서 평균적이라는 말은 다음과 같은 것을 뜻합니다. 즉 우리가 많은 라듐 B 원자를 다루는 경우 30분 뒤에는 대략 절반이 변화한다는 사실을 말하는 것입니다. 그러나 우리는 여기서 인과율의 어떤 붕괴를 보게 됩니다. 즉 개체적인 라듐 B 원자가 나중이나 이전이 아니라 바로 지금 이 순간에 붕괴하고 있으며, 또 어떤 다른 방향에서가 아니라 바로 이 방향에서 전자를 방출하고 있는 것입니다. 따라서 이와 같은 현상에 대해서 우리는 어떤 원인을 지적할 수가 없습니다. 또한 우리는 많은 다른 근거로부터 그와 같은 원인은 존재하지 않는다는 것을 확인하고 있습니다."

그레테 헤르만이 반박하였다.

"바로 거기에 원자물리학의 과오가 있는 것입니다. 어떤 뚜렷한 결과에 대하여 어떠한 원인도 찾지 못했다는 사실에서 원인 그 자체가 없다는 결론을 이끌어내는 것은 불가능한 일입니다. 여기서 나는 아직도 미해결의 문제가 많이 남아 있으니까 원자물리학은 그 원인을 찾을 때까지 계속 연구를 거듭해야 한다는 결론을 내릴 수 있습니다. 전자를 방출하기 이전의 라듐 B원자의 상태에 대하여 사람들이 현재 가지고 있는 지식이 불완전한 것임은 틀림없습니다. 만약 그렇지 않다면 사람들은 그 전자가 언제, 어느 방향에서 방출되어야 하는가를 결정할 수 있어야 하기 때문입니다. 따라서 완전한 지식을 얻을 때까지 더욱 탐구하여야 할 것입니다."

나는 좀더 자세히 설명하려고 했다.

"아닙니다. 우리는 이미 완전한 지식을 가지고 있다고 생각합니다. 라듐 B원자를 대상으로 한 다른 실험들에서 우리가 이미 알고 있는 이상으로 이 원자에 대한 결정요소는 얻어지지 않는다는 것이 결론지어졌기 때문입니다. 그것을 좀더 자세히 설명하면 다음과 같습니다. 우리들은 전자가 어느 방향에서 방출될 것인가를 알지 못 한다고 확인하였습니다. 당신은 그러니까 이 방향 결정요소를 계속하여 찾아야 한다고 대답하였습니다. 그러나 만약 우리가 그러한 결정요소를 찾았다고 가정한다면 다음과 같은 어려운 고비에 부딪치게 됩니다. 즉 방출된 전자는 또한 원자핵으로부터 방사되는 물질파로써도 파악할 수 있습니다. 이와 같은 파동은 간섭현상을 일으킬 수 있습니다. 따라서 우리는 우선 원자핵에서 반대방향으로 방사된 파동 부분은 그것에 맞추어 설치해 놓은 장치 안에서 간섭현상을 일으켜 — 그 장치의 결과로 — 어떤 일정한 방향으로의 파동은 소멸하였다고 가정해 봅시다. 이것은 전자가 이 방향으로는 결국 방출되지 않는다는 것을 예언할 수 있음을 뜻하게 됩니다. 그러나 만약 우리가 새로운 결정요소를 알고, 전자가 어떤 일정한 방향으로 방출된다는 것이 완전히 결론지어졌다면 간섭현상이라는 것은 절대로 일어날 수가 없습니다. 즉 간섭에 따른 소멸은 없을 것이며, 따라서 우리가 이끌어낸 결론은 더 이상 유지될 수가 없게 됩니다. 그러나 실제로 이 소멸현상은 실험적으로 관찰되고 있습니다. 그러므로 우리가 여기서 논쟁을 벌이고 있는 결정요소는 존재하지 않으며, 결국 우리가 현재 가지고 있는 지식은 더 이상의 새로운 결정요소가 없이도 이미 완전하다는 것을 자연이 우리에게 가르쳐 주고 있는 것입니다."

그레테 헤르만은 말하였다.

"그 말씀은 참 지독한 말씀이군요. 당신은 한편으로는 라듐 B원자에 대한 우리의 지식은 전자가 언제 어느 방향으로 방출될 것인지를 모르기 때문에 불완전한 것이라고 말씀하시면서, 한편으로는 그 밖의 결정요소가 존재한다는 것은 모종의 다른 실험과 어긋나게 되니까 우리의 지식은 완전한 것이라고 말하고 있습니다. 그러나 우리 지식이 불완전하면서 아울러 완전할 수는 없는 것 아닙니까? 그것은 도대체가 무의미한 이야기입니다."

이때 카를 프리드리히가 칸트 철학의 전제들을 좀더 정확하게 분석하기 시작하였다. 그는 이렇게 말하였다.

"여기서 문제가 되고 있는 외관상의 대립은 마치 우리가 라듐 B '자체'에 관하여 말할 수 있는 것처럼 다루고 있는 데서 비롯되고 있음에 틀림없습니다. 그러나 이것은 자명한 것도 아니고 본디 옳은 것도 아닙니다. 이미 칸트에서도 물자체(Ding an sich)라는 것이 문제가 있는 개념입니다. 칸트는 사람들이 물자체에 대해서 아무것도 언명할 수 없다는 것을 알고 있었습니다. 우리들에게 주어진 것은 다만 지각의 객체만이라는 것을 알고 있었습니다. 그러나 칸트는 지각의 객체를 사람들이 물자체의 모델과

한데 엮든가 또는 정리가 가능하다고 가정하였습니다. 따라서 그는 본디 우리가 일상생활에서 익숙해져 있으며, 나아가서 정밀한 형태로 고전물리학의 기초를 형성하고 있는 저 경험의 구조를 선천적으로 주어진 것으로 전제하고 있는 것입니다. 이런 견해에 따르면 세계는 시간의 경과에 따라 변화하는 공간 안의 물체와 일정한 규칙에 따라 차례차례로 일어나는 사건으로 성립되어 있습니다. 그러나 원자물리학에서는 지각은 이미 물자체의 모델에 연결되거나 그것으로서 정리될 수 없다는 것을 우리에게 가르쳐 주고 있습니다. 그러므로 라듐 B원자 '자체'라는 것은 존재하지 않는 것입니다."

그레테 헤르만이 그의 말을 중단시켰다.

"당신이 물자체라는 개념을 사용하고 있는 방법은 정확하게 칸트 철학 정신에 상응하고 있지는 않다고 여겨집니다. 당신은 물자체와 물리학적인 대상을 확실히 구분하지 않으면 안 됩니다. 칸트에 따르면 물자체는 현상 안에는 비록 간접적으로라도 전혀 나타나지 않습니다. 이 개념은 자연과학에서나 전체적인 이론철학에서 사람이 전혀 알 수 없는 것을 표시하는 기능만을 가지고 있는 것입니다. 그 까닭은 우리의 전체적인 지식은 경험에 의지하고 있으며, 그 경험은 바로 사물들이 우리에게 나타나는, 있는 그대로를 안다는 것을 뜻합니다. 또한 선천적인 인식도 '사물들이 그 존재하는 자체 그대로'와는 관계되지 않습니다. 왜냐하면 이 인식의 유일한 기능이 경험을 가능하게 하기 때문입니다. 만약 당신이 고전물리학적인 의미에서 라듐 B원자 '자체'를 운운한다면 당신은 이미 그것으로써 오히려 칸트가 대상 또는 객체라고 부른 바로 그것을 뜻하는 것입니다. 객체란 현상세계의 부분입니다. 의자도, 책상도, 그리고 별과 원자도 말입니다."

"사람들이 전혀 볼 수 없을 때에도 말입니까? 원자와 같이……."

"물론입니다. 왜냐하면 우리는 그것들 또한 현상에서부터 추론하기 때문입니다. 현상계는 연결되어 있는 조직이며, 일상적인 지각에서도 사람이 직접 보는 것과 추론하는 것과를 예리하게 구분하는 것은 불가능합니다. 당신은 지금 그 의자를 보고 있지만 그 후면은 보지 못합니다. 그러면서도 당신은 눈에 보이는 전면과 같은 확실성을 가지고 그 후면을 받아들이고 있습니다. 자연과학이 객관적이라는 의미는 지각에 대해서가 아니라 객체에 대해서 말하기 때문에 객관적이라는 것입니다."

"그러나 우리는 원자에 관해서는 앞면도 뒷면도 모릅니다. 그런데 어째서 그것이 의자나 책상과 같은 성질을 가져야 하는 것입니까?"

"그것은 객체이기 때문입니다. 객체가 없이는 객관적인 과학도 존재할 수 없습니다. 그리고 객체라는 것은 실체라든가 인과성 등의 범주의 엄격한 응용을 포기한다면 경험의 가능성 일반도 포기하게 됩니다."

그러나 카를 프리드리히도 양보하고만 있지를 않았다.

"양자이론에서는 칸트가 미처 생각할 수 없었던 지각을 객관화하는 새로운 방법이 문제가 되는 것입니다. 경험이 지각에서부터 결과되는 것이어야 한다면, 모든 지각은 이미 정해져 있지 않으면 안 되는 하나의 관찰 상황과도 관계가 되는 것입니다. 지각의 결과는 그것이 고전물리학에서 가능하였던 바와 같은 방식으로는 더 이상 객관화되지가 않습니다. 여기에 지금 라듐 B원자가 존재한다는 결론을 내릴 수 있는 한 실험이 이루어졌다면, 그럼으로써 얻어진 지식은 이 관찰 상황 아래서는 그것으로써 완전한 것입니다. 그러나 가령 방출된 전자에 대한 설명을 허락하는 다른 관찰 상황에 대해서는 그것은 이미 완전하다고는 말할 수 없습니다. 두 가지의 서로 다른 관찰 상황이 보어가 '상보적'이라고 불렀던 그러한 관계에 있다면, 한 관찰 상황을 위한 완전한 지식은 아울러 다른 관찰 상황에 대해서는 불완전한 지식을 뜻합니다."

"그럼으로써 당신은 경험에 대한 전체적인 칸트의 분석을 파괴하려고 하는 것입니까?"

"아닙니다. 그것은 제 견해에 따르면 전혀 가능한 일이 아닙니다. 칸트는 어떻게 해서 실제로 경험이 얻어지는가를 매우 정확하게 관찰하였으며, 나는 그의 분석이 본질적으로 옳다고 생각하고 있습니다. 그러나 칸트가 공간과 시간이라는 직관형식과 인과성이라는 범주를 경험을 위한 선천적인 것으로 나타냈을 때, 그는 그것을 절대적인 것으로 설정했으며, 아울러 그것이 내용적으로 현상에 관한 어떠한 물리이론에서도 같은 형식이 나타나지 않으면 안 된다고 주장하는 위험을 가져왔던 것입니다. 그러나 그것은 상대성이론과 양자이론에 의하여 증명된 바와 같이 그런 것은 아니었습니다. 그럼에도 어떤 면에서는 칸트는 완전히 옳은 것입니다. 물리학자가 설정한 실험들은 우선은 항상 고전물리학의 언어로 서술되어야 합니다. 다른 물리학자들에게 무엇이 측정되었느냐를 알릴 수 있는 방법은 이 언어를 사용하지 않고서는 전혀 불가능하기 때문입니다. 그럼으로써 비로소 다른 사람이 그 결과를 검증할 수 있는 상태로 옮겨지는 것입니다. 따라서 칸트의 '선천적'이라는 개념은 근대물리학에서 결코 극복되지 않았지만 그것이 어떤 의미로는 상대적이 되고 말았습니다. 고전물리학의 개념, 즉 '공간', '시간', 그리고 '인과율'과 같은 개념들도 그것들이 실험의 기술에 사용되어야 하는 — 좀더 신중하게 말한다면 실제로 사용되는 — 그런 의미에서 상대성이론이나 양자이론에 대해서 선천적인 것입니다. 그러나 내용적으로는 그것은 이 두 가지 새로운 이론에서 또한 변경되고 있습니다."

"이 모든 것에도 불구하고 나는 아직 내 출발점에서의 물음에 명쾌한 대답을 얻지 못했습니다"라고 그레테 헤르만이 말하였다.

"하나의 사건(事件), 예컨대 원자의 방출을 미리 계산하는 데 필요한 원인을 아직 충분히 찾지 못하고 있는 이 단계에서, 왜 계속해서 이 '찾는 작업'을 해서는 안 되는지 그 까닭을 나는 알고 싶습니다. 당신들은 이 탐구는 해서는 안 된다고 말은 하지 않지만, 그 이상의 결정요소들이 없기 때문에 이 탐구는 계속하더라도 헛된 수고에 그친다고 말하고 있습니다. 왜냐하면 수학적으로 정확하게 정식화할 수 있는 불확정성은 다른 실험 장치에 대해서 일정한 예언을 할 수 있는 계기를 마련하고 있기 때문입니다. 그리고 이러한 사실은 또한 실험에 의해서 실증되고 있습니다. 만약 이와 같이 이야기를 진행할 경우, 불확정성이란 말하자면 물리학적인 실재로 나타나며, 그것은 객관적인 특징을 갖게 됩니다. 그런 반면 일반적으로 불확정성은 단순히 미지의 것으로 해석되고 있으며, 이러한 한에서는 참으로 주관적임을 면할 길이 없습니다."

여기서 나는 다시 이 대화에 끼어들고자 다음과 같은 발언을 하였다.

"당신은 지금 오늘의 양자론의 특징적인 성격을 정확하게 말했습니다. 원자적인 현상으로부터 법칙성을 추론하려고 한다면 우리는 더 이상 공간과 시간 안에서의 객관적인 사건들을 법칙적으로 연결시킬 수 없으며, 그 대신 ― 좀더 신중한 표현을 사용한다면 ― 관찰 상황이라는 것과 마주치게 됩니다. 다만 이 관찰 상황에 대해서만 우리는 경험적인 법칙들을 가질 수 있습니다. 우리가 그 같은 관찰 상황을 기술하는 데 사용하는 수학적 기호는 사실이라기보다는 하나의 가능성을 나타내고 있는 것입니다. 그것은 가능성과 사실 사이의 중간적인 것을 나타내고 있다고 말할 수 있으며, 아마도 통계역학적인 열이론에서 온도에 관해서 말해지고 있을 정도의 의미에서 객관적인 것이라고 말할 수 있을 것입니다. 이 가능성에 관한 일정한 지식은 어느 정도 확실하고 또 예리한 예언을 허락하고 있는 것도 사실이지만, 일반적으로는 앞으로 어떤 결과에 대한 확률적인 결론만을 허용하고 있을 뿐입니다. 일상경험의 영역에서 멀리 피안에 떨어져 있는 경험영역에서는 한 지각의 질서를 '물자체' 또는 '대상'이라는 모형을 통해서는 관철시킬 수 없다는 것, 따라서 다른 표현으로 간단히 말한다면, 원자는 더 이상 사물도 아니고 대상도 아니라는 것을 칸트는 미리 짐작할 수 없었던 것입니다."

"그렇다면 도대체 원자란 무엇이란 말입니까?"

"그것은 언어로 표현할 수 없습니다. 왜냐하면 우리의 언어는 일상경험에서 형성된 것이기 때문입니다. 그런데 원자란 일상경험의 대상이 아닙니다. 만약 당신이 만족하신다면 원자는 관찰 상황의 구성요소이며, 현상의 물리적 분석에서 고도의 설명가치를 가지고 있는 구성요소입니다."

여기서 카를 프리드리히가 끼어들었다.

"언어적 표현의 어려움에 대한 현대물리학에서 끌어낼 수 있는 가장 중요한 가르침은 우리가 경험을 기술하는 데 사용하고 있는 모든 개념들은 다만 어떤 한정된 적용범위밖에는 가지고 있지 않다는 것일 겁니다. '사물', '지각의 객체', '시점', '동시성', '외연' 등과 같은 개념의 경우에 우리는 이런 개념을 가지고는 어려운 고비에 부딪칠 수밖에 없는 실험상황을 제시할 수 있습니다. 그렇다고 이 개념들이 모든 경험의 전제가 아니라는 것을 뜻하지는 않습니다. 다만 항상 비판적으로 분석되어야 하는 그러한 전제가 중요하다는 것입니다. 따라서 그와 같은 전제로부터는 절대적인 주장을 이끌어낼 수 없다는 뜻입니다."

그레테 헤르만은 우리들의 대화가 이와 같이 진전되는 데 매우 불만이었을 것이다. 그녀는 칸트 철학의 사고도구로써 원자물리학자들의 주장을 가장 예리하게 논파할 수 있든가, 그렇지 않으면 칸트가 어느 곳에서 결정적인 사고의 오류를 범했다는 것을 통찰할 수 있게 되기를 기대하고 있었음에 틀림없었다. 그러나 지금의 상태는 도대체가 색채가 뚜렷하지 않은 미해결의 미지근한 것이어서 그녀에게는 자기 희망을 만족시켜주지 못하는 무기력한 것으로 보였을 것이다. 그녀는 다시 물었다.

"칸트의 물자체에 대한 이와 같은 상대화는, 언어 그 자체의 상대화이고, 따라서 단순히 '우리는 아무것도 알 수 없다는 것을 안다'는 의미에서의 전적인 단념을 뜻하고 있지 않다는 이야기이군요? 당신들의 견해에 따른다면 사람들이 확고하게 설 수 있는 인식의 밑바탕은 존재할 수 없다는 겁니까?"

여기서 카를 프리드리히는 매우 대담하게 자연과학의 발전에서부터 좀더 낙관적인 이해에 대한 정당성을 취할 수 있다고 다음과 같이 대답하였다.

"칸트는 그의 선천적인 것으로써 당시 자연과학의 인식상황을 정확하게 분석했지만 오늘의 원자물리학에서는 우리는 새로운 인식론적 상황 앞에 서 있습니다. 그것은 아르키메데스의 지레의 법칙이 당시의 기술적 측면에서는 중요한 실제적 규칙성의 정확한 정식화를 나타내고 있었지만, 오늘의 기술, 말하자면 전자기술에서는 이 법칙은 이미 충분한 것이 아니라는 사실과 비슷합니다. 아르키메데스의 법칙은 불확실한 의견이 아니라 '참지식'을 포함하고 있습니다. 지레에 관해서 말해지는 한에서는 어떤 시대에도 통용될 것이며, 저 멀리 어딘가 있는 다른 성운계의 행성에도 지레가 존재한다면 거기서도 아르키메데스의 주장은 옳을 것입니다. 인류가 자기 지식의 확장과 더불어 지레의 개념만을 가지고는 이미 충분치 않은 기술의 영역에 돌입한다고 하는 진술의 제2의 부분은 본디 지레의 법칙을 상대화한다거나 역사화하는 것을 뜻하는 건 아닙니다. 지레의 법칙이 역사적인 발전과정에서 더 포괄적인 기술체계의 일부가 되고, 따라서 그 법칙이 처음에 가지고 있던 중심적 의의가 그뒤로는 이미 통용될 수가 없게 되었음을 뜻할 뿐입니다. 마찬가지로 칸트가 한 인식의 분석은 단순히 불확실한 의견을 포함하고 있는 것이 아니라 순수한 참지식이며, 반응할 수 있는 생물이 그 외부세계에 대하여, 우리들 인간의 처지에서는 '경험'이라고 불리는 그러한 관계에 서게 될 때에는 칸트의 철학은 어디에서나 정당한 것이라고 나는 믿고 있습니다. 그러나 칸트의 '선천적인 것'도 뒷날 그 중심적 지위에서 추방되고 인식과정의 좀 더 포괄적인 분석의 일부분이 되고 말 것입니다. '자연과학적인 또는 철학적인 지식이 어느 시대에도 그 본래적인 진리를 갖는다'는 명제로서 완화하려고 하는 것은 분명히 잘못입니다. 그러나 역사의 발전과 더불어 인간의 사고구조도 바뀐다는 사실에 우리는 주의해야 합니다. 과학의 진보란 다만 단순히 우리들이 새로운 사실을 알고 그것을 이해한다는 데 머무는 것이 아니라 '이해한다'는 말이 무엇을 뜻하느냐 하는 것을 항상 거듭 새롭게 배워나감으로써 성취되는 것입니다."

이 답변은 부분적으로는 보어의 말을 빌린 것이었지만, 그레테 헤르만은 어느 정도 만족한 것같이 보였다. 그리고 우리들도 칸트 철학의 현대자연과학에 대한 관계를 더 잘 이해하게 되었다는 느낌을 가질 수 있었던 것이다.

11. 언어에 대한 토론 1933

　'원자물리학의 황금시대'는 이제 급속도로 그 종말을 향하여 달리고 있었다. 독일에서는 정치적인 불안이 증가하고 있었다. 우익과 좌익의 과격분자들이 거리에서 데모를 강행하고, 빈민가의 뒷골목에서는 총격전이 벌어지고, 공개집회에서는 서로를 선동하기에 바빴다. 이와 같은 불안은 눈에 띄지 않게 확산되어 갔으며, 대학생활과 교수회의에까지도 파급되고 있었다. 얼마동안 나는 이와 같은 위험을 멀리 밀어내고 거리에서 벌어지고 있는 사건들을 무시하려고 애썼다. 그러나 현실은 우리가 바랐던 것보다 더 심각하였으며, 결국 이 같은 현실은 꿈의 형태를 빌려 내 의식 속으로 파고들었다. 어느 일요일 아침, 나는 카를 프리드리히와 함께 자전거 여행을 떠나기로 하고 자명종 시계를 5시에 맞추어 놓았다. 그러나 나는 깨어나기 전 비몽사몽간에 기묘한 광경을 경험하였다.

　나는 1919년의 봄과 같이 이른 아침의 첫 햇살을 받으며 뮌헨의 루트비히가(街)를 걷고 있었다. 거리는 붉은 햇빛으로 물들고 있었는데, 차츰 더 밝아지는 그 빛은 햇빛이라기보다는 오히려 화염과도 같았다. 적기와 흑백색의 기를 든 군중이 개선문에서 대학 앞의 분수대로 몰려들었고, 순식간에 아비규환의 공기가 주위를 가득 채우고 있었다. 갑자기 내 앞에서

한 기관총이 불을 뿜기 시작했다. 나는 위험을 모면하려고 달음박질치다가 잠에서 깨어났다. 정신을 차리고 보니 기관총 소리는 자명종 소리였고, 붉은 빛은 내 침실의 커튼에 비치고 있던 아침 햇살이었다. 그러나 나는 이 순간부터 다시 사태가 심각해질 것이라고 자각하게 되었다.

1933년 정월의 재난 뒤에 다시 한 번 옛 친구들과 즐거운 휴가를 가질 수 있었다. 그러나 이 휴가는 '황금시대'와의 아름답고도 고통스러운 이별로서 우리 기억 속에 오랫동안 그 여광을 빛내고 있었다.

바이리시첼이라는 마을에 있는 그로센 트라이텐산 남쪽에 경사진 목장이 있었다. 이 목장 안에 스키 관광객들을 위한 자그마한 오두막집이 하나 있었는데, 나는 이 집을 마음대로 사용할 수 있었다. 이 오두막집은 눈사태로 반쯤 파괴되었던 것을 내 청년운동 당시 친구들이 재건한 것이었다. 한 친구의 아버지가 목재상을 하고 있었기 때문에 이분이 목재와 공구를 기증해 주었고, 그 오두막집 주인인 농부가 건축 재료를 여름에 목장으로 운반하였다. 날씨가 좋은 가을철을 이용하여, 친구들이 몇 주일에 걸쳐 손수 지붕을 새로 만들고 들창과 덧문을 수리하는 등 숙박시설을 정비하였다. 그래서 우리는 이곳을 겨울마다 스키 숙박소로 쓸 수 있게 되었다.

1933년 부활절 휴가 때 나는 보어와 그의 아들 크리스찬, 그리고 펠릭스 블로흐와 카를 프리드리히를 바로 그 오두막집에 초대하여 스키를 즐기기로 하였다. 보어가 볼일이 있었던 잘츠부르크에서 보어와 크리스찬, 그리고 펠릭스는 함께 오버라우도르프까지 기차로 와서, 거기서부터 걸어서 올라오도록 되어 있었다. 프리드리히와 나는 오두막집을 며칠 동안 지내기에 불편이 없도록 정비하고 식량을 마련하기 위하여 미리 이틀 전에 그곳에 가 있었다. 몇 주일 전 날씨가 좋을 때 우리는 생활필수품 상자를 걸어서 약 한 시간 거리에 있는 브륀슈타인하우스까지 차로 운반해 놓았으므로 그것을 배낭에 담아 오두막집까지 지고 올라오면 되었다.

　우리는 이 계획의 처음 단계에서 몇 가지 어려운 고비에 부딪쳤다. 프리드리히와 단둘이 오두막집에서 보낸 첫날, 밤새도록 폭풍이 불어 닥치고 폭설이 내렸다. 이튿날 아침, 우리는 거의 1미터나 쌓인 눈을 쓸어내며 브륀슈타인하우스로 가는 길을 굉장히 힘들여서 뚫고나갔다. 눈사태의 위험성도 있었다. 점심때가 훨씬 지나서야 우리는 브륀슈타인하우스에 도착할 수 있었다. 나는 잘츠부르크로 전화를 걸어 보어에게 이쪽의 상태를 이야기하고 다음날 오버라우도르프역(驛)에서 그들을 마중하기로 약속하였다. 보어는 처음에는 역에서 택시로 오두막집까지 갈 테니 마중은 필요 없다고 했다. 그러나 나는 그와 같은 생각은 현 상황으로 보아 전혀 현실에 맞지 않다고 그를 납득시켜서 결국 역에서 만나기로 했다. 둘째 날 밤에도 첫날밤과 같이 끊임없이 눈이 내려서 다음날 아침에는 오두막집이 거의 눈에 파묻힐 지경이었다. 전날 우리가 남겨놓은 발자국은 흔적도 찾아볼 수가 없었다. 그러나 날씨는 활짝 개서 지형을 잘 내다볼 수 있었으므로 눈사태가 날 위험이 있는 곳은 피할 수가 있었다.

　프리드리히와 나는 교대로 발자국을 내면서 브륀슈타인하우스로 가는 새로운 길을 냈다. 거기서부터 오버라우도르프까지는 별 다른 어려움 없이 산을 내려가면서 한 줄기 길을 낼 수가 있었다. 이 길은 오후까지는 보존될 것 같았다.

　약속대로 정오쯤 도착하는 기차를 맞이하였는데 보어 일행은 아무도 보이지를 않았다. 그 대신 한 찻간에서 굉장히 많은 짐이 내려졌다. 그 짐은 스키와 배낭과 외투들로서, 틀림없이 우리 손님들의 것으로 보였다. 이윽고 우리는 역장에게서 저 짐의 임자들이 어느 역에서 커피를 마시다가 기차를 놓쳤기 때문에 오후 4시에 도착하는 다음 기차로 올 것이라는 전갈을 받았다. 대부분이 오르막인 대단히 어려운 눈길을, 그것도 해가

진 어둠 속에서 올라가야 하는 것이 걱정되었지만 도리 없는 일이어서 각오를 할 수밖에 없었다. 다음 기차를 기다리는 동안 프리드리히와 나는 주인 없는 짐을 챙기면서 불필요한 짐을 분리시켰다. 체력을 되도록 아껴야 했기 때문이다. 손님들은 4시 정각에 도착하였다. 나는 보어에게 1미터 이상의 강설로 우리가 내려오면서 길을 내놓지 않았더라면 도저히 등산이 불가능하리만큼 상태가 험하며, 오두막집까지 상당한 모험을 각오해야 할 것이라고 설명하였다.

보어가 한참 생각하다가 이렇게 말하였다.

"그것 참 이상하군. 나는 산이라는 것을 항상 밑에서부터 올라가는 것이라고만 생각하고 있었는데……."

뒷날 이 말은 내게 더 광범위한 고찰을 하게 되는 계기를 마련해 주었다. 미국에서 그랜드 캐니언을 방문하였을 때 '역(逆)등산'을 할 수 있다는 사실을 상기하게 되었다. 그곳에서는 사람들은 침대차를 타고 해발 2천 미터의 고지인 대평원의 끝에 도착하여 거기서부터 콜로라도강까지 내려가야 하며, 침대차로 되돌아가기 위해서는 물론 2천 미터를 다시 오르지 않으면 안 되었다. 그러나 그러한 곳은 '계곡'이지 '산'이라고는 말할 수 없을 것이다. 이런저런 대화를 나누면서 처음 두 시간은 순조롭게 전진할 수 있었다. 그러나 나는 여름이면 두서너 시간이면 족한 이 등산 코스가 이와 같은 강설상태에서는 여섯 시간 내지 일곱 시간이 필요할 것이라는 점을 고려하지 않을 수 없었다. 완전히 어두워졌을 때, 우리는 가장 힘든 장소에 이르게 되었다. 내가 앞에서 길을 인도하고 다음에 보어, 그리고 가운데서 촉광으로 길을 비추는 프리드리히의 뒤를 크리스찬과 펠릭스가 걷고 있었다. 우리가 오전에 남겨놓았던 발자국은 대체로 깊게 패여 있었으므로 쉽게 찾을 수 있었다. 그러나 탁 트인 넓은 곳에서는 휘몰아친 바람에 발자국이 사라지고 없었다. 이 정도의 폭설이 여전히 분말상태를 유지하고 있는 것이 어딘지 끔찍스러웠다. 보어가 이미 피로해 있었기 때문에 우리는 천천히 올라가기로 했다. 이미 밤 10시가 되었지만 브뢴슈타인하우스까지는 아직도 30분이나 한 시간은 더 가야 할 것 같았다.

가파른 비탈길을 지나고 있을 쯤에 매우 이상한 일이 일어났다. 마치 수영을 하고 있는 것 같은 느낌이 들면서 나는 자세를 더 이상 마음대로 조종할 수가 없었다. 그리고 갑자기 사방에서 몸을 죄며 격렬하게 압박해 오는 바람에 호흡조차 마음대로 할 수 없었다. 그러나 다행히도 머리만은 밀어닥치는 눈더미 위에 나와 있었기 때문에 나는 재빨리 양쪽 팔을 휘적거려 몸의 자유를 되찾을 수 있었다. 주위를 살펴보았으나 완전한 암흑 속에 아무도 보이지 않았다. 나는 "닐스!"라고 불러보았으나 아무런 응답이 없었다. 나는 놀라서 숨이 막히는 것 같았다. 그들 모두 눈사태로 눈더미 속에 파묻혀 버렸다고 생각하였던 것이다. 죽을힘을 다해서 파묻힌 스키를 파내고 완전히 몸의 자유를 회복하였을 때 나는 저만큼 떨어진 비탈 위의 불빛을 발견하고 소리를 질렀다. 그랬더니 프리드리히의 응답이 되돌아왔다. 나는 비로소 내가 눈사태에 휘말려서 상당한 거리를 미끄러져 떨어졌다는 사실을 어렴풋이 알 수 있었다. 천만 다행스럽게도 다른 사람들은 안전했다. 그곳에서부터 다시 촉광까지 올라가는 일은 그다지 힘들지 않았다. 우리는 이번에는 더 한층 정신을 바짝 차리면서 길을 걸었다. 밤 11시께가 돼서야 우리는 브뢴슈타인하우스에 이르렀으며, 오두막집까지 올라가는 위험을 무릅쓰지는 않기로 결정하였다. 우리는 그날 밤을 브뢴슈타인하우스에서 묵고 다음날 아침에 검푸른 하늘 아래 눈부시게 흰 눈더미를 뚫고 길을 재촉하여 목장에 도착하였다.

이곳에 오르기까지 긴장과 눈사태에 대한 두려움 때문에 이날 낮에는 별 다른 나들이를 하지 않기로 하였다. 우리는 눈을 말끔히 치운 오두막집 지붕 위에 누워서 햇빛을 받으며 최근 우리 학문에서 이루어진 업적에 대하여 이야기를 나누었다. 보어는 안개상자에 의한 사진 한 장을 캘리포니아에서 가져왔는데, 이 사진이 우리의 관심의 초점이 되었고, 우리는 그것에 대하여 격렬하게 토론을 하였다. 몇 년 전에 폴 디랙에 따르면, 연구된 전자의 상대론적인 이론에서 제기된 한 문제가 여기서 논의되었다. 이 문제는 그뒤에 실험적으로 훌륭하게 확증된 이론에서 전기적으로 마이너스로 하전(荷電)된 전자와 더불어 플러스로 하전된 또 하나의 비슷한 종류의 입자가 존재해야 한다는 결론이 수학적인 근거로부터 유도되었다. 디랙은 처음에는 이 가설적인 입자를 양성자, 즉 수소원자의 원자핵과 동일시하려고 하였다. 그러나 우리들을 위시한 다른 물리학자들은 이에 만족할 수 없었다.

왜냐하면 양성자는 전자의 거의 2천 배에 가까운 질량을 가지고 있는데, 이 플러스로 하전된 입자는 전자와 거의 같은 질량을 가져야 한다는 것이 증명되었기 때문이었다. 그리고 이 가설적인 입자는 일반적인 물질과는 아주 다른 행태를 가지고 있지 않으면 안 되며, 따라서 이 입자가 보통 전자와 충돌할 때에는 전자와 합쳐져서 복사로 변화될 수 있어야 했다. 이것은 오늘날 우리가 '반(反)물질'이라고 부르기도 하는 것이다.

방금 보어가 우리에게 보여준 안개상자의 사진은 그와 같은 종류의 '반(反)입자'의 존재를 증명하고 있는 것같이 보였다. 이 사진에서는 분명히 위로부터 오는 입자에 의해서 생긴 물방울의 흔적을 볼 수 있었다. 그리고 그 입자는 한 연판(鉛板)을 관통하여 연판의 반대쪽에 다시 하나의 궤도를 남기고 있었다. 안개상자는 강한 기장(氣場) 안에 두었기 때문에 그 궤적은 굴절하는 자력에 의하여 구부러져 있었다. 그리고 그 궤도 안에 있는 물방울의 밀도는 바로 전자들에 대해서 기대될 수 있었던 밀도에 상응하고 있었다. 그러나 그 궤도의 굴곡으로 미루어 만약 입자가 실제로 위로부터 왔다면 이 입자는 플러스 전원을 가지고 있다고 결론지을 수밖에 없었다. 그리고 이 입자가 위에서부터 왔다는 가정은 연판 위쪽에서 궤적의 곡률이 아래쪽보다 더 작았고, 또 입자가 연판 안에서 속도를 잃고 있다는 사실로부터 거의 불가피하게 결론을 내릴 수 있는 것이었다. 그래서 우리는 이와 같은 우리의 일련의 추리가 필연적인 것인가 아닌가의 여부에 대해서 오랫동안 토론을 거듭하였다. 이것이 대단히 중요한 결과를 가져올 수 있을 것이라는 데 우리는 분명히 의견이 모이고 있었다.

실험적인 과오를 범할 수 있는 원천에 대하여 얼마 동안 토론하고 난 다음 나는 보어에게 다음과 같이 물었다.

"우리가 이 토론에서 양자이론에 관하여는 한마디도 언급하지 않은 것은 좀 이상하지 않습니까? 우리는 하전된 입자가 마치 하전된 기름방울이나 옛날의 실험장치에서 사용하였던 말오줌나무의 수구(髓球: 옛날 정전기 실험에서 사용하였던 절연체)와 같은 사물인 것처럼 토론을 해 왔습니다. 우리는 거의 무의식적으로 고전물리학의 개념을 사용해 왔습니다. 마치 개념의 한계나 불확정성 관계는 전혀 들은 적도 없었던 것같이 말입니다. 우리는 어디에서인가 과오를 범하고 있는 것이 아닐까요?"

보어가 대답하였다.

"아니오. 절대로 그런 일은 없을 것입니다. 우리가 관찰한 것을 고전물리학의 개념으로 기술할 수 있다는 사실이 바로 실험이라는 것의 본질에 속하는 것입니다. 물론 그곳에 양자이론의 패러독스가 숨어 있기는 하지만. 한편에서는 우리는 고전물리학과는 다른 법칙을 정식화하면서도 다른 한편 — 측정하고 사진을 찍는 것과 같은 관측단계 — 에서는 고전적인 개념들을 아무 주저 없이 사용하는 것입니다. 우리가 얻은 결과를 다른 사람에게 전달하기 위해서는 우리들의 언어에 의존해야 하기 때문에 그렇게 하지 않을 수 없는 것입니다. 한 측정장치란, 그 장치를 사용해서 얻어진 결과로부터 '관찰될 수 있는 현상'에 대한 일의적인 결론을 이끌어낼 수 있을 때에 한해서, 즉 엄밀한 인과관계를 전제로 할 수 있을 때에 한해서 측정장치일 수 있는 것입니다. 그러나 하나의 원자적인 현상을 이론적으로 기술할 때에는 어떤 지점에서 현상과 관찰자의 사이, 또는 그의 장치 사이에 선을 그어야만 합니다. 이 선의 위치는 아마도 다양할 수가 있겠지만, 관찰자 쪽에서는 고전물리학의 언어를 쓸 수밖에 없습니다. 우리는 우리의 결과를 표현할 수 있는 다른 어떤 언어도 가지고 있지 않기 때문입니다. 우리는 언어의 개념이란 부정확하며 실제로 그 언어들이 한정된 응용범위밖에는 갖지 못한다는 것을 알고 있지만, 우리는 이 언어에 기댈 수밖에는 딴 도리가 없으며, 결국은 그 언어로써 현상을 간접적으로나마 파악할 수 있는 것입니다."

여기서 펠릭스가 끼어들었다.

"사람들이 양자이론을 더 잘 이해하게 되면 우리는 고전적 개념을 포기하고, 새로 얻은 언어로써 원자적 현상을 좀더 쉽게 표현할 수 있게 되리라고 생각할 수는 없을까요?"

"그것은 전혀 우리가 관여할 문제가 아니지요."

보어의 대답이었다.

"자연과학이란 우리가 어떤 현상을 관찰하고, 거기서 얻은 결과를 다른 사람들에게 전달하여 그것을 확인할 수 있게 하는 데서 성립하는 것입니다. 객관적으로 무엇이 일어났으며 또 규칙적으로 항상 무엇이 일어나느냐에 관해서 의견이 일치하였을 때 비로소 사람들은 이해를 위한 기반을 갖게 됩니다. 관찰과 전달의 이 일련의 과정은 실제로 고전물리학의 개념 안에서 일어나는 것입니다. 안개상자는 하나의 측정장치입니다. 다시 말해 우리는 이 사진을 보고 플러스 전기로 하전되어 있다는 점 이외에는 다른 전자들과 똑같은 성질을 가지고 있는 입자가 상자를 통과하였다는 사실을 일의적으로 결론지을 수 있다는 것을 뜻합니다. 이때 우리는 이 측정장치가 올바르게 설치되었다는 점, 이 장치는 탁자 위에 나사로 단단히 죄어져 있었다는 점, 카메라로 촬영하는 동안에 흔들리지 않도록 단단히 조립되어 있었다는 점, 그리고 렌즈가 정확하게 맞추어졌다는 점 등을 믿어야 하는 것입니다. 즉 고전물리학에 따라 신뢰할 수 있는 측정이 이루어지도록 모든 조건이 갖추어졌다는 사실을 우리는 확신해야 하는 것입니다. 우리의 측정에 대해서는 일상생활적인 경험을 말할 때와 본질적으로 같은 구조를 가지고 있는 언어로 말해야 한다는 것이 기본 전제입니다. 우리는 이 언어가 우리들에게 옳은 길을 찾게 하거나 이해시키기에는 매우 불완전한 도구라는 것을 알았지만 이 도구는 수리과학의 전제입니다.”

우리가 오두막집 지붕에서 햇볕을 쬐면서 물리적 · 철학적 고찰에 여념이 없는 동안에 크리스찬은 목장을 돌아다니며 작은 탐색여행을 시도하고 있었다. 그러더니 그는 눈 때문에 거의 반은 망가져 버린 풍차 하나를 주워 왔다. 그것은 분명히 전에 내 친구들이 여기 머무는 동안에 만들었던 것이 틀림없었다. 아마도 바람의 강도와 방향을 표시하기 위해서가 아니면 그저 심심풀이로 만들었을 것이다. 그래서 우리는 좀더 좋은 풍차를 새로 만들기로 했다. 그래서 보어와 펠릭스, 그리고 나는 장작감으로 모아두었던 나무 가운데서 쓸 만한 것을 골라 그와 같은 형태를 만들기로 했다. 펠릭스와 나는 공기역학적으로 이상적인 형체, 즉 일종의 프로펠러를 만들려고 노력하였던 반면에 보어는 사각형의 나무 조각을 가지고 두 날개가 서로 직각인 평면을 이루도록 나무판을 도려내는 데 집중하고 있었다. 마침내 완성된 것들을 견주어 보니, 우리가 이상적이라고 생각하였던 프로펠러는 아주 서툴러서 바람을 받아도 거의 돌아가지 않

는 엉터리가 되고 만 반면에, 보어의 풍차는 대단히 치밀하게 만들어져서
— 예를 들면 축을 끼는 구멍을 뚫는데도 아주 정확하여 바람에 잘 돌아
가도록 만들어져 있었다 — 단연 최우수작품으로 선정되어 오두막집 지
붕 위에 세워졌고, 바람이 불면 부드럽게 잘 돌았다. 보어는 우리가 만든
두 작품에 대해서는 "자네들의 야심이 너무 컸구먼!"이라고 할 뿐이었
다. 그야말로 정확한 공작에 대해서 야심적이었던 것이 분명했으며, 그
의 이 같은 태도는 고전물리학에 대한 그의 태도와 잘 조화되고 있었다.

밤에는 포커놀이를 하면서 즐겼다. 그 오두막집에는 성능이 좋지 않은
축음기와 더 지독한 유행가 레코드판이 몇 장 있었지만, 이런 음악에는
아무도 흥미를 느끼지 않았다. 우리들의 포커놀이는 보통 하는 방법과는
약간 다른 것이었다. 우선 거는 돈의 액수를 결정하는 카드의 짝을 큰소
리로 발표하고 선전하는 것이었다. 따라서 다른 사람들로 하여금 이쪽
카드의 짝을 신용하게끔 만드는 설득력이 문제가 되기도 하였다. 보어에
게는 이 놀이 방법이 다시 한 번 언어의 의미에 대하여 철학적인 사색을
하는 계기가 되었던 것이다.

그가 말하였다.

"여기서 사용하는 언어는 학문에서 사용하는 것과는 아주 판이한 것이
확실하군요. 여기서는 진실을 말하는 것이 아니라 오히려 진실을 속이는
일이 더 중요한 게 분명합니다. 사실 이 놀이에서는 공갈이 한층 더 필요
하며, 사람을 어떻게 속일 수 있는가가 문제입니다. 말은 듣는 사람으로
하여금 어떤 상을 그리게 하고 그 표상으로부터 행동을 유발케 합니다.
그리고 냉철한 고찰에서부터 이를 수 있는 추측보다는 속임수로 말미암
아 생긴 표상이 더 강한 법입니다. 그러나 듣는 사람으로 하여금 그의 사
고 속에서 충분히 강도를 가지고 이 같은 표상을 발생하게 하는 것은 도
대체 무엇일까? 이것은 우리가 큰소리로 외쳤다고 해서 되는 것은 분명

히 아닙니다. 그것은 너무나 단순한 생각일 겁니다. 그렇다고 노련한 상
인의 몸에 배어 있는 일종의 숙련에서 오는 상술도 아닐 겁니다. 우리 가
운데 그런 상술을 몸에 지닌 사람은 아무도 없으며, 우리 가운데서 누군
가가 그런 상술에 빠진다고 생각할 수도 없기 때문입니다. 아마도 그런
확신을 일으키는 능력은 단순히 상대방을 그렇게 믿게 하는 카드의 짝을
우리 자신이 얼마나 강하게 머리 속으로 생각할 수 있느냐에 달려 있다고
생각할 수밖에 없습니다."

우리는 그뒤의 놀이에서 이 고찰에 대한 기대하지 않았던 확증을 경험
하게 되었다. 보어는 한 놀이에서 분명히 같은 그림의 카드 다섯 장을 가
지고 있는 것처럼 강력하게 주장하고 나섰다. 그리고 매우 많은 돈을 걸
었다. 상대방은 보어가 넉 장째 카드를 뒤집은 뒤에 손을 들었고 보어는
많은 판돈을 긁어모았다. 그러더니 보어는 아주 뽐내면서 다섯 번째 카
드를 뒤집으려 하였다. 그런데 그때 그의 입에서 기성이 터져 나왔다. 그
는 그때서야 자기가 같은 종류의 카드 다섯 장을 가지고 있지 않았다는
사실을 알게 된 것이었다. 그는 '하트 10'을 '다이아몬드 10'으로 착각하
고 있었던 것이다. 따라서 그의 성공은 완전한 공갈에서 온 것이었다. 이
와 같은 일이 있은 다음에 나는 다시 한 번 우리가 호수지역을 도보 여행
하면서 나누었던 대화를 되씹었다. 수백 년 동안 인간의 사고를 결정해
온 표상의 힘에 대하여 생각을 거듭하지 않을 수 없었던 것이다.

저녁이 되면서 우리의 오두막집을 둘러싸고 있는 설원에는 급격하게
한파가 밀려왔다. 포커놀이에 활기를 불어넣어 주었던 독한 그로크 술조
차 난방이 잘 되지 않은 방에서 오래 견디는 데는 도움이 되지 못했다. 그
래서 우리는 짚으로 된 잠자리 위에 놓여 있는 침낭 속으로 기어들어가서
잠을 청할 수밖에 없었다. 고요해진 잠자리에서 나는 보어가 아까 지붕
위에서 보여주었던 안개상자 사진을 다시 생각하기 시작하였다. 디랙이

내다보았던, 플러스로 하전된 전자의 존재가 사실일 수 있는 것일까? 만약 그것이 사실이라면 거기서 나올 수 있는 결론은 무엇일까? 이런 사실을 깊이 생각하면 생각할수록, 우리들이 어느 중요한 자리에서 사고를 근본적으로 바꾸지 않으면 안 될 때 엄습하는 저 이상한 흥분이 차츰 나를 강하게 사로잡는 것이었다. 1년 전에 나는 원자핵의 구조에 대하여 연구한 바 있었다. 채드윅(J. Chadwick; 영국 물리학자, 1891~1974)에 의한 중성자의 발견은 원자핵이 지금까지 알려지지 않은 강력한 힘으로 말미암아 양성자와 중성자로 이루어져 있다는 생각을 시사하고 있었다. 그리고 그 생각은 매우 그럴 듯하게 보였다. 원자핵 안에는 양성자와 중성자 외에 전자는 존재해서는 안 된다는 내 제안의 일부분은 한층 더 문제성을 지니고 있었다. 내 친구들 가운데서 몇몇은 이 제안에 대하여 날카롭게 비판을 하면서 "그렇다면 방사성 β붕괴 때 전자가 원자핵을 떠나가는 현상을 우리는 확실히 볼 수 있지 않은가"라고 말하는 것이었다. 그러나 나는 중성자를 양성자의 전자로 구성되어 있는 것으로 생각하였으며, 그와 같은 형성체, 즉 중성자는 아직은 알 수 없는 이유로 양성자와 똑같은 크기의 것이어야 한다고 생각하고 있었다. 원자핵을 구성하고 있는 이 새로이 발견된 강력한 힘은 경험적으로 양성자와 중성자를 교환하여도 별반 변화가 없는 것처럼 보였다. 이와 같은 대칭성은 부분적으로는 두 종류의 무거운 입자 사이에 전자가 교환되어 그와 같은 힘이 생긴다고 가정함으로써 신뢰할 수 있는 이론으로 만들 수 있었다. 그러나 이와 같은 상을 그리기에는 마음에 걸리는 심미적인 결점 두 가지가 있었다. 첫째로 양성자와 양성자 사이, 또는 중성자와 중성자 사이에 강한 힘이 왜 존재해서는 안 되는지를 잘 통찰할 수가 없었다. 따라서 이 두 종류의 힘이 — 비교적 작은 전기량에 이르기까지 — 경험적으로 왜 똑같은 크기로 보였는지를 이해할 수 없었다. 둘째로는 중성자가 경험적으로는 양성자와 몹시 비슷한 성질을 가지고 있었기 때문에 하나는 단순한 것으로 그리고 다른 것은 결합된 것으로 파악하는 것은 매우 비합리적이라고 생각되었다.

그러나 디랙에 의해서 예언된 양전자(陽電子)가 존재한다면 하나의 새로운 상황이 펼쳐지는 것이다. 그렇다면 사람들이 양성자도 중성자와 양전자로 구성되는 것으로 파악할 수 있으며, 결과적으로 양성자와 중성자 간의 대칭성도 단번에 완전한 것으로 성립될 수 있게 되는 것이었다. 그렇다면 원자핵 안에 전자나 양전자가 존재한다는 것은 무엇을 뜻할까? 디랙의 이론에 따르면 전자와 양전자가 합해져서 복사 에너지로 변하는 방식과 같이, 이제는 역으로 에너지로부터 이 같은 한 쌍의 전자와 양전자가 발생할 수는 없는 것일까? 만약 이같이 한 쌍의 전자와 양전자로 에너지가 변화할 수 있다면, 그리고 그 반대현상도 일어날 수 있다면, 도대체 원자핵과 같은 형성물은 몇 개의 입자로 이루어져 있는지 물을 수 있는 것일까?

'태초에 입자가 있었다'는 문장으로 고쳐 쓸 수 있는 데모크리토스(Democritos; 고대 그리스 철학자)의 표상을 우리는 항상 믿어왔던 것이다. 우리 눈에 보이는 모든 물질은 더 작은 단위로 결합되어 있으며, 계속 나누다 보면 결국 사람들은 데모크리토스가 '원자'라고 불렀던 최소의 단위에 이를 것이다. 그래서 그것은 오늘날 '소립자'라고 불리는 단위, 예컨대 '양성자' 또는 '전자'라는 단위로까지 내려온 것이다. 그러나 이 철학은 그 자체가 틀린 것인지도 모른다. 더 이상 분할할 수 없는 최소의 단위는 도대체가 존재하지 않는 것인지도 모른다. 계속 분할을 해 나가면 끝판에는 그것은 입자가 아니라 에너지를 물질로 변화시킨 것이 되며, 그때 생긴 입자는 분할된 것보다 결코 작은 것이 아닌 것이다. 그렇다면 태초에 무엇이 있었단 말인가? 자연법칙? 수학? 대칭성? '태초에 대칭성이 있었다', 그것은 《티마이오스》에서 논한 플라톤의 철학과 같은 느낌이 들면서, 1919년 여름에 뮌헨의 신학교 지붕에서 읽었던 책이 기억에 떠올랐다. 안개상자 사진의 입자가 정말로 디랙의 양전자라면 그곳에는 굉장히 넓은 신천지를 향한 문이 열려 있으며, 그 신천지에서 사람들이 이제 새로이 개척해야 하는 길들이 어렴풋이 눈앞에 펼쳐지는 것이었다. 이와 같은 사색을 거듭하는 사이에 어느덧 나는 잠이 들고 말았다.

다음날 아침은 전날과 같이 쾌청하였다. 아침식사를 한 뒤 우리는 스키를 단단히 죄어 매고 히델모스 목장을 넘어서 제온 목장 옆에 있는 작은 호수로 갔다. 거기서 산등성이 하나를 넘어 그로센 트라이텐 뒤에 있는 한적한 분지로 내려가서 우리들의 오두막집이 있는 산의 정상을 뒤쪽에서 올라갔다. 이 정상에서 동쪽에 뻗어 있는 산등성이 위에서 우리는 우연하게도 기상학적이고 광학적인 신기한 현상을 목격하였다. 북쪽에서 불어오는 가벼운 바람이 안개구름을 산등성이 밑에서부터 비탈진 경사 위로 불어 올리고 있었다. 그 안개구름이 우리가 있는 꼭대기까지 이르렀을 때 밝은 햇빛이 그 구름을 비추고 있었다. 그때 우리는 바로 그 구름 위에 비친 우리들의 그림자를 분명하게 볼 수 있었으며 우리 그림자의 머리 부분이 저마다 빛의 환(環)에 둘러싸여 있는 것을 보았다. 보어는 이같은 신기한 현상을 특히 즐거워하면서 이전에 이런 현상에 관한 이야기를 들은 적이 있다고 했다. 그는 지금 우리가 경험하는 광채가 옛날 그림에 있는 성자들의 머리를 둘러싼 광륜(光輪)의 원형임에 틀림없을 것이라면서, "사람들이 항상 이 광륜을 자기 머리의 그림자 주위에서밖에는 볼 수 없다는 것 또한 특징적인 일"이라고 덧붙였다. 이 말은 커다란 환호성을 불러일으켰고, 아울러 자기 비판적인 고찰의 계기가 되기도 하였다. 여기서 우리는 빨리 오두막집으로 돌아가기로 결정했고, 산을 내려가면서 경주를 하기로 하였다. 펠릭스와 내가 가파른 경사를 가로지르는 바람에 다시 한 번 눈사태를 일으키는 소동을 피워 시간이 지체되었지만 우리는 모두 무사히 오두막집에 돌아올 수 있었다. 이날 나는 점심 당번이었다. 약간 피곤해진 보어는 부엌으로 와서 내 옆에 앉아 있었고, 다른 사람들 즉 펠릭스, 프리드리히, 크리스찬은 지붕에서 햇볕을 쬐고 있었다. 나는 이 기회를 이용하여 산등성이에서 나누었던 대화를 계속하기로 하였다.

"선생님, 그 후광의 광륜에 대한 설명은 참으로 훌륭하였습니다. 그리고 그것이 진리의 일부라는 것도 저로서는 잘 납득이 갑니다. 그러나 역시 절반 정도로밖에는 만족할 수 없군요. 왜냐하면 나는 빈 학파에 속해 있는 지나치게 열광적인 실증주의자와 주고받은 서신에서 약간 다른 것을 주장하였기 때문입니다. 나는 실증주의자들이 모든 말은 반드시 완전히 결정된 의미를 가지며, 따라서 그 정해진 의미를 벗어난 말의 사용은 허락될 수 없는 것처럼 주장하는 데 화가 난 적이 있습니다. 그래서 나는 한 가지 예를 들어, 만약 어떤 사람이 자기가 존경하는 사람이 방에 들어오는 것을 보고 '방안이 환해졌다'고 말하였다면 이의 없이 이해될 수 있을 것이라고 편지를 썼었습니다. 물론 그 경우에 광도계상으로는 아무런 차이도 나타나지 않을 것임을 나는 충분히 알고 있었습니다. 그러나 나는 '밝다'는 말의 물리학적인 의미를 본래적인 것이라고만 받아들이고 달리 쓰는 것은 전용된 것일 뿐이라고 간주하는 태도에 맞서려고 했던 것입니다. 지금 말씀드린 것이 후광의 광륜에 대한 발견에도 어디선가 이바지하고 있다고 생각하는 것입니다."

"물론 그 이야기는 타당하다고 생각합니다"라고 보어가 대답하였다.

"우리의 의견은 당신이 생각하는 것보다 더 많이 일치하고 있습니다. 더 말할 필요도 없이 언어란 독특한 문제성을 지니고 있다고 생각합니다. 우리는 한 단어가 무엇을 뜻하는지를 결코 정확하게 알지 못합니다. 우리가 사용하는 언어의 뜻은 그 말의 문장에서의 연결, 그 문장을 말하는 전후 맥락, 그리고 우리가 일일이 열거할 수 없는 많은 부수적인 상황에 따라 달라지는 것입니다. 미국의 철학자 윌리엄 제임스의 논문을 읽어보면 그가 이런 문제에 대하여 매우 놀라울 정도로 정확하게 기술하고 있다는 사실을 알 수 있을 것입니다. 그는 우리가 듣는 모든 말은 우선 그 말의 주된 의미가 듣는 사람의 의식 속에서 밝게 빛나지만, 아울러 별로 확실치 않은 그 밖의 의미도 부수적으로 감지되고, 그래서 다른 개념들과도 결부되면서 그 작용이 무의식의 세계에까지 확산되는 것이라고 말하고 있습니다. 그것은 일반적인 언어에서도 그렇지만 시인들의 언어에서는 특히 타당한 이야기입니다. 그리고 자연과학의 언어에도 어느 정도 적용된다고 생각합니다. 이전에는 논란의 여지가 없다고 생각해 왔던 개념들의 적용범위가 얼마나 제한되어 있는가를 바로 원자물리학에서 싫증이 날 정도로 배워 왔습니다. 이것은 '위치'라든가 '속도'와 같은 개념만 생각해 보더라도 충분히 알 수 있는 일입니다. 그러나 사람들이 언어를 논리적인 연결추리가 가능해질 정도로 이상화할 수 있고, 또 정확하게 표현할 수 있다는 것을 발견한 것은 아리스토텔레스와 고대 그리스 사람들의 위대한 업적이라고 말하지 않을 수 없습니다. 물론 그 같은 정확한 언어란 일상적인 언어보다는 훨씬 좁은 뜻이기는 하지만 자연과학에서는 매우 귀중한 가치를 지니고 있는 것입니다. 실증주의의 대변자들이 그와 같은 언어의 가치를 충분히 강조하고 논리적으로 예리하게 정식화할 수 있는 영역을 벗어날 때 그 언어가 내용을 상실하게 될 위험성에 대하여 경고하는 것이라면 그것은 참으로 옳은 일이라고 말할 수 있습니다. 그러나 그들은 우리가 자연과학에서 이 이상에 기껏해야 아주 가깝게 접근은 할 수 있지만 절대로 거기에 이를 수 없다는 점은 간과하고 있는 것입니다. 그 까닭은 우리가 실험결과를 묘사할 때 사용하는 언어가 이미 그 통용범위를 정확하게 말할 수 없는 개념들을 포함하고 있기 때문입니다.

물론 사람들은 우리와 같은 이론물리학자들이 자연을 묘사할 때 사용하는 수학적인 도식들이 그 정도의 논리적인 간결성과 엄격성을 갖거나 또는 마땅히 가져야 한다고 주장할 수 있을 것입니다. 그러나 전체적인 문제성은 이러한 수학적 도식들을 자연과 견줄 때 다시 나타나게 마련입니다. 자연에 대하여 무엇인가를 진술하고자 하면 우리는 반드시 수학적인 언어로부터 일반적인 언어로 이행해야 하기 때문입니다. 이것이야말로 자연과학의 과제이기도 한 것입니다.”

나는 대화를 계속하였다.

“실증주의자들의 비판은 무엇보다도 스콜라 철학을 겨냥하고 있으며, 여기서는 우선 종교에 대한 물음과 결부된 형이상학을 향하고 있습니다. 실증주의자들은 언어적으로 진지하게 분석을 시도하면 그곳에는 아무것도 존재하지 않는다는 것이 증명되는 가상적인 문제에 대해서 우리가 수없이 이야기를 주고받고 있다고 합니다. 이와 같은 비판에 대해서 선생님은 어떻게 생각하십니까?”

“그와 같은 비판도 진리의 한 부분을 내포하고 있다는 점은 확실합니다. 그리고 사람들은 여기서 많은 것을 배울 수 있는 것입니다. 실증주의에 대한 내 반론은 내가 거기에 대해 덜 회의적이라는 데 비롯하는 것이 아니라, 그 반대로 자연과학에서도 근본적으로는 별반 나을 것이 없다는 것을 두려워하는 데 말미암고 있습니다. 좀 극단적으로 표현한다면 종교에서는 사람들은 처음부터 말에 일의적인 뜻을 부여하는 것을 포기하고 있지만, 자연과학에서는 말에 일의적인 의미를 부여하는 것이 먼 훗날에는 가능하다는 희망에서, 또는 그와 같은 환상을 갖는 데서부터 출발하고 있습니다. 그러나 다시 강조하지만, 사람들은 실증주의자들의 이와 같은 비판에서 많은 것을 배우고 있습니다. 예를 들어, 사람들이 ‘삶의 의의’를 말할 때 그것이 무엇을 뜻하는지 잘 모르고 있습니다. ‘의의’라는 단어는 항상 그 의의가 문제되고 있는 것과는 다른 것, 예컨대 의도라든가, 표상 이라든가 계획과 같은 다른 것과 연결을 맺게 됩니다. 그러나 삶이란, 우리가 경험하는 세계에서는 그것과 연결시킬 존재가 아무것도 없지 않소?"

"그러나 우리는 삶의 의의를 말할 때 그것이 무엇을 뜻하는지 알고 있습니다"라고 나는 반박하였다.

"물론 삶의 의의는 우리 자신에게 달려 있습니다. 나는 위대한 관련성 안에서 질서지울 수 있는 우리 자신의 삶의 모습을 그 말로 표현하고 있다고 생각하고 있습니다. 아마도 그것은 하나의 상일지도 모르며, 하나의 의도, 또는 하나의 신뢰일지도 모르지만, 어쨌든 우리가 잘 알고 있는 그 어떤 것임에 틀림없습니다."

보어는 생각에 잠겨 침묵하고 있다가 다음과 같이 말하였다.

"아니오! 삶이 아무런 의미를 갖지 않는다고 말하는 것은 아무 의미가 없다는 데 바로 삶의 의의가 있다는 것입니다. 인식을 깊게 하기 위한 전체적인 노력은 이와 같이 끝이 없는 것입니다."

"그러나 선생님은 언어에 대하여 지나치게 엄격하신 것이 아닙니까? 선생님께서는 옛날 중국에서 '도(道)'라는 개념이 철학의 정상에 자리잡고 있었으며, 이 '도'라는 말은 자주 '의미'라는 뜻으로 번역되고 있다는 사실을 잘 알고 계시지 않습니까? 중국의 성현들에겐 '도'와 '삶'을 연결시키는 데 반대할 아무 이유도 없었을 것입니다."

"의미라는 말을 사람들이 그렇게 일반적으로 사용한다면 아마도 그 말은 달리 보일지도 모르겠습니다. 그리고 '도'라는 말이 본디 무엇을 뜻하는지를 아는 사람은 도대체가 한 사람도 없지 않소? 그러나 당신이 중국의 철학자나 인생에 대하여 논한다면 나는 더 적절한 전설을 인용할 수 있습니다. 이 전설은 식초 한 모금을 맛본 세 철학자에 대한 이야기입니다. 당시 중국에서는 식초가 '생명수'로 불려지고 있었는데, 처음 학자는 '그것은 시다'고 말하였고, 두 번째 학자는 '그것은 쓰다'라고 하였으며, 세 번째 학자는 — 아마도 이 사람은 노자였다고 생각되는데 — '그것은 신선하다'고 외쳤다고 합니다."

이때 프리드리히가 부엌으로 와서 식사준비가 다 되었느냐고 물었고, 우리는 곧 식탁에 앉아서 식사를 하였는데, '시장이 반찬이다'는 옛 속담이 훌륭하게 적용되어 나는 적이 마음을 놓을 수 있었다. 식사 뒤의 당번 할당은 보어가 식기를 씻고, 나는 아궁이를 청소하고, 다른 사람들은 장작을 패거나 다른 곳의 청소를 하기로 되었다. 이런 곳에서의 취사가 도시에서처럼 위생적으로 이루어지지 못한다는 것은 두말할 필요가 없는데, 보어는 이 사실에 대하여 다음과 같이 말하는 것이었다.

"설거지는 마치 언어와 같은 것입니다. 우리는 이렇게 더러운 설거지물과 더러운 냅킨을 가지고도 접시와 컵을 깨끗이 씻는 데 성공하고 있습니다. 이와 마찬가지로 우리는 불명확한 개념과 적용범위도 뚜렷하지 않은 논리를 가진 언어를 사용하여 자연에 대한 이해를 명백하게 하는 데 성공하고 있는 것입니다."

그 다음 며칠 동안 우리는 변덕스러운 날씨를 무릅쓰고 트라인스요호 산을 오르고 운터베르크 목장에서 스키 연습을 하는 등 크고 작은 여러 가지 행사를 벌였다. 어느 날 오후 내가 프리드리히와 같이 트라이텐의 가파른 언덕에서 먹이를 찾고 있는 알프스 영양의 무리를 카메라에 담아 보려고 하였을 때, 우리 사이에 다시 한 번 언어문제에 대한 토론이 벌어졌다. 우리는 나름대로 책략을 썼지만 그 영양 떼에 충분히 접근하는 데 실패하고 말았다. 사람들의 아주 사소한 낌새나, 눈 위에 나 있는 자국, 나뭇가지가 꺾이는 작은 소리, 아주 미미한 바람이나 냄새 등을 청각이나 후각으로 감지하고, 이 모든 것을 위험신호로 간주하여 안전하게 도망치는 동물들의 본능에 우리는 놀라지 않을 수 없었다. 이 사실은 보어에게 지능과 본능의 차이를 고찰하게 하는 계기가 되었다.

 "알프스 영양들이 당신들을 잘 피할 수 있었던 것은 아마도 그들이 사람들과 같이 생각을 하거나 말을 할 수 없었기 때문일 것입니다. 그들의 모든 기능은 산악지대에서 어떠한 공격을 만나도 몸을 안전하게 피할 수 있도록 특수화되어 있습니다. 어떤 동물종은 자연도태의 결과로 어떤 특정한 육체적 기능을 거의 완벽에 가까울 정도로 발달시키고 있습니다. 그럼으로써 동물종은 생존경쟁에서 살아남기 위하여 바로 이러한 특수화된 기능에 의존하고 있는 것입니다. 까닭에 외부세계의 조건이 심하게 변하면 이들은 변화된 환경에 순응하지 못하고 죽고 맙니다. 적에게 전기적인 충격을 가하여 자기 안전을 도모하는 물고기도 있으며, 외관을 물밑의 모래와 완전히 조화시켜 적들이 모래와 자기를 구별할 수 없게 만들어 스스로를 보호하는 물고기도 있습니다. 유독 사람의 경우에만 이 특수화가 다른 방식으로 일어나고 있는 것입니다. 사람으로 하여금 생각하게 하고 말할 수 있게 하는 인간의 신경계를 사람이 동물보다 공간적으로나 시간적으로 훨씬 큰 규모를 갖게 만드는 하나의 기관으로 간주할 수 있을 것입니다. 사람은 과거에 무엇이 있었는지를 기억할 수 있고 미래에 무엇이 일어날 것인가를 내다볼 수도 있습니다. 공간적으로 먼 곳에서 일어나는 것을 상상할 수도 있으며, 다른 사람들의 경험을 이용할 수도 있습니다. 따라서 인간은 어느 의미로는 동물보다 훨씬 더 융통성이 있고 환경에 잘 순응할 수도 있습니다. 그러므로 인간은 이와 같은 융통성으로 특수화되었다고 말할 수 있을 것입니다. 그러나 이 같은 사고와 언어의 우선적인 발달로 말미암아 — 더 일반적으로 표현한다면 지능의 과도한 발달로 말미암아 — 개체적인 목적에 따르는 본능적인 동작에 대한 능력은 오히려 위축되었다고 말할 수 있습니다. 그러므로 인간은 많은 점에서 동물보다 열등한 것입니다. 인간은 동물처럼 예민한 후각을 갖지 못하고 있으며, 저 알프스 영양들같이 마음대로 산을 뛰어 오르내릴 수도 없습니다. 그러나 사람은 이와 같은 결점을 공간적 시간적으로 광범위한 영역을 지배함으로써 보충하고 있다고 말할 수 있을 것입니다. 이 경우에 언어의 발달은 아마 결정적인 첫걸음이었을 것임에 틀림없습니다. 그 까닭은 언어란, 그리고 사고하다는 것은 — 다른 모든 육체적인 능력과는 달리 — 개체적인 개개인 안에서 발달한 능력이 아니라, 개체들 사이에서 발달한 능력이기 때문입니다. 우리는 언어를 다른 사람들로부터 배웁니다. 따라서 언어란 인간들 사이에 펼쳐진 그물인 것입니다. 그리고 우리 각자는 자기의 사고, 즉 자기의 인식의 가능성으로써 이 그물에 매달려 있는 것입니다."

여기서 내가 덧붙였다.

"실증주의자나 논리학자들이 말하는 것을 들어보면 언어의 형식과 표현 가능성은 자연도태나 이미 선행된 생물학적인 사건과는 전혀 독립적으로 고찰되고 분석할 수 있다는 인상을 받습니다. 그러나 지능과 본능을 지금 선생님이 분석하신 것처럼 견주어 본다면 지구의 다른 여러 지역에서 완전히 상이한 지능과 언어의 형식이 발생할 수 있다는 것을 상상할 수 있습니다. 사실상 여러 가지 언어는 문법이 아주 다르며, 문법이 다르다는 것은 논리가 다르다는 점과 상통하는 것인지도 모르겠습니다."

"물론 여러 인종과, 상이한 생물종들이 존재하는 것과 같이 언어와 사고에도 여러 가지 다른 형식들이 있을 겁니다" 하고 보어가 대답하였다.

"그러나 이 모든 서로 상이한 생물종들이 같은 자연법칙에 따라서 대부분이 거의 같은 화학결합으로 이루어져 있는 바와 같이, 논리의 여러 가지 상이한 가능성에서는 인간에 의해 만들어지지 않은, 우리와는 아주 독립적으로 완전히 실제에 속하는 어떤 기본적인 형식들이 바닥에 깔려 있을 것입니다. 이 형식들은 언어를 발전시키는 도태과정에서는 결정적인 구실을 하지만 이 과정에서 일으켜지는 것은 아닙니다."

프리드리히가 토론을 계속하였다.

"다시 한 번 알프스 영양과 우리 사이의 차이점으로 되돌아가면, 아까 선생님의 말씀에서는 지능과 본능은 서로 배제되는 것처럼 보였습니다. 다시 말해서 그것은 도태과정을 통해서 이 능력이나 저 능력, 즉 하나의 능력만 고도로 발달할 수 있는 것이지 아울러 두 가지 능력이 같이 발달할 수는 없다는 것을 뜻하는 것인지, 또는 하나의 가능성이 다른 가능성을 완전히 배제하는 상보성의 순수한 관계를 생각하고 계시는 것인지, 그 어느 편인지요?"

"나는 세상에서 적응해 나가는 두 가지 방법이 철저히 다르다는 것을 이야기하고 있을 따름입니다. 그러나 우리의 행동도 본능에 따라서 취해지는 경우가 많습니다. 예를 들어 내가 어떤 사람을 평가한다고 생각해 봅시다. 그 사람의 외관과 용모를 밑바탕으로 그가 지성적인지, 우리와 잘 이야기를 나눌 수 있는지를 판단할 때는 우리의 경험뿐만이 아니라 본능도 어떤 구실을 하고 있다고 생각할 수 있을 것입니다."

우리가 이런 대화를 나누고 있는 동안에 다른 친구들은 오두막집을 정리하는 데 여념이 없었다. 우리의 휴가도 며칠 안 남았기 때문에 보어는 수염을 깎기로 하였다. 그는 거의 모든 문명과 동떨어진 산속에서 사는 나이 많은 노르웨이 나무꾼처럼 바뀌어 있었다. 그는 면도를 하는 동안에 거울 속에서 다시 한 물리학 교수로 바뀌어 가는 자신의 모습에 스스로 놀랐다. 그래서 그는 "고양이를 면도질 하면 그 고양이도 지성적인 면모로 바뀔까?"라고 중얼거렸다.

그날 밤 다시 포커놀이를 하였다. 지난번의 놀이 때는 카드짝을 가지고 있다고 크게 외치는 것이 큰 구실을 하였는데, 이번에는 카드 없이 그것을 한번 시도해 보지 않겠느냐고 보어가 제안하였다. 그러면 펠릭스와 크리스찬이 꼭 이길 것이라는 것이 그의 생각이었다. 도저히 그들의 설득력을 당해낼 사람이 없을 테니까……. 그래서 우리는 카드 없이 놀이를 시도해 보았지만 도대체 놀이가 되지를 않았다. 여기서 보어가 주석을 가하였다.

"내 제안은 아마도 언어의 힘을 과대평가한 데서 왔던 것이라고 생각됩니다. 왜 그러냐 하면 언어란 실제와의 결합에 의존하고 있기 때문입니다. 진짜 포커놀이에서는 어쨌든 카드 몇 장이 반드시 탁자 위에 놓여 있게 됩니다. 이때 언어는 한 상의 실제적인 한 부분을 되도록 많은 낙관론과 설득력을 가지고 보완하는 데 사용되는 것입니다. 그러나 언어가 전혀 실제와 동떨어져서 출발할 때에 다른 사람을 믿게 할 만한 암시를 주기란 도저히 불가능한 것입니다."

휴가는 끝나고 우리는 짐을 꾸려 등에 지고 바이리시첼과 란틀 사이의 계곡을 통과하는 서쪽 길로 귀로에 올랐다. 그날은 따뜻하였다. 눈이 멈춘 밑에서는 설앵초가 나무 사이에 피어 있었고, 초원에는 노란 앵초가 만발해 있었다. 우리는 짐이 너무 무거웠기 때문에 치펠비르트라는 곳에서 두 마리의 말이 끄는 낡은 짐마차를 빌렸다. 우리는 정치적으로 불행이 가득 찬 세계로 되돌아가고 있다는 사실을 까맣게 잊고 있었다. 하늘은 우리와 함께 마차 위에 앉아 있는 두 젊은이, 즉 프리드리히와 크리스찬의 얼굴처럼 맑았다. 그때 우리는 바이에른의 봄철로 내려가고 있었던 것이다.

12. 혁명과 대학생활 ₁₉₃₃

1933년 여름학기 초에 내가 라이프치히 연구소에 돌아왔을 때 파괴는 한참 진행되고 있었다. 내 세미나에 참석하던 유능한 사람들 가운데 많은 사람들이 이미 독일로부터 망명을 하였고 나머지의 상당수가 망명을 준비하고 있었다. 내 뛰어난 조수인 펠릭스 블로호도 이민을 결심하고 있었고, 나 자신도 독일에 남아 있는 것이 어떤 의미를 갖는지 스스로 자문자답하지 않을 수 없었다. 내 올바른 처신에 대하여 고통스럽게 번민을 거듭하던 이 시기에 나에게 크게 도움을 준 두 대화가 기억에 남아 있다. 하나는 내 강의를 듣고 있던 민족적 사회주의자인 어느 젊은이와 나눈 대화이고, 또 하나는 막스 플랑크와 나눈 대화이다.

나는 당시에 연구소의 맨 위층 지붕 밑에 있는 벽이 비스듬히 기울어진 다락방에서 거처하고 있었다(당시 저자는 31세로서 아직 독신이었다 — 역주). 나는 이곳으로 이사할 때 가장 중요한 가재도구로서 라이프치히의 블뤼트너 회사에서 피아노 한 대를 구입하여 밤에 혼자 연주하거나 친구들과 같이 실내악 연주를 즐기곤 하였다. 나는 그 무렵 내 일을 하는 한편으로 음악대학의 피아니스트인 한스 벨츠에게서 개인교습을 받고 있었기 때문에 낮의 휴식시간에는 자주 이곳에 와서 피아노 연습을 하곤 하였는데,

그 주에 나는 슈만의 '피아노 협주곡 A단조'를 연습하고 있었다.

어느 날 오후 나는 피아노 연습을 마치고 막 연구소로 내려가다가 보도에 있는 의자에 한 젊은 학생이 앉아 있는 것을 보았다. 이 젊은이는 당시 갈색 나치 제복을 입고 내 강의에 출석하던 학생이었다. 그는 약간 당황해하면서 일어나서 인사를 하였고, 나는 이야기하고 싶은 것이 무엇이냐고 물었다.

그는 약간 주저하면서, "아니요. 다만 음악을 듣고 있었을 뿐입니다"고 대답하는 것이었다. 그러나 내가 다시 같이 물었더니 그 학생은 이야기할 시간을 내주신다면 매우 고맙겠다는 것이었다. 그래서 그를 내 거실로 데리고 들어갔다.

"저는 선생님의 강의에 출석하는 것밖에는 선생님과 아무런 관계가 없습니다. 저는 선생님께서 피아노 치시는 것을 경청하고 있습니다. 저는 여기가 아니면 음악을 들을 기회가 거의 없습니다. 저는 또한 선생님께서 청년운동에 관계하고 계셨다는 것도 알고 있습니다. 저도 그 운동에 가담하고 있습니다. 그러나 선생님께서는 나치의 학생회합이나 히틀러 유겐트의 모임 또는 그보다 더 큰 모임 같은 우리 청년들의 어떠한 모임에도 참석하신 일이 한 번도 없으십니다. 저 자신이 히틀러 유겐트의 지도자이기 때문에 선생님을 꼭 한번 우리 모임에 모시고 싶습니다. 그런데 선생님께서는 보수적인 늙은 교수들과 굳은 유대를 가지고 있는 서클에 소속되어 있는 것처럼 행동하고 계십니다. 그들이야말로 어제의 세계에서만 살 수 있는 무리들이고, 그 사람들은 지금 새롭게 소생하고 있는 신생독일과는 증오까지는 아니더라도 전혀 인연이 없는 분들입니다. 그러나 선생님처럼 젊으시고 그와 같은 아름다운 음악을 생생하게 연주하시는 분이 오늘날 새로이 건설되고 있는 나라, 또 새롭게 이 나라를 재건하려는 청년들과 그렇게 담을 쌓고 아무런 이해 없이 대립되어 있다는 것은 도무지 상상할 수 없는 일입니다. 우리들은 우리보다 더 경험이 풍부하고 이와 같은 재건운동에 힘이 되어 주실 바로 그런 분을 필요로 하고 있습니다. 선생님께서는 지금 독일에서 증오할 만한 일들이 벌어지고 있으며, 죄 없는 사람들이 박해를 받고, 또 독일로부터 추방되고 있다는 사실에 노하고 계실 줄 압니다. 그러나 저 또한 그와 같은 부정을 선생님과 같이 매우 증오하고 있다는 사실을 믿어 주시면 고맙겠습니다. 그리고 제 친구들은 어느 누구도 그런 일에 관여하고 있지 않다는 것을 저는 확신하고 있습니다. 커다란 혁명이 성공한 다음에는 좀 지나친 일들이 뒤따른다는 것, 그리고 처음 단계의 흥분의 도가니 속에서는 못난 사람들도 이러한 과업에 끼어들게 마련이라는 점 등은 어쩔 수 없는 것이라고 생각합니다. 그러나 잠시의 과도기가 지나면 이와 같은 일들은 다시 제거되리라는 것을 우리는 희망할 수 있습니다. 바로 그렇기 때문에 좀더 올바른 방법으로 건설하고, 예컨대 선생님께서 관여하셨던 그 청년운동의 정신을 좀더 많이 받아들이기 위해서도 우리는 선생님 같으신 분들의 협력을 필요로 하고 있습니다. 따라서 저는 선생님께서 왜 우리들에게 협력하는 것을 거부하시는지를 알고 싶습니다."

"이것이 젊은 학생들만의 문제라면 내가 옳다고 생각하는 일을 관철하기 위하여 서로 이야기를 나누고, 또 협력을 통해서 거기에 이바지할 수도 있다고 나는 믿고 있습니다. 그러나 지금은 거대한 민중이 이 운동에 빠져들어 가고 있습니다. 이 같은 때에는 몇몇 학생들과 교수들의 의견을 가지고는 아무것도 할 수가 없습니다. 이미 혁명의 지도자들은, 민중이 자기들과는 정신적으로 다른 사람들로부터 나올 수 있는 이성을 가지라는 경고를 진지하게 받아들이지 않는다는 것을, 지성인들을 경멸함으로써 확증하고 있습니다. 여기서 나는 학생에게 한 가지 묻고 싶군요. 도대체 당신들은 무엇을 가지고 새로운 독일을 재건한다고 말할 수 있는 것입니까? 나는 당신이 이와 같은 일에 선의를 가지고 대하고 있다는 것은 처음부터 믿고 있습니다. 그러나 옛날의 독일은 파괴되었고 많은 불의가 최근에 횡행하고 있는 것은 움직일 수 없는 사실 아닙니까? 그리고 다른 모든 것은 단순한 희망적인 꿈에 지나지 않는다. 당신들이 그동안 잘못된 곳만을 변경하고 개선하려고 하였다면 나는 기꺼이 협력하였을 것입니다. 그러나 실지로 일어난 일은 전혀 다른 것들이 아닙니까? 지금 독일이 파괴되고 있는 마당에 거기에 협력할 수는 없다는 점을 학생은 이해해야 할 것입니다. 이 점은 아주 분명합니다."

"아닙니다. 선생님은 지금 정말로 잘못하고 계십니다. 선생님께서는 작은 개선으로써 무엇이 이루어진다고 주장하시려는 것은 아니시겠지요. 지난번의 패전 이후 사태는 해마다 악화일로를 걸어왔습니다. 우리들이 전쟁에 진 것도, 상대방이 강하였던 것도 사실입니다. 그리고 이 사실은 우리가 거기서 무엇인가를 배워야 한다는 걸 뜻합니다. 그러나 실질적으로는 어떤 일들이 벌어졌습니까? 나이트클럽이 생기고 카바레가 마구 늘어났습니다. 그리고 근면과 노력과 희생적 봉사는 전부 조롱의 대상이 되고 말았습니다. 무엇 때문에 일을 해야 하느냐, 모두가 난센스다, 전쟁엔 졌다. 놀아라, 술이 있고 미녀들이 있지 않으냐……. 그리고 경제계는 상상할 수 없을 정도로 부패하고 말았지요. 지불해야 하는 배상금 때문인지, 아니면 사람들이 세금을 지불하기에는 지나치게 빈곤한 탓인지는 몰라도 정부는 재정이 어려워지면 마구 돈을 찍어냈습니다. 그것이 무엇이 나쁘냐고 말씀하시는 것입니까? 그래서 많은 노약자들이 마지막 재물을 사취당하고 설상가상으로 굶주림에 허덕이게까지 되었는데 어느 누구도 이를 진지하게 걱정해 주는 사람은 없었습니다. 정부는 충분한 돈을 가졌고 부익부 빈익빈의 형상은 자꾸만 늘어갔습니다. 그리고 최근의 가장 심한 배덕한 스캔들에는 유대인들이 반드시 끼어 있었다는 사실은 선생님도 잘 아실 겁니다.”

“그래서 당신들은 유대인들을 특수한 인종으로 간주하고 그들을 모욕적으로 다루며 일련의 우수한 사람들을 독일에서 추방하는 권리를 정당하다고 생각하는 것입니까? 어째서 신앙이나 인종과 관계없이 부정을 저지른 사람들을 벌하는 일을 재판소로 일임하지 못하는 것입니까?”

“그것은 바로 그러한 일들이 불가능하기 때문입니다. 사법은 오래 전부터 정치재판소가 되어 과거의 부패를 영속시키려고만 하였고, 민중의 복지는 아랑곳없이 오로지 지배계급만을 보호하려고 하였습니다. 보십시오! 저 가장 악질적인 부패 스캔들에 얼마나 관대한 판결이 내려졌는가를. 그리고 퇴폐풍조는 다른 많은 곳에서도 두드러지게 눈에 띕니다. 현대미술 전람회에서는 정신적으로 혼란을 일으키는 터무니없는 작품들이 가장 예술가치가 높은 것으로 평가되고, 단순한 일반사람들이 그것이 마음에 들지 않는다고 하면 ‘당신은 이 작품을 이해하기에는 지나치게 수준이 낮군요’라고 낙인이 찍힙니다. 그리고 정부는 가난한 사람들을 위해서 무엇을 했습니까? 어느 누구도 굶주리지 않도록 훌륭한 사회제도가 있다고 말하겠지요. 그래서 가난한 사람들이 굶주리지 않을 정도의, 그야말로 형식적인 구제금만을 지불하고 그들은 책임을 다했다고 말할 수 있는 것입니까? 선생님께서는 우리들이 그러한 점 등을 개선하였다는 사실을 인정하셔야 할 것입니다. 우리들은 실지로 노동자들과 자리를 같이 하였고, 그들과 같이 나치 돌격대 훈련을 받았으며, 가난한 사람들을 위하여 식료품이나 의류들을 모았고, 노동자들과 시위행진을 같이하였습니다. 그리고 우리가 그들과 생활을 같이하였을 때 그들이 매우 행복하게 생각하고 있는 것을 피부로 느낄 수 있었습니다. 이것이야말로 개선이 아니고 무엇입니까? 과거 14년 동안 모든 사람들은 각자가 자기 주머니만을 위해서 일해 왔습니다. 그리고 딴 사람들에게 자기를 과시하기

224

위하여 남보다 더 좋은 옷을 입는다든가, 거실을 좀더 아름답게 꾸민다든가 하는 일들이 중요했을 뿐입니다. 국회의원들이란 다만 자기가 소속되어 있는 정당에 물질적 이익이 많이 돌아오는 일에만 혈안이 되어 있을 뿐 그 밖의 일에는 도대체 관심도 갖지 않았습니다. 그리고 저마다 자기 이윤을 추구하기 위하여 다른 사람들의 이윤을 비난하곤 하였습니다. 일반의 복지를 생각하는 국회의원은 한 사람도 없었습니다. 그리고 이러한 일에 합의가 이루어지지 않으면 격돌이 벌어지고 심지어는 잉크병을 던지는 일까지 벌어지지 않았습니까? 어쨌든 이러한 추태는 종식되었습니다. 이것은 절대로 불행한 일은 아닙니다."

"1919년 이후에 독일민족은 비로소 자기자신을 다스리는 것을 배워야 했다는 점, 즉 당국이 이미 권위를 상실하여 공정한 재판을 하지 못하게 될 때 자유의지로써 타인의 권리를 존중하지 않으면 안 된다는 것을 배우는 일이 그렇게 간단하게 이루어지지 않았다는 것을 학생은 한번 생각해 본 적이 있습니까?"

"그것은 옳은 말씀입니다. 그러나 정당은 14년 동안이나 배울 수 있는 시간이 있었습니다. 그러나 실제로는 악화일로일 뿐 조금도 좋아지지 않았습니다. 국내에서 이렇게 서로 싸우고 기만을 일삼고 있으면 독일의 명성은 국외에서도 차츰 격하될 뿐이며, 외국에도 기만당하는 꼴이 된다 해도 조금도 놀라운 일이 아닙니다. 국제연맹에서는 민족의 자결권에 대해 언급하고 있으나 남부 티롤 사람들은 그들이 어느 나라에 속해지기를 원하는가에 대해서 의사를 타진 받은 일이 한 번도 없었습니다. 남부 티롤은 현재 이탈리아에 소속되고 있습니다. 또한 군비축소에 대해서 언급되고 있지만 독일의 군비축소와 다른 나라들의 안전만을 문제삼고 있을 뿐입니다. 이런 상황에서 국내외 할 것 없이 더 이상 이 같은 허위를 참을 수 없으실 것입니다. 선생님께서도 이와 같은 일은 근본적으로 원치 않으실 것 아닙니까?"

　"그리고 학생은 당신들의 지도자인 아돌프 히틀러를 훌륭하다고 믿고
있습니까?"

　"그가 지나치게 소박하게 보이기 때문에 선생님 마음에 들지 않으시리
라는 것도 짐작이 갑니다. 그러나 그는 단순한 민중에게 이야기해야 하
기 때문에 그들의 언어를 사용하지 않으면 안 됩니다. 저는 그가 훌륭하
다는 것을 선생님께 증명할 수는 없습니다. 그러나 그가 지금까지 어느
정치가보다 잘하는 것을 보시게 될 것입니다. 선생님께서는 지난번 전쟁
때의 적국들이 히틀러에게 그의 선임자들에게 양보했던 것보다 더 많은
것을 양보하는 것을 보시게 될 것입니다. 왜냐하면 간단합니다. 만약 그
들이 전과 같이 부정을 강행하려 하면 이제는 스스로 상당한 희생을 각오
해야 한다는 것을 너무나 잘 알고 있기 때문입니다. 이와 같은 일을 선생
님은 곧 경험하시게 될 것입니다. 과거에는 그와 같은 부정이 훨씬 간단
하게 이루어졌습니다. 그것은 지금까지 독일정부가 외부로부터의 강요
를 감수하였기 때문입니다."

　"설사 학생이 이야기한 것이 옳다고 하더라도, 강제적으로 얻은 양보
가 당신들의 운동과 히틀러의 순수한 성공이라고 불러야 할지 아닐지를
나는 알 수 없습니다. 그 까닭은 그렇게 억지를 써서 달성한 모든 변화가
독일에 더 많은 적을 만들 것이기 때문입니다. 지난 전쟁 때 '적이 많으면
우리의 영예도 많다'는 슬로건이 결국 우리를 어디로 끌고 왔다고 생각합
니까? 우리는 이에 대해서 지난 전쟁에서 충분히 배웠어야 했습니다."

　"그렇다면 선생님께서는 우리 독일사람들이 모든 것을 시인하고 그저
경멸당하고 조소당하는 나라로서 조용히 남아 있어야 한다는 말씀입니
까? 지난 전쟁에서 졌다는 단 한 가지 이유로 지난번 전쟁에 대한 책임이
마치 우리에게만 있는 것같이 모든 것을 날조하고, 그 책임을 우리에게

뒤집어씌우고 있는 이것을 선생님은 그저 참을 수 있다고 생각하십니까?"

"우리는 서로 잘못 이해하고 있습니다"라고 나는 그를 달래려고 노력하였다.

"나는 학생에게 내가 무엇을 생각하고 있는지를 좀더 분명하게 설명해야 하겠습니다. 나는 덴마크, 스웨덴, 그리고 스위스와 같은 나라들이 비록 지난 100년 동안에 전쟁에는 패하였고 군사적으로도 약할지라도 아주 잘살고 있는 것을 봅니다. 그들은 자신들의 희생을 강대국에 반 정도 의존함으로써 이와 같은 상태에서 잘 유지해 나갈 수 있었습니다. 우리도 그런 노력을 해야 하지 않을까 생각해 봅니다. 학생은 아마도 우리는 스웨덴이나 스위스보다는 큰 나라이고, 경제적으로도 그들보다 강대국이라고 반론할 수 있을 것입니다. 우리는 세계적인 동향에 큰 영향력을 행사할 권한이 있다고 말합니다. 그러나 그 경우에 나는 좀더 먼 미래를 생각해 볼 필요가 있다고 생각합니다. 우리 자신이 증인이 되고 있는 오늘날의 세계구조의 변화는 과거 유럽에서 중세로부터 근세에 이르는 과도기에 이루어졌던 변화들과 어떤 유사성을 가지고 있다고 생각합니다. 당시의 기술, 특히 병기기술의 진보는 기사의 성이라든가 어느 고을처럼 정치적으로 독립된 작은 단위는 소멸되고 ─ 어쨌든 독립된 정치적 형체로서는 소멸되었습니다 ─ 그 대신에 좀더 큰 단위, 즉 크든 작든 하나의 연방국가로 대체되는 결과를 가져왔습니다. 이와 같은 변천이 이루어진 다음에는 많은 비용을 들여서 쌓아올린 성벽이라든가, 한 도시를 둘러싸는 방위벽 같은 것은 별 다른 구실을 하지 못하게 되었습니다. 도리어 이런 성벽으로 둘러싸여서 제한을 받고 있었던 대도시보다는 아예 이런 성벽을 포기하고 있었던 소도시가 확장에 용이하였고, 따라서 성장도 빨랐습니다. 우리가 살고 있는 현대에서도 기술의 발달은 비상한 것이어서 병기기술은 비행기의 발명으로 극도의 변화를 가져왔습니다. 따라서 오늘날에는 국가라는 한계를 넘어선 더 큰 정치적 단위로의 형성을 서두르는 경향이 뚜렷해지고 있습니다. 따라서 우리도 군비확장을 단념하고 그 대신에 경제적 협력으로 우리를 둘러싼 이웃 나라들과 우호관계를 맺으려고 노력하는 편이 우리나라의 안전을 위한 더 좋은 방책이 될 것입니다. 군비 증강은 이웃 나라들의 저항력을 촉진시킬 뿐이며, 결과적으로 우리나라의 안보를 해치는 일밖에는 되지 않을 겁니다. 더 큰 정치적인 공동체에 소속된다는 것이 훨씬 더 좋은 안보책이 될 겁니다. 이렇게 말하는 것은 결국 먼 장래에 놓여 있는 목표달성을 위해 세운 정치적 계획에 대하여 가치판단을 내린다는 것은 항상 매우 어렵다는 점을 말하고 싶었을 뿐입니다. 그러므로 나는 정치적 운동이란 큰소리로 외치며 실제로 달성하려고 하는 그 목표에 따라서 판단할 것이 아니라, 그 실현을 위해서 사용하고 있는 수단에 따라서 판단되어야 한다고 믿고 있습니다. 이런 점에서 국가사회주의자의 경우나 공산주의자의 경우에는 유감스럽게도 그들이 사용하고 있는 수단은 참으로 졸렬한 것이며, 장본인들조차도 자기 이념의 실현을 위한 설득력을 믿고 있지 않다는 것을 보여주고 있습니다. 그러므로 나는 이 두 가지 이념으로부터 파생되는 어떠한 운동에도 기대를 걸 수는 없으며 이 두 가지 주의로부터는 독일에 불행만 가져올 뿐이라는 것을 유감스럽지만 확신하고 있습니다.”

 “그러나 선생님께서는 선의의 수단으로는 아무것도 달성된 것이 없다는 사실을 인정하셔야 합니다. 청년운동은 데모 한 번 해본 일이 없으며, 유리창 한 장 깨본 적도 없고, 대적하는 사람을 한 사람도 구타하지 않았습니다. 그들은 모범을 보임으로써 새롭고 올바른 가치기준을 세우려고 노력하였을 뿐입니다. 그런데 그렇게 해서 나아진 것이 무엇이 있습니까?”

228

"순수한 정치적 차원에서는 그렇게 말할 수도 있을 것입니다. 그러나 문화적으로 청년운동은 상당한 결실을 맺었다고 생각합니다. 민중학교, 수공예품, 데사우의 건축연구소, 고전음악의 장려, 합창 그룹, 그리고 소인극 같은 것들을 생각해 보시오. 그것들은 확실히 하나의 성공적인 사례라고 생각합니다."

"네. 그것은 그렇습니다. 저는 그 점을 조금도 부인하려 하지 않습니다. 나아가서 그것은 매우 좋은 성과였다고 생각합니다. 그러나 독일은 내적인 부패와 외부적인 압박에서 해방되지 않으면 안 됩니다. 그런데 이와 같은 일은 분명히 선의의 수단만을 가지고는 아무것도 이루어지지 않았습니다. 그렇다고 구태의연하게 머물러 있어야 한다는 결론이 나올 수는 없습니다. 선생님께서는 너무나 개화하지 못한 것으로 보이며, 우리가 도무지 석연치 않은 수단을 사용하는 어떤 사람을 추종하고 있다고 우리를 비판하고 계십니다. 저도 그의 반(反)유대주의가 우리 운동의 가장 불유쾌한 측면이라고 느끼고 있으며, 그 같은 폐단은 사라지리라고 보며 또 바라고 있습니다. 그러나 구체제의 대표자 가운데 어느 한 사람이라도, 그리고 현재의 혁명을 비판하는 늙은 교수의 어느 한 사람이라도 선의의 수단으로써 목표를 달성할 수 있는 더 나은 길을 우리 젊은이에게 제시하려고 한 사람이 있습니까? 실제로 우리가 이와 같은 곤경에서 빠져나갈 수 있는 어떤 다른 길을 가르쳐 준 사람은 아무도 없었습니다. 그런 점에서는 선생님도 다를 바 없습니다. 그런 상황에서 우리가 도대체 어떻게 하면 좋았다고 생각하시는 것입니까?"

"그래서 학생은 폭력행위에 가담하였으며, 무엇인가를 파괴하면 거기서 어떤 좋은 결과가 나오리라는 헛된 망상에 사로잡혀서 혁명에 협력을 하였단 말입니까? 학생은 야콥 부르크하르트가 혁명의 외교적 최종결과에 대해서 무엇이라고 썼는지를 알고 있겠지요? '만약에 하나의 혁명이 불구대천의 원수를 만들지 않는다면 그것만으로도 하나의 커다란 행복이다'고 하지 않았습니까? 우리 독일인이라고 이런 흔히 있을 수 없는 행복을 차지할 것이라고 어떻게 말할 수 있습니까? 우리들 연장자들 — 나도 이 속에 들어갑니다만 — 이 아무 충고도 할 수 없었던 것은 지극히 간단한 이유에서입니다. 즉 사람은 자각을 가지고 단정하게 자기의 맡은 바 일을 해 나가야 할 것이며, 좋은 모범은 결국은 선으로서 작용할 것을 기대해야 한다는 아주 평범한 충고 이외에는 다른 말을 갖지 못했기 때문입니다."

"선생님께서는 옛 것, 지나간 것, 어제의 것만을 원하시는군요. 선생님의 견해에 따르면 그것을 변화시키려는 모든 시도는 다 잘못된 것이니까, 그러한 생각으로는 젊은이들을 설득하기는 이미 틀렸습니다. 선생님 말씀대로라면 이 세상에는 새로운 일이란 절대로 일어날 수 없을 것입니다. 그런데 어떻게 선생님께서는 선생님의 학문 분야에서 새로운 혁명적인 이론을 시작하실 수 있으셨습니까? 도대체 무슨 권리로 말입니다. 상대성이론이나 양자이론은 철저하게도 이전의 모든 것과 단절하고 있는데요.……"

"우리가 과학에서의 혁명을 말할 때에는 그 혁명을 정확하게 살펴보는 일이 매우 중요합니다. 예를 들어 플랑크의 양자이론을 생각해 봅시다. 플랑크는 처음부터 지금까지의 물리학을 변화시키려는 생각은 추호도 없었던 아주 보수적인 정신의 소유자였다는 사실을 잘 알고 있을 겁니다. 그는 다만 극히 제한된 특정한 문제를 해결할 것을 결심하였던 것입니다. 그래서 그는 열복사의 스펙트럼을 이해하고자 하였습니다. 물론 그는 이전 물리학의 모든 법칙을 총동원해서 이를 해결하려고 시도하였습니다. 그러나 이전의 것을 가지고는 불가능하다는 것을 알게 되기까지는 여러 해가 필요했었습니다. 그때에야 비로소 그는 이전의 물리학 테두리를 벗어나는 하나의 가설을 제안했던 것입니다. 그런 이후에도 그는 부가적 가설로써 자기가 옛 물리학을 둘러싸고 있는 벽에다 뚫은 구멍을 막아보려고 생각했었습니다. 그러나 그것은 불가능한 것으로 나타났습니다. 그 뒤 계속되는 플랑크의 가설 추구는 물리학 전체를 근본적으로 개조하기에 이르렀던 것입니다. 그러나 개조한 뒤에도 역시 고전물리학의 개념으로 완전히 파악할 수 있는 물리학의 영역 안에서는 변화한 것이 아무것도 없습니다. 말을 바꾸면, 과학에서는 사람들이 되도록 적게 변화시키려고 노력할 때, 즉 우선 좁고 윤곽이 확실한 문제의 해결에만 한정시킬 때, 그 때에만 결실 있는 혁명이 관철될 수 있었습니다. 지금까지 모든 것을 포기하고 자기 마음대로 변화시키려는 시도는 터무니없는 난센스에 이르게 됩니다. 확립되어 있는 것을 모두 뒤집어엎으려는 짓은 자연과학에서는 다만 무비판적인 반미치광이 같은 광신자들 — 예컨대 영구기관(永久機關)을 발명할 수 있다고 주장하는 사람들 — 만이 시도하고 있을 뿐입니다. 물론 그런 시도로부터 무엇이 나올 까닭이 없습니다. 나는 과학에서의 혁명이 인간 공동생활에서의 혁명과 견주어질 수 있는 것인지 잘 알지를 못합니다만 — 설사 그것이 하나의 꿈에 지나지 않더라도 — 역사상으로 보더라도 영속적인 혁명은 다만 좁게 범위가 한정된 문제만을 해결하고, 되도록 적게 변화시키려고 노력하는 그러한 것이어야 한다고 나는 생각하고 있습니다. 2천 년 전의 저 위대한 혁명을 생각해 보세요. 그 혁명의 주모자인 그리스도는 '나는 율법을 폐하러 온 것이 아니라 율법을 완성하러 왔노라'고 말하고 있습니다. 다시 한 번 강조한다면, 하나의 중요한 목표에만 한정시키고, 되도록 작은 범위에서 변화시키려는 노력이 매우 중요하다고 생각합니다. 바로 그 작은 것이, 어쩔 수 없이 변화되어야만 했던 그 작은 부분이 나중에는 거의 모든 생활양식을 자연히 변화시키고야 마는 그와 같은 큰 힘을 갖게 되는 것입니다."

"선생님께서는 어째서 그렇게까지 옛 형태에 집착하시는 것입니까? 옛 형태들이 이미 새 시대에는 적합하지 않은데도 불구하고, 다만 일종의 타성으로 말미암아 어쩔 수 없이 견지되고 있는 사례가 허다하지 않습니까? 그런 경우 어째서 그러한 것을 제거해서는 안 된다는 말입니까? 예를 든다면 교수들이 여전히 중세적인 가운을 걸치고, 대학의 식전에 나타나는 따위의 행위는 참으로 우스꽝스러운 일이라고 생각합니다. 그러한 구습은 깨버려야 하는 무용지물에 지나지 않습니다."

"옛 형식에 집착하고 있는 것은 물론 아닙니다. 그러나 내게는 그 형식들에 따라서 표현되는 내용이 문제됩니다. 그런 점을 또 한 번 물리학과 견주어서 설명해 보면 이렇습니다. 고전물리학의 공식들은 지금까지 항상 옳았을 뿐만 아니라, 미래나 어떠한 시대에도 올바른 형식으로 남아 있어야 할 하나의 옛날의 경험적 지식을 표현하고 있습니다. 양자역학은 이 해박한 경험지식에 형식적으로 다른 형태를 부여했을 따름입니다. 그러나 내용적으로는 진자운동, 지렛대 법칙, 행성운동 등의 물리학에서 변화된 것은 아무것도 없습니다. 그 까닭은, 이러한 현상의 세계에 아무런 변화가 없기 때문입니다. 지금 학생이 지적한 가운 문제로 돌아가서 생각하면, 이 옛 형식은 필연코 국민의 계급적 신분을 표시하던 시대에 그 기원을 가질 것입니다. 그러나 그 내용을 살펴보면 아마도 그 역사는 더 오래된 것으로서 학식과 우수한 사고력을 지니고 어려운 문제에 부닥치면 적절한 조언을 줄 수 있는 훌륭한 사람들의 그룹이 인간사회에서 매우 중요하다는 경험에 비롯되고 있을 것입니다. 따라서 가운은 이 같은 인식을 반영하는 특수한 지위를 상징하는 것으로서, 개인적으로는 그와 같은 요구를 다 충족시키지는 못할지라도 그들을 무식한 대중의 공격에서부터 보호하기 위한 것입니다. 이와 같은 경험은 오늘날에도 수백 년 전과 조금도 다를 바가 없습니다. 그러나 사람들이 그 같은 표면적인 것의 표현을 가운에 의존하느냐 아니면 좀더 현대적인 형식으로 하느냐는 그다지 중요한 문제가 아닙니다. 가운에 대한 많은 비판자들이 그 속에 표현되어 있는 경험내용 자체까지도 변경시키고 싶어 하는 것이 아닌가 하고 의심이 갈 때도 있습니다. 그러나 아무리 그렇다 하더라도 사실 자체는 조금도 변하지 않으니까, 그것은 참으로 어리석은 짓이 아닐 수 없습니다."

"노인들이 항상 그렇듯이 선생님 또한 청년들의 활동을 반대하는 그러한 경험만을 인용하고 계십니다. 거기에 대하여 우리들은 더 이상 할 말이 없습니다. 우리는 역시 고독할 뿐입니다."

그리고는 내 방문객은 돌아가려고 하였다. 그래서 나는 그를 위해서 슈만의 협주곡 마지막 악장을 다시 한 번 연주해 주었다. 그는 매우 만족스러워 하였고, 이별할 때에는 내게 호감을 갖는 것 같은 인상을 풍겼다.

이 대화가 있은 다음 몇 주일 동안에 당국의 대학에 대한 간섭은 차츰 심해져가고 있었다. 우리 학부의 동료교수의 한 사람인 수학자 레비는 제1차 세계대전 때 높은 전공훈장을 많이 받았던 사람으로서 그의 지위는 법적으로 보장되어 있었음에도 돌연 그의 직위가 해제되고 말았다. 그때 젊은 교수들 — 나는 여기서 특히 프리드리히 한트, 카를 프리드리히 폰 회퍼와 수학자인 판 데어 베르덴이 기억난다 — 의 분노는 대단히 컸으며, 우리는 우리 스스로가 교수직에서 물러나는 동시에 되도록 많은 교수들에게 이에 동조해줄 것을 요청하는 운동을 펼칠 것을 진지하게 고민하고 있었다. 그러나 나는 이 운동을 본격적으로 시작하기 전에 신뢰할 수 있는 연장자와 그 가능성에 대해 다시 한 번 이야기를 나누고 싶었다. 그래서 나는 막스 플랑크에게 면담을 신청하였고, 그의 허락을 받아 베를린 그루네발트에 있는 방엔하임가(街)의 자택으로 그를 방문하게 되었다.

플랑크는 그다지 밝지는 않았지만 고풍으로 쾌적하게 정돈된 집에서 나를 맞아들였다. 그 방은 한가운데 있는 책상 위에 옛날의 석유등이 걸려 있는 것과 같은 느낌이 드는 그러한 분위기였다. 플랑크는 우리가 최근에 만난 이후의 짧은 기간에 갑자기 여러 해 늙은 것같이 보였다. 그의 섬세한 긴 얼굴에는 잔주름이 가득하였고, 인사를 할 때의 그의 미소는 고통스럽게 보였으며 매우 피로한 모습이었다.

그가 대화를 시작하였다.

"당신은 나에게 정치적인 문제에 대한 충고를 기대하고 이렇게 와 주었지만, 아마 나는 아무런 충고도 할 수 없을 것입니다. 나는 독일과 독일의 대학에 미치는 파국이 저지될 수 있으리라고는 기대할 수 없는 심정입니다. 당신이 몸담고 있는 라이프치히대학에서도 이곳 베를린의 경우와 큰 차이가 없으리라고 생각됩니다만, 내가 라이프치히대학의 파탄을 듣기 며칠 전에 히틀러와 나누었던 대화에 관해 먼저 이야기해야겠습니다. 나는 유대인 동료들을 추방하는 것이 독일의 대학과, 특히 물리학 연구에 얼마나 막대한 손실을 가져오는가에 대하여 그를 설득할 수 있으리라고 생각하고 있었습니다. 그리고 유대인들에 대한 그러한 취급이 얼마나 무의미하여 얼마나 비인도적인 처사인지, 그들도 독일인이라는 자각을 가지고 그 대부분이 지난 대전에서 다른 모든 독일사람들과 같이 독일을 위해서 생명을 바쳤던 사람들이라는 것을 누누이 설명하였지만, 히틀러로부터 아무런 이해도 구하지 못했습니다. 좀더 심하게 말한다면 그런 인간과는 서로 이해할 수 있는 대화의 언어가 없었다는 것이 정확한 표현일 것입니다. 내가 보기에는 그는 이제는 완전히 외부와의 접촉이 차단되었으며, 누가 무슨 말을 하면 그것을 다 번잡하고 성가신 것이라고 느끼고 있는 것 같았습니다. 그래서 그는 과거 14년 동안 정신생활의 파탄과 그 타락을 마지막 순간에 저지해야만 했었던 필요성 등을 반복해서 큰소리로 외치면서 남의 이야기를 무시해 버리는 것이었습니다. 그때 사람들은 그가 그 같은 터무니없는 엉터리를 믿고 있으며 폭력을 써서 모든 외부의 영향을 배제함으로써 그것을 실현시킬 수 있다고 확신한다는 숙명적인 인상을 받게 됩니다. 그는 이른바 그 자신의 이념에 사로잡혀 있으며, 어떠한 합리적인 항의도 용납하지 않으면서 독일을 파멸로 이끌어 갈 것이 틀림없습니다."

나는 요사이 라이프치히에서 일어난 사건들과, 거기에 대해 젊은 교수들이 논의한 계획, 즉 교수직을 시위하듯이 사직하면서 큰소리로 분명하게 '이 이상은 참을 수 없다'는 우리의 태도를 밝힐 계획을 보고하였다. 그러나 플랑크는 그와 같은 계획은 처음부터 아무런 성과도 기대할 수 없다는 것을 확신하고 있었다.

"나는 아직 당신이 젊은 사람으로서 그와 같은 대처로써 파국을 저지할 수 있다고 낙관적으로 믿고 있는 것을 매우 다행스럽게 생각하고 있습니다. 그러나 유감스럽게도 당신은 대학이나 정신적으로 교양 있는 사람들의 영향력을 너무 믿고 있는 것 같습니다. 일반사회에서는 당신들의 항의를 사실상 아무도 모를 것이며, 신문들은 물론 그런 사실을 보도하지 않을 뿐만 아니라 오히려 악의 있는 논조로써 당신들의 사직을 보도할 것이 틀림없습니다. 일단 눈사태가 일어나면 어느 누구도 그 눈사태의 방향에 영향을 줄 수 없다는 사실을 당신은 알고 있을 겁니다. 그 눈사태가 얼마나 많은 파괴를 불러올 것인지, 또 얼마나 많은 인명을 앗아갈 것인지는 아무도 모르지만, 이미 그 눈사태는 일어나고 있습니다. 히틀러 자신도 이미 이 사태의 결과나 그 진행과정을 결정할 수 없게 되었습니다. 그는 그런 일을 추진하고 있는 사람이라기보다는 자신의 광기로 말미암아 그 자신이 극단적으로 추진당하고 있는 사람이기 때문입니다. 그는 자기가 해방시켜 놓은 폭력이 자기를 높이 들어올려 놓을 것인지 또는 무참하게 소멸시켜버릴 것인지를 자신도 모르고 있습니다. 따라서 당신들의 계획은 이 파국이 끝날 때까지 당신들에게 반작용만 미칠 것이고 — 당신들에게 이미 희생에 대한 각오가 충분히 되어 있을 줄은 압니다만 — 기껏해야 이 재난이 다 지나간 뒤에나 어떤 힘을 발휘하게 될 것입니다. 따라서 우리는 목표를 그곳에다 설정할 수밖에 없습니다. 당신은 만약 사직한다면 최상의 경우에 외국에서 어떤 자리를 찾을 가능성이 있을 것입니다. 불행한 경우에 대해서는 길게 말하고 싶지 않군요. 그럴 경우 당신은 외국에 이민을 가 정착하게 되겠지만, 당신보다 훨씬 더 곤경에 빠질 사람들을 계산에 넣어야 할 것입니다. 당신 경우는 외국에 가면 이 같은 재난 밖에서 안주하면서 조용하게 일할 수 있을 것입니다. 그리고 이러한 파국이 끝을 고할 때 당신은 나는 저 무법자들과는 타협하지 않았다면서, 양심의 가책을 느끼지 않는 상태에서 귀국할 수도 있을 것입니다. 그러나 그때까지는 많은 시간이 지나야 할 것이며, 당신은 지금의 당신과 많이 달라졌을 뿐만 아니라 이곳 사람들도 많이 달라져 있을 것입니다. 그때 과연 당신이 많은 변화가 일어난 이 땅에서 좋은 지도자가 될 수 있을까요? 한편 사직을 하지 않고 그대로 머문다고 하더라도 여러 가지 문제를 지니게 될 것입니다. 당신은 결국 이 파국을 저지할 수는 없을 것이고, 따라서 살아남기 위해서는 어떠한 형태로든지 타협을 하지 않을 수 없을 것입니다. 그렇지만 그때 당신은 다른 사람들과 더불어 불변의 고도(孤島)들을 이루는 시도를 할 수 있을 것입니다. 당신은 젊은 사람들을 당신 주위에 모을 수 있고, 그들에게 어떻게 하면 좋은 학문을 할 수 있는가를 보여줄 수 있으며, 그럼으로써 그들의 의식 속에 옛날의 올바른 가치척도를 심어줄 수도 있을 것입니다. 이 재난이 끝날 때까지 이와 같은 고도들 가운데서 몇 개가 살아남을 것인지는 물론 아무도 알 수 없습니다. 그러나 그런 정신을 가지고 이와 같은 공포시대를 끝까지 헤쳐 나갈 수 있는 재능 있는 젊은이들 — 그것이 극히 작은 그룹일지라도 — 이 있다면, 그들은 파국이 끝난 뒤 이 나라의 재건에 극히 중요한 의미를 갖는다는 것을 나는 확신하고 있습니다. 그 까닭은 이 그룹들은 새로운 생활형태를 형성할 수 있는, 말하자면 결정(結晶)에서 씨의 구실을 하기 때문입니다. 우선은 이 나라의 과학연구 재건에 커다란 뜻을 갖게 되겠지만, 과학과 기술이 장래의 세계에서 어떠한 구실을 하게 될지는 아무도 모르며, 따라서 이들이 좀더 넓은 영역에서도 큰 구실을 하게 될지도 모릅니다. 예컨대 인종문제로 말미암아 이 땅을 떠나도록 강요당하는 사람들을 제외하고는 무엇인가 할 수 있는 사람들은 모두 이 땅에 머물러 먼 미래를 위해서 무엇인가 준비하도록 노력해야 한다는 것이 내 의견입니다. 이런 일은 결코 쉬운 것이 아니며 위험이 반드시 따를 것입니다. 여지없이 강요되는 타협 때문에 뒤에 비난을 받을지도 모르며, 때에 따라서는 법의 제재를 받는 일도 있을 겁니다. 그럼에도 이 일은 꼭 해야 한다고 나는 생각하고 있습니다. 이 무법의 세계에서 일어나는 불의를 막을 수도 없고 그렇다고 단순히 방관만 할 수도 없으니, 더 이상 견딜 수 없어서 외국으로 이민을 가겠다는 결정을 내렸다고 해서 아무도 그를 책망할 수는 없을 것입니다. 지금 우리가 목격하고 있는 언어도단적인 상황에서 사람들은 산다는 것 자체가 옳을 수 없습니다. 어떠한 결정을 내리더라도 그것이 어떤 부정과 관련을 맺게 마련입니다. 따라서 모든 사람이 결국은 자기자신만을 의지할 수밖에는 별 도리가 없습니다. 그러므로 어떠한 충고를 한다든가 그 충고를 받아들인다든가 하는 것이 모두 의미를 가질 수 없습니다. 까닭에 당신이 무슨 일을 하더라도 이 파국이 끝날 때까지 여러 가지 불행을 피할 수 있으리라는 희망을 갖지 말라는 충고밖에는 다른 말을 할 수가 없습니다. 그리고 어떠한 결단을 내리든 간에 이 파국이 지나간 다음의 시대를 생각해 주기를 바랄 뿐입니다."

우리의 대화는 이러한 권고 이상으로 진전되지 않았다. 집으로 돌아가는 도중에, 그리고 라이프치히로 가는 기차 안에서 플랑크와 나눈 대화에서 오고간 말들이 내 머리를 끊임없이 맴돌았다. 나는 내가 이민을 결심해야 할 것인지의 여부에 몹시 진통을 겪지 않을 수 없었다. 나는 독일에서 강제적으로 생활기반을 빼앗겼기 때문에 필연적으로 우리나라를 떠나야만 하는 친구들이 부럽기조차 하였다. 그들은 참으로 견디기 어려운 고난을 당하고 지독한 물질적인 곤경에 빠지지 않을 수 없었으나 적어도 그들에게는 선택에 대한 결단의 고통은 없었다.

나는 무엇이 옳은지를 판단하기 위하여 문제를 여러 가지 새로운 형태로 설정해 보았다. 만약 자기 집에서 가족 한 사람이 전염병으로 사경을 헤매고 있을 때 그 전염병의 감염을 더 이상 확대시키지 않기 위해서 집을 떠나는 것이 옳은가, 아니면 희망은 없을지라도 그 병자를 끝까지 간호하는 것이 옳은가, 아니, 도대체 하나의 혁명을 질병과 견주는 것이 옳은 것인가, 도덕적인 규준을 뒤엎는다는 것은 너무 지나친, 안이한 사고방식이 아닌가, 그렇다면 플랑크가 이야기한 타협이란 무엇을 뜻하는 것인가. 강의가 시작될 때마다 나치당이 요구하는 형식을 만족시키기 위하여 나는 손을 높이 들어야 했는데(손을 어깨 높이로 들어서 '히틀러 만세'라고 말해야 했던 것이 당시의 형식이었다 — 역주), 지금까지 얼마나 자주 그들의 요구대로 사람을 만났을 때 손을 들고 그 손끝을 움직이면서 인사를 하였던가. 이런 행동이야말로 하나의 수치스러운 타협이 아니었던가? 공식적인 편지에는 '하일 히틀러'(히틀러 만세)라고 서명해야만 했는데, 이거야말로 불유쾌하기 짝이 없는 일이었다. 그러나 정말 다행스럽게도 나에게는 그러한 공문을 보내야 하는 경우가 거의 없었고, 어쩌다 그렇게 쓰지 않으면 안 될 때에도 일반적으로는 '나는 너와 아무런 관계도 맺고 싶지 않다'는 뜻으로 통하고 있었다. 사람들은 공식적인 행사와 행진에 참석해야 했다. 다행히도 그러한 의무적인 행사를 여러 번 회피할 수 있었고, 그건 또 참으려면 참을 수도 있었다. 그러나 계속 이러한 조치가 남발될 때 사람들은 그저 참고만 있을 수 있는 것일까? 빌헬름 텔이 지방장관의 모자에 절하는 것을 거부하였을 때 결국 그는 아들의 생명을 극단적인 위험상태로 몰고 가지 않았던가. 그렇다면 빌헬름 텔의 행동은 옳았던가 글렀던가. 그는 그때 타협을 해서는 안 되었던가. 만약에 그때의 대답이 '아니다'고 나온다면 지금 독일에서는 어떻게 타협해야 한다는 말인가.

한편 사람들이 이민을 결심하였다면, "사람은 일반적인 최다수의 사람들에게도 적용될 수 있는 원칙에 맞도록 자기의 행동을 취해야 한다"는 칸트의 요구와는 어떻게 조화시킬 수 있는 것인가. 모든 사람이 이민을 갈 수는 없는 일이다. 사람들이 그때그때의 재난을 피하기 위하여 이 나라에서 저 나라로 쉴 새 없이 방황해야만 하는 것일까. 비록 다른 나라에 이민을 갔다 해서 — 긴 안목으로 생각할 때 — 그 나라에서는 이와 같은 재난에 부딪히지 않는다는 보장은 어디에 있는가. 결국 사람이란 출생과 언어, 그리고 교육으로 말미암아 어느 특정한 나라에 소속되게 마련이다. 이민을 간다는 것은 결국 정신적인 균형을 잃어버리고 독일을 도저히 장래를 바라볼 수 없을 정도의 파국으로 몰고 가려는 광신적인 무리들에게 아무런 투쟁도 없이 넘겨주는 격이 되고 마는 게 아닌가.

플랑크는 아무래도 우리가 부정과 타협할 수밖에 없는 결단을 해야 하는 경우에 서게 될 것이라고 말하였다. 그러한 상황이 도대체 가능한 것인가. 나는 물리학자로서, 사고실험을 통해서 이 문제를 생각해 보려고 애썼다. 이 경우에 사고실험이란 현실적으로 일어날 수 없는 일이라도 그 상황이 충분히 현실과 비슷할 수 있고, 아울러 매우 극단적인 경우로서 사람으로서는 감당할 수 있는 가능성이 일목요연하게 부정되는 그와 같은 궁지를 설정하는 일이었다. 결국 나는 다음과 같은 대단히 무서운

상황을 고안하기에 이르렀다. 즉 어떤 독재정부가 그들의 정적 10명을
투옥하고 그가운데서 가장 중요한 한 사람 — 경우에 따라서는 전부 —
을 죽이려고 결심하였다. 그러나 그 정부로서는 이와 같은 조치의 정당
성을 외국에 대하여 주장할 수 있는 구실을 찾는 일이 매우 중요하였다.
그래서 그들은 아직도 국제적인 명성 때문에 체포하지 못하고 있는 정적
한 사람 — 그가 그 나라에서 고명한 법률가로 존경받고 있는 인물이라고
가정하면 — 에게 다음과 같은 타협안을 제안하였다. 즉 지금 투옥되어
있는 사람 가운데서 가장 저명한 한 사람의 사형집행 정당성을 보증하는
법률가로서의 의견서에 서명하여 그것을 공표해 줄 것에 동의하면 나머
지 9명은 석방하여 이민을 허락한다는 내용이었다. 만약 이 법률가가 서
명 공표할 것을 거부하면 10명 전부에게 사형이 집행될 것은 의심의 여지
가 없었다. 즉 독재자의 태도는 그만큼 확고한 것이었다. 이런 경우에 그
는 어떻게 해야 할 것인가. 당시 냉소적으로 말하여지고 있었던 '하얀 조
끼'(결백을 뜻함 — 역주)는 9명 친구들의 생명보다 더 귀한 것일까. 이것은
법률가의 자살로써도 해결될 수 있는 일은 아니었다. 그것은 무고한 수
인(囚人)들을 구조하는 데 방해가 될 것이니까.……

　여기서 나는 '정의'와 '사랑'의 개념들의 상보성에 관해 보어와 나눈
대화가 생각났다. 실로 이 둘, 즉 '정의'와 '사랑'은 다른 사람들과 함께한
협동생활에서 우리들이 취해야 할 행동의 본질적인 구성요소이기는 하
지만, 궁극적으로는 이 둘은 서로 배제되는 것이다. '정의'는 그 법률학자
에게 서명의 거부를 명한다. 서명이 미치는 정치적 귀결은 아마도 9명보
다 더 많은 사람들을 불행 속에 빠뜨릴 것이다. 그러나 절망에 빠진 친구
들의 권속들이 법률학자를 향해서 부르짖는 그 구원의 요청을 '사랑'은
귀를 막고 모르는 체할 수 있는 것일까. 여기서 나는 이와 같은 사고의 유
희에 빠지고 있는 내 자신이 어린아이와 같이 어리석고 불합리하게 느껴

졌다. 실제로는 내가 이민을 갈 것인가, 독일에 머물러 있어야 하는가를 결정하는 일이 중요한 것이다. 플랑크는 이와 같은 파국이 지나간 다음의 시대를 생각하지 않으면 안 된다고 말했다. 그 말은 분명하게 잘 이해되는 말이었다. 이러한 재난의 시기를 통하여 불변의 고도를 구축하는 일, 그리고 젊은이들을 모으는 일, 그래서 되도록 이 재난을 꿋꿋하게 타개해 나가다가 재난이 끝나면 다시 새롭게 재건하는 일이 플랑크가 나에게 말한 과제였다. 그러기 위해서는 불가피하게 타협을 맺게도 되고, 이로 말미암아 뒷날 지탄을 받게 될 경우도 생길 것이고, 때에 따라서는 더 악화된 사태가 올지도 모른다. 그러나 이것은 명백하게 설정된 과제였다. 원래가 국외에서는 우리를 필요로 하지 않을 것이다. 그곳에는 우리가 아닌 다른 사람들이 좀더 훌륭하게 수행할 수 있는 과제가 있을 뿐이다. 라이프치히로 돌아왔을 때는 적어도 당분간은 독일에, 그리고 라이프치히대학에 머물면서 앞으로 어떤 일들이 펼쳐질 것인지, 그리고 우리가 나아가는 길이 어디를 향하는지를 지켜보기로 한 결심이 차츰 굳어지고 있었다.

13. 원자기술의 가능성과 소립자에 관한 토론 1935~1937

　독일의 혁명과 그에 따르는 이민으로 말미암은 혼란에도 아랑곳없이, 원자물리학은 이 무렵에 놀라운 속도로 발전을 거듭하고 있었다. 영국의 케임브리지에 있는 러더퍼드경의 실험실에서 코크로프트와 월튼은 고전압장치를 건립하고, 이 장치를 사용하여 수소의 원자핵인 양자를 가속시켜서 그것을 가벼운 원자핵을 향해 발사, 이때 전기적인 반발로 생기는 에너지의 장벽을 극복하고 원자핵에 명중시킴으로써, 그 원자핵을 변화시키는 데 성공하고 있었다. 이와 비슷한 장치, 특히 미국에서 개발한 사이클로트론(cyclotron)을 사용하여 많은 새로운 핵물리학 실험을 할 수 있게 됨으로써, 원자핵과 그 안에서 작용하고 있는 힘의 성질에 대하여 매우 뚜렷한 상을 얻을 수 있게 되었다. 원자핵은 원자 그 자체와는 달리 중심에 있는 무거운 물체로부터 나오는 인력이 주위를 돌고 있는 가벼운 물체의 궤도를 결정하는 소형 행성계와 견줄 수는 없었다. 여러 종류의 원자핵은 도리어 같은 수의 양성자와 중성자로 형성되고 있는, 말하자면 같은 종류의 핵물질로 구성된 여러 크기의 입자들이라고 할 수 있었다. 이 양성자와 중성자로 형성되는 핵물질의 밀도는 대략 같은 것이었으며, 다만 양성자에는 강한 정전기에 따른 반발력이 작용하기 때문에 무거운 원자핵에서는 중성자의 수가 양성자의 수보다 약간 많아지고 있었다. 핵물질을 결합시키고 있는 강한 힘은 양성자와 중성자를 교환하더라도 별 다른 변화가 없었다. 이 가정은 이미 증명되고 있었다. 즉 내가 오래전 경사가 급한 목장의 오두막집에서 꿈꾸었던 양성자와 중성자 사이의 대칭성은 β붕괴에서 어떤 원자핵은 전자를, 또 다른 어떤 원자핵은 양전자를 방출한다는 실험적인 사실을 통해서 증명되고 있었다. 원자핵의 행태를 좀더 세밀하게 파악하기 위하여 나는 라이프치히의 세미나에서 거의 구상(球狀)의 입자라고 생각되는 핵물질로 형성된 원자핵을 일종의 구형의 단지로 파악해보려 했다. 그리고 이 구형의 단지 속에서는 중성자와 양성자가 서로 방해를 받지 않고 자유롭게 돌아다닐 수 있다고 보았다. 그러나 이와는 반대로 코펜하겐의 보어는 핵 구성요소들의 상호작용을 매우 중요한 것으로서 간주하였고, 따라서 원자핵을 일종의 모래주머니와 같은 것으로 파악하고 있었다.

이와 같은 견해차를 대화를 통해서 해소하려고 나는 1935년 가을부터 1936년 가을 사이 수주일 동안 코펜하겐에 머무르게 되었다. 나는 그곳에서 보어 가정의 손님으로서 그의 명예주택의 방 하나를 제공받았다. 이 명예주택이란 덴마크 정부가 칼스베르크 재단의 원조로 보어와 그 가족에게 제공한 것이었다. 이 주택은 여러 해에 걸쳐 원자물리학자들의 회합장소로서 매우 중요한 구실을 하였다. 그 집은 덴마크의 문화생활에 많은 영향을 끼친 유명한 조각가 토르바르젠의 솜씨가 강하게 느껴지는 폼페이 양식의 건물이었다. 거실과 옥외를 잇는 조각으로 장식된 계단은 큰 정원으로 통했으며, 그 한가운데 화단 사이에는 생기 넘치는 분수가 있었으며, 오래된 큰 고목들이 우거져서 비나 햇빛을 훌륭히 가려주고 있었다.

한편 일층의 한쪽에서 온실로 통하는 복도가 있었고, 그 가운데는 또 다른 작은 분수가 있어서 거기서 떨어지는 물소리가 주변의 정적을 깨뜨리고 있었다. 우리는 곧잘 이 물줄기 위에 탁구공을 놓아 춤을 추게 하고, 이 탁구공이 춤을 추는 물리학적 원인에 관하여 이야기를 나누곤 하였다. 이 온실 뒤에는 도리스식의 원주가 있는 큰 홀이 있었는데, 이곳은 학문적인 회합이나 축제적 모임에 여러 번 사용되었었다. 이와 같은 영빈관에서 나는 몇 주일 동안 보어의 가족과 함께 지내게 되었다. 때마침, 뒷날 '현대물리학의 아버지'라고 불리었던 영국의 러더퍼드도 그의 짧은 휴가를 이곳에서 보내고 있었다. 그래서 때때로 셋이서 정원을 산책하면서 최근의 실험이나 원자핵의 구조에 관한 의견을 자연스럽게 나누었다. 이 때의 대화 가운데 하나를 한번 재현해 보면 다음과 같다.

러더퍼드 : 만약에 더 큰 고압장치나 다른 어떤 가속장치를 조립하여 더 높은 에너지와 속도를 가진 양성자를 무거운 원자핵에 충돌시킨다면, 어떠한 일이 생긴다고 생각합니까? 이와 같이 빠른 속도의 탄환은 원자핵을 별로 다치지 않고 간단히 통과해 버릴 것인가, 아니면 이 탄환은 원자핵 안에 걸려서 그 안에 남게 되고 결국 그 탄환이 가지고 있는 모든 운동 에너지가 원자핵 안에 이양되고 말 것인가. 만약 보어 당신이 생각하고 있는 바와 같이 원자핵의 구성요소 사이의 상호작용이 대단히 중요한 것이라면, 그 탄환은 아마도 원자핵 안에 걸려서 남아 있을 것이 틀림없습니다. 그러나 양성자와 중성자가 서로서로 그렇게 많은 영향을 끼치지 않고 거의 독립적으로 원자핵 안에서 운동하고 있다면 그 탄환은 아마 별다른 장애를 받지 않고 원자핵을 관통할 것이 틀림없습니다.

보 어 : 나는 그 탄환이 원칙적으로 원자핵 안에 남아 있고, 그것이 가지고 있던 운동 에너지는 결국 그 핵의 구성요소에 어느 정도 균일하게 분배된다고 확신합니다. 그 까닭은 상호작용이 매우 크기 때문입니다. 따

라서 원자핵은 이와 같은 충돌로 쉽게 뜨거워질 것이고, 그때의 온도상승은 핵물질의 비열(比熱)과 탄환 안에 포함되어 있는 에너지로부터 계산할 수 있을 것입니다. 그러면 그 다음에는 무엇이 일어날 것인가. 아마도 원자핵의 부분적인 증발이 일어날 것입니다. 즉 표면에서는 낱낱의 입자가 대단히 높은 에너지를 받게 되기 때문에 어떤 입자는 원자핵으로부터 튀어나가게 될 것입니다. 이에 대해서 당신은 어떻게 생각하는지.

이 물음은 나를 향한 것이었다.

"저도 그렇게 믿고 싶습니다"라고 나는 대답하였다.

"물론 핵 안에서는 그 구성요소들이 자유롭게 돌아다닐 것이라는, 우리가 라이프치히에서 설정한 상과 완전히 합치한다고는 보지 않습니다. 그러나 핵 안으로 밀고 들어오는 고속의 입자는 큰 상호작용으로 말미암아 더 많은 횟수의 충돌을 거듭할 것이고, 그때 그 입자가 가지고 있는 에너지는 잃게 것입니다. 원자핵 안에서 작은 에너지를 가지고 운동하는 느린 입자들은 다르게 보일지도 모르겠습니다. 그 까닭은 입자의 파동성이 작용하게 되어서 되도록 에너지 전달의 횟수가 적어질 것이기 때문입니다. 그때에는 아마도 상호작용을 무시하는 일이 허용될지도 모르겠습니다. 우리는 이미 원자핵에 대해서 충분히 알고 있기 때문에 이 점은 간단히 계산해 볼 수도 있을 것입니다. 라이프치히에서 그와 같은 계산을 시도해 보겠습니다. 그러나 저는 여기서 하나의 반대질문을 해 보겠습니다. 즉 가속장치를 차츰 크게 해서 나중에는 핵물리학을 기술적으로 응용할 수 있게 되는 단계는 생각해 볼 수 없을지. 가령 사람들이 새로운 화학원소들을 인공적으로 다량 제조한다든가, 또는 연소할 때 화학의 결합 에너지를 사용하는 것과 같이 핵의 결합 에너지를 이용하는 식으로 말입니다. 미국의 미래소설에는 다음과 같은 장면이 있다고 합니다. 즉 한 사람의 물리학자가 정치적으로 한창 긴장하고 있을 때 그의 조국을 위해서 원자폭탄을 발명하고, 마치 '도깨비 방망이'와 같은 그것으로 모든 정치적 난국을 해결한다는 것입니다. 그것은 물론 희망적인 꿈이겠습니다만, 베를린의 물리화학자인 네른스트는 지구는 본디 일종의 화약고이며, 사람들이 아직 이 화약을 폭발시킬 성냥을 갖고 있지 못한 것뿐이라고 주장하였다고 합니다. 이 말은 사실이라고 봅니다. 만약 사람들이 바닷물의 수소 원자핵 네 개를 융합해서 하나의 헬륨 원자핵을 만들 수 있다면 그야말로 굉장한 에너지가 방출될 것이기 때문에 이 네른스트의 말을 터무니없는 엉터리라고 과소평가할 수만도 없는 일이라고 생각합니다."

보 어 : 아니지요. 그와 같은 고찰은 아직 결론을 내리기에는 시기상조입니다. 화학과 핵물리학 사이의 근본적인 차이는 화학반응에서는 원칙적으로 문제 물질 — 예컨대 화약이면 바로 그 화약을 이루는 물질 — 의 다수의 분자가 반응에 관여하고 있는 반면에, 핵물리학에서는 항상 작은 수의 원자핵만을 가지고 실험하게 된다는 데 있습니다. 이 차이는 우리가 제 아무리 큰 가속장치를 가지고 실험을 한다 하더라도 기본적으로 다를 바가 없습니다. 하나의 화학실험에서 일어나는 반응의 수를 지금까지 핵물리학 실험에서 발생한 반응의 수와 견주면, 그것은 마치 우리 감량계(減量系)의 직경과 저 돌멩이의 직경을 견주는 것과 다를 바 없습니다. 여기서 돌멩이를 바위로 바꿔놓는다 해도 별로 다를 바 없을 것입니다. 만약 한 주먹의 물질을 대단히 높은 온도로 가열해서 낱낱의 입자가 가진 에너지가 원자핵 사이의 반발력을 극복할 만큼 고온으로 할 수 있고, 아울러 충돌이 너무 드물지 않을 정도로 물질의 밀도를 높일 수 있다면 물론 달리 생각할 수도 있겠지요. 그러나 그러기 위해서는 약 10억 도 가량의 온도가 필요하며, 그런 고온의 물질을 담아둘 수 있는 그릇은 존재할 수 없을 것입니다. 그런 그릇은 벌써 옛날에 증발해 버렸을 것이니까요.

러더퍼드 : 지금까지는 원자핵에 관한 반응에서 에너지를 얻을 수 있는

가능성에 대해서는 말해진 적이 없었습니다. 왜냐하면 하나의 원자핵 안에서 한 개의 양성자 또는 한 개의 중성자를 들뜨게 할 때, 하나하나의 반응으로서는 물론 에너지를 방출하지만 그와 같은 반응에 이르기 위해서는 매우 많은 에너지를 소모해야만 하기 때문입니다. 예를 들어 많은 양성자를 가속시킨다고 하더라도 그 가운데 대부분은 명중하지 않으며, 따라서 이 많은 양성자를 가속시키기 위하여 들어간 에너지의 대부분은 실지로는 열운동의 상태로 되어서 소실되고 맙니다. 말하자면 이때까지 원자핵에 관한 실험은 순전히 밑천이 들어가기만 하는 장사에 지나지 않았던 것입니다. 그러므로 원자핵 에너지의 기술적인 이용에 관해서 이야기한다는 것은 무의미해지고 맙니다.

우리는 모두 이 말에 찬성할 수밖에 없었으며, 어느 한 사람도 불과 몇 년 뒤에 오토 한에 의하여 우라늄 핵분열이 실현되고 모든 사태가 일변될 줄은 꿈에도 생각지를 못하였던 것이다.

당시 시국의 불안이 보어의 집안에 있는 정원의 정적까지 밀고 들어오지는 않았다. 우리는 큰 나무 그늘 밑에 있는 벤치에 앉아서 분수에서 떨어지는 물방울이 때마침 불어오는 바람에 흩어지며 더 작은 물방울이 되어 옆에 있는 장미꽃 잎사귀에 떨어져서는 구슬이 되어 태양빛을 받아 빛을 내는 것을 관찰하곤 하였다.

라이프치히로 돌아온 뒤에 나는 약속한 대로 우리가 논하였던 계산을 해 보았다. 계산 결과는 보어의 추측을 확인하는 것이 되었다. 즉 커다란 가속장치로부터 나온 고속의 양성자는 원칙적으로 원자핵 안에 남아 있으며, 충돌로 말미암아 단순히 핵을 가열시킨다는 것이 증명되었던 것이다. 대략 이와 때를 같이하여 우주선(宇宙線) 안에 있는 고속의 양성자도 이와 똑같은 반응을 일으킨다는 사실이 관찰되었다. 그러나 이 계산 결과는 원자핵의 내부구조에 관한 연구에서는 제1의 근사치로서 개체입자들의 강한 상호작용은 무시할 수도 있다는 것을 어느 정도 정당화시켜주는 것같이 보였다. 따라서 우리는 라이프치히에서 수행한 연구를 이 방향에 따라서 계속하였다. 그 당시 달렘에 있는 오토 한의 연구소에서 리제 마이트네 조수 노릇을 하고 있던 카를 프리드리히는 가끔 우리 세미나에서 열리는 강연에 참석하기 위하여 베를린에서 왔으며, 이때의 어느 한 모임에서 태양과 별의 내부에서의 원자핵 반응에 관한 그의 연구결과를 우리에게 보고하였다. 별들의 가장 뜨거운 내부에서는 가벼운 원자핵들 사이에 일정한 반응이 일어나고 있으며 별들로부터 끊임없이 발사되는 저 막대한 에너지는 분명히 핵반응으로 말미암은 것이라는 사실을 그는 이론적으로 증명할 수 있었던 것이다. 그리고 미국의 베테도이와 비슷한 연구결과를 발표하였으므로 우리는 별들을 거대한 원자로로 보는 데 익숙해지고 있었다. 즉 별이라는 원자로 안에서는 원자핵 에너지의 획득은 기술적으로 조절할 수 있는 과정으로서가 아니라 실로 하나의 자연현상으로서 우리 눈앞에 항상 펼쳐지고 있는 것이다. 그러나 원자핵 에너지의 기술적 이용에 관해서는 전혀 언급되지 않고 있었다.

우리의 라이프치히 세미나에서는 원자핵에 관해서만 연구가 진행되고 있었던 것은 아니다. 내가 지난번에 목장의 오두막집에서 어느 날 밤 소립자의 성질을 잘 이해해 보려고 노력하였던 그 문제도 그동안에 많은 진전을 보고 있었다. 반물질(反物質)의 존재에 대한 폴 디랙의 가설은 이제는 많은 연구실험으로 우리 학문의 확실한 재산이 되고 있었다. 자연에는 복사 에너지가 물질로 변하는 반응이 적어도 하나는 존재한다는 사실을 알게 된 것이다. 즉 복사 에너지로부터 전자와 양전자의 쌍이 발생할 수 있었다. 따라서 당연히 이와 비슷한 다른 반응들도 있을 수 있겠다는 가정도 설정할 수 있었으며, 만약 고속도를 가진 빠른 소립자들이 서로 충돌할 때는 이와 같은 반응이 어떠한 구실을 할 수 있을 것인가에 대하여 상상해 보려고 했다.

　이와 같은 고찰에서 내게 가장 가까운 대화 상대자가 된 사람은 몇 년 전부터 우리 연구소에 가담하고 있었던 한스 오일러라는 학생이었다. 그는 일찍이 나의 주목을 끌고 있었는데, 재능뿐만 아니라 외모도 눈에 두드러지는 그러한 학생이었다. 그는 대부분의 다른 학생들보다 더 상냥하였고, 감수성이 매우 예민해 보였다. 그리고 그가 미소를 지을 때도 번민의 흔적을 자주 볼 수 있었다. 그는 금발에, 얼굴은 긴 편으로, 마르고 뺨이 홀쭉하게 빠져 있었다. 그러나 그가 무엇인가 이야기할 때는 보통 젊은이에게서는 보기 드문 강한 집중력을 느끼게 하였다. 그가 물질적으로 매우 궁핍하다는 것을 쉽게 알 수 있었고, 따라서 비록 조수의 보조자리이기는 하였으나 그에게 이 작은 자리라도 주선할 수 있었을 때 나는 매우 즐거웠다. 이로부터 오랜 뒤, 그가 나를 전적으로 신뢰하게 되었을 때, 비로소 그는 그의 번민의 전부를 털어 놓았다. 그의 양친은 학비를 부담할 능력이 전혀 없었으며, 그 자신은 매우 확신에 차 있는 공산주의자였는데, 아마 그의 아버지도 같은 정치적인 이유에서 곤궁에 빠져 있는 것으로 여겨졌다. 오일러는 한 젊은 처녀와 약혼하고 있었는데, 이 처녀는 유대인이라는 혈통 때문에 독일에서 어쩔 수 없이 망명하여 지금은 스위스에서 살고 있다는 것이었다. 1933년 이후 독일에서 정치권력을 장악한 무리들에 대하여 그는 혐오만을 느끼고 있을 뿐이었다. 그러나 그는 이런 화제를 입에 올리기 싫어하는 눈치였다. 나는 그를 조금이라도 돕기 위하여 그 몇 년 동안 자주 점심식사 때 내 거처로 초대하였다. 그때 우리가 나눈 대화 가운데는 그의 이민 가능성도 언급되었지만 그는 이 문제도 진지하게 생각하려 하지 않았다. 그래서 나는 그가 독일에 대하여 크게 애착을 느끼고 있는 것 같은 인상을 받았다.

이렇게 함께 하는 시간을 자주 가지면서 오일러와 나는 디랙의 발견에서 가능할 수 있는 귀결과, 에너지의 물질로의 변환에 대하여 이야기를 나누었다.

오일러는 다음과 같이 물었던 걸로 기억한다.

"우리는 디랙으로부터 어떤 원자핵의 옆을 지나가는 광양자는 한 개의 전자와 한 개의 양전자, 즉 입자의 한 쌍으로 변환한다는 사실을 배웠습니다. 이 사실은 광양자는 하나의 전자와 하나의 양전자로 구성되어 있음을 뜻하는 것입니까? 그렇다면 광전자는 전자와 양전자가 서로의 주위를 맴도는, 말하자면 일종의 이중성계(二重星系)와 같은 것이 될 것입니다. 이렇게 생각하는 것은 잘못된 직관적 표상이지요?"

"나는 그와 같은 표상은 많은 진리를 포함한다고 생각지 않는다. 만약 그렇다면 그러한 이중성계의 질량은 그것을 구성하고 있는 두 입자의 질량의 합보다 너무 적어서는 안 된다는 결론이 나오기 때문이다. 그리고 이 계가 왜 항상 광속도로 공간을 계속 운동하고 있어야 하는가를 통찰할 수 없을 것이다. 그렇다면 그것은 어디선가 정지하지 않으면 안 된다."

"그렇다면 이와 같은 연관성에서 광양자를 무엇이라고 말할 수 있는 것입니까?"

"사람들은 아마도 광양자는 잠재적으로 전자와 양전자로 이루어져 있다고 말할 수 있을 것이다. 여기서 '잠재적'이란 말은 어떤 하나의 가능성을 문제시하고 있다는 뜻이다. 따라서 지금 표현한 이 문장은 다만 광양자가 어떤 실험에서는 경우에 따라 전자와 양전자로 분해될 수 있다는 것을 주장하고 있을 뿐 그 이상은 아니다."

"매우 큰 에너지의 충돌에서는 하나의 광양자가 두 개의 전자와 두 개의 양전자로 변환될 수도 있습니다. 그렇다면 그때 광양자가 잠재적으로 4개의 입자로 구성되어 있다고 말할 수 있습니까?"

"그렇지. 그렇게 말하는 데는 모순이 없다고 생각한다. 가능성을 표시하고 있는 '잠재적'이라는 말은 광양자가 잠재적으로 두 개 또는 네 개의 입자로 이루어져 있다는 주장을 확실히 허용하고 있는 것이다. 두 가지의 서로 다른 가능성은 서로를 배제하는 것은 아니다."

"그러나 그 같은 표현으로써 도대체 얻어지는 것이 무엇입니까?"라고 오일러가 반박하였다.

"그렇다면 모든 소립자는 잠재적으로 어떤 임의의 수의 다른 소립자들로 구성되어 있다고 말할 수 있을 것입니다. 그렇게 말할 수 있는 이유는, 대단히 큰 에너지의 충돌과정에서는 얼마든지 임의의 수의 입자들이 발생할 수 있기 때문입니다. 그러므로 그런 주장은 아무 의미를 갖지 못하는 것 아닙니까?"

"그런 것은 아니지. 입자의 수와 종류가 그렇게 무턱대고 나오는 것은 아니다. 하나의 표현되어야 할 입자에 대한 가능한 기술(記述)로서 고려될 수 있는 것은 원래의 입자와 같은 대칭성을 갖는 입자의 배위(配位)뿐이다. 대칭성이라는 말 대신에 좀더 정확하게 말한다면, 그 밑에서 자연법칙이 불변적인 것으로 유지될 수 있는 연산에 대한 변환성이 문제될 뿐이다. 우리는 이미 양자역학에서 원자의 정상상태는 그 대칭성으로 말미암아 특징지어진다는 것을 배웠다. 그것은 바로 물질의 정상상태인 소립자의 경우에도 마찬가지다."

오일러는 아직도 만족스럽지 못한 모양이었다.

"선생님께서 지금 말씀하신 것은 지나치게 추상적인 것 같습니다. 사람들이 지금까지 가정하였던 것과는 전혀 다른 결과가 나올 수 있는 실험을 고안하는 일이 좀더 중요한 것 같습니다. 광양자가 잠재적으로 입자 쌍으로 구성되어 있기 때문에 다른 결과가 나왔다고 말할 수 있는, 그러한 실험을 말입니다. 이중성계의 상을 우선 옳은 것으로 간주했다고 할 때, 지금까지의 물리학에 따라서 무엇이 그것으로부터 결과로 나타날 수 있느냐고 묻는다면 적어도 정성적(定性的)으로는 합리적인 결과가 얻어질 것을 기대할 수 있습니다. 예를 든다면, 지금까지 모든 사람들은 텅 빈 공간 안에서 교차하는 두 광선을 가정해 왔으며, 또 옛날의 맥스웰 방정식이 요구하는 바와 같이 실지로 서로 방해를 받지 않고 뒤섞여서 관통할 수 있는가 하는 문제에 관심을 기울일 수 있을 겁니다. 만약에 한 광선 안에 잠재적으로 — 즉 가능성으로서 — 전자와 양전자의 쌍이 존재한다면 다른 광선은 이들 입자 때문에 산란을 받게 될 것입니다. 따라서 빛에 따른 빛의 산란, 즉 쌍방의 광선에서 서로간에 산란이 있을 것이 틀림없으며, 그것은 디랙의 이론으로도 계산할 수 있을 것이고, 우리들이 실험적으로도 관측할 수 있을 것입니다."

"사람들이 그와 같은 현상을 관측할 수 있느냐의 여부는 물론 이 서로간에 간섭이 얼마나 큰가에 달려 있을 것이다. 자네는 이 문제를 꼭 한번 계산해 보는 것이 좋겠군. 그러면 아마도 실험물리학자들도 그 현상을 증명할 수 있는 수단과 방법을 발견하게 될 걸세."

"여기서 사용되는 '마치 ~처럼'이라고 말하는 이 철학은 매우 신기한 것이라고 생각됩니다. 광양자는 많은 실험에서 '마치' 그것이 하나의 전자와 하나의 양전자로 구성되어 있는 것'처럼' 행동합니다. 또 때에 따라서는 '마치' 그것이 둘 또는 그 이상의 쌍들로 구성되어 있는 것'처럼' 행동합니다. 언뜻 보기엔 아주 불확실하고 애매모호한 물리학으로 빠져들어 가는 것 같습니다. 그래도 또한 디랙의 이론으로부터 하나의 일정한 사건이 일어날 수 있는 확률을 충분히 정확하게 계산할 수 있으며, 그것을 증명할 수 있는 실험들이 나타나게 되니 말입니다."

나는 여기서 '마치 ~처럼'의 철학을 좀더 부연해 보려고 시도하였다.

"자네는 실험물리학자들이 최근에 중간무게를 가진 소립자의 일종, 즉 중간자를 발견한 사실을 알고 있을 것이다. 그 밖에도 원자핵을 결합시키고, 입자성과 파동성의 이중성이 적용되면서 큰 힘을 가지고 있는 소립자가 존재한다. 그러나 그 소립자는 수명이 대단히 짧다. 따라서 오늘까지 우리가 모르고 있던 많은 소립자가 존재하리라는 것은 거의 확실시되고 있다. 그렇다면 이때에도 사람들은 바로 '마치 ~처럼'의 철학을 적용시켜서 소립자도 원자핵이나 분자 같은 것들과 견줄 수 있을 것이다. 즉 사람들은 하나하나의 소립자를 여러 종류의 많은 소립자들로 구성되어 있는 어떤 덩어리처럼 생각할 수 있다는 말이 된다. 여기서 나는 러더퍼드경이 최근 코펜하겐에서 내게 제기하였던 원자핵에 관한 물음을 다시 던질 수 있다. 즉 '대단히 에너지가 큰 소립자를 다른 소립자에 충돌시키면 어떠한 일이 일어날 것인가? 그때에 많은 입자들이 포개져서 한 입자를 구성하고 있는 명중된 소립자 안에 탄환격인 소립자는 걸려서 그 안에 남아 있으면서 명중된 소립자를 가열시키고 다음에는 증발시키고 말 것인가, 또는 별 다른 장해를 받지 않고 작은 입자더미인 그 소립자를 관통할 수 있을 것인가.' 이것은 물론 낱낱의 과정에서 상호작용의 강도와도 관계가 있겠지만 현재로서는 이에 관해 아무도 모르고 있다. 그러나 당면과제로서는 이미 알고 있는 상호작용에만 국한시켜서 그때 나오는 결론이 어떠한 것인지를 확인하는 것은 가치 있는 일이라고 생각한다."

그 당시만 하더라도 우리는 아직 소립자의 실제적 물리학에서 멀리 떨어져 있었다. 다만 우주선 안에서만 어떤 실험적인 근거가 몇 가지 존재할 뿐이었다. 그러나 이러한 영역에서의 체계적인 실험에 대해서는 아직 논해본 일이 없었다. 오일러는 원자물리학의 이 분야에 대한 내 생각이 낙관적인지 비관적인지를 가늠하기 위하여 다음과 같이 물었다.

"디랙의 발견으로, 즉 반물질의 존재로 말미암아, 전체적인 상이 지금까지보다 훨씬 더 복잡해졌습니다. 오랫동안 사람들은 세 개의 기본요소,

양성자, 전자, 그리고 양광자만으로 전세계를 구성할 수 있는 것같이 생각해 왔습니다. 그것은 하나의 단순한 표상일 수 있었고 본질적인 것은 곧 이해할 수 있으리라고 생각했었습니다. 그러나 지금은 그 상이 차츰 더 복잡해져 가고 있습니다. 소립자는 이제는 더 이상 '소(素)'가 아니며 적어도 '잠재적'으로 매우 복잡한 형성물입니다. 따라서 전에 바라고 있었던 것보다는 훨씬 이해로부터 멀리 떨어져 있다는 것을 뜻하고 있지 않습니까?"

"아니! 나는 그렇게 생각지 않는다. 그 까닭은 세 개의 기본요소를 가지고 있었던 이전의 상이 전혀 근거가 없는 것이었기 때문이다. 어째서 그런 세 개의 임의적인 단위가 존재해야만 하는가 말이다. 그 단위 가운데 하나 — 양성자 — 는 다른 단위 — 전자 — 보다 1,836배의 무게를 가져야 하는지, 도대체 이 1,836이라는 숫자는 어디서 근거를 찾을 수 있는 것인지, 또 이 숫자는 왜 파괴되어서는 안 되는지를 나는 도무지 이해할 수 없다. 사람들은 이 단위들을 임의의 높은 에너지로써 서로 충돌시킬 수 있게 되었다. 내부적인 견고성이 어떤 한계라도 견뎌낼 수 있다는 것은 과연 믿을 만한 사실일까. 이제야 디랙의 발견으로 비로소 모든 것이 좀더 합리적으로 보이게 되었다. 원자의 정상상태와 같이 소립자도 그 대칭성에 따라서 결정되고 있다. 보어가 당시에 이미 그의 이론의 출발점이며 양자역학에서 적어도 가장 원리적인 것으로 이해하고 있었던 '형체의 안전성'은 소립자의 존재와 안정성에도 적용된다고 생각한다. 이 형체는 화학에서의 원자들처럼 파괴되면 또다시 반복해서 새롭게 형성된다. 그러나 이와 같은 사실은 대칭성이 자연법칙 자체 안에 근거를 가지고 있다는 데 확고하게 연결되어 있다. 우리들은 아직도 소립자의 구조를 책임 있게 표현할 수 있는 자연법칙을 정식화할 수 있는 단계와는 멀리 떨어져 있지만, 나는 멀지 않아서 그 자연법칙에서 1,836이라는 숫자의 근거도 밝힐 수 있으리라고 본다. 나는 대칭성이 입자보다 더 기본적이라는 생각에 매료되어 있다. 그것은 항상 보어가 파악하고 있는 양자이론의 정신에도 부합된다. 그것은 또 플라톤의 철학에도 부합되고 있지만 현재로서는 이런 데까지 신경을 쓸 필요는 없다고 본다. 우리는 지금 당장 조사 연구할 수 있는 것으로 문제를 한정시켜 보자. 따라서 당신은 빛의 산란에 대해서 계산해 보기로 하고, 나는 좀더 일반적인 문제인, 에너지가 대단히 높은 소립자가 충돌할 때 어떠한 일이 일어나는지를 생각해 보기로 하자."

그래서 우리 둘은 그 다음 몇 달 동안을 이러한 계획에 따라서 연구를 계속해 나갔다. 그래서 내 계산 결과에서는 원자핵의 β붕괴의 경우 표준적인 상호작용이 높은 에너지로 말미암아 매우 강한 상호작용으로 될 수 있다는 것, 따라서 에너지가 높은 두 소립자는 아마도 많은 새로운 소립자를 발생시키리라는 것이 밝혀졌다. 이른바 소립자의 다중발생에 관해서는 당시 우주선 안에서는 그와 비슷한 징후가 있었으나 믿을 만한 실험적 증명은 없었던 것이다. 그로부터 20년이 지나서야 이 과정을 커다란 가속장치 안에서 직접 관찰할 수 있게 되었다. 오일러는 내 세미나의 멤버였던 코켈과 같이 빛의 산란에 대해서 계산을 하였다. 실험적인 증명이 아직도 직접적으로 나타나지는 않았지만, 오일러와 코켈이 주장한 빛의 산란이 실존한다는 사실을 오늘날 의심하는 사람은 아무도 없다.

14. 정치적 파국에서 개인의 행위

내가 독일에서 보냈던 제2차 세계대전 직전의 몇 년 동안은 항상 무한한 고독 가운데서 시달리는 그러한 기간이었다. 나치 정권은 차츰 더 경직되어 갔으며, 내부로부터 개선 같은 것은 도저히 기대할 수도 없었다. 아울러 독일은 차츰 고립되어 갔으며, 독일에 대한 대항세력이 형성되어 가는 것을 분명히 느낄 수 있었다. 군비는 해마다 증강되고, 이 두 진영의 조직된 세력은 국제법상의 규정이나 군사조약 또는 인도적인 제약 등을 가지고는 도저히 완화될 수 없는 무자비한 전쟁상태로 돌입하는 건 시간문제인 것처럼 보였다. 설상가상으로 독일 안에서는 개개인의 고립화가 심해지고 있었으며, 서로간의 이해는 차츰 어려워져만 갔다. 극히 제한된 친구들 사이에서만 마음 놓고 자유로운 대화가 가능했으며, 그 밖의 사람들에게는 무엇을 알린다기보다는 더 많은 것을 숨기려는 듯한 매우 조심스런 언사들만이 오가는 것이었다. 이와 같은 불신사회가 주는 생활은 나로서는 참으로 견디기 어려운 것이어서, 내가 플랑크를 방문하였을 때 이와 같은 사회현상의 종말은 결국 파별밖에는 없다면서 한탄하던 그의 통찰과, 그가 나에게 제기하였던 과제가 얼마나 어려운 것인가를 뼈저리게 실감할 수 있었다.

여기서 나는 1937년 1월, 어느 음산하게 추운 겨울날 아침을 연상하게 된다. 그때 나는 라이프치히의 중심가 어느 노상에서 동계빈민구제사업 기장(記章)을 팔고 있었다. 이런 활동도 그 시기를 참고 견디어야 했던 사람들의 굴종과 타협에 속하는 것이었다. 비록 빈민을 위하여 모금을 한다는 것이 나쁜 일은 아니라고 말할 수 있을지라도……나는 모금상자를 들고 서성거리면서 완전히 절망상태에 빠져 있었다. 그것은 아무런 의미도 찾을 수 없었던 강요에 못 이긴 나의 굴종적인 제스처 때문이 아니라, 지금의 내 활동과 주위에서 일어나는 일들의 완전한 무의미성과 더 이상 희망을 가질 수 없었던 내 심정이 원인이었다. 그래서 나는 이상하게 무시무시한 정신상태로 빠져 들어갔다. 좁은 거리에 있는 집들이 멀리 떨어져 있는 것같이 느껴졌으며, 이미 그 거리는 전부 파괴되어 버린 앙상한 그림 같이만 느껴졌다. 아무 것도 실재적인 것으로 보이지를 않았다. 모든 사람들의 신체가 투명해지고 그 몸이 물질적 세계로부터 빠져나와 정신구조만이 인식되는 것 같은 상태에서 헤매고 있었다. 이런 도깨비 같은 허깨비들과, 잔뜩 찍어 누르는 것 같은 회색의 하늘 저편에서 어떤 강한 밝음을 느꼈다. 그때 몇몇 사람들이 내게 특히 친절하게 인사를 하면서 기부금을 상자 속에 넣어 주었기 때문에 나는 몽롱한 정신상태에서 잠시 깨어나 그들의 시선에서 내가 그들과 밀접하게 관련되어 있음을 느낄 수 있었다. 그러나 다음 순간 나는 다시 몽롱한 상태로 빠져 들어갔으며, 이러다 극단의 고독 속에서 아주 미쳐버리는 것이 아닐까 하는 생각이 들기 시작하였다.

그날 밤 나는 출판업을 하는 뷔킹이라는 사람의 집에서 열리는 실내음악 연주에 초대받았다. 나는 뛰어난 바이올린 연주자이며 믿을 만한 친구인 라이프치히대학의 법률학자 야코비, 그리고 첼로 연주자인 집주인과 함께 청년시절부터 익숙해 있었던 베토벤 피아노 3중주 제2번 G장조를 연주하기로 되어 있었다. 나는 1920년 뮌헨의 고등학교 졸업 축하연에서 이 곡을 협주한 일이 있었다. 그런데 이번에는 웬일인지 이 음악과 새롭게 만나게 되는 사람들에게 일종의 두려움을 느꼈다. 이렇게 기분이 나쁜 상태에서는 도저히 기대에 미치는 연주를 할 수 없다고 느끼고 있었기 때문에, 나는 손님들의 수가 비교적 적은 것을 보고 내심 매우 다행스럽게 생각하였다. 그날 밤 뷔킹 씨 댁에 초대된 청중 가운데 한 젊은 여성이 끼어 있었다. 그런데 그녀와 첫 대화를 나누자 이 여성은 그날 내가 이상하게 빠져 있던 환상의 피안과 현실세계 사이의 교량 구실을 해 주는 것이었다. 다시 현실세계가 가깝게 느껴지기 시작하였으며, 그 다음에 내가 연주하는 3중주곡의 느린 악장은 이 여성을 향한 나의 대화의 연속이었다. 이 일이 있은 지 몇 달 뒤에 우리는 결혼하여 새로운 출발을 하였고, 엘리자베트 슈마허는 그뒤 나와 함께 모든 곤란과 위험을 극복해 나갔다. 이렇게 하여 우리는 다가오는 폭풍에 맞설 준비를 갖출 수 있었다.

1937년 여름, 나는 비록 짧은 기간이기는 하였지만 정치적인 위험에 처하게 되었다. 그것은 첫 번째의 구속 신문(이때 하이젠베르크는 유대인인 아인슈타인을 변호했다고 해서 비밀경찰 게슈타포의 신문을 받음 — 역주)이었는데, 여기서는 이 문제에 관해서는 언급하지 않기로 하겠다. 많은 친구들은 더 지독한 시련을 극복해야만 했었으니까.

한스 오일러는 여전히 우리 집에 초대되는 정기적인 손님이었다. 우리는 자주 우리가 당면하고 있는 정치적 문제들에 함께 대비하였다. 어느 날 오일러는 근교의 작은 마을에서 며칠 동안 계속되는 강사와 조수들의 합숙훈련에 참가하라는 요구를 받은 일이 있었다. 나는 그에게 조수자리를 빼앗기지 않도록 그 훈련에 참가할 것을 권하였다. 그리고 전에 나에게 심중을 털어 놓았던 히틀러 유겐트 지도자에 대하여 이야기를 하였다. 어쩌면 그를 거기서 만나게 될지도 모르며, 그렇게 되면 그와 좋은 대화

258

가 가능하리라고 보았다.

오일러가 돌아왔을 때 그는 몹시 흔들리고 있었고, 매우 불안해하면서 다음과 같이 그가 체험한 것을 우리에게 보고해 주는 것이었다.

"그 합숙훈련의 인간 구성은 참으로 이상한 것이었습니다. 물론 많은 사람들은 저처럼 자리를 빼앗기지 않으려고 마지못해 참가했을 뿐입니다. 그런 사람들과는 별로 이야기할 거리도 없었습니다. 그러나 선생님께서 말씀하신 히틀러 유겐트 지도자가 끼어 있는 소수의 젊은이들이 있었는데, 그들은 진실로 민족적 사회주의를 신봉하고 있었으며 거기서 좋은 결과가 나오리라고 기대하고 있었습니다. 저는 지금 이 운동에서 얼마나 많은 끔찍한 사건들이 일어났으며, 또 앞으로 얼마나 많은 불행이 일어날지 확실히 알고 있습니다. 그러나 아울러 저는 이들 젊은 나치당원들 가운데서 많은 사람이 저 자신과 꼭 같은 것을 바라고 있음도 알게 되었습니다. 그들 또한 물질적인 번영과 피상적인 명성만이 가장 중요한 가치척도로서 통용되고 있는 경직된 사회를 견딜 수 없다고 느끼고 있었습니다. 그들도 이런 공허해진 형식이 더 완전한 것, 그리고 더 생동하는 것으로 대체되기를 바라고 있었습니다. 그들은 인간 상호간의 관계를 더 인간적인 것으로 만들기를 바라고 있었으며, 저 또한 그렇게 되기를 갈망하고 있습니다. 그런데 그 같은 시도가 있었음에도 어떻게 저런 많은 비인간적인 일들이 일어날 수 있는지 저는 도무지 이해할 수 없습니다. 제가 아는 것은 다만 현실이 그렇다는 것뿐입니다. 그래서 지금까지 제가 그리고 있었던 전체적인 상에 커다란 혼란과 의문이 찾아왔습니다. 저는 오랫동안 좌익운동이 성취될 것을 희망해 왔습니다. 운명이 그렇게 이루어졌더라면 아마도 행복과 불행이 인간사회에 달리 분배되었을 것이고 많은 개선이 이루어졌을 겁니다. 그러나 전체적으로 비인간적인 면이 지금보다 더 적어졌겠는지 지금의 저로서는 분간할 수 없게 되었습니다,

젊은이들의 의지만으로는 확실히 불분명합니다. 그래서 사람들이 더 이상 어쩔 수 없는, 더 강한 힘이 작용하게 됩니다. 한편, 공동화(空洞化)된 옛 형체를 그냥 지켜나가는 것이 올바른 해답이 될 수 없다는 것은 확실하며, 그런 일들은 절대로 불가능할 것입니다. 그렇다면 도대체 사람은 무엇을 바라야 하며, 이 시점에서 우리는 무엇을 할 수 있는 것입니까?"

아마도 나는 다음과 같이 대답한 것으로 기억한다.

"사람들은 다시 무엇인가를 할 수 있을 때가 오기까지 기다려야 할 것이며, 그때까지는 자기가 살고 있는 작은 영역에서 질서를 지켜 나가야 할 것이다."

1938년 여름에는 국제적 정치긴장의 암운이 차츰 짙어 갔으며, 이러한 위협적인 암운은 내 새 가정에도 맴돌기 시작하였다. 나는 존트호펜에 있는 산악돌격부대에서 두 달 동안 병역에 종사하지 않으면 안 되게 되었다. 우리는 여러 번 완전무장을 하고 체코와 맞닿은 국경으로 진군하려고 군용차에 모든 장비를 싣고 대기하라는 명령을 받았다. 전운은 조금씩 가라앉는 것 같았으나 그것은 일시적인 현상임이 금방 드러나곤 했다.

그해가 다 지나갈 무렵, 과학계에서는 거의 기대하지 않았던 예상 밖의 사건이 일어났다. 우리들의 라이프치히 화요 세미나에 베를린에서 카를 프리드리히가 한 가지 뉴스를 가지고 달려왔다. 그것은 오토 한이 우라늄 원자에 중성자를 충돌시켜서 바륨 원자를 얻었다는 보고였다. 이 사실은 우라늄이 거의 크기가 같은 두 부분으로 분열했음을 뜻한다. 그래서 우리는 곧 이미 알고 있는 원자핵에 관한 지식을 바탕으로 해서 이와 같은 결과가 이해될 수 있는 현상인지 아닌지를 토론하기 시작하였다. 우리는 오래전부터 원자핵을 양성자와 중성자로 구성되는 액체의 방울과 견주고 있었으며, 카를 프리드리히는 이미 몇 년 전에 용적에너지, 표면장력, 그리고 내부에서의 정전기적인 반발력을 경험적인 데이터로부터 평가하고 있었다. 그러나 놀라운 것은, 전혀 기대하고 있지 않던 핵분열 현상이 본디 당연한 것이었음이 밝혀진 일이었다. 따라서 대단히 무거운 원자핵에서 일어나는 분열현상은 이 현상을 일으키기 위하여 외부에서 작은 충격만 가하면 자동적으로 진행되는 과정에 지나지 않는 것이었다. 그리고 원자핵에 명중한 한 개의 중성자도 분열을 일으키는 것이다. 이 같은 가능성에 대하여 이때까지 생각을 하지 못했던 것이 이상할 정도였다. 그러나 이런 고찰은 더 나아가서 매우 자극적인 결론으로 이끌어지는 것이었다. 즉 일단 분열된 두 부분은 분열 직후에는 아마 완전한 구형이 아닐 것이며, 따라서 추가적으로 표면에서 어떤 증발현상이 일어날 수 있는 과잉 에너지를 보유하고 있을 것이 예상되었다. 이는 분열 직후 분열된 두 부분의 표면에서 중성자가 방출될 수 있을 것임에 틀림없다는 사실을 말해 준다. 그렇다면 이렇게 방출된 중성자는 다시 다른 우라늄 핵들과 충돌할 수 있을 것이고, 그러면 다시 우라늄의 핵분열이 일어나는 이른바 연쇄반응이 진행될 수 있을 것이다. 물론 이런 상상을 실질적인 물리학 실험에서 직접 관찰할 수 있게 되기까지는 많은 실험들을 거쳐야만 할 것이다. 그러나 이 같은 충분한 가능성은 우리를 매혹시켰으며, 한편으로는 두려움조차 일으키는 것이었다. 실제로 1년 뒤에 우리는 원자 에너지를 기계 또는 원자무기로 응용하는 문제에 직면하게 되었던 것이다.

배가 태풍 속을 항해하려면 우선 배의 승강구 창구를 물이 새지 않도록 단단히 밀폐해야 하고 밧줄을 팽팽하게 당기고 모든 불완전한 부분을 단단하게 붙들어 매는 한편, 모든 나사를 단단히 죄어야 한다. 1939년 봄에 나는 도시가 파괴될 경우를 대비해서 처자식들을 피란시킬 산속의 별장을 찾아다니다 발헨호에 있는 우어펠트에서 마땅한 곳을 찾아냈습니다. 이 별장은 옛날 볼프강 파울리와 오토 라포르테와 같이 자전거 여행을 할

때 카르벤델 산맥의 풍경을 바라보면서 양자이론을 토론하였던 그 길에
서 약 100미터쯤 위쪽의 산비탈에 있는 것이었다. 이 별장은 화가 로비스
코린트의 소유였으며, 나는 이 집의 테라스로부터의 조망을 전시회에서
본 그의 풍경화를 통해서 익히 알고 있었다.

전쟁이 폭발하기 전에 처리해 두어야 할 일들이 있었다. 미국에 많은
친구들이 있었는데, 아직 여행이 가능할 때 그들을 한번 만나볼 필요를
느끼고 있었다. 정치적 파국 뒤에 내가 만약 다시 재건사업에 종사할 수
있게 된다면 그때 그들의 도움을 기대하고 싶었던 것이다.

그래서 1939년 여름, 나는 미국으로 가서 앤아버대학과 시카고대학에
서 강의를 하였다. 이 기회에 나는 학생시절 괴팅엔의 보른 세미나에서
같이 공부했었던 페르미를 만났다. 페르미는 그뒤 오랫동안 이탈리아 물
리학의 지도적 인물로 활약했으나 다가오는 정치적 파국을 눈앞에 두고
미국으로 이민했었다. 페르미의 집으로 방문하였을 때 그는 내게 미국으
로 이민하는 것이 좋지 않겠느냐고 의사를 물어왔다.

"도대체 당신은 독일에서 무엇을 더 바라는 것입니까. 당신은 물론 전
쟁을 저지할 수는 없을 것이고, 원치 않는 일들을 하지 않을 수 없게 되고,
또 책임지기 꺼려지는 일을 책임져야만 할 것입니다. 당신이 그곳에서
모든 불행을 함께 함으로써 어떤 좋은 결과를 가져올 수 있는 것이라면
나는 당신의 태도를 이해할 수 있습니다. 그러나 그럴 수 있는 확률은 거
의 영에 가깝습니다. 이곳에서 당신은 모든 것을 새로 시작할 수 있습니
다. 보십시오, 이 곳은 유럽에서 고향을 등지고 피난 온 사람들이 건설한
나라입니다. 그들은 그곳 유럽의 협소한 환경과 작은 나라들 사이의 끊
임없는 분쟁과 싸움, 억압, 그리고 해방과 혁명들, 이 모든 것들로부터 파
생되는 비참을 더 이상 참을 수 없었기 때문입니다. 그들은 이 광막하고
자유로운 신천지에서 역사적인 과거로부터 밀려오는 모든 사슬을 풀어

버리고 살기를 원했습니다. 나는 이탈리아에서는 위대한 존재였지만 이곳에서는 한낱 젊은 물리학자에 지나지 않았습니다. 이것은 얼마나 시원스러운 일인지 모르겠습니다. 어째서 당신은 그 모든 짐을 던져버리고 이곳에서 새 출발하려고 하지 않는 것입니까. 이곳에서 당신은 훌륭한 물리학에 전념할 수 있으며, 이 나라에서 자연과학의 커다란 비약에 참여할 수도 있을 것입니다. 당신은 왜 이런 행복을 포기하시려는지요."

"당신이 말씀하시는 것은 모두 충분히 납득이 가는 이야기입니다. 그리고 나 자신 바로 그러한 물음을 천 번이나 스스로에게 반복하였습니다. 저 협소한 유럽에서 이 넓은 나라로 이민 올 수 있다는 가능성은 저에게는 끊임없는 유혹의 씨앗이었습니다. 아마도 그때 나는 이민을 했어야 하였는지도 모릅니다. 그럼에도 나는 그곳에 머물기로 결심하였습니다. 그곳에서 과학의 새로운 사실을 발견하는 데 이바지하고, 전쟁 뒤에 독일에서 훌륭한 과학을 재건코자 하는 뜻 있는 젊은이들을 내 주위에 모으고 싶었기 때문입니다. 내가 지금 이 젊은이들을 버린다면 그들은 나에게 배신당했다고 여길 겁니다. 그들이 이곳으로 이주한다는 것은 우리보다는 훨씬 더 어려울 것이고, 이곳에서 쉽게 직장을 찾을 수도 없을 것입니다. 만약 지금 내가 이와 같은 내 이점을 단순히 나를 위해서만 이용한다면 그것은 분명히 불공평한 일이 아닐 수 없습니다. 나는 이 전쟁이 그렇게 오래 가지 않을 것이라는 희망을 가지고 있습니다. 지난 가을의 위기때 나도 소집을 당했었는데, 그때 나는 이 전쟁을 원하고 있는 사람은 없다는 것을 알 수 있었습니다. 총통이라는 사람의 이른바 평화정책이라는 것이 근본적으로 엉터리라는 것이 드러난다면 그때 독일 민중은 자각하여 히틀러와 그의 신봉자들을 추방하리라고 생각합니다. 하지만 이런 생각이 너무 안이한 생각이라는 것도 알고 있습니다."

페르미가 말을 이었다.

"그러나 또 하나 당신이 깊이 생각해야 할 문제가 있습니다. 당신은 오토 한이 발견한 원자핵 분열의 과정이 연쇄반응에 이용될 수 있다는 사실을 잘 알고 있을 겁니다. 따라서 기계라든가 원자폭탄이라는 형체로 원자핵 에너지의 기술적 응용의 가능성을 고려하지 않으면 안 될 것입니다. 이 기술개발은 전시에는 아마도 두 진영에 의해 급속하게 추진될 것이 틀림없습니다. 원자물리학자들은 그들이 살고 있는 나라에서 이 계획에 참여할 것을 권유받을 것입니다."

"그것은 물론 무서운 일입니다. 그러한 일이 발생할 수도 있다는 점을 충분히 의식하고 있습니다. 그리고 그렇게 될 때 우리가 취해야 할 행동과 공동책임에 대하여 당신이 언급한 점은 유감스럽게도 전적으로 옳다고 여겨집니다. 그렇다면 사람들이 이민을 한다고 해서 그와 같은 책임으로부터 면제받을 수 있는 것일까요? 현재로서 나는 정부가 온 힘을 기울여서 그것을 계획, 추진한다 하더라도 많은 시간을 필요로 할 것이며, 따라서 전쟁은 원자 에너지의 기술적 응용에 이르기 이전에 그 끝을 고하리라는 것을 저는 의심하지 않습니다. 물론 미래의 일이기 때문에 확언을 할 수는 없지만, 기술적 응용단계까지는 원칙적으로 상당한 시일이 요구될 것이고, 그 전에 전쟁은 끝나리라고 봅니다."

"혹시 당신은 히틀러가 전쟁에 승리할 가능성 같은 것을 생각하고 있는 것은 아닙니까?"라고 페르미가 되물었다.

"아니오. 현대전은 기술전이라고 말할 수 있을 것입니다. 히틀러의 정책은 독일을 모든 강대국으로부터 고립시켰기 때문에 독일 쪽의 기술적 잠재력은 가상적인 적국들에 견주면 상대도 안 될 만큼 떨어지고 있습니다. 이 사실은 너무나 분명하기 때문에, 히틀러가 이 사실을 인정하고 전쟁의 위험을 무릅쓰는 일을 멈출 수도 있지 않을까 하고 감히 희망해 볼 정도입니다. 그러나 그것은 한낱 공상에 지나지 않습니다. 히틀러는 이제는 완전히 불합리한 행동만을 자행하며, 도대체 현실을 직시하려고 하지를 않기 때문입니다."

"그럼에도 당신은 독일로 돌아가려고 하는 것입니까?"

"나로서는 아직도 그것이 그렇게 문제가 되는지 알 수 없군요. 나는 사람들이 그 결단에서는 시종일관해야 한다고 믿고 있습니다. 우리는 어느 누구 할 것 없이 어떤 일정한 주위환경과 일정한 언어와 사고영역에 태어나서 매우 어릴 때 그곳을 떠나지 않는 이상, 그는 그 영역에서 가장 적절하게 생장할 수 있으며, 또 그곳에서 가장 능률적으로 일할 수 있는 것입니다. 역사적인 경험에서 미루어 본다면 어느 나라든 조만간 혁명과 전쟁을 만나게 될 것입니다. 따라서 그때마다 미리 이민을 해야만 한다는 것은 확실히 합리적인 충고라고 말할 수는 없을 것입니다. 사실상 모든 사람이 이민을 한다는 것은 불가능합니다. 따라서 사람들은 되도록 비극을 미연에 막으려고 애써야 하며, 도망갈 생각부터 해서는 안 된다는 것을 배워야 한다고 생각합니다. 오히려 반대로 모든 사람들이 자기 나라의 파국을 자기들 스스로 해결해달라고 요청하고 싶을 정도입니다. 이와 같은 요청은 모든 파국을 미리 막아야겠다는 노력에 박차를 가하는 일이 될 수도 있기 때문입니다. 그러나 이런 요구가 부당한 것이라는 점도 저는 잘 알고 있습니다. 제 아무리 개개인이 노력을 한다 하더라도 대다수 민중이 완전히 잘못된 길로 휩쓸려 가는 것을 막을 수 없는 경우가 많기 때문입니다. 그러한 경우에 그 자신의 탈출도 단념해야 한다고 요구하는 것은 부당하니까요. 다만 내가 말하고 싶었던 점은 이런 경우에 모든 사람이 따라야 하는 일반적인 규칙은 존재할 수 없으며, 사람들이 자신에 대한 결단을 자기 스스로 내릴 수밖에 없다는 것입니다. 그때 그 결단이 옳았는지 글렀는지는 아무도 모를 것입니다. 아마도 둘 다 옳을 것입니다. 나는 몇 년 전에 독일에 남기로 결심하였습니다. 아마도 그 결심은 잘

못된 것이었는지도 모르겠습니다만 이제 와서 그 결심을 바꿔서는 안 된
다고 믿고 있습니다. 왜냐하면 엄청난 불의와 불행이 올 것이라는 사실
을 그때 이미 알았으며, 그러한 결정에 대한 전제들이 아직도 전혀 바뀌
지 않았기 때문입니다."

페르미가 말하였다.

"그것은 유감천만입니다. 그러나 아마도 우리는 전쟁 뒤에 다시 만나
게 될 것입니다."

나는 귀국 전에 뉴욕에서 콜롬비아대학의 실험물리학자인 페그람과
비슷한 대화를 나눌 기회가 있었다. 그는 나보다도 연장자였고, 경험도
풍부하였으며, 그의 충고는 나에게 많은 것을 생각하게 했다. 여기서도
그는 간곡하게 미국으로 이민 오라고 권고했다. 그 호의에 감사하지 않
을 수 없었지만, 한편으로는 내가 귀국하려는 동기를 확실히 이해해 주지
않는 데 좀 섭섭한 마음을 금할 수 없었다. 전쟁에 패배할 것을 뻔히 내다
보면서, 그리고 그 전쟁이 바로 폭발 직전인데도 구태여 귀국길에 오를
것을 고집하는 사람을 그들은 아마도 이해할 수 없었을지도 모르겠다.

1939년 8월 1일 나는 오이로파호(號)를 타고 독일로 돌아왔다. 그 배는
거의 비어 있었는데, 그것은 페르미와 페그람의 주장을 뒷받침해 주는 것
이었다.

8월 후반기에 우리 가족은 우어펠트에 새로 얻은 별장을 정리하였다.
내가 9월 1일, 산비탈에 있는 이 별장에서 우편물을 가지러 우체국에까지
내려갔을 때 호텔 주인이 "폴란드와 전쟁이 시작된 것을 알고 계시지
요?"라고 말하면서 내게 다가왔다. 그는 내가 놀라는 표정을 보면서 위
로를 하려는 듯이 "그러나 교수님, 뭐 한 3주일이면 끝날 겁니다"고 덧붙
이는 것이었다.

며칠 뒤에 나는 소집영장을 받았다. 예상과는 달리 지난번에 복무하였

던 산악돌격대가 아니라 베를린의 육군병기국에 출두하라는 명령이었
다. 그곳에서 나는 다른 물리학자들과 함께 원자 에너지의 기술적인 이
용에 관한 문제에 대하여 연구해야 한다는 것을 알았다. 카를 프리드리
히도 같은 소집영장을 받고 있었다. 그래서 우리는 종종 베를린에서 만
날 수 있었고, 우리가 처해 있는 처지에 대하여 깊이 생각하고 이야기를
나누는 기회를 가질 수 있었다. 그 무렵 우리들 사이에 오고간 대화는 대
강 다음과 같이 요약할 수 있을 것 같다.

아마도 내가 다음과 같이 대화의 실마리를 풀었던 것으로 여겨진다.

"그러니까 자네도 '우라늄 클럽'의 회원이 된 셈이군 그래. 그렇다면
틀림없이 자네도 우리에게 지금 제기되어 있는 문제와, 우리가 무엇부터
시작할 것인지를 깊이 생각해 보았겠군. 우선 매우 흥미 있는 물리학이
대상이니까, 만약 지금이 평화스러운 시절이고 우리의 과제가 다른 아무
것에도 영향을 끼치지 않는다면 우리 모두가 이렇게 흥미 있는 문제를 같
이 연구할 수 있다는 것이 얼마나 즐거운 일이겠나. 그러나 지금은 전시
이며 우리가 연구하는 모든 것이 바로 우리 자신이나 다른 사람들을 극단
적인 위험상태로 이끌어갈지도 모르니 우리는 우리가 하려고 하는 일에
대해 깊이 생각을 거듭해야 할 거야."

"그 점에 관해서는 확실히 선생님의 생각이 옳습니다. 저는 이 과제를
어떻게 피할 수 있는 가능성이 없는지도 생각해 보았습니다. 만약 전방
근무를 자원하면 쉽사리 해결될 수 있을 것이고, 또 좀 덜 위험한 어떤 다
른 기술적 발전에 협력할 길도 있을 것입니다. 그러나 저는 역시 우라늄
프로젝트 쪽을 택해야 한다는 결론을 내렸습니다. 이 프로젝트야말로 무
한한 가능성을 지니고 있기 때문입니다. 만약 원자 에너지의 기술적 이
용이 아직 기약할 수 없는 먼 장래의 일이라면, 우리가 이 문제에 관여한
다고 해서 어떠한 해로울 것도 없다고 보았습니다. 더욱이 이 프로젝트

는 최근 10년 사이에 원자물리학에 참여했던 젊은이들 가운데서 가장 재능 있는 사람들에게 전쟁기간에 꽤 안전한 곳에서 보낼 수 있는 기회까지 제공해 주고 있습니다. 한편 원자 기술이 매우 가까운 곳에 있다고 하더라도 그것을 다른 사람들이나 우연에 맡기는 것보다는 우리가 직접 그 발전에 영향력을 행사할 수 있는 쪽에 서는 것이 더 낫다고 생각하였습니다. 물론 얼마나 오랫동안 그러한 발전을 수중에 지니고 있을 수 있느냐는 문제가 있습니다만, 물리학자가 주도권을 행사할 수 있는 중간단계가 상당히 오래 계속될지도 모릅니다."

내가 반대하였다.

"그러나 그런 일은 이 병기국 당국자와 우리 사이에 신뢰관계가 성립될 때에만 비로소 가능할 수 있을 것이다. 자네는 내가 1년 전에 여러 번 게슈타포에 끌려가서 신문을 받은 사실을 알고 있을 것이다. 나는 '깊게, 그리고 조용히 숨을 쉬어라' 하는 대문짝만한 글씨가 벽에 붙어 있는 프린츠 알브레히트가(街)의 그 지하실 감방을 생각할 때마다 불쾌감을 금할 수 없다. 따라서 나로서는 그들과의 신뢰관계 같은 것은 상상조차 하기가 어려운 노릇이다."

"신뢰란 어떤 자리와 자리 사이에서 일어나는 것이 아니라 사람과 사람 사이에서 성립된다고 생각합니다. 따라서 이 육군병기국 안에도 아무런 편견 없이 우리들과 접하고, 무엇이 합리적인 처사인가를 우리와 같이 기분 좋게 상의해 나갈 수 있는 사람이 없으란 법은 없지 않습니까. 근본적으로는 그와 같은 일이 양쪽을 위해 공동관심사가 될 수 있다고 생각합니다."

"그럴지도 모르지. 그러나 그것은 또한 위험한 장난일걸."

"신뢰에도 정도의 차이가 있지 않습니까. 이곳에서 가능한 정도의 신뢰를 가지고도 너무 지나친, 불합리한 발전을 막기에는 충분할 것입니다.

그것은 그렇다 하고, 선생님은 이 프로젝트가 문제시하고 있는 물리에 대해서는 어떻게 생각하고 계십니까?"

나는 프리드리히에게 그때로서는 다만 잠정적인 이론적 연구결과만을 설명할 수 있을 뿐이었다. 그것은 추측 정도의 고찰에 지나지 않는 것이었다.

"자연계에 존재하는 우라늄을 가지고는 빠른 속도의 중성자에 의한 연쇄반응은 어쨌든 불가능한 것으로 보이며, 따라서 원자폭탄도 그렇게 쉽게 만들어질 것 같지는 않다. 이것은 매우 다행스러운 일이 아닐 수 없다. 그 같은 연쇄반응이 일어나려면 아주 순수한 우라늄, 또는 매우 순도를 높인 우라늄 235만이 사용될 수 있는데 그것을 생산하려면 ― 가능하다는 것을 전제로 하고 ― 막대한 기술출자가 필요할 것이다. 우라늄 235가 아니더라도 그것에 쓰이는 다른 물질이 존재할지도 모르지만 그것도 그렇게 쉽게 얻을 수는 없는 듯이 보인다. 따라서 이런 종류의 원자탄은 영국인이나 미국인에 의해서도 ― 그리고 물론 우리 쪽에 의해서도 ― 그렇게 가까운 장래에 만들어질 것 같지는 않아 보인다. 그러나 만약 분열과정에서 방출된 모든 중성자를 급격하게 감속시켜 열운동의 속도 정도로 변환시킬 수 있는 제어물질과, 자연의 우라늄을 혼합시킬 수만 있다면 제어 가능한 방법으로 에너지를 공급할 수 있는 연쇄반응을 일으킬 수 있을지도 모르겠다. 물론 이 제어물질이 중성자를 포착해 버리면 안 되기 때문에 이 제어물질로서는 중성자흡수계수(中性子吸收係數)가 매우 작은 물질을 취하지 않으면 안 될 것이다. 따라서 보통 물은 안 될 것이고 중수라든가 아주 순수한 탄소, 즉 흑연 정도의 탄소가 적당할 것으로 보인다. 이것은 바로 실험해 볼 필요가 있다고 생각한다. 우리는 아무런 양심의 가책 없이 이 같은 우라늄로(爐)에서의 연쇄반응을 먼저 집중적으로 연구하고, 우라늄 235 생산문제는 다른 사람들에게 일임할 수 있다고 믿는다,

왜냐하면 이 동위원소의 분리는 설사 성공한다 하더라도 대단히 오랜 시간이 필요하며, 그것도 기술적인 성과만이 얻어질 것이기 때문이다."

"그렇다면 선생님께서는 그와 같은 우라늄로에 대한 기술출자는 원자폭탄보다는 훨씬 적게 든다고 믿고 계신 것입니까?"

"그것은 거의 확실한 이야기라고 나는 생각하는데……그렇게 무겁고 매우 근접해 있는 우라늄 235와 238의 두 동위원소를 분리시키는 것과, 적어도 몇 킬로그램 정도의 우라늄 235를 제조한다는 것은 아무래도 엄청난 기술적 문제임에 틀림없다. 그러나 우라늄로의 경우는 화학적으로 매우 순수한 천연 우라늄과, 흑연 또는 중수를 몇 톤 정도 생산하면 끝나는 문제가 아닐까? 따라서 비용 면에서는 1백 분의 1이나 1천 분의 1이면 되리라고 생각된다. 그러므로 자네들의 카이저–빌헬름 연구소나 우리 라이프치히 연구 그룹도 우선은 우라늄로 연구를 위한 준비작업에 한정하는 것이 좋다고 생각한다. 물론 우리가 밀접한 협동작업을 추진해야 할 것은 두말할 필요도 없을 것이다."

카를 프리드리히가 대답하였다.

"선생님이 말씀하신 점은 분명하게 잘 알겠습니다. 그리고 매우 안심이 됩니다. 우라늄로에 대한 연구는 전쟁이 끝난 다음에도 매우 유용한 것으로 생각되기 때문입니다. 만약 평화적인 원자기술이 존재한다면 그것은 우라늄로에서 출발할 것이 틀림없으며, 그때 우라늄로는 발전소나 선박을 움직이는 동력이나 이와 비슷한 목적을 위하여 쓰이리라고 봅니다. 전시에 이루어지는 연구를 통해서, 젊은이들로 구성되는 한 연구진이 양성될 것이고, 그들은 원자기술에 정통하게 되어 장래의 기술적 발전에서 맹아 구실을 맡게 될 것이 틀림없습니다. 우리들이 이 방향으로 연구를 추구하려면 육군병기국 당국자들과 나눈 토의에서는 원자폭탄에 대한 가능성에 대해서는 언급을 하지 않든가, 다른 이야기 끝에 아주 부수적으로나 언급하는 것이 좋겠다고 생각합니다. 물론 상대방이 이 일을 추진하고 있는지도 모르기 때문에, 우리도 그 가능성에 대해서는 항상 주의하고 있지 않으면 안 되겠지요. 어쨌든 역사적인 관점에서 보더라도 이번 전쟁은 원자탄의 발명으로 결판이 나리라고는 생각되지 않습니다. 이 전쟁은 젊은이들의 몽상적인 희망과 일부 연장자계층의 사악한 복수심에서 나오는 불합리한 힘에 의해서 지배되고 있기 때문에 원자폭탄의 힘에 따른 결정은 자각이나 피폐에 따른 결정보다는 문제해결에 그다지 도움이 되지 않을 것입니다. 어쨌든 전쟁이 끝나면 다음 시대는 원자기술이나 다른 기술의 진보로 특정지어지는 시대가 될 수 있겠습니다."

"그렇다면 자네도 히틀러가 승리하리라는 가능성은 계산에 넣지 않고 있단 말인가?"

"솔직히 말해서 나는 상당히 모순된 감정을 가지고 있습니다. 내가 잘 알고 있는 정치적 판단을 내릴 수 있는 사람들, 특히 저의 아버지(당시 카를 프리드리히 폰 바이츠재커의 아버지는 외무차관 자리에 있었다 — 역주)를 정점으로 하는 사람들 가운데는 히틀러가 전쟁에 이길 수 있다고 믿는 사람이 한 사람도 없습니다. 그들은 다만 히틀러를 불행한 종말을 고할 수밖에 없는 어리석은 자이며, 범죄자로 간주하고 있고, 이 같은 확신은 한 번도 흔들린 적이 없었습니다. 그러나 이것이 전적인 사실이라면 히틀러의 지금까지의 성공은 도무지 이해가 되지 않습니다. 범죄자적인 바보가 그 같은 일을 실천할 수 있을 까닭이 없다고 생각됩니다. 나는 1933년 이래로 경험이 풍부하고, 자유주의적이고 보수적인 히틀러 비판자들이 그에 관해서 무엇인가 결정적인 것, 즉 사람들을 휘어잡는 그의 정신력에 대한 근거를 전혀 외면하고 있다고 생각합니다. 그러나 나 또한 히틀러를 이해하지 못하고 있으며, 다만 그가 가지고 있는 지배력만을 느끼고 있을 따름입니다. 그는 자주 자기의 성공을 가지고 자기를 비판하는 사람들의 예언의 허구성을 공격해 왔습니다. 아마도 그는 또 한 번 성공할지도 모르겠습니다."

"그렇게 되지는 않을 것이다"고 나는 대답하였다.

"전쟁이 종결될 때까지는 힘이 지배할 것이기 때문에 그렇게 되지는 않을 것이다. 영국과 미국 쪽의 기술적·군사적 잠재력은 독일의 그것과는 견줄 수도 없을 만큼 크다. 사람들은 기껏해야 상대방이 먼 장래를 감안한 정치적 이유에서 중부 유럽에 정치권력의 진공지대를 만들지도 모른다는 가능성을 두려워하고 있을 따름이다. 그러나 독일의 나치 체제의 흉악성, 특히 인종문제에서 극악성은 그 같은 돌파구를 틀림없이 막고 말 것이다. 이 전쟁이 얼마나 빨리 끝날 것인가에 대해서는 아무도 모르고 있다. 아마도 히틀러가 구축한 권력기구의 저항력을 과소평가하고 있는지는 모르겠다. 어쨌든 지금 우리가 마주하고 있는 문제에서는 전쟁이 끝난 다음을 고려해야 할 것이라고 생각한다."

프리드리히는 끝으로 다음과 같이 말하였다.

"선생님 말씀이 옳을지도 모르겠습니다. 나는 이곳에서 자기도 모르게 어떤 희망적인 생각에 빠져 있을지도 모르기 때문입니다. 우리는 물론 히틀러의 승리를 바랄 수 없는 것과 마찬가지로 갖가지 무서운 결과를 안겨줄 우리나라의 완전패배를 바랄 수도 없는 일입니다. 히틀러가 살아 있는 한 어떤 타협적인 평화를 얻을 수도 없을 것이고요. 그렇지만 우리가 전쟁 뒤의 재건을 위해 대비해야 한다는 것은 틀림없습니다."

실험계획은 라이프치히와 베를린에서 착수하게 되었다. 나는 특히 되펠이 라이프치히에서 정성들여 준비한 중수의 특성을 측정하는 연구에 가담하였는데, 달렘에 있는 카이저-빌헬름 물리학연구소에서 이루어지고 있는 연구를 알아보기 위하여 베를린에도 자주 가게 되었다. 그곳에는 프리드리히 외에도 지난날의 내 공동연구자들과 친구들이 있었으며 특히 카를 뷔르츠가 가담하고 있었다.

　라이프치히에서 한스 오일러를 우라늄 프로젝트의 공동연구진의 일원으로 가담시킬 수 없었던 것은 내게는 커다란 실망이 아닐 수 없었다. 그 까닭에 대하여 좀더 상세히 기록해 둘 필요가 있다고 생각한다. 내가 전쟁이 폭발하기 직전에 미국에 몇 달 있었던 동안에 내 박사과정 학생이었던 핀란드 출신의 그뢴블롬과 그는 친밀하게 지내고 있었다. 그뢴블롬은 매우 혈색이 좋은 건장한 청년이었다. 그는 세계는 결국 좋은 방향으로 나아가게 될 것이며 자신도 그 안에서 무엇인가 좋은 일을 할 수 있으리라고 생각하는 낙천적 성격의 소유자였다. 그는 핀란드의 대기업가의 아들로서, 공산주의를 확신하고 있는 오일러와 그렇게 의기투합할 수 있게 되었다는 데 처음에는 놀랐을 것이다. 그러나 그에게는 무슨 사상이나 신조 따위보다는 인간의 성품이 훨씬 더 중요하였기 때문에 아무런 구애를 받지 않고 오일러를 있는 그대로 솔직하게 받아들이고 있었다. 전쟁이 일어났을 때 공산주의 국가인 소련이 폴란드를 분할하기 위하여 히틀러와 동맹관계를 맺었다는 사실이 오일러에게 커다란 충격을 주었다. 몇 달 뒤 소련 군대가 핀란드를 공격하자 그뢴블롬도 소집되어 조국의 자유를 위하여 싸우지 않으면 안 되었다. 이러한 사건들이 있은 다음부터 오일러는 완전히 사람이 변하고 말았다. 그는 도대체가 말이 없어졌고, 나뿐만이 아니라 다른 모든 친구들까지도 멀리하고 있었으며, 더 나아가서는 전세계와 아주 동떨어져 버린 듯한 인상을 풍기게 되었다.

　그때까지 오일러는 건강상태가 좋지 않았기 때문에 병역에는 소집되지 않고 있었다. 그러나 이제라도 소집될 위험성이 없지 않았으므로 나는 어느 날 그를 우라늄 프로젝트의 공동연구원으로 신청해도 좋겠느냐고 그의 의견을 물었다. 그랬더니 그는 이미 공군에 자원하였다고 대답하는 것이었다. 이것은 내게는 청천벽력이 아닐 수 없었다. 그는 내 놀라운 표정을 알아차렸는지 상세히 그 이유를 설명하기 시작하였다.

"선생님은 제가 승리를 위해서 자원한 것은 아니라는 것을 충분히 알고 계시리라고 생각합니다. 첫째로 저는 승리의 가능성을 전혀 믿을 수 없으며, 둘째로는 나치 정권인 독일의 승리는 핀란드를 점령한 소련의 승리만큼이나 가공스러운 일입니다. 권력자들이 단지 좋은 기회가 왔다고 해서 자기들이 국민 앞에 선포한 모든 원칙을 하루아침에 뒤집어버리는 그 후안무치한 행동에는 더 이상 아무런 희망을 걸 수 없었습니다. 물론 저는 사람을 살상하여야만 하는 그러한 부대에 지원하지는 않았습니다. 제가 복무하고자 하는 정찰비행대는 저 스스로가 격추당하는 일은 있어도 제가 사격을 하거나 폭탄을 투하할 필요는 전혀 없습니다. 무의미로 가득 찬 이 세상에서 제가 원자 에너지의 이용에 대해서 연구한다 해서 그것이 무엇을 위한 것인지 저는 도무지 알 길이 없습니다."

내가 반박하였다.

"현재 진행되고 있는 파국에 대해서는 아무도 어찌할 수가 없는 것이다. 자네도 무력하고 나도 무력할 뿐이다. 그러나 파국이 지나간 다음에는 여기서도, 소련에서도, 그리고 미국이나 어느 곳에서도 다시 생활은 계속될 것이지만, 그때까지는 매우 많은 사람들이 파멸할 것이 틀림없다. 유능한 사람, 무능한 사람, 그리고 죄가 있는 사람과 없는 사람들이 수없이 죽어갈 것이다. 그렇지만 살아남은 사람들은 그때에 더 나은 세계를 다시 세우기 위하여 노력을 아끼지 말아야 할 것이 아닌가. 그렇다고 별반 좋은 세상이 온다고 할 수는 없을지도 모르지만 사람들은 전쟁은 거의 어떠한 문제도 해결하지 못한다는 사실도 알게 될 것이다. 적어도 몇 가지는 개선할 수 있을 것이고, 몇 가지 잘못은 바로잡을 수도 있을 것이라고 본다. 그런데 어째서 자네는 그러한 자리에 있으려 하지 않는단 말인가?"

"저는 그런 과제를 자기 스스로 부과하고 있는 사람에게 비난을 퍼부을 마음은 조금도 없습니다. 일찍이 모든 상황의 불충분함을 느끼고, 대규모의 혁명보다는 끊임없는 개선을 위하여 힘이 드는 작은 일부터 조금씩 해 나가는 사람들은 그들의 인내가 옳았다는 사실을 알게 될 것이며, 따라서 그들은 전쟁이 끝난 뒤에도 여전히 그 같은 힘 드는 작은 일을 꾸준히 성취해 나갈 것으로 봅니다. 그리고 장기적으로는 자기들의 방법이 혁명보다 옳았다는 것을 느끼게 될 겁니다. 그러나 저는 그것에 대하여 견해를 달리하고 있습니다. 확실히 저도 한때는 공산주의적인 이념이 사람들의 공동생활을 밑바닥부터 개혁할 수 있으리라는 희망을 가져 보았습니다. 그렇기 때문에 저는 지금 폴란드나 핀란드나 어디서든지 간에 전선에서 희생되고 있는 죄 없는 많은 사람들보다 더 안이하게 살고 싶은 생각은 추호도 없습니다. 이곳 라이프치히에 있는 연구소에서 나치의 완장을 두르고 병역에서 면제되어서, 그 때문에 다른 사람들보다는 전쟁에 대하여 어딘지 좀더 죄책감을 느끼는 표정을 짓고 있는 많은 사람들을 볼 수 있습니다. 이러한 생각에 이를 때 저는 더 이상 참을 수 없는 감정이 폭발하듯이 올라옵니다. 저는 적어도 자신에 관한 한 저의 희망에 충실하고자 합니다. 만약 사람들이 이 세계를 용광로로 만들기를 원한다면 자기 스스로를 그 용광로에 던질 마음의 각오가 필요하다고 생각합니다. 이 점을 선생님께서는 이해해 주시리라고 믿습니다."

"그 점에서는 자네를 충분히 이해할 수 있다. 그러나 용광로 이야기에 덧붙여 말한다면, 바로 그 용광로가 한 번 냉각되어 응고될 때에는 그 사람이 원하였던 그대로의 형체를 기대할 수는 없는 것이다. 왜냐하면 응고할 때 가장 강하게 작용하는 힘은 어느 개인의 소원에서 비롯되는 것이 아니라 모든 사람들의 소원에 따라서 이루어지기 때문이다."

"제가 여전히 그런 희망을 가질 수 있었다면 저는 다르게 행동하였을 것입니다. 그러나 저는 지금 현재 일어나고 있는 이 현실의 무의미성은 미래를 위해서 용기를 갖기에는 너무나 지나친 것으로 느꼈습니다. 하지만 선생님께서 그런 일을 하신다는 것은 참으로 훌륭하다고 봅니다."

나는 오일러의 마음을 더 이상 돌릴 수가 없었다. 그는 오래지 않아 훈련을 받으러 빈이라는 곳으로 갔다. 그의 편지는 처음에는 우리의 대화처럼 매우 무겁고 우울한 것이었으나 달이 지나감에 따라 차츰 자유롭고 여유가 있어 보였다. 빈에서 강연을 하게 되었을 때 나는 그를 한 번 더 만날 기회가 있었다. 오일러는 그해에 생산된 포도주를 대접하겠다고 한 언덕 꼭대기에 있는 비어홀로 초대하였다. 그는 전쟁에 관해서는 언급을 회피하는 눈치였다. 우리가 그 비어홀의 정원에서 시가를 내려다보고 있을 때 갑자기 비행기 한 대가 우리 머리 위 몇 미터 정도까지 내려왔다가 윙윙거리며 멀리 날아가 버렸다.

오일러는 저 비행기는 자기 비행중대 소속으로서 우리에게 인사차 왔다 가는 것이라고 말하였다.

1941년 5월말에 오일러는 다시 한 번 남쪽에서 편지를 보내왔다. 그의 비행중대가 그리스로부터 크레타섬과 에게해에 걸친 지역의 정찰비행 임무를 맡은 것이었다. 그 편지는 과거의 일도 미래의 일도 전혀 언급하지 않았으며 현재만을 바라보는 매우 자유롭고 명랑한 기분으로 씌어 있었다.

그리스에서 2주일간을 지낸 오늘 우리는 이 찬란한 남쪽 나라의 밖에 있는 모든 것을 다 잊어 버렸습니다. 우리는 심지어 오늘이 무슨 요일인지조차 모르고 살고 있습니다. 우리는 지금 엘로이시스만(灣)에 있는 몇몇 별장에서 기거를 하고 있습니다. 비번인 경우에는 푸른 파도와 빛나는 태양 아래서 그야말로 멋진 생활을 하고 있습니다. 우리는 요트를 한 척 입수하였는데, 이 요트를 사용하여 고기를 잡거나 오렌지를 따러 다니는 원정은 참으로 재미있습니다. 우리는 이곳에 영원히 머물기를 원하고 있습니다. 옛날의 대리석 기둥 사이에서 꿈을 꾸는 시간은 별로 많지는 않지만 이곳에서는 과거와 현재 사이에 아무런 구별을 느낄 수가 없습니다.

오일러의 심중에 어떠한 변화가 일었을까 하고 생각에 잠겨 있을 때, 내 머리에는 으레 해협에서 보어와 주고받던 대화와 함께 그때 그가 인용했던 실러의 시구가 떠올랐다.

> 삶의 모든 근심을 던져 버리고
> 이제는 어떠한 두려움도 불안도 없이
> 용감하게 운명과 맞서고 있다.
> 오늘 맞지 않으면
> 내일이면 맞으리
> 내일 맞는 것이라면
> 오늘 해가 지기 전에
> 아직 남은 귀중한 시간의 술잔을
> 마지막까지 기울여보세

몇 주일이 지난 뒤 소련과 전쟁이 일어났다. 아조우해의 첫 정찰비행에서 오일러가 탑승한 비행기는 영영 돌아오지 않았고, 그뒤로도 비행기와 승무원에 관한 아무 소식도 들을 수 없었다. 그로부터 몇 달 뒤에는 오일러의 친구인 그륀블롬도 전사하고 말았다.

15. 새로운 출발을 위한 길 1941~1945

　　1941년이 끝날 무렵 우리 '우라늄 클럽'에서는 원자력의 기술적 이용을 위한 물리학적 기초가 상당히 광범위하게 밝혀지고 있었다. 우리는 천연 우라늄과 중수로 에너지를 공급하는 원자로를 건설할 수 있다는 것과, 그 원자로에서는 우라늄 235와 같이 원자폭탄을 만드는 데 필요한 조건을 갖추고 있는 우라늄 239라는 부산물이 생긴다는 것을 알아냈다. 처음 1939년 말에 나는 이론적인 근거로부터 중수 대신 아주 순수한 탄소를 제어물질로 사용할 수 있을 것이라고 생각하고 있었다. 그러나 이 방법은 일찍이 포기되었다. 그 까닭은 한 저명한 연구소에서 측정한 탄소의 흡수성이 잘못 계산된 것임이 드러났기 때문이다. 우리가 그 연구소의 발표를 믿고 더 이상 실험을 하지 않았던 것이 착오의 원인이었다. 우리는 당시 독일의 형편으로 기술출자가 가능한 범위에서 어느 정도 양의 우라늄 235를 만들어낼 수 있는 방법을 모르고 있었다. 원자로로부터 원자폭탄을 만들려고 하더라도 그 실현단계에 이르려면 거대한 원자로의 운전경험을 다년간 쌓아야 하기 때문에 원자탄을 만들기까지는 엄청난 기술출자가 필요하게 된다는 것은 숨길 수 없는 사실이었다.

　　이야기를 요약하면 대략 다음과 같이 말할 수 있을 것이다. 우리는 그 당시의 시점에서 원리적으로는 원자폭탄을 만들 수 있다는 것을 알았고 제조방법도 한 가지 알고 있었다. 그러나 우리는 그것을 만드는 데 기술적으로 드는 비용이 실질적으로 쓰이는 비용보다 훨씬 더 많은 것으로 과대평가하고 있었다. 따라서 정부 쪽에는 있는 그대로 성실하게 보고할 수 있었으며, 당시의 독일정부로서는 그 같은 막대한 비용이 드는 원자폭탄의 제조를 반드시 성공시키라는 명령은 거의 내리지 않을 것이라고 확신하면서 오히려 이것을 다행스럽게 생각하고 있었다. 성공하지 못할지도 모르는 미래의 목표에 대해서 그렇게 막대한 비용을 출자한다는 것은 전쟁 중이라는 비상사태에 있는 독일정부로서는 도저히 받아들일 수 있는 성질의 것이 아니었기 때문이다.

그럼에도 우리는 매우 위험한 과학적 발전에 참여하고 있다는 느낌을 가졌으며, 나는 카를 프리드리히 폰 바이츠재커, 카를 비르츠, 옌젠 호우터만 등과 함께 우리가 착수하고 있는 일을 계속할 것인지 중단할 것인지에 대하여 때때로 상의를 하곤 하였다. 달렘에 있는 카이저-빌헬름 연구소의 내 방에서 프리드리히와 나눈 대화를 나는 기억해낼 수 있다. 프리드리히는 다음과 같은 확인으로부터 이야기를 시작하였던 것으로 기억한다.

"우리는 지금 당장에는 원자폭탄에 관한 한 아직 위험지대에 들어서지는 않고 있습니다. 그 까닭은 기술개발에 드는 비용이 막상 착수하기에는 지나치게 크게 보이기 때문입니다. 그러나 이러한 상황도 시간이 흐르면 바뀔 수 있을 겁니다. 그러한 뜻에서 우리가 이 일에 계속 종사하는 것이 옳은지 그른지를 분간할 수 없군요. 지금 미국에 있는 우리 친구들도 원자폭탄 제조를 위해 온 힘을 쏟고 있을까요?"

나는 되도록 그들의 처지에 서서 생각해 보려고 힘썼다.

"미국에 있는 물리학자들, 특히 독일에서 이민을 간 물리학자들의 심리상태가 우리와는 완전히 다를 것은 확실하다. 그들은 바다 건너 저편의 권선징악을 위하여 마땅히 싸워야 한다는 결의를 새롭게 하고 있을 것이 틀림없다. 특히 이주자들은 손님으로 따뜻한 영접을 받았기 때문에, 미국을 위해서는 무엇인가 일을 해야만 한다는 일종의 의무감 같은 것도 느끼고 있을 것이다. 그러나 폭탄하나로써 10만 명의 인명을 앗아갈 그 원자폭탄을 다른 무기와 같이 다룰 수 있는 것일까. 예부터 내려오는 원칙, 즉 '악을 위해서는 허락되지 않는 수단이라도 선을 위해서는 허락될 수 있다'는 원칙이 여기서도 적용될 수 있는 것일까? 즉, 선을 위해서는 원자폭탄을 만들어야 하고, 악을 위해서는 그것을 만들어서는 안 되는 것일까? 세계사에서 유감스럽게도 되풀이 관철되고 있는 이 견해가 여전히 옳은 것이라면 도대체 누가 선과 악을 결정하는 것일까? 확실히 히틀러와 민족적 사회주의자들이 행하는 일을 악이라고 규정하기는 쉬울 것이다. 그렇다면 미국이 하는 일은 모두 선이란 말인가? 어떤 일이 선이냐 악이냐를 결정하는 것은, 그 일의 성취를 위하여 쓰이는 수단의 선택이 바로 그 규준이 된다는 원칙은 여기서도 타당하지 않을까? 물론 전쟁이란 모두 악한 수단을 쓰고 있다는 것은 뻔한 노릇이지만, 그러나 또한 어느 정도까지는 정당화될 수 있고, 그 정도를 넘어서면 정당화될 수 없는, 그러한 정도의 차이라는 것은 존재할 수 없는 것일까? 지난 100년 동안에 사람들은 조약에 따라서 악한 수단의 사용에 어떤 한계를 설정해 보려 했다. 그러나 이 한계는 현재의 전쟁에서는 히틀러에 의해서도, 그의 적들에 의해서도 전혀 지켜지지 않고 있다. 그렇다고 미국에 있는 물리학자들이 원자폭탄 제조에 혈안이 되어 있다고는 보지 않는다. 그렇지만 그들도 혹시나 우리가 그렇게 하고 있지나 않을까 하는 불안에 빠질 수는 있을 것이다."

프리드리히가 대답하였다.

"선생님이 코펜하겐에 있는 보어 씨와 이 모든 것을 한번 상의하는 기회를 가졌으면 좋겠습니다. 보어 씨가, 우리가 지금 여기서 과오를 저지르고 있으며 우라늄 연구는 마땅히 포기되어야 한다는 견해에 이른다면 그것은 저에게 커다란 의미를 갖게 될 것입니다."

1941년 가을에 우리는 기술적으로 어느 정도 가능한 어떤 상을 그릴 수 있게 되었다. 그래서 우리는 코펜하겐에 있는 독일대사관을 통해서 그곳에서 학술강연을 할 수 있도록 계획을 짰다. 나는 이 기회에 보어와 우라늄 문제를 상의하려고 했던 것이다. 이 여행은 내 기억이 확실하다면 1941년 10월에 이루어졌다. 그래서 나는 보어를 칼스베르이에 있는 그의 집으로 방문하였다. 그러나 이 위험한 이야기는 저녁때 그와 그의 집 근처를 산책할 때에야 비로소 끄집어냈다. 나는 보어가 독일 당국의 감시를 받고 있을지도 모른다는 것을 염두에 두어야 했기 때문에 뒤에라도 어떤 책잡힐 만한 언질을 주지 않도록 극도로 신경을 써가면서 이야기를 꺼냈다. 나는 보어에게 원리적으로는 원자폭탄을 제조할 수 있다는 점, 그러나 그러기 위해서는 막대한 비용이 든다는 점, 따라서 우리는 이 같은 연구에 종사하는 것이 옳은지 그른지를 자기자신에게 물어야 한다는 점을 시사하려고 애를 썼다. 유감스럽게도 보어는 원리적으로 원자폭탄을 만들 수 있다는 그 가능성에 대단히 놀라서 내 정보의 가장 중요한 부분, 즉 그러기 위해서는 대단히 막대한 기술개발 비용이 든다는 말은 더 이상 진지하게 받아들이려고 하지 않았다. 그러나 나로서는 이렇게 막대한 비용이 든다는 사실이야말로 물리학자가 어느 정도 선에서 원자폭탄의 장치를 시도할 것인지 아닌지에 대한 결정을 내릴 가능성을 지니는 매우 중요한 부분으로 생각되었던 것이다. 그 까닭은 물리학자들이 정부에 대해 원자폭탄 장치는 아마도 이 전쟁에는 쓰이기가 어렵겠다든가, 아니면 지금 온 힘을 기울이면 이 전쟁에 소용이 될 수도 있겠다는 점을 정정당당하게 말할 수도 있기 때문이었다. 이 양쪽 견해가 다 양심의 가책을 받지 않고서도 피력할 수 있는 것이라고 생각되었다. 실제로 독일과는 비교가 안 되는 풍요한 나라 미국에서도 독일과의 전쟁이 끝날 때까지 원자폭탄 장치에 성공하지 못했다는 사실이 이를 입증해 주고 있는 것이다.

그러나 보어는 원자폭탄 장치의 원리적인 가능성에 대한 놀라움 때문에 내가 그 이상 시사한 사고과정을 받아들이지 못하였다. 독일 군대가 그의 나라를 폭력적으로 점령한 데 대한 당연한 분노가 그로 하여금 국경을 넘어서 물리학자의 상호이해를 고려하는 일조차 불가능하게 만들었는지도 모르겠다. 독일의 정책이 우리 독일사람들을 얼마나 철저하게 고립상태로 몰고 갔는지를 새삼 느낄 수밖에 없었으며, 이 전쟁이라는 현실이 수십 년에 걸쳐 맺어진 인간유대까지 잠시나마 중단시킨다는 사실에 나는 가슴속 깊이 아픔을 금할 수 없었다.

코펜하겐까지 갔던 내 사명이 실패로 끝났음에도 우리 — 독일 '우라늄 클럽'의 멤버들 — 에게는 사태가 비교적 간단하게 매듭지어졌다. 정부는 1942년 6월, 원자로계획에 대한 연구는 무리가 가지 않는 범위에서 계속되어야 한다고 결정을 내리고, 원자폭탄 제조명령은 내리지 않았던 것이다. 물리학자들로서는 그 결정을 수정하도록 건의할 어떠한 이유도 없었다. 따라서 우라늄 프로젝트에 대한 연구에서는 전후의 평화적 원자기술의 연구개발을 위한 준비가 되었으며, 그것은 전쟁기간의 황폐화에도 불구하고 매우 유용한 결실을 맺을 수 있었다. 어느 독일회사에 의하여 최초로 외국 — 아르헨티나 — 에 수출된 원자력 발전소에 우리들이 전시에 계획하였던 천연 우라늄과 중수로 구성된 원자로가 장치된 것이었다는 사실은 단순한 우연이 아니었다.

그래서 우리들의 생각은 전쟁 뒤의 새로운 출발을 향하여 달음질치고 있었다. 이와 연관해서 그 당시 생화학자로서 달렘에 있는 카이저-빌헬름 연구소에서 연구하고 있었던 아돌프 부테난트와 친숙해지면서 나눴던 대화가 기억에 남아 있다. 우리는 당시 달렘에서 열리고 있던 생물학과 원자물리학의 한계 문제에 관한 규칙적인 공동토의에서 자주 얼굴을 대했다. 그러나 서로 긴 대화를 나누게 된 것은 공습 뒤에 베를린의 도심지에서 달렘으로 걸어가야만 했던 1943년 3월 1일 밤의 일이었다.

우리는 그날 포츠담 광장 가까이에 자리잡은 공군사관학교에서 열린 회의에 참석하고 있었다. 이 자리에서 신형 폭탄의 심리적 작용에 관하여 강연을 한 샤르딘이란 과학자는 지극히 가까운 거리에서의 대폭발에 따른 기압의 돌연상승은 비교적 고통이 없는 평온한 죽음을 가져온다는 사실을 지적했다. 회의가 끝날 무렵에 공습경보가 울렸고, 우리는 아주 쾌적한 설비를 갖춘 항공부의 방공호로 피신하였다. 그리고 생전 처음으로 대공습을 체험하였다. 몇 개의 폭탄이 항공부의 건물에 명중하였고, 벽과 지붕이 무너지는 소리를 들을 수 있었다. 우리는 얼마 동안을 엎드려 있었다. 공습이 시작된 뒤 얼마 가지 않아서 지하실을 비추고 있던 전등이 꺼져 버렸고, 가끔 회중전등이 어두운 공간을 비출 뿐이었다. 그때 우리가 있는 지하실로 운반되어 온 한 부인이 신음을 하며 두 위생병의 응급치료를 받고 있었다. 처음에는 이야기도 하고 때때로 웃음도 터져나오곤 했으나 가까운 곳에서 자주 터지는 폭음과 함께 실내는 차츰 조용해지고 분위기가 눈에 띄게 가라앉아 가고 있었다. 두 번에 걸친 대폭발의 폭풍을 지하실에 있는 우리의 피부로 느낄 수 있을 때, 어느 구석에서 갑자기 오토 한의 목소리가 들려왔다.

"야! 염치없는 샤르딘, 이 미친놈아! 이젠 네 놈도 네 이론을 믿지는 않겠지!"

이 말에 우리들은 어느 정도 정상적인 정신균형이 회복되었다.

공습이 끝난 뒤에 우리는 콘크리트 조각과 구부러진 철봉의 뒤범벅을 헤치고 뛰어넘어서 간신히 바깥으로 나올 수 있었다. 그곳에는 그야말로 꿈과 같은 광경이 벌어지고 있었다. 항공부 청사 앞 광장은 그 주위의 건물을 완전히 휩쓸고 있는 화염 때문에 전체가 담홍색으로 물들고 있었다. 몇 군데서는 꼭대기층에서 시작된 불길이 이미 일층까지 내려와 있었고, 거리의 군데군데에서는 투하된 소이탄에서 떨어져 나온 인광의 화염 덩어리가 불타고 있었다. 광장은 집으로 도피하려는 많은 사람들로 우글거렸지만 교외로의 교통수단이 완전히 두절된 것이 틀림없었다.

부테난트와 나는 절반은 막혀 버린 통로를 헤치고 지하실 밖으로 나갔다. 그리고 우리는 피히테베르크와 달렘에 있는 집까지 같이 걸어가기로 하였다. 처음 우리는 공습이 시가지에만 국한되고 우리가 살고 있는 주택지대는 안전하리라고 기대하고 있었다. 그러나 우리 눈이 미치는 범위 안의 포츠담가(街)는 몇 킬로미터에 걸쳐 길 양쪽이 완전히 불꽃으로 장식되고 있었다. 몇 군데서는 소방대가 소화 작업을 하는 것을 볼 수 있었으나 이것은 당시의 상황에서는 하나의 만화에 지나지 않았다.

빨리 서둘러 간다고 해도 포츠담 광장에서 달렘까지는 한 시간 반 내지 두 시간을 잡아야 하였으며, 그래서 그동안 우리 사이에는 긴 대화가 이어졌다. 전쟁 자체에 관해서는 많은 말이 필요 없을 정도로 너무나 분명했기 때문에 우리의 대화는 전쟁사태에 관한 것이 아니라 전쟁이 끝난 다음 시대에 대한 희망과 계획에 관하여 진행되었다. 부테난트는 내게 다음과 같이 물었다.

"당신은 전쟁이 끝난 뒤 독일에서 학문을 한다는 것에 대해 어떻게 내다보고 계십니까? 많은 연구소들이 파괴되고 많은 유능한 젊은 학자들이 전사한 데다가, 전반적인 궁핍으로 대부분의 사람들은 학문의 촉진보다 다른 문제들이 더 절박한 것으로 여겨질 것입니다. 그러나 한편으로는 독일에서 과학연구 재건은 우리나라 경제상태의 장기적인 안정화와 유

럼 공동체 안에서의 합리적인 유대를 위해서도 매우 중요한 전제가 된다
고 생각합니다만…….”

나는 대답하였다.

“제1차 세계대전이 끝난 뒤 독일인들이 과학과 기술의 협동작업을 통
하여 화학공업과 광학공업 분야에서 많은 이바지를 할 수 있었던 전후의
재건상을 아직 잊지 않고 있다고 해도 좋으리라고 믿습니다. 따라서 독
일사람들은 성과 있는 과학연구가 없이는 현대적 생활에 더 이상 참여하
기가 어렵다는 것을 빨리 이해해 주리라고 생각합니다. 그리고 원자물리
학에 관한 한 그들은 현재의 나치 체제 아래서 기초연구를 등한시하였다
는 사실이 이 같은 파국을 수반시켰다거나, 적어도 그것이 하나의 징후였
다는 점을 알게 될 것입니다. 그러나 내 마음속으로는 이런 통찰이 만족
스럽지 못하다는 것을 고백하지 않을 수 없습니다. 확실히 화근은 더 깊
은 곳에 있다고 봅니다. 지금 우리가 목격하고 있는 참상은 또한 독일민
족이 거듭해서 빠져들었던 ‘전부냐? 그렇지 않으면 무(無)냐?’는 저 황혼
의 신화가 가지고 있는 철학의 필연적인 종결일 뿐입니다. 한 사람의 지
도자, 영웅과 해방자에 대한 신앙, 그것은 독일민족이 위험과 곤궁을 통
해서 외부로부터 가해지는 모든 압박에서 구원되고, 좀더 나은 세계로 인
도된다는 확신으로 통하고 있습니다. 만약에 그렇지 않고 운명이 우리에
게 등을 돌릴 때는 세계의 파멸도 불사하고 결연히 나아간다는 각오를 지
니고 있는 신앙과 이에 직결되는 절대성의 요구가 모든 것을 근본적으로
파멸시키고 있는 것입니다. 이것은 현실을 거대한 환상으로 바꾸어버리
며, 그래서 우리가 같이 살아야 하는 다른 모든 민족들과 어떠한 상호이
해도 불가능하게 만들고 맙니다. 그러므로 나는 문제를 다음과 같이 설
정하고 싶습니다. 즉, 환상이 현실에 의해서 무참히도 짓밟히고 말았는
데도 학문에 종사하는 일이 세계와 그 안에서의 우리의 위치에 대한 좀더

솔직하고 비판적인 판단력을 기르는 데 도움이 될 수 있느냐고 말입니다. 따라서 나는 경제적인 면보다는 학문에서 기대할 수 있는, 즉 비판적 사고를 길러줄 수 있는 학문의 교육적인 측면을 더 중요하게 생각하고 싶습니다. 물론 실지로 능동적으로 학문에 종사할 수 있는 사람의 수가 그렇게 많은 것은 아닙니다. 그러나 학문의 대표자들은 독일에서 항상 높이 평가되어 왔으며, 그들의 말과 그들의 사고방식은 아주 넓은 영역에 영향을 끼치리라고 생각합니다."

부테난트는 내 말에 동의하였다.

"합리적인 사고를 위한 교육이 결정적으로 중요한 것은 확실하며, 이런 사고방식에 다시 한 번 더 많은 기회를 주는 일은 전후에 우리가 맡아야 할 중요한 과제 가운데 하나일 것입니다. 확실히 이번 전쟁의 오늘날까지의 경과가 우리나라 사람들에게 현실에 눈을 뜨게 했음에 틀림없습니다. 제 아무리 총통을 신뢰하였다 하더라도 그것은 없는 자원을 만들어 주지도 않으며, 무시하였던 과학과 기술의 발전이 그것으로 도깨비처럼 급작스럽게 이뤄지지도 않는다는 사실을 그들은 충분히 깨달았을 것입니다. 지구를 한번 바라보고, 미합중국, 영국, 그리고 소련에 의해서 지배되고 있는 거대한 영토와, 지상에서 독일민족에게 할당되고 있는 아주 작은 영토를 견주어 보고 지금 벌이고 있는 이 시도가 얼마나 터무니없는 짓인가를 일찍 깨달아야 했을 것입니다. 그러나 냉철한 논리적 사고는 우리에게는 참으로 어려운 것이었습니다. 우리에게는 확실히 지성인의 수가 적지는 않았습니다. 그러나 한 민족으로서의 우리는 지성보다는 어떤 환상을, 사상보다는 감정을 더 높이 평가하면서 꿈속을 헤매고 있었던 것이 사실입니다. 따라서 과학적인 사고방식이 존중되는 일이 무엇보다도 시급한 일이며, 이것은 전후의 궁핍 가운데서도 가능하다고 합니다."

우리는 여전히 불타오르고 있는 집들 사이의 포츠담가와 하우프트가,

하인위가 그리고 실로스가를 따라서 걸었다. 우리는 자주 불꽃을 내며 타고 있는 나무와 작열하고 있는 각재(角材)들과 부딪혔으며, 때로는 거리 위로 떨어지는 지붕의 뼈대들을 피해야만 하였다. 우리는 또 시한폭탄을 경계하는 교통차단 때문에 때때로 길을 멈추어야 하기도 하였다. 인(燐)의 웅덩이를 잘못 밟아서 구두가 타기 시작하면, 그것을 끄느라고 시간이 지체되기도 하였다. 다행히 가까운 곳에 물웅덩이가 있어서 쉽게 불을 끌 수 있었다.

"우리 독일사람들은 논리와 자연법칙의 테두리 안에서 주어진 사실을 ― 지금 우리가 당하는 이 현실에 대해서도 마찬가지입니다만 ― 일종의 강요, 또는 우리가 마지못해 복종하고 있는 억압으로 느끼기 일쑤입니다."

나는 대화를 계속하였다.

"따라서 우리들은, 자유는 이와 같은 속박에서 해방되는 곳, 즉 환상의 세계, 꿈의 나라, 하나의 유토피아에 몰두하고 도취함으로써만 얻어진다고 생각합니다. 예를 든다면 예술에서 우리는 그 존재를 영감하고 우리를 항상 최고의 업적을 이루도록 고무해 주는 절대적인 것을 궁극적으로 실현시키기를 원하고 있습니다. 그러나 그것을 실현시키는 일이 바로 법칙성의 속박에 종속되는 것을 뜻한다고는 생각하지 않습니다. 왜냐하면 작용하는 것만이 현실이고, 모든 작용은 사실 또는 사고의 합법칙적인 연관성에서 비롯되고 있기 때문입니다.

그러나 우리 독일사람들이 저 이상한 꿈과 신비를 향해 달음질치는 경향을 계산에 넣는다 하더라도, 어째서 이 나라 사람들 대부분이 분명하게 냉철하고 과학적인 사고에 그렇게까지 환멸을 느끼는지 도무지 이해할 수가 없습니다. 과학이라는 것이 논리적인 사고와 단단히 짜여진 자연법칙들의 이해와 적용만이 문제가 된다고 생각하는 것은 전혀 올바르지 않습니다. 도리어 실질적인 면에서는 환상은 과학의 영역, 특히 자연과학의 영역에서도 결정적인 구실을 하고 있습니다. 왜냐하면 사실을 얻기 위하여 냉철하고 세심한 많은 실험적인 작업이 필요하지만 사실의 종합 정리는 사람들이 그 현상을 곰곰이 생각할 때보다는 도리어 그 현상으로 감정이입이 가능할 때에만 이루어지기 때문입니다. 독일사람들은 이 점에서도 분명히 문제가 있다고 봅니다. 왜냐하면 우리 독일사람에게는 절대적인 것이 그렇게도 매혹적인 것이 되기 때문입니다. 독일 밖의 세계에서는 실용주의적인 사고방식이 지배적이며, 이 같은 사고방식이 기술과 과학과 정치에서 얼마나 성공적인 성과를 거두었는가를 우리는 익히 알고 있습니다. 이것은 멀리 이집트와 로마, 그리고 앵글로—색슨 제국과 같은 역사적인 사실과 더불어 우리 시대를 생각해 보아도 분명한 사실입니다. 그러나 과학과 예술에서는 — 고대 그리스의 가장 위대한 형태에서 알고 있는 것처럼 — 원리원칙적인 사고가 여전히 큰 성공을 거두고 있습니다. 독일에서 세계를 변화시킬 만한 과학적 예술적인 성과가 이루어졌을 때는 — 사람들은 헤겔과 마르크스, 플랑크나 아인슈타인, 그리고 음악에서는 베토벤과 슈베르트를 생각할 수 있다고 봅니다만 — 또한 이 절대와의 관계, 바로 이 원리원칙적인 사고를 통해서만 마지막 결론에 이를 수 있습니다. 따라서 그곳에서는 절대적인 것을 향한 추구는 형식의 속박에 매여 있을 때에만, 즉 과학에서는 논리적인 냉철한 사고에, 음악에서는 화성학과 대위법의 규칙에 의존하고 있을 때에만 가능했습니다. 즉 절대적인 것을 향한 이와 같은 극단적인 긴장관계에서만 자기의 실제적인 힘을 발휘할 수 있는 것입니다. 우리가 지금 우리 눈앞에서 보고 있는 바와 같이, 그러한 형식이 파괴되자마자 혼란이 일어나고 맙니다. 나는 이런 혼란을 신들의 황혼이라든가 세계의 몰락과 같은 개념으로 찬양하는 따위에는 절대로 동의할 수 없습니다."

이렇게 이야기를 하고 있는 사이에 내 오른쪽 구두가 다시 타기 시작하였다. 그래서 그 불을 끄고 구두에 묻어 있는 인상(燐狀)의 액체를 철저히 제거하느라고 상당히 애를 먹었다. 이것을 보고 부테난트가 말하였다.

"우리는 우리 눈앞에 주어진 사실만을 걱정하면 그것으로 족할 것입니다. 장래의 일은 현실이 허용하는 테두리 안에서 작용하는 상상을 통해서 생각해야 하며, 전후에 독일민족에게 어느 정도 참을 수 있는 생활조건을 마련해 줄 수 있는 정치가가 탄생될 것을 희망해야 할 것입니다. 그건 그렇고, 과학에 관한 한 카이저—빌헬름 연구협회는 독일에서 연구활동의 재건을 위해서 꽤 좋은 출발점이 될 수 있다고 믿습니다. 대학들은 카이저—빌헬름 연구협회에 견주면 정치적인 간섭을 피하기가 매우 어려웠습니다. 따라서 대학들은 좀더 큰 어려움을 각오해야 할 것입니다. 이 연구협회가 전쟁 중에 무기개발 연구에 참여함으로써 어느 정도 타협을 한 것은 사실이지만, 이곳에서 활동하고 있는 많은 사람들은 외국에 있는 많은 학자들과 우호관계를 맺고 있습니다. 그들은 독일에서, 그리고 저마다 자기 나라에서 냉철하고 신중한 사고의 의의를 올바르게 평가하고 되도록 우리를 도와줄 마음의 준비가 되어 있을 것으로 생각합니다. 당신은 당신의 전문 분야에서 전후의 평화적이고 국제적인 협동연구를 위한 어떤 연결점을 발견할 수 있다고 보십니까?"

내가 대답하였다.

"틀림없이 평화적인 원자기술이라는 것은 존재할 것입니다. 오토 한에 의해서 발견된 우라늄 분열과정에 따른 원자 에너지의 이용은 반드시 실현될 것입니다. 직접적인 전쟁무기로 이용하는 건 막대한 비용이 들기 때문에 이 전쟁에서는 아무런 구실도 하지 못하리라고 바랄 수 있을 것 같습니다. 따라서 국제적인 협동연구도 그런대로 잘 이루어지리라고 예상됩니다. 이 원자기술을 위한 결정적인 첫걸음은 한의 발견에서 비롯되었으며, 원자물리학자들은 본디 국경을 넘어서 항상 잘 협력하고 있었으니까요."

"전쟁 뒤에 어떻게 되어갈 것인지는 기다려 보는 수밖에 없습니다. 어쨌든 카이저-빌헬름 연구진들은 잘 단결하고 있어야 할 것입니다."

부테난트는 달렘으로, 나는 피히테베르크로 가야만 했기 때문에 우리는 여기서 작별하였다. 나는 그곳에 있는 엘리자베트의 친정집에서 얼마 동안 기거하고 있었다. 나는 며칠 전에 큰 아이들 둘을 베를린으로 데리고 왔었는데, 이 아이들은 며칠 뒤 외할아버지의 생신을 축하하기로 되어 있었다. 나는 그때야 비로소 그들이 공습 속에 어떻게 지내고 있는지 걱정이 되기 시작하였다. 적어도 피히테베르크만은 공습에서 안전했기를 바라는 나의 기대도 여지없이 무너지고 말았다. 나는 멀리서 이웃집들이 화염에 완전히 휩싸인 것을 볼 수 있었으며, 불꽃이 우리 집의 지붕으로도 튀어 오르는 것을 볼 수 있었다. 이웃집을 지나칠 때 나는 도움을 청하는 소리를 들었다. 그러나 어린 것들과 그 보호자들의 안부가 궁금하여 그대로 지나쳤다. 우리 집의 모습은 참으로 참담하였다. 문짝과 덧문들은 폭풍으로 거의 날아가 버린 데다가 집안과 방공호가 텅 비어 있어서, 나는 당황할 수밖에 없었다. 창고에서 비로소 용감한 장모를 발견하였는데, 당신은 철모를 쓰고 떨어지는 기왓장을 방어하면서 불길과 싸우고 있었다. 장모로부터 어린아이들이 할아버지와 함께 꽤 안전하였던 이웃의 식물원으로 피신하여 그곳의 소유자인 시미트오트 장관 부처의 보호 아래 편안히 잠을 자고 있다는 사실을 알게 되었다. 우리 집의 중요한 작업은 거의 끝나가고 있었고, 서까래 몇 개만 떼어내면 진화작업은 어지간히 끝난 셈이었다.

나는 그제야 아까 도움을 청했던 이웃집으로 달려갔다. 그곳은 지붕이 거의 무너져 내렸고 불꽃이 튕기고 서까래들이 마당에 떨어져 있어서 집안으로 들어가기가 어려웠다. 2층 전체가 훨훨 타는 불꽃 속에 싸여 있었다. 1층에서 나에게 도움을 청했던 젊은 여성을 만났다. 그녀는 자기 아버지가 지붕 밑의 창고 위에 서서 수도관에서 나오는 물을 양동이에 받아 주변에 끼얹으면서 죄어오는 화염과 싸우고 있었는데, 계단이 타서 내려앉아 늙은 아버지를 구해낼 방법이 막연하다고 말하는 것이었다. 나는 다행스럽게도 조금 전에 소방작업을 위하여 양복 대신 몸에 꼭 맞는 낡은 훈련복을 입고 있었기 때문에 몸을 잘 움직일 수가 있었다. 그래서 지붕 밑까지 기어 올라가는 데 성공하였다. 거기서 나는 백발의 신사가 거의 무의식적으로, 차츰 죄어오는 화염을 향해 필사적으로 물을 뿌리면서 싸우고 있는 모습을 볼 수 있었다. 나는 불의 벽을 뚫고 그 노신사 앞에 다가섰다. 그는 그을음으로 검게 된 낯선 사람이 별안간 나타난 데 잠시 멈칫하였으나 바로 자세를 바로잡더니 양동이를 옆에 놓고 정중하게 절을 하면서 "내 이름은 폰 엔츨린입니다. 이렇게 도와주시니 참으로 고맙습니다"고 깍듯이 인사를 하는 것이었다. 이야말로 내가 항상 마음속으로 경탄해 마지않았던 저 옛날의 프러시아주의, 즉 규율과 질서와 과언(寡言) 그 자체라고 할 수밖에 없었다. 이 순간에 보어와 나눈 대화 한 토막이 떠올랐다. 우리가 외레 해협의 모래사장을 거닐고 있었을 때 보어는 프러시아 사람들과 옛 바이킹 도적을 견주면서, 가장 절망적인 상황에 서도 끝까지 싸우던 한 프러시아 사관(士官)이 "최후의 순간까지 임무에 충실하라"고 명령했다고 말했다. 그러나 나는 지금 그런 생각을 하고 있을 시간의 여유가 없었다. 행동이 있을 뿐이었다. 나는 기어 올라갔던 경로로 그 노인을 구출해 내려오는 데 성공했다.

그로부터 몇 주일 뒤 우리 가족은 전쟁 이전의 계획에 따라 라이프치히에서 발헨 호반의 우어펠트로 이사를 하였다. 아이들을 되도록 공습의 혼란에서 보호하기 위해서였다. 달렘에 있는 카이저-빌헬름 물리학연구소도 공습의 위험이 적은 지역으로 소개하라는 명령을 받았다. 그래서

마땅한 소개지를 물색한 결과 남부 뷔르템베르크에 있는 소도시 혜힝엔
의 섬유공장을 발견하였고 연구소 설비와 연구진을 차츰 이곳으로 옮겨
왔다.

혼란스러운 전쟁의 마지막 해에 일어난 사건들 가운데서 기억 속에 분
명하게 남아 있는 것은 몇몇에 지나지 않는다. 그것들은 뒤에 일반적인
정치문제에 대한 나의 의견 형성의 중요한 배경을 이루는 것이기 때문에
간단하게 소개하기로 하겠다.

베를린 생활에서 가장 즐거운 것으로 이른바 '수요회의 밤'이라는 것
이 있었다. 이 회원으로는 베크 원수, 포피츠 장관, 외과의사인 자우버브
루흐, 폰 하셀 대사, 에두아르트 시프랑거, 예센, 술렌부르크 등 여러 사람
이 있었다. 나는 자우버브루흐의 집에서 열렸던 모임을 기억하고 있다.
그는 폐 수술에 관한 학술강연 뒤에 식량난이 심하던 당시로서는 그야말
로 왕후와 같은 화려한 식사와 훌륭한 포도주를 대접하였기 때문에 폰 하
셀 씨가 기분이 좋아져서 식탁 위에 올라서서 학생시절의 노래를 부를 정
도였다. 한편 내가 이 회원들을 하르낙하우스에 초대하였던 1944년 7월
의 이 모임의 마지막 밤을 기억하고 있다. 나는 그날 오후 내내 연구소 정
원에서 나무딸기를 땄고, 하르낙하우스의 지배인이 우유와 약간의 포도
주를 기증해 주어서 그런 대로 손님들을 조촐하게 대접할 수가 있었다.
나는 그 자리에서 별에서의 원자 에너지와 지상에서의 원자 에너지의 기
술적 이용에 관해서 비밀유지 규정이 허락하는 한도 안에서 보고하였다.
그 토론에서 특히 베크와 시프랑거가 열을 올렸다. 베크는 원자 에너지
로 말미암아 지금까지의 모든 군사적인 양상이 근본적으로 바뀌지 않으
면 안 된다는 것을 바로 이해하였고, 시프랑거는 우리 물리학자들이 이미
오래전부터 내다보고 있었던 사실, 즉 원자물리학의 발전은 사회적 구조
에서 철학적인 구조에 이르기까지 넓은 영역에서 인간의 사고를 변혁시

킬 것이라는 점을 뚜렷하게 지적하는 것이었다.

7월 19일, 나는 그 회의의 기록을 포피츠의 자택으로 전달하고 그 길로 야간열차를 타고 뮌헨을 거쳐 코헬로 갔다. 거기서부터 우어펠트까지 두 시간은 걸어야만 하였다. 도중에 케셀베르크를 향하여 짐을 실은 손수레를 끌고 올라가는 한 군인을 만났다. 나는 내 무거운 트렁크를 그 위에 놓고 손수레를 밀어 주며 그와 동행하였다. 그 군인은 나에게 방금 라디오에서 히틀러 암살미수사건에 관한 보도를 들었다고 말해 주었다. 히틀러는 경상을 입는 데 그쳤지만 국방부의 수뇌부에서는 반란이 있었다고 말하였다. 그 군인에게 이 일을 어떻게 생각하느냐고 조심스럽게 물었더니 그는 "무엇이 일어나는 것은 어쨌든 좋은 일입니다"라고 대답할 뿐이었다. 몇 시간 뒤에 나는 라디오 앞에 앉아서 베크 원수가 국방부 청사 안에서 전사하였다는 보도를 들었다. 포피츠, 하셀, 슐렌부르크, 그리고 예센이 그 음모의 관련자로서 보도되었으며, 7월초에 나를 하르낙하우스로 방문하였던 라이히바인도 체포되었다.

며칠 뒤 나는 베를린연구소의 연구원 대부분이 모여 있는 헤힝엔으로 갔다. 우리는 그곳 암굴 속의 지하실에서 원자로에 대한 다음 실험을 준비하고 있었다. 그곳은 그림과 같이 아름다운 산속의 도시 하이거로흐성의 교회 아래 자리잡고 있었으며, 모든 공습을 피할 수 있는 천연의 요새를 이루고 있었다. 정기적으로 헤힝엔과 하이거로흐 사이를 자전거로 오갔고, 휴일이면 숲으로 버섯을 따러 가곤 하면서 며칠씩 과거도 미래도 잊고 지낼 수 있었다. 1945년 4월 과수원의 과일나무들이 꽃을 피우기 시작할 무렵, 전쟁은 막바지로 치닫고 있었다. 외국 군대가 진주할 것에 대비하여 연구소와 그 관계자들에게 직접적인 위험이 없을 경우에는 나는 우어펠트에 있는 가족들을 도울 수 있도록 헤힝엔을 떠나기로 미리 연구소원들과 상의를 해 두었다.

4월 중순께 해산된 독일군의 마지막 잔병들이 헤힝엔을 통과하여 동쪽으로 퇴각하였다. 어느 날 오후 우리는 프랑스군의 첫 전차 소리를 들었다. 이미 남쪽에서는 그들이 헤힝엔을 통과하여 라우엔 고원목장의 등성이까지 진출한 것으로 보였다. 나는 출발시간이 가까워 옴을 느꼈다. 거의 자정이 지나서 카를 프리드리히가 로이트링에서 자전거 정찰을 끝내고 돌아왔다. 나는 연구소의 지하 방공호에서 간단하게 작별 인사를 나누고 새벽 3시경에 우어펠트로 떠났다. 도중에 나는 저공비행기의 기총소사를 여러 번 피해야 했고, 이틀 동안은 이 기총소사 때문에 거의 야간에만 여행을 할 수 있었다. 주간에는 휴식과 음식 조달로 체력을 유지하려고 애썼는데 식사 뒤에 따사로운 햇빛을 받으며 크루크첼의 언덕 숲속에서 낮잠을 자던 일을 기억하고 있다. 구름 한점 없는 맑은 하늘 아래 알프스산맥 전경이 눈앞에 펼쳐지고 있었다. 호호포켈, 매델레가벨, 그리고 7년 전에 산악돌격대원으로서 오르내리던 모든 산들이 펼쳐져 있었고 바로 눈앞에는 벚꽃이 아름답게 피어 있었다. 정말 봄이 다가오고 있는 것이었다. 밝은 미래에 대한 생각이 재빨리 머리를 스쳐갔으며, 그러는 동안에 나는 깊이 잠들고 말았다.

몇 시간 뒤에 나는 천둥처럼 울려 퍼지는 폭음에 잠을 했다. 멀리 바라다 보이는 메밍겐 시가 위에 짙은 연기가 솟아오르는 것이 눈에 띄었다. 그곳에 있는 병사지대가 집중 폭격을 당하고 있는 것이다. 아직 전쟁은 끝난 것이 아니었다.

사흘 만에 나는 간신히 우어펠트에 이를 수 있었고 가족이 무사한 것을 보고 마음을 놓았다. 다음 1주일 동안 전쟁 종말에 대비하는 준비에 바빴다. 지하실의 창문은 모두 모래주머니로 막았고, 그럭저럭 마련한 생활필수품은 모조리 집안으로 운반하였다. 인근의 주민들은 전부 호수의 대안으로 피란을 가버려 집들이 텅 비어 있었다. 숲속에는 낙오병들과 나치 친위대의 한 부대가 남아 있었으며, 특히 여기저기에 버려져 있는 많은 탄약이 어린이들의 안전에 큰 걱정거리였다. 낮에는 몇 번씩 반복되는 총격을 피해야만 했다. 우리 집은 그야말로 무인지대에 있었기 때문에 밤에는 무시무시한 긴장 속에서 보내야 했다. 그래서 5월 4일, 미 육군의 퍼시 대령이 병사 몇 명을 데리고 나를 체포하러 왔을 때, 나는 지칠 대로 지친 수영선수가 간신히 육지에 발을 다시 디뎠을 때 갖는 그러한 느낌을 가졌다.

전날 밤엔 눈이 내리고 있었는데 내가 출발하는 날은 구름 한점 없는 검푸른 하늘에 봄의 태양이 빛나고 있었으며, 사방의 설경 위에 따사로운 봄볕이 내리쬐고 있었다. 지금까지 세계 각지에서 전투를 한 경험이 있다는 미군 감시병 한 사람에게 이 산속에 있는 호수의 경치가 어떠냐고 물었더니, 그는 자기가 아는 범위에서는 이곳이 가장 아름답다고 대답하였다.

16. 연구자의 책임에 대하여 1945~1950

　나의 억류생활은 하이델베르크, 파리, 그리고 벨기에에서 잠시 계속되다가 결국 '우라늄 클럽'의 옛 친구, 젊은 공동연구자들과 더불어 영국 시골에 있는 팜―홀이라는 커다란 저택에서 오랫동안 머물게 되었다. 그가운데는 오토 한, 막스 폰 라우에, 발터 게를라하, 카를 프리드리히 폰 바이츠재커, 카를 비르츠 등이 있었다.

　팜―홀은 고드만체스터라는 마을의 끝에 있었고, 영국의 대학도시인 케임브리지로부터 약 40킬로미터 정도 떨어진 곳에 자리잡고 있었다. 나는 전에 카벤디시 연구소를 방문한 적이 있었기 때문에 이 근처 지리를 알고 있었다. 여기에 억류되어 있던 10명의 원자물리학자 서클에서 오토 한은 매력 있는 인품과, 어려운 처지에서도 조용하고 침착한 태도로 모든 사람들의 신뢰를 받고 있었다. 따라서 그는 필요한 때 우리를 대표해서 감시자들과 교섭하는 구실을 맡고 있었다. 그러나 어려움이란 거의 없었다. 우리를 감시하던 장교들은 임무를 수행하는 데 보기 드물 정도의 기지와 인간성을 발휘하였으므로, 얼마 안 가 그들과 우리 사이에 순수한 신뢰관계가 성립되었기 때문이었다. 그들은 우리의 원자에너지 연구에 대해 관심이 없는 듯 이에 대해 별반 묻지 않았으나, 우리를 외부세계의 접촉에서 떼어 놓는 데 이상할 정도의 조심성을 보여 아무래도 어떤 모순성을 느끼지 않을 수 없었다. 도대체 영국이나 미국에서는 전쟁 동안에 우라늄 문제에 대해 연구하지 않았느냐는 내 반문에, 우리를 신문하던 미국 물리학자들은 항상 자기네는 우리와는 달라서 전쟁에 좀더 직접적으로 유효한 과제들을 맡았다고 대답할 뿐이었다. 전쟁기간 내내 핵분열에 관한 미국의 연구성과를 하나도 모르고 있었기 때문에 그 대답이 불합리해 보이지는 않았다.

1945년 8월 6일 오후, 카를 비르츠가 내게 오더니 일본의 히로시마라는 도시에 원자폭탄이 투하되었다는 소식을 막 라디오에서 발표하였다고 말했다. 나는 이 보도를 우선 믿고 싶지 않았다. 원자폭탄 제조를 위해서는 아마 수십억 달러에 이르는 막대한 기술개발 비용이 필요하다고 확신하고 있었기 때문이었다. 또 심리학적으로도 내가 잘 알고 있는 미국의 원자물리학자들이 이 프로젝트를 위하여 그렇게 온 힘을 쏟았다고는 믿지 않았다. 그래서 나는 선전용으로 보이는 아나운서의 말보다는 나를 신문하던 미국 물리학자를 더 믿고 싶은 마음이었다. 그리고 '우라늄'이라는 말이 방송에는 나오지 않았다고 들었기 때문에 '원자폭탄'이라는 말이 무엇인가 다른 것을 뜻하는 것이 아닐까 하는 생각마저 들었다. 그러나 그날 밤 라디오에서 거기 들었던 막대한 기술출자에 대한 뉴스 해설자의 설명을 듣고서 나는 25년이라는 긴 세월을 통하여 우리가 심혈을 기울이던 원자물리학의 발전이 지금 10만 명을 훨씬 넘는 인간의 죽음의 원인이 될 수밖에 없었다는 엄연한 사실을 마주하지 않을 수 없었다.

물론 오토 한이 가장 깊은 충격을 받았다. 우라늄 핵분열은 그의 가장 큰 중대한 과학적 발견이었고, 아무도 예상할 수 없었던 원자기술론의 결정적인 첫걸음이었던 것이다. 그런데 이 첫걸음이 바로 지금 대도시와 그 주민들에게 — 대부분은 전쟁에 대하여 아무 책임이 없고 무장도 하지 않은 그 많은 사람들에게 — 무서운 종말을 가져온 결과가 된 것이었다. 오토 한은 너무나 놀라고 당황하면서 자기 방으로 들어가 버렸다. 우리는 그가 혹시 자살을 기도하는 것은 아닐까 하고 걱정이 될 정도였다. 한 이외의 사람들은 그날 밤에 흥분하여 경솔한 말들을 서로 퍼부은 것으로 기억한다. 우리는 다음날 아침에야 비로소 생각을 정리할 수 있었고, 일어난 사건을 심각하게 고찰할 수 있다.

우리가 머물고 있는, 붉은 벽돌의 고풍스런 건물 팜—홀 뒤에는 별로 손질이 잘 되지 않은 잔디가 있었다. 이 잔디는 우리가 '파우스트 볼'이라는 공놀이를 하는 데 아주 적격이었다. 이 잔디와 옆집의 정원을 나누고 있는, 담쟁이가 우거진 벽돌담 사이에는 주로 게를라하가 공들여 손질한 좁은 장미화단이 길게 뻗어 있었다. 이 장미꽃 화단을 둘러싸고 있는 길은 우리 억류자들에게 마치 중세의 수도원 안에 있는 회랑과도 같은 구실을 하고 있었다. 그곳은 둘이서 심각한 이야기를 나누는 데 매우 적합한 장소였다. 그 무서운 보도를 들은 다음날 아침, 카를 프리드리히와 나는 이곳에서 오랫동안 깊은 사색과 대화를 나누면서 산책을 하였다. 그때의 대화는 주로 오토 한에 대한 걱정으로 시작되었으며, 프리드리히는 그것을 다음과 같은 어려운 물음으로 말을 꺼낸 것으로 기억한다.

"오토 한이 자기의 최대의 과학적 발견이 오늘날 상상할 수도 없었던 대참사라는 오점으로 더럽혀졌다는 데 몹시 절망감을 느끼고 있다는 것은 우리도 잘 이해할 수 있습니다. 그러나 그가 그렇게까지 죄책감을 느껴야 할 이유가 있을까요? 그가 원자물리학 분야에서 연구를 같이해 온 다른 물리학자들보다 죄책감을 더 느껴야 할 근거가 어디에 있는지, 이와 같은 대참사에 대한 책임이 우리 전부에게 있는 건 아닌지, 그렇다면 우리 죄는 도대체 어디서 성립되는 것인지, 도무지 분간할 수가 없습니다."

나는 다음과 같이 대답해 보았다.

"나는 우리가 이와 같은 전체적 인과관계와 어떠한 접점에서 연관이 되어 있다고 말할 수 있지만, 여기서 '죄'라는 말을 쓰는 것은 아무런 의미가 없다고 본다. 오토 한뿐만이 아니라 우리 모두가 현대자연과학의 발달에 참여해 왔다. 이 발달은 인류가, 적어도 유럽 인류가 이미 수백 년 전에 결정하였던 — 좀더 신중하게 표현한다면, 인류가 거기 종사하게 되었던 — 생활과정이다. 이 과정은 선에도 악에도 이를 수 있다는 것을 우리는 경험으로 잘 알고 있다. 그러나 우리는 — 이것은 특히 19세기의 진보에 대한 신앙이기도 하지만 — 축적되는 지식은 거기서 파생될지도 모르는 악을 제어하고 선이 승리할 수 있게 만든다는 것을 확신하고 있다. 한의 발견 이전에는 그 자신도, 다른 어떤 사람도 이 문제를 심각하게 생각하는 사람이 없었다. 당시 물리학의 방향으로는 아무런 통찰도 불가능하였기 때문이다. 자연과학이라는 생활과정에 참여하는 일을 죄악이라고 여길 수는 없는 일이다."

프리드리히가 대화를 계속하였다.

"과학의 발달이 이와 같은 재난과 연결될 수 있다는 이유로 이 과학의 발달과정에서 손을 떼야 한다고 주장하는 극단적인 사상의 소유자들도 당연히 나타날 것으로 봅니다. 자연과학의 발전보다 더 중요한 사회적 학문적 정치적인 과제들이 있을 것이고, 또 그 점에서는 그들의 생각이 옳을 수도 있다고 생각합니다. 그러나 그렇게 생각하는 사람들은 오늘의 세계에서 인간의 생활이 광범위하게 과학의 발전에 기대고 있다는 점을 잘못 생각하고 있는 것입니다. 만약에 사람들이 곧 지식의 끊임없는 확장에서 전향해 버린다면 지구상의 인구는 단시일 안에 급격하게 감소될 수밖에 없을 것입니다. 그러나 그런 일은 아마도 원자폭탄과 필적하거나 그보다 더 흉악한 파탄을 통해서만 일어날 수 있을 것이라고 봅니다. 또 널리 알려진 바와 같이 지식은 힘입니다. 지상에서 힘을 얻으려는 싸움이 존속되는 한 — 그리고 당분간은 이 싸움이 종식될 것 같지 않은데 — 지식을 위한 싸움도 계속될 것이 틀림없습니다. 아마도 훨씬 뒤에 가서 하나의 세계정부와 같은, 말하자면 단일 중심적이긴 하지만 되도록 자유가 유지되면서 지구상의 상호질서가 지켜지는 그러한 시대가 온다면 지식의 확대에 대한 노력은 약화될지도 모르겠습니다. 그러나 그것은 지금 우리에게는 문제가 될 수 없습니다. 따라서 당분간은 과학의 발전은 인류의 생활과정에 속할 것이고, 그 안에서 활동하고 있는 개개인에 대하여 죄가 있다고 말할 수는 없다고 생각합니다. 그러므로 문제는 여전히 이 발전과정을 선한 방향으로 돌리고 지식의 확장을 인간의 복지를 위해서만 이용하여야 하되, 그러면서도 이 발전 자체는 방해받지 말아야 할 것입니다. 따라서 문제는 다음과 같이 제기될 수 있을 것입니다. 즉 개개인은 여기서 무엇을 할 수 있는 것인가, 또 연구에 종사하는 사람에게 어떠한 의무가 부여될 수 있는 것일까."

"우리가 과학의 발전을 이 같은 방식으로 '세계적인 척도에서 역사과정'으로 간주한다면 자네의 물음은 세계사에서 개인의 구실에 대한 옛날부터 있었던 문제를 떠올린다. 이러한 경우에 개개인들은 근본적으로는 광범위하게 대치될 수 있다는 점을 확실히 가정해야만 할 것이라고 본다. 즉 아인슈타인이 상대성이론을 발견하지 못하였다면 그것은 조만간에 다른 사람들 — 아마도 포앙카레나 로렌츠 — 에 의해서 정식화되었을 것이다. 한이 우라늄 분열을 발견하지 못하였다면, 아마도 몇 년 뒤에 페르미나 졸리오가 이 현상에 맞닥뜨렸을 것이다. 이렇게 말한다고 어느 개인의 위대한 업적을 깎아내리는 것은 아니라고 믿는다. 따라서 결정적인 한 걸음을 내디딘 개개인에게 그를 대신해서 할 수도 있었던 다른 사람들보다 더 많은 책임을 부과할 수는 없는 노릇이다. 개개인은 역사적인 발전에 따라서 그 자리에 마침 놓여진 것뿐이며, 그 자리에서 자기에서 주어진 과제를 훌륭하게 수행할 수 있었던 것뿐이지, 그 이상 아무것도 아니다. 따라서 그는 자기 업적을 통해서 그뒤의 그 결과 이용에 다른 사람들보다 좀더 많은 영향력을 발휘할 수는 있으리라고 본다. 사실 한은 우라늄 분열의 응용에 대하여 질문을 받았을 때 원자기술의 평화적 이용에 관해서만 언급했고, 적어도 독일에서는 전쟁 이용을 어디까지나 만류하였다. 그러나 미국에서 이뤄진 발전에 대해서는 ─ 당연한 이야기이지만 ─ 아무런 영향력도 미칠 수가 없었던 것이다."

프리드리히는 그의 생각을 계속 말하였다.

"사람들은 여기서 발견자와 발명자를 나누어 생각해야 할 것입니다. 발견자는 대체로 발견 전에는 그 이용 가능성에 대해서는 아무것도 알 수 없으며, 그 뒤에도 실제적 이용까지는 거리가 멀기 때문에 그것을 예언한다는 것은 거의 불가능한 일일 겁니다. 예컨대 갈바니(Galvani)와 볼타(Volta)는 후세의 전자기술에 대하여 아무것도 상상할 수 없었습니다. 따라서 그들에게는 뒷날에 이루어진 그의 발견의 실제적 이용에서 오는 이익이나 위험에 대한 책임이란 있을 수 없을 겁니다. 그러나 발명자의 경우는 예측에서 이와는 다르다고 봅니다. 발명자는 ─ 나는 이 말을 다음에 말하는 그러한 뜻에서 사용하려고 합니다만 ─ 확실히 어떤 특정한 실용적인 목표를 계산하고 있을 것이고, 따라서 그는 그 목표달성이 어떤 가치가 있다는 것을 확신해야 하기 때문에 당연히 그것에 대한 응분의 책임을 져야 한다고 생각합니다. 물론 발명자의 경우에는 본디 한 개인으로서가 아니라 큰 인간 공동체의 위임 아래서 행동한다는 것은 분명합니다. 예컨대 전화의 발명자는 그가 속해 있는 사회가 모든 연락을 좀 빨리할 수 있기를 바라고 있었다는 사실을 우리는 알고 있습니다. 또한 화약의 발명자도 자기 나라의 전투력을 강화시키기를 바랐던 호전적인 권력의 위임 아래서 연구에 종사하였다는 것도 알고 있습니다. 따라서 발명자에게도 그 책임의 일부만이라도 있는 것은 확실합니다. 경우에 따라서는 물론 개인도 사회도 그 발명 이후에 일어나는 모든 결과를 내다볼 수 없을 때도 있습니다. 예컨대 대규모의 농작물을 어떤 해충으로부터 보호할 수 있는 화학물질을 발명한 화학자가 곤충세계의 변화로 말미암아 그 영역에서 어떠한 결과가 일어나는지 그 경작지의 소유주나 관리인들처럼 내다볼 수는 없을 것입니다. 따라서 개인에게는 그의 목표를 대국적인 연관성에서 통찰하여야 한다는 것, 즉 어떤 작은 그룹의 이익만을 위하여 더 큰 공동체를 경솔하게 위험에 빠뜨리지 말아야 한다는 요구만은 내세울 수 있다고 봅니다. 따라서 근본적으로 기술적 과학적 진보가 이룩되는 커다란 연관성에 대한 세심하고도 양심적인 배려만이 요구될 수 있을 뿐입니다. 이 연관성은 또 그 자신의 이익과 바로 연결되지 않는 곳에서도 고려되어야 할 것입니다."

"그렇게 발견과 발명을 구별한다면 자네는 이 가장 새롭고 가장 놀라운 기술적 진보의 결과라고 볼 수 있는 원자폭탄을 도대체 어느 테두리에 종속시킬 것인가?"

"원자핵의 분열에 관한 한의 실험은 하나의 발견이었고, 원자폭탄의 제조는 하나의 발명이라고 할 수 있을 것입니다. 따라서 원자폭탄을 만든 미국의 원자물리학자들에게는 아까 내가 발명자들에 대해 언급했던 것이 그대로 적용된다고 생각합니다. 물론 그들이 개개인으로서가 아니라 전투력을 비약적으로 강화시키고 싶어 하였던 전쟁지도층에 속하는 인간 공동체의 분명한, 그리고 예견된 위탁 아래 행동한 것은 틀림없는 일입니다. 선생님은 전에 심리적인 이유로 미국의 원자물리학자들이 원자폭탄 제조에 온 힘을 쏟는 것은 상상할 수도 없다고 말씀하신 적이 있습니다. 어제만 하더라도 선생님은 원자폭탄을 믿으려 하지 않으셨습니다. 지금에 와서 선생님은 미국에서 일어난 이와 같은 일을 어떻게 설명하실 것입니까?"

　"아마도 전쟁 초기에 미국 물리학자들은 독일이 원자폭탄의 제조를 시도할 수 있다는 점을 몹시 두려워했을 것이다. 그것은 우리도 이해할 수 있는 일이다. 우라늄 분열은 한에 의해서 독일에서 처음으로 발견되었으며, 히틀러가 유능한 많은 물리학자들을 추방하기 전에는 우리나라의 원자물리학의 수준이 확실히 그들보다 높았던 것은 사실이었으니까. 따라서 그들은 원자폭탄에 따른 히틀러의 승리는 그야말로 위험천만한 것으로 여겼을 것이며, 이 같은 파국을 피하기 위해서도 자기들의 원자폭탄 제조연구를 정당한 것으로 생각했을 것이다. 사람들이 나치의 강제수용소에서 실제로 있었던 일을 떠올린다면, 이와 같은 일에 대하여 무어라고 반론을 펼 수는 없다고 생각한다. 독일과 전쟁이 끝난 뒤에는 아마도 미국의 많은 물리학자들은 이 무기의 사용을 중지할 것을 건의하였겠지만, 그땐 이미 그들의 영향력이 미치기에는 늦었을 거라고 본다. 이 점에 관해서도 우리는 무어라고 비판할 자격이 없다고 본다. 왜냐하면 우리도 우리 정부가 저지른 무서운 일들을 조금도 막을 수 없었기 때문이다. 우리가 그 전도를 알 수 없었다는 것은 어떠한 변명도 될 수 없다. 만약 우리가 좀더 노력하였더라면 그것을 좀더 확실하게 알 수도 있었을 것이기 때문이다. 이 전체적인 사고과정에서 이 모든 일들이 얼마나 강제적으로 이루어졌는지를 인식하게 될 때 우리는 참으로 몸서리를 칠 수밖에 없다. 여기서 우리는 세계사에서 선을 위해서는 모든 수단이 허용될 수 있으나 악을 위해서는 허용될 수 없다는 대원칙, 좀더 나쁘게 말한다면, 목적은 수단을 신성화한다는 이 원칙이 항상 반복해서 실천에 옮겨지고 있다는 사실을 알 수 있다. 그러나 이와 같은 사고과정을 막을 수 있는 무엇이 존재할 수는 없는 것일까?"

　"우리는 이미 발명자는 그의 목표를 지구상의 기술적 진보라는 커다란 연관성에서 통찰해야 한다는 점을 그들에게 요구할 수 있다고 이야기하였습니다. 그러한 경우에 우선 어떠한 일이 나타날 것인지 한번 생각해 봅시다. 이와 같은 재난이 있은 다음 바로 아주 값싼 계산들이 쏟아져 나오게 마련입니다. 예컨대, 원자폭탄 투하로 전쟁이 빨리 끝나게 되었다고 말할 수 있겠지요. 즉, 원자폭탄을 사용하지 않았더라면 전쟁은 더 오래 끌었을 것이고, 따라서 그 사이에 일어나는 희생은 원자폭탄에 따른 희생보다 컸을 것이 라고 말입니다. 나는 선생님이 어젯밤 이 문제에 대하여 말씀하셨다고 생각합니다만, 그러한 계산은 이 파국이 지나간 뒷날에 나타날 정치적인 결과들을 모르기 때문에 아무런 의미를 찾을 수 없다고 봅니다. 아마도 이 같은 사건의 결과로 빚어진 승리감으로 말미암아 뒷날 오늘보다 훨씬 더 큰 희생을 요구하는 전쟁을 준비하는 일도 생기지 말라는 법은 없으니 말입니다. 새로운 무기 때문에 세력의 이동이 일어나고 나중에는 모든 강대국들이 이 무기를 지배할 수 있게 된다면, 손실이 큰 상호협상 아래 다시 역행하는 결과가 올지도 모르는 일입니다. 아무도 이와 같은 발전들을 미리 내다볼 수는 없기 때문에 이 같은 논증으로 이야기를 시작할 수는 없다고 봅니다. 나는 오히려 우리가 때때로 언급하였던 다른 명제, 즉 어떤 일이 선한지 악한지를 결정하는 것은 그 일을 달성하기 위하여 사용되는 수단의 선택에 달려 있다는 명제로부터 출발해 보고 싶습니다. 이 원칙은 여기서도 적용될 수 있을까요?"

나는 이 생각에 좀더 상세히 덧붙여 보려고 하였다.

"과학적 기술적 진보는 결과적으로는 틀림없이 세상에서 독립된 정치적 단위를 차츰 크게 할 것이고, 따라서 그 수가 차츰 줄어들면서 결국에는 하나의 중심적인 질서를 유지하는 관계로 나아가게 될 것이다. 그리고 이 중심적 질서로부터 여전히 개인과 개체적인 민족의 자유는 충분히 보장되기를 바랄 수 있을 것이다. 이러한 방향으로 나가는 것을 나로서는 거의 불가피한 당연한 거취라고 보며, 다만 문제는 이와 같이 마지막으로 질서잡힌 상태로 가기까지는 아직도 많은 어려운 고비들을 통과해야만 한다는 것뿐이다. 따라서 이 전쟁 뒤에는 남아 있는 소수의 강대국들이 그들의 노력 범위를 되도록 확장하려고 노력할 것은 충분히 가능성 있는 이야기다. 이와 같은 일은 본디 단순히 공동이익과 비슷한 사회적 구조로 말미암아, 또는 공통적인 세계관이나 경제적 정치적 압력에 따라서 일어날 수 있는 동맹관계로 말미암아 실현되는 것이다. 강대국의 직접적인 영향권 밖에 있는 약소한 그룹들은 강자에 의하여 위협 또는 억압을 받게 될 것이고, 그렇게 되면 강대국들은 이 약소국들을 원조하게 되고 그로 말미암아 약소국들도 세력 균형을 잡게 될 것이다. 그 결과로 강대국들이 이전보다 더 강한 영향력을 행사하게 될 것은 틀림없는 일이다. 미국이 두 차례에 걸쳐 세계대전에 개입하게 된 것도 이러한 각도에서 해석이 가능해질 것이다. 나는 앞으로도 이와 같은 방향으로 세계사는 진행된다고 생각하고 있으며, 이러한 추세에 반대할 아무런 이유도 없다. 물론 이 같은 팽창정책을 추진하고 있는 강대국들은 제국주의라는 비난을 면치 못할 것이다. 따라서 여기서 바른 수단의 선택에 대한 문제가 결정적인 구실을 한다고 생각한다. 즉 영향력 행사를 매우 신중하게 조심성 있게 다루며, 원칙적으로 경제적인 측면과 문화정책적인 측면에서만 그 수단을 쓰고, 상대국의 내정에 대한 폭력적 간섭이라는 인상을 주는 모든 수단은 회피하는 강대국은, 폭력을 쓰는 다른 나라에 견주어 이 같은 비난을 쉽게 모면할 수 있을 것이다. 다만 이런 수단만을 사용하는 강대국의 세력권 안에서의 질서구조는 세계의 미래적인 통일질서의 구조를 위한 하나의 모범으로 여겨질 것이다. 이러한 견지에서 미국은 많은 사람들로부터 개인이 가장 용이하게, 그리고 매우 자유롭게 발전할 수 있는 사회구조를 가지고 있는 자유의 본거지로 인정받고 있다. 미국에서는 어떠한 의견이라도 자유롭게 발표할 수 있으며, 개개인의 발의는 자주국가적인 법규보다도 더 중요시되며, 개인이 존중되는 — 예를 든다면, 전쟁포로들이 다른 나라에 견주어 월등하게 인도적으로 다루어지는 것 — 등, 미국의 모든 내부구조가 미래세계의 내부구조에 대한 모형이 될 수 있다는 희망을 이미 많은 사람들에게 환기시키고 있다. 미국사람들이 원자폭탄을 일본에 투하할 것인지를 숙고할 때, 바로 이 많은 사람들이 미국에 대하여 가지고 있었던 희망을 고려하였어야 했다. 왜냐하면 원자폭탄을 씀으로써 이 희망에 일대 충격을 가하는 결과가 되지 않았을까 하는 걱정을 하게 되기 때문이다. 미국도 제국주의라는 비난이 미국과 경쟁하고 있는 강대세력에 의해서 제기될 것이고, 원자폭탄을 투하하였기 때문에 이런 비난은 설득력을 가지게 될 것이다. 전쟁의 승리를 위해서는 원자폭탄의 투하가 꼭 필요하였던 것은 아니었기 때문에, 그것은 단순한 힘의 과시로밖에는 이해되지 않을 것이고, 따라서 여기서부터 어떻게 세계적인 자유질서를 향한 길이 열릴 것인지 매우 곤란한 문제가 제기되리라고 여겨지는 것이다."

"따라서 선생님께서는, 원자폭탄의 기술적 가능성을 커다란 연관성에서 통찰했어야 했고, 마지막에 가서는 지구상의 통일적 질서라는 필연적인 목표에 이를 수 있는 세계적 규모의 일부로서 과학기술 발전이 고찰되었어야 했다고 생각하시는군요. 그렇다면 승리가 이미 결정되어 있었던 단계에서 원자폭탄을 썼다는 사실은 결국 세력확장을 위하여 서로 투쟁하고 있는 민족국가시대로 되돌리는 것을 뜻하며, 결국은 세계의 통일을 위한 자유질서라는 목표로부터는 한 발짝 물러서게 된다는 점을 고려했어야 했습니다. 그것은 바로 미국이라는 나라가 가지고 있는 장점에 대한 신뢰를 약화시키고, 미국이 지니고 있었던 세계적 사명에 대한 신용을 떨어뜨렸다는 이야기가 됩니다. 원자폭탄의 존재 자체는 여기서 불행한 일이 아닐 것입니다. 왜냐하면 앞으로는 그것이 완전한 정치적 독립과 거대한 경제력을 가진 강대국을 소수로 한정시키게 될 것이기 때문입니다. 약소국가들은 한정된 독립성밖에는 갖지 못하게 될 것입니다. 그러나 이러한 관념은 어떤 개개인에 대한 자유의 한정을 뜻하는 것은 아닐 것이며, 다만 생활조건의 일반적 개선에 대한 보상으로 받아들여질 수 있다고 생각됩니다. 그러나 이렇게 이야기하고 있는 동안에 우리는 차츰 우리가 본디 제기하였던 문제로부터는 멀어지는 것 같습니다. 어쨌든 정열과 망상이라는 서로 모순되는 이념들에 따라 형성된 세상에서 살고 있으면서 여전히 기술적 진보에 관심을 가지고 있는 개인은 어떻게 행동을 해야 하는지를 알고 싶었던 것입니다. 우리는 이 점에 관해서는 너무나 아는 것이 없습니다.”

나는 다음과 같이 대답하려고 시도하였다.

“어쨌든 우리는 다음과 같은 사실을 알게 된 것은 확실하다. 즉 과학적 내지는 기술적 진보에 이바지할 것을 일생의 중요한 과제로 세운 개인들은 이 과제만을 생각하는 것만으로는 충분치 않다는 사실이다. 일반적으로 이와 같은 문제에 참여할 때에는 그 해결을, 그가 분명하게 긍정하는 커다란 발전의 한 부분으로 여기고 찾아야 한다는 것이다. 이러한 일반적인 연관성을 아울러 고려한다면 그는 쉽게 정당한 결단을 내릴 수 있으리라고 본다.”

프리드리히가 말을 계속하였다.

“그것은 올바른 것을 생각할 뿐만 아니라 행동에 옮기고 자기 생각을 실현시키고자 할 때에는 공적인 생활과 결합하기 위하여, 나아가서는 국가적인 행정에까지 영향력을 발휘하기 위하여 애써야 함을 뜻하게 될 것입니다. 그리고 아마 이와 같은 결합은 결코 불합리한 것은 아니라고 생각합니다. 그것은 아까 우리가 논한 일반적인 발전과도 잘 조화되는 이야기입니다. 과학적 그리고 기술적인 진보가 일반사회에 대하여 지니는 중요성에 비추어 그 진보를 직접 담당하는 자들의 공적인 영향력도 확대될 수 있다고 생각합니다. 물론 물리학자나 기술자가 중요한 정치적인 결정을 정치가보다 더 잘 내릴 수 있다고 가정할 수는 없을 것입니다. 그러나 그들은 자신들의 학문적인 연구에서 객관적으로, 그리고 사실적으로 생각하는 방법을 배웠으며, 특히 커다란 연관성 안에서 사물을 생각하기를 배운 것은 매우 중요하다고 생각합니다. 따라서 그들은 정치가들의 작업에 매우 필요하다고 생각되는 논리적인 정확성과 넓은 시야, 그리고 엄격한 청렴 등의 건설적인 요소들을 부여하게 될지도 모르겠습니다. 만약 이렇게 생각한다면, 미국의 원자물리학자들은 정치적인 영향력을 행사하는 데 너무 소극적이었다는, 즉 원자폭탄 사용의 결정권을 너무 손쉽게 손에서 놓아 버렸다는 비난을 모면할 수 없을 것입니다. 그들은 원자탄 투하의 역효과를 충분히 알고 있었다고 믿어지기 때문입니다."

"나는 이러한 문맥에서 '비난'이라는 말을 입에 담아야 하는지 아닌지를 판단할 수 없다. 아마도 우리는 이 자리에서 바다 건너 저쪽에 있는 우리 친구들보다 단순히 운이 좋았다고 생각될 뿐이다."

억류생활은 1946년 1월에 끝났고, 우리는 독일로 돌아왔다. 1933년 이래 우리가 그렇게도 열심히 생각해 왔던 재건이 시작된 것이다. 그러나 처음에는 그것이 우리가 기대하고 소망하였던 것보다는 훨씬 더 어려운 작업이라는 것을 알게 되었다. 첫째로, 나의 학문적인 연구소라는 조그마한 서클에서도 문제가 있었다. 한편으로는 베를린의 정치적인 미래가 전혀 불확실하다는 점과, 또 한편에서는 나라의 상징으로서의 황제를 상기시키는 카이저라는 이름을 사용할 수 없다는 점령군의 의견 때문에 결국 카이저-빌헬름협회는 옛 형태대로 재건되기가 어려워졌다. 영국의 점령군은 괴팅엔에 있는 옛날의 항공역학 연구시설의 건물 안에 연구소

설비를 재건할 수 있다는 가능성을 비쳤기 때문에 우리는 괴팅엔으로 옮겼다. 그곳은 바로 20년 전에 닐스 보어를 처음으로 알게 된 고장이었고, 뒷날 보른과 쿠란트 밑에서 공부를 한 장소였다. 90세에 가까운 막스 플랑크도 종전과 더불어 괴팅엔으로 구조되어 와서 우리와 함께 옛날의 카이저–빌헬름협회가 가지고 있었던 과제의 연장으로서 신구(新舊) 연구소를 조정하여 하나의 기관을 만드는 데 애쓰고 있었다. 나는 다행스럽게도 가족을 위하여 플랑크의 집과 나란히 붙은 집을 빌릴 수 있었다. 그래서 플랑크는 종종 담 너머로 내게 말을 걸어왔으며, 때로는 실내악을 즐기기 위하여 우리 집을 방문하곤 하였다.

그 당시 가정에서는 기본적인 생활필수품을 확보하기 위하여, 연구소에서는 가장 간단한 장치를 설치하는 데 많은 노력과 힘을 기울여야만 했다. 그러나 그 시절은 참으로 행복한 시기였다. 1, 2년 전처럼 이것 또는 저것이 가능하다는 것이 아니라 모든 것이 가능할 수 있는 시절이었다. 그리고 날이 가고 달이 감에 따라 학문적인 연구와 사생활 면에서도 신뢰에 찬 즐거운 협동생활을 통해 이룩된 개선과, 모든 일이 조금씩 수월하게 풀려나가는 것을 느낄 수 있었다. 그 시절의 점령군에 의한 다각도에 걸친 원조는 물질적인 면에만 그치는 것이 아니라, 우리가 다시 커다란 공동체의 일부분이라는 자각을 갖게 하는 것이었다. 그 공동체는 파괴된 지난 과거를 슬퍼하는 것이 아니라 선의를 가지고 이성적인 미래를 지향하는 하나의 신세계를 건설하려 했던 것이다.

과거의 사고구조로부터 희망에 찬 미래를 향한 사고구조로 이행하는 것은 다음의 두 가지 대화 속에 분명하게 나타나 있기 때문에 나는 여기서 그 내용을 간단하게 요약해 보고자 한다. 그가운데 하나는 전쟁 뒤 처음으로 코펜하겐에서 이루어진 보어와 만남이었다. 외적인 이유는 매우 터무니없는 것이었으나, 1947년 여름의 괴팅엔의 생활 분위기를 전달하기 위하여 여기서 잠깐 언급해 둘 사건이 있다. 영국의 첩보기관에 러시아 쪽에서 오토 한과 나에 대한 어떤 음모를 계획하고 있다는 확실한 정보가 입수되었다는 것이다. 우리 둘을 괴팅엔에서 몇 킬로미터밖에는 떨어져 있지 않은 소련 점령지역으로 납치해 갈 계획이며, 이미 이 일을 담당한 비밀기관원들이 괴팅엔에 잠복하고 있다는 것이었다. 그래서 한과 나는 잠시 동안 영국 점령지대의 관할 중심지에 가까운 헤어포르트로 보호 연행되었다. 나는 헤어포르트에서 기다리는 시간을 이용하여 코펜하겐에 있는 닐스 보어를 방문하는 것이 좋겠다는 생각이 들었다. 우리를 친절하게 보호하고 있던 영국 장교 로널드 프레이저는 1941년 10월에 내가 보어를 방문했던 일에 대하여 다시 한 번 이야기해 볼 것을 권하고 있었다. 영국의 군용기는 우리를 뷔케부르크에서 코펜하겐까지 태워다 주었고, 비행장에서 티스빌데에 있는 보어의 별장까지는 자동차로 갔다.

그래서 우리는 그렇게도 자주 양자이론에 관한 철학적 사색에 골몰하였던 그 벽난로 앞에 다시 모여 앉게 되었고, 20년 전에 보어의 어린아이들의 손을 잡고 수영하러 달려갔던 그 좁은 모래사장에 있는 숲길을 다시 산책하게 되었다. 그러나 1941년 가을의 대화를 재현해 보고자 했을 때 우리는 우리 기억이 너무나 엇갈려 있음을 느낄 수 있었다. 나는 그 절박하였던 이야기의 주제를 필레알레의 야간산책 길에서 시작하였다고 확신하고 있었는 데 반하여, 보어는 그것이 틀림없이 칼스베르이에 있는 그의 연구실에서였다고 믿고 있었다. 보어는 나의 너무나 조심스러웠던 표현이 그에게 미친 공포에 대해서는 잘 기억하고 있었으나, 내가 그 기술 출자가 막대하게 필요하다면서 그러한 경우에 물리학자로서 어떻게 처신하는 것이 좋겠느냐고 물은 이야기는 전연 모르고 있었다. 그래서 우리는 곧 과거의 망령들을 더 이상 불러들이지 않는 것이 좋겠다는 느낌을 갖게 되었다.

옛날 바이에른의 목장에서도 그랬던 것과 같이, 이번에도 우리의 화제가 된 것은 과거로부터 미래로 우리의 사고를 돌리게 하였던, 최근까지 물리학에서 이뤄진 발전이었다. 보어는 그때 마침 영국의 파월로부터 소립자 궤도에 관한 흔적을 적은 사진 한 장을 받고 있었다. 그것은 그때부터 오늘에 이르기까지 입자물리학에서 커다란 구실을 한 '파이(π)중간자'

[이는 1935년 일본 최초의 노벨물리학상 수상자인 유가와 히데키(湯川秀樹) 박사에 의하여 이론적으로 그 존재가 예언되었던 것으로, 실험적으로는 이때 처음으로 확인된 것이다. 오늘은 '뮤 [μ] 중간자'라고 하며, 이 발견으로 파월은 노벨상을 받았다 ── 역주] 의 발견에 관한 것이었다. 따라서 우리는 아마 이 입자와 원자핵 안에서 작용하고 있는 힘 사이에 존재할 관계에 대하여 이야기를 나누었을 것이다. 그리고 이 새로운 대상물의 수명이 그때까지 알려진 어느 입자보다도 더 짧은 것으로 보였기 때문에, 다만 수명이 짧기 때문에 지금까지 관측에 걸리지 않았던 수많은 다른 입자들이 존재할 수 있는 가능성에 대하여 이야기를 나누었다. 그리고 우리는 그뒤 여러 해 동안 젊은 신진 연구생들과 같이 전념할 흥미 있는 연구 분야가 눈앞에 훤하게 펼쳐져 있는 것을 볼 수 있었다. 나는 괴팅엔에 세워지고 있는 연구소에서도 이 문제와 씨름해 보기로 마음을 굳혔다.

괴팅엔으로 돌아왔을 때, 나는 엘리자베트로부터 나에 대한 음모와 같은 사건이 실제로 있었다는 이야기를 들었다. 어느 날 밤 함부르크의 부두 노동자 두 명이 내 집 앞에서 체포되었는데, 그들이 나를 근처에서 기다리고 있는 자동차까지 납치해다 주면 고액의 보수를 받기로 되어 있었다고 자백하였다는 것이다. 내게는 이 계획이 액면 그대로 믿기에는 어딘가 미심쩍은 곳이 많다고 느껴졌다. 반 년 뒤에 영국의 첩보기관에 의하여 이 수수께끼의 해답을 얻게 되었다. 옛날 나치 당원이었다는 혐의를 받아 직장을 구하지 못하고 있던 건달 같은 한 친구가 이 같은 음모를

날조하고 덕분에 영국 첩보기관에 한 자리를 얻으려 했던 것이다. 그래
서 그는 부두노동자 두 사람을 매수하고 아울러 영국의 첩보기관에 이 음
모에 대한 정보를 흘렸던 것이다. 그의 계획은 우선은 성공하였지만 그
같은 일이 오래 갈 까닭이 없었다. 우리는 뒤에도 이 사건을 이야기하면
서 웃음을 터뜨리곤 하였다.

　나에게 과거로부터 미래를 향한 전환의 필연성을 분명하게 해 주었던
두 번째의 대화는 신생 독일연방공화국에서의 대규모 연구기관의 재건
에 관한 것이었다. 플랑크가 서거한 뒤에 오토 한은 과거의 카이저-빌헬
름연구소의 사명을 새로운 조직을 통해서 인수하는 노력의 중심적 구실
을 하고 있었다. 그 새로운 조직은 막스플랑크 연구소라는 이름으로 괴
팅엔에 창설되었고, 오토 한이 그 초대 소장이 되었다. 나 자신은 그 당시
괴팅엔대학의 심리학자인 라인과 같이 신생 독일연방공화국에서 연방정
부와 과학연구기관 사이의 긴밀한 연결을 목적으로 하는 연구협의회 창
설을 위해서 힘을 쏟고 있었다. 과학의 진보에서 파생되는 기술이 도시
나 산업의 물질적인 건설에서뿐만이 아니라 그것을 넘어서 독일과 유럽
의 전체적인 사회적 구조에서도 매우 중요한 구실을 하고 있음을 쉽게 알
수 있었다. 베를린 공습 당시 부테난트와 나누었던 대화의 정신에 따라
서 내게는 사회의 넓은 영역에서 과학연구를 위한 기지를 얻어내는 것과,
정부의 업무에 학문적인 — 특히 자연과학적인 — 사고방식을 도입하는
일이 거의 같은 비중으로 중요했었다. 독일의 국무를 맡고 있는 사람들
은 서로 상반되는 이익의 조정에만 급급할 것이 아니라 사실적으로 제약
된 필연성, 즉 이 필연성은 현대라는 세계구조에 그 뿌리를 내리고 있으
며 그것을 단지 감정적으로, 다시 말해서 비합리적으로 회피할 때에는 파
국으로 이를 수밖에 없는 그러한 필연성이 항상 존재한다는 것을 염두에
두어야 한다고 믿고 있었다.

　그러므로 나는 과학도 공적인 일에서는 어떤 주도권에 대한 권리를 행사할 수 있도록 하고 싶었다. 나는 당시 자주 접촉을 하고 있던 아데나워에게서 이러한 계획에 대한 신뢰와 지지를 발견할 수 있었다. 같은 시기, 1920년대에 시미트—오토가 지도하고 제1차 세계대전 뒤 독일의 과학 발전에 헤아리기 어려울 만큼 크게 이바지한 독일연구진흥협회를 부활시키려는 노력도 진행되고 있었다. 이 계획은 대학과 주정부의 대표자 사이에서 추진되고 있었는데, 나는 이 움직임이 어딘가 복고적인 냄새가 강하게 풍기고 있어서 일말의 불안감을 느끼고 있었다. 학문연구에 대한 후원을 공개적으로 얻어가자는 데는 전적으로 동감이지만, 정치와 과학 두 분야의 완전한 분리를 호소하는 사고방식은 이 시대에 적합한 것이라고는 보지 않았다.

　나는 이 문제를 놓고 법률학자인 라이저 — 그는 뒤에 여러 해 동안 학술원 의장직을 맡았다 — 와 세부적인 대화를 나눴다. 나는 라이저에게 그가 추천하고 있는 진흥협회는 이 '용사 없는 현실세계'로부터 등을 돌리고 상아탑 안에 동떨어져 자기 마음에 흡족한 꿈에만 빠져 있는 그러한 사고를 다시 불러일으키는 결과가 되지 않을까 두렵다는 점을 밝혔다. 이에 대하여 라이저는 "그러나 우리 두 사람의 힘으로 독일사람들의 국민성을 바꾸기를 바랄 수는 없습니다"고 대답하는 것이었다. 나는 분명하게 그가 옳게 파악하고 있다고 느꼈다. 개개인의 선한 의지만을 가지고는 어쩔 수 없으며, 항상 외적 관계에서 오는 강력한 강요만이 많은 사람들의 사고구조를 필연적으로 바꿀 수 있다는 것을 느낄 수 있었다. 그 당시 아데나워의 지지가 있었음에도 우리 계획은 수포로 돌아가고 말았다. 내 힘만으로는 대학의 대표자들에게 이 새로운 필연성을 설득하기가 불가능했다. 그래서 결국 본질적으로는 이전 촉진단체의 옛 전통을 이어받은 학술연구진흥회가 꾸려졌다. 그로부터 10년이 지난 뒤에야 비로소 외부적인 필연성 때문에 과학연구부가 연방정부 안에 설치되는 것이 강요되었고, 그 안에 자문위원회가 설치되면서 우리 계획의 일부분이 실현을 보게 되었던 것이다. 새로 연 막스플랑크연구협회는 현대사회의 필연성에 더 쉽게 적응할 수 있었으나, 대학은 먼 훗날에 가서야, 그것도 격심한 논쟁과 싸움을 거쳐서야 비로소 필연적인 혁신과정을 밟으리라고 자위할 수밖에 없었다.

17. 실증주의, 형이상학, 그리고 종교 1952

　과학계의 국제적 관계가 회복되면서 원자물리학 분야의 옛 친구들이 다시 한 번 코펜하겐에 모일 기회가 있었다. 1952년 초여름 그곳에서 학회가 열려 유럽에 거대가속기를 건립하는 문제를 협의한 것이다. 나는 이 계획에 커다란 관심을 가지고 있었다. 그 까닭은 내가 가정하고 있던 대로 에너지를 많이 보유하고 있는 두 소립자의 충돌에서 소립자 같은 입자들이 많이 생성될 것인지, 그리고 정상상태의 분자나 원자같이 대칭성과 질량과 수명으로 구별되는 많은 다른 종류의 소립자들이 존재하는 것인지를 거대가속기가 해명해 주기를 크게 기대하고 있었기 때문이다. 따라서 나에게는 그 학회의 안건이 여러 가지 의미에서 중요하였다. 그러나 여기서는 그 내용에 관한 언급은 생략하고, 이 기회에 보어와 볼프강과 더불어 나누었던 대화 내용을 소개해 볼까 한다. 물론 이 학회에 참여하고자 취리히에서 온 볼프강과 나는 보어의 명예주택 작은 온실에 앉아서 양자이론이 완전히 이해되었는지 아닌지, 즉 우리가 25년 전에 내렸던 해석이 그동안에 일반적으로 인정된 물리학의 공동재산이 되었는지 아닌지에 관한 것부터 이야기해 나갔다. 보어가 시작하였다.

　"얼마 전 이곳 코펜하겐에서 특히 실증주의적 경향이 짙은 철학자들이 모인 철학회가 열렸습니다. 그때 빈 학파의 대표자들이 주요한 구실을 하였습니다. 나는 이 철학자들을 앞에 놓고 양자이론의 해석에 대하여 강연을 하였는데 그 강연이 끝난 뒤 별 다른 반대도, 어려운 질문도 없었습니다. 그러나 나는 바로 이 사실이 가장 두려운 거라는 점을 고백하지 않을 수 없습니다. 그 까닭은, 양자이론에 관해서 놀라지 않았다는 게 바로 그들이 양자이론을 거의 이해할 수 없었다는 이야기가 되기 때문입니다. 따라서 이것은 내 강연이 너무 서툴러서 아무도 이해할 수 없었다는 게 되고 맙니다."

볼프강이 말을 받았다.

"그것은 절대로 선생님의 강연이 서툴렀던 탓은 아니라고 생각합니다. 사실을 별로 조사도 해 보지 않고서 덮어 놓고 받아들이는 것이 실증주의 자들의 신앙고백입니다. 제가 기억하는 비트겐슈타인의 말에 이런 것들이 있습니다. '세계는 일어난 일의 전부다', '세계는 사실의 총체이지 사물의 총체가 아니다.' 사람들이 이런 식으로 나가기로 한다면, 사실을 서술하고 있기만 하면 어떤 이론도 받아들여져야 할 것입니다. 실증주의자들은 양자역학이 원자현상을 올바르게 표현하고 있다는 것을 알았음에 틀림없습니다. 그렇다면 그들이 거기에 반항할 아무런 이유도 없을 것입니다. 우리들이 거기에다가 상보성이라든가, 확률의 간섭, 불확정성 관계, 또는 주체와 객체 사이의 절단 같은 따위의 것들을 제 아무리 덧붙여서 말하더라도 실증주의자들에게는 불명확한 서정시적인 사족으로밖에는 들리지 않을 것이고, 과학 이전의 사고로의 역행으로 아무짝에도 쓸모없는 소리로밖에는 여겨지지 않을 것입니다. 그래서 그들은 그러한 말들을 진지하게 받아들일 필요가 없으며, 기껏해야 그저 무해무득한 것으로 여길 것이 틀림없습니다. 그와 같은 식의 이해는 그 자체로서는 논리적으로 완전히 앞뒤가 맞을 것입니다. 다만 저로서는 자여을 이해한다는 것이 무엇을 뜻하는지 모를 뿐입니다.”

“실증주의자들은……” 하고 내가 보충설명을 시도하였다.

“이해란 예측능력과 같은 뜻이라고 말할 겁니다. 어느 특수한 사건들만 내다볼 수 있다면 사람들은 어떤 단편만 이해할 것이고, 여러 가지 결과를 내다볼 수 있으면 이해를 더 넓게 할 수 있을 것입니다. 그들에게는 단편적인 이해와 전면적인 이해 사이에 하나의 연속적인 척도가 존재하지만, 예측능력과 이해 사이에는 어떤 정성적(定性的)인 구별은 없는 것입니다.”

“그렇다면 당신은 그와 같은 구별을 발견했단 말입니까?”

“그렇습니다. 나는 이 점에 관해서는 자신이 있습니다. 30년 전에 우리가 발헨 호숫가를 자전거로 여행할 때, 내가 이미 그 얘기를 한 바 있다고 생각하는데, 아마도 다음과 같은 비유로써 분명하게 말할 수 있다고 생각합니다. 즉 우리가 하늘에서 비행기가 날고 있는 것을 볼 때 그것이 1초 뒤에는 어디에 있을 것인가를 어느 정도 확실히 내다볼 수 있습니다. 우리는 우선 그 비행기가 날고 있는 궤도를 직선적으로 연장할 것이고, 만약 그 비행기가 커브를 돌고 있었다면 그 커브의 곡률(曲率)을 고려하여 계산할 것입니다. 이와 같은 식으로 대부분의 경우 우리는 그 비행기의 궤도를 훌륭하게 내다봅니다. 그러나 그것만으로 그 궤도를 완전히 이해하였다고는 할 수 없습니다. 미리 비행사에게서 비행계획에 관한 설명을 들었을 때, 비로소 우리는 그 궤도를 실제로 이해했다고 볼 수 있습니다.”

보어는 내 말에 절반밖에는 만족하지 않았다.

“그러나 그와 같은 상을 물리학에 도입하는 것은 아마도 대단히 어려울 것이라고 봅니다. 내 경우, 실증주의자가 원하는 것에 대하여 의견을 같이하기는 매우 쉽지만, 그들이 원치 않는 것에 대해서는 그렇게 쉽게 의견을 같이할 수 없습니다. 그 점을 좀더 상세히 설명해 보겠습니다. 특히 우리가 영국과 미국에서 이미 보아 왔고, 실증주의자들이 단지 체계화했다고 볼 수 있는 이 같은 종류의 모든 주의(主義)는 확실히 초기 근대자연과학의 시대정신에까지 거슬러 오릅니다. 그때까지는 사람들은 항상 세계적인 커다란 연관성에만 관심을 쏟았으며 그것을 고대로부터 내려오는 권위 — 예컨대 아리스토텔레스와 교회의 교리 같은 것 — 와 관련시켜 토론하였을 뿐, 경험의 개체성에 관해서는 거의 관심을 기울이지 않았습니다. 그 결과 개체성의 상을 혼란시킨 가지가지의 미신이 퍼지게 되었고, 그 옛 권위는 새로운 지식을 받아들이지 못하였기 때문에 다른 커다란 문제에서도 사람들은 더 이상 진전을 보지 못했습니다. 17세기에 이르러서야 비로소 사람들은 단호하게 옛 권위로부터 해방될 것을 결심하였고, 경험 즉 낱낱의 사실에 대한 실험적인 연구를 향해 움직이게 되었습니다.

과학에 관한 협의단체 같은 것이 조직된 당시, 즉 런던에 왕립학회가 세워졌을 때, 그들은 마술에 관한 책에 실려 있는 주장을 실험적으로 반박함으로써 미신과 싸우는 데 몰두하였다는 이야기가 있습니다. 예를 들면, 한밤중에 일정한 주문을 외면 책상 위에 분필로 그린 원의 한가운데 놓아둔 사슴벌레는 이 원을 떠날 수 없다는 주장 따위였습니다. 그래서 사람들은 책상 위에 분필로 원을 그리고 그 중심에 정확하게 사슴벌레를 놓은 뒤 요구된 주문을 틀림없이 외웠음에도 그 벌레가 태연하게 원 밖으로 기어나가는 것을 관찰하였습니다. 또 어떤 아카데미에서는 회원들에게 절대로 커다란 연관성에 관해서는 말하지 않고 낱낱의 사실에 관해서만 이야기할 것을 의무로 했습니다. 그러므로 자연에 대한 이론적인 고찰들은 다만 현상의 개체 그룹에만 해당하고 전체의 연관성에는 연결시키는 법이 없었습니다. 따라서 이론적 공식은 오늘날 엔지니어의 수첩에서 어떤 막대기의 균열강도(龜裂强度)에 관한 편리한 공식을 알아낼 수 있는 것과 같이 오히려 하나의 취급지침으로 받아들여지고 있었습니다. 그리고 저 유명한 뉴턴의 말, 즉 자기는 "바닷가에서 뛰어다니며 때때로 좀더 매끄러운 자갈이나 유난히 예쁜 조개를 발견하면 몹시 즐거워하는 어린아이와 같은 존재인데, 자기 앞에는 진리의 커다란 대양이 탐구되지 않은 채 가로놓여 있다"는 표현도 또한 초기 근대과학의 시대정신을 말하고 있는 것입니다. 물론 뉴턴은 실제로는 훨씬 많은 일을 해냈고, 자연과학의 넓은 영역에 걸쳐서 그 밑바탕이 되는 법칙성을 수학적으로 정식화할 수 있었습니다. 그러나 그것에 관해서 새삼 운운할 필요는 없을 것입니다. 자연과학의 영역에서 옛 권위와 미신에 대한 이 투쟁에서 사람들은 때때로 도를 지나치는 경우도 물론 있었습니다. 예컨대, 때때로 돌이 하늘에서 떨어졌다고 증언한 옛 보고가 있었습니다. 그래서 몇몇 교회와 수도원에서는 그러한 돌들을 성유물(聖遺物)로 보존하기도 했습니다. 이같은 보고들은 18세기에는 미신이라며 밀어제쳐지고, 수도원은 그런 무가치한 돌들은 던져 버리라는 요구를 받게 됩니다. 심지어 프랑스 아카데미는 하늘에서 떨어진 돌에 관한 보고는 더 이상 접수하지 않는다는 분명한 결의를 내린 일이 있을 정도였습니다. 그 아카데미는 철(鐵)이란 하늘에서 때때로 떨어진 물질이라고 정의한 옛 논급조차 결의를 통해 파기하려고 했습니다. 그러나 그때 마침 파리 가까이에서 큰 운석이 낙하했고, 그때 수 천 개의 작은 운철(隕鐵)이 떨어짐으로써 비로소 그 아카데미는 그 같은 저항을 포기해야만 했습니다. 나는 다만 초기 근대과학의 정신적인 태도를 특징 짓기 위하여 이런 이야기를 했을 뿐입니다. 그러나 우리는 그동안 이 같은 태도로부터 얼마나 많은 새로운 경험과 과학적 진보가 촉진되었는지 알고 있습니다.

실증주의자들은 지금 근대자연과학의 발달을 하나의 철학적 체계로서 기초 짓고 어느 정도 정당화하려고 애쓰고 있습니다. 그들은 이전의 철

320

학에서 쓰였던 개념들이 자연과학에서 쓰이고 있는 개념보다는 정확성
이 없다는 점을 꼽으면서, 거기서 제기되고 토론되었던 문제들이 때때로
전혀 의미가 없는 것들이며, 아무런 생각할 가치가 없는 허위의 문제가
중요시되고 있다고 생각하였습니다. 모든 개념들이 극단적인 명료성을
지녀야 한다는 그들의 요구를 나는 충분히 이해할 수 있습니다. 그러나
이러한 의미에서 명료한 개념이란 없으므로, 좀더 일반적인 문제들에 대
해 사고하는 것을 금하는 것은 나로서는 이해할 수 없습니다. 그 까닭은
그러한 금지가 또한 양자이론에 대한 이해도 불가능하게 할 것이기 때문
입니다."

이때 볼프강이 반문했다.

"지금 말씀하신 대로 사람들이 양자이론을 더 이상 이해할 수 없다고
한다면, 선생님께서는 물리학이란 한편에서는 실험과 측정으로, 다른 한
편에서는 수학적인 공식체계에 따라서 성립되어 있을 뿐만 아니라, 두 가
지 순수한 철학 사이의 접점에서 추진되어야 한다는 말씀이신지요? 즉
이 같은 실험과 수학 사이의 작용에서 일어나는 본래적인 것을 일반적인
언어로 설명하려고 애써야 한다는 말씀이시군요. 저 또한 양자이론을 이
해하는 데서 가장 어려운 점은 바로 여기에 있다고 생각하는데, 실증주의
자들은 바로 이 점을 말하지 않고 침묵으로 넘기고 마는 것 같습니다. 그
것은 바로 여기에서 그렇게 정확한 개념들을 쓸 수 없기 때문인 것으로
보입니다. 실험물리학자들은 사실상 자연에는 적합하지 않다는 것이 이
미 널리 알려진 고전물리학자의 개념을 가지고서 그들의 실험에 대한 설
명을 할 수 있어야 한다고 생각합니다. 바로 이 점이 근본적인 딜레마이
며, 이것을 간단히 무시해서는 안 된다고 생각합니다."

내가 다음과 같이 덧붙였다.

"실증주의자들은 이미 당신들이 말한 바와 같이 전(前)과학적인 성격

을 지니는 모든 문제설정에 대하여 특히 민감한 것 같습니다. 나는 개체적인 문제설정이나 정식화는 형이상학적이고 전과학적이며 물활론적(物活論的) 시대의 낡은 사고의 유물이라고 간단히 비난하는 것으로 처리해 버리는 인과론에 관한 필립 프랑크의 책을 기억하고 있습니다. 거기서는 '전체성'이라든가 합목적적 생명력과 같은 생물학적 개념들은 전과학적인 것으로 거부당하고 있으며, 이런 개념들이 사용되는 기술은 증명할 수 없는 내용이 담겨 있는 것이라는 증거를 보이려고 애쓰고 있습니다. '형이상학'이라는 말은 한마디로 전혀 불명확한 사고과정들이라는 낙인이 찍힐 욕설에 지나지 않습니다."

보어가 다시 말을 받았다.

"언어를 그렇게까지 좁게 국한한다면 그야말로 손을 들 수밖에 없습니다. 당신은 공자의 격언이라는 실러의 시를 알고 있으며, 특히 내가 그 가운데서 '충만만이 명석에 통할 수 있으며, 심연 속에 바로 진리가 숨어 있다'는 구절을 좋아한다는 것을 알고 있지요? 여기서 말하는 '충만'이란 경험의 충만뿐만이 아니라 우리가 어떤 문제를 제기하고 어떤 현상을 말할 때 사용하는 여러 종류의 다른 개념들의 충만도 뜻하고 있습니다. 양자이론의 형식적인 법칙과 관찰된 현상들 사이의 특이한 관계에 대하여 항상 여러 종류의 개념을 사용하여 반복해서 논하고, 그것을 모든 측면에서 고찰하고, 그래서 외견상의 내부모순을 인지하게 될 때 비로소 양자이론을 이해할 수 있는 전제가 되는 사고구조의 변화를 가져올 수 있는 것입니다.

예를 든다면 양자이론은 상보적인 개념인 '파동'과 '입자'로써 자연을 이중적으로 서술하는 것을 허용하였기 때문에 항상 불만족스럽다고들 되풀이해 말하곤 합니다. 그러나 양자이론을 정말로 이해하고 있는 사람들에게는 여기서 이러한 이중성을 다시 논하려는 생각은 전혀 없을 것입

322

니다. 그는 이 이론이 원자현상들의 통일적인 기술이며 그것을 실험에다 적용시켜 일상언어로 번역할 경우에만 달리 보일 수 있다는 사실을 알고 있을 겁니다. 양자이론은 어떤 사실의 관련을 분명하게 이해할 수 있지만, 그럼에도 그것을 표현할 때에는 추상과 비유로써만 가능하다는 것을 알게 해 주는 놀라운 예입니다. 여기서 쓰는 추상이나 비유는 본질적으로는 고전적인 개념이고, 따라서 '입자'도 '파동'도 고전적인 개념임에 틀림없습니다. 따라서 이것들은 실제적인 세계에는 적합하지 않고, 부분적으로는 상보적이기도 하며, 그렇기 때문에 서로 모순되기도 합니다. 그럼에도 사람들은 현상을 기술하려면 일상언어의 영역에 머물지 않으면 안 되기 때문에 참된 사실에 접근하려면 이러한 추상에 기댈 수밖에 없습니다.

이것은 아마도 철학적인 일반문제, 특히 형이상학에서도 아주 비슷할 것입니다. 우리들은 우리가 실제로 생각하고 있는 것과 딱 들어맞지 않는 상이나 비유를 써 가며 설명해야만 하는 경우가 있습니다. 모순을 피할 수 없는 경우도 있기는 하지만, 우리는 이와 같은 상을 통해 실제적인 사실에 어떻게든 다가갈 수가 있습니다. 우리는 사실 그 자체를 부정해서는 안 됩니다. '심연 속에 바른 진리가 숨어 있다'는 그 시의 첫부분과 마찬가지로 이 부분도 그야말로 진리입니다. 당신이 필립 프랑크와 그의 인과론에 관한 저서에 대하여 말하였지만, 바로 그 사람도 지난번 코펜하겐에서 열린 철학회에 참석하였고, 또 당신이 이미 말한 바와 같이 형이상학이라는 문제 영역에서 본디 하나의 욕설이나 비과학적인 사고방식에 대한 예증으로밖에는 다루어지지 않는 그러한 강연을 했습니다. 나는 그의 강연 뒤에 내 의견을 말해달라는 요청을 받아서 대략 다음과 같이 말했습니다. 우선 나는 어째서 메타라는 접두어를 논리학이나 수학 같은 개념 앞에만 붙일 수 있고 — 프랑크가 메타논리학이니 메타수학에 관해서 이야기하였기 때문에 이렇게 이야기한 것인데 — 물리학이란 개념 앞에는 붙여서는 안 되는지 이해할 수 없습니다. '메타'라는 접두어는 그 다음에 오는 개념을 문제삼는다는 뜻, 즉 해당되는 영역의 밑바탕에 깔려있는 문제를 다룬다는 것을 뜻한다고 봅니다. 그렇다면 어찌하여 사람들이 물리학이라는 영역의 배후에 숨어 있는 것을 추구해서는 안 된다는 것입니까? 그러나 이 문제에 대한 나 자신의 태도를 분명히 하기 위하여 전혀 다른 각도에서 고찰해 보지요. 즉 '전문가'란 무엇이냐고 묻고 싶습니다. 많은 사람들은 아마도 전문가란 그가 관계하는 분야에 대해 매우 많은 것을 아는 사람이라고 대답할 것입니다. 그러나 나는 이 정의에 만족할 수 없습니다. 왜냐하면 원래 한 사람이 한 분야에 관해서 정말로 많은 것을 알 수는 결코 없기 때문입니다. 나는 오히려 다음과 같이 표현하고 싶습니다. 전문가란 그가 전문으로 하고 있는 분야에서 사람들이 범할 수 있는 가장 큼직한 몇몇의 오류를 알고 있는 사람이며, 따라서 그는 그 오류를 피할 수 있는 사람이라고 말입니다. 이러한 의미에서 나는 필립 프랑크를 형이상학 전문가라고 부르고 싶습니다. 그것은 그가 확실히 형이상학에서 가장 큼직한 오류를 피할 줄 알고 있기 때문입니다. 이 같은 찬사를 프랑크가 좋게 생각하는지는 알 수 없지만, 나는 이 말을 풍자적으로가 아니라 아주 진지하게 말하고 있습니다. 내게는 그와 같은 토론에서 가장 중요하다고 보는 점은 진리가 숨어 있는 심연을 단순히 제외하려고 해서는 안 된다는 겁니다. 어떠한 경우에도 문제를 너무 안이하게 다뤄서는 안 된다는 겁니다."

그날 저녁에 나는 볼프강과 둘이서 이 대화를 계속하였다. 그날은 백야의 계절이었다(위도가 북극권에 가까운 코펜하겐에서는 밤늦게까지 밝은 밤이 계속되는 것이 여름철의 특징이다 — 역주). 공기는 따뜻하였으며 황혼이 거의 자정까지 계속되었고, 수평선 밑으로 짙게 가라앉은 태양은 전(全) 시가를 흐릿한 푸른빛 아래 잠기게 하고 있었다.

그래서 우리는 대부분의 선박들이 하역을 하는 항구의 긴 선창가의 하나인 랑게 리니에를 산책하기로 하였다. 이 랑게 리니에는 남쪽 끝에 안데르센 동화에 나오는 작은 인어 아가씨의 청동상이 해변의 바위에 앉아 있는 곳으로부터 시작하여 이 항구로 들어오는 입구를 표시하고 있는 작은 등대가 있는 북쪽의 방파제에서 끝나고 있었다. 우리의 대화는 어스름 속에서 나가고 들어오는 배들을 바라보면서 볼프강의 다음과 같은 물음으로 시작되었다.

"자네는 오늘 보어가 실증주의자들에 관하여 말한 비판에 만족하고 있는가? 나는 자네가 실증주의자들에 대해서는 보어보다 더 한층 비판적이며, 더 정확하게 말한다면 자네는 이 방향의 철학자들과는 전혀 다른 진리개념을 항상 지니고 있다는 인상을 받고 있었는데……그리고 보어가 자네가 말하는 진리개념에 대하여 동의할 것인지가 궁금하다."

"그것은 나도 모르겠다. 그러나 보어가 19세기 시민사회의 전통적 사고, 특히 그리스도교적인 철학의 사고과정으로부터 해방되기 위해서는 커다란 노력을 필요로 했던 시대에 성장한 것은 틀림없는 사실이다. 따라서 자신도 그런 노력을 하였기 때문에 그는 고대철학, 특히 신학의 언어를 아무런 주저 없이 사용하기를 항상 두려워하고 있다. 그러나 우리의 경우는 전혀 이야기가 다르다. 왜냐하면 우리는 두 차례의 세계대전과 두 차례의 혁명을 거치는 동안 어떤 전통으로부터 해방되는 데는 노력이라는 것이 거의 필요 없었기 때문이다. 나로선 ― 이 점에서는 보어와 의견을 같이하지만 ― 정확한 언어로 표현될 수 없다고 해서 이전의 철학적 문제들이나 사고과정들을 금지하려는 것은 참으로 어리석기 짝이 없다고 생각한다. 실제로 이 사고과정에서 그것이 무엇을 뜻하는지를 이해하는 데 상당한 어려움을 느낄 때도 물론 있지만, 이런 경우에 나는 그것들을 현대적인 언어로 옮기고, 그것으로써 새로운 대답을 얻을 수 있는지 아닌지를 확인하려고 노력한다. 나는 옛 종교의 전통적인 언어를 쓰는 데 아무런 저항감을 느끼지 않는 것과 마찬가지로 옛날의 문제들을 다시 문제삼는 데도 주저함이 없다. 종교에서는 뜻을 정확하게 표현할 수 없는 상들로 비유의 언어가 쓰이지 않으면 안 된다. 그러나 근대자연과학 시대 이전에 발생한 대부분의 옛 종교에서는 바로 이 상들과 비유에 기대지 않고서는 표현할 수 없지만 그 핵심에서는 가치문제와 결부되어 있는, 작은 내용과 같은 사태가 문제시되고 있는 것이다. 오늘날에는 그 같은 비유에 어떤 의미를 부여하는 것은 매우 곤란하다는 실증주의자들의 주장이 옳은 것인지도 모르겠다. 그러나 그것은 우리 현실의 결정적인 일부를 뜻하고 있기 때문에 그 의미를 이해한다는 과제, 또는 그 의미가 옛날의 언어로써는 표현될 수 없다면 그것을 새로운 언어로 표현해 보아야 한다는 과제가 남아 있을 것이다.”

“자네가 그러한 문제에 대하여 숙고한다면, 예측의 가능성으로부터 출발하는 진리개념은 도대체 어불성설임을 뜻하게 된다. 그렇다면 자연과학에서 자네의 진리개념은 도대체 무엇인지, 자네는 아까 보어의 집에서 비행기의 궤도로 그것을 시사하려고 했다. 그러나 나는 자네가 그 비교에서 무엇을 말하려는 것인지 알 수가 없다. 도대체 자연계에서는 무엇이 그 비행사의 의도에 상응하게 된다는 것인지…….”

“‘의도’라든가 ‘사명’과 같은 그러한 단어는 인간의 언어로부터 비롯되는 것이며, 자연계에서는 기껏해야 은유로밖에는 이해되지 않는다. 그러나 우리는 프톨레마이오스의 천문학과 뉴턴 이후의 행성운동 이론의 관계에 대한 — 우리가 전에도 언급했던 — 비교로써 이야기를 진행시킬 수 있다고 생각한다. 예측의 가능성에 대한 진리규준으로 본다면 프톨레마이오스의 천문학은 후기 뉴턴의 것과 견주어서 그렇게 떨어지는 것은 아니었다. 그러나 우리가 오늘날 뉴턴과 프톨레마이오스를 견주어 본다면, 뉴턴은 실로 천체의 궤도를 그의 운동방정식에서 더 포괄적으로, 그리고 더 정확하게 정식화하였다. 따라서 그는 말하자면 자연을 구성하고 있는 의도를 올바르게 표현했다는 인상을 받게 된다. 또 현대물리학에서 예를 든다면 다음과 같다. 즉 우리가 에너지나 하전의 보존법칙이 아주 보편적인 성격을 띠고 있으며, 따라서 그것은 물리학의 모든 영역에 걸쳐서 타당하고 기본법칙 안에서 대칭성이라는 성격으로서 보증되고 있다는 사실을 배웠다고 하면, 바로 이 대칭성이야말로 자연을 창조하고 있는 계획의 기본요소라고 말하는 것은 당연할 것이다. 이때 내가 사용한 '계획'이라든가 '창조되었다'라는 말들은 또한 인간의 언어에서 가져온 것이며, 따라서 기껏해야 은유로밖에는 통용될 수 없음을 나는 잘 알고 있다. 그러나 그것을 사용하여 우리가 생각할 수 있는 것에 더 가깝게 다가갈 수 있는 인간외적인 개념들을 인간의 언어가 만들어낼 수 없다는 것도 우리는 잘 알고 있다. 그렇다면 나로서는 자연과학적인 진리개념에 대해서 무엇을 더 말해야 한단 말인가?"

"그렇지. 그렇게 되면 실증주의자들은 자네가 불분명한 쓸데없는 소리를 지껄이고 있다고 비난할 것이고, 그와 같은 일은 절대로 일어날 수 없다고 자신만만해 할 것이다. 그러나 진리란 도대체 어디에 더 많이 존재한단 말인가. 분명한 곳에 있단 말인가, 불분명한 곳에 있단 말인가. 보어가 말한 바와 같이 '심연 속에 바로 진리가 숨어 있다'면 어디에 심연이 있으며 어디에 진리가 있단 말인가. 그리고 이 심연이라는 것은 생과 사의 문제와는 무슨 관계가 있단 말인가."

이 대화는 잠시 동안 중단되었다. 불과 수백 미터 떨어진 담청색의 황혼 속을 마치 동화에나 나오고 꿈속에서나 볼 수 있는 휘황찬란한 큰 여객선이 불야성을 이루면서 지나갔기 때문이다. 나는 저렇게 밝게 빛나는 선창 너머에서 펼쳐지고 있을지도 모르는 인간들의 운명에 대하여 잠시 동안 생각에 잠겼다. 그때 내 환상 속에서 볼프강의 질문이 기선에 대한 물음으로 탈바꿈하면서 사색이 전개되어 갔다. 기선이란 도대체 무엇인 가. 그것은 발전기와 전기배선과 전등을 가지고 있는 철 덩어리란 말인 가. 아니면 그것은 인간 의도의 표현, 즉 인간관계의 결과로써 만들어진 하나의 형태인가. 또는 그것은 조형력의 대상으로서, 이 경우에는 단백 질의 분자뿐만이 아니라 철이나 전류에까지 적용하는 생물학적인 자연 법칙의 결과인가. 그렇다면 '의도'라는 단어는 다만 조형력이나, 인간의 의식 안에 있는 자연법칙의 반영에 지니지 않는 것인가. 그리고 여기서 '다만'이라는 단어는 무엇을 뜻하는가.

여기서 내 독백은 다시 일반적인 문제에 관한 자문자답으로 옮겨가고 있었다. 전체적으로 세계 질서구조의 배후에서 그 질서구조 자체의 '의 도'가 되어 있는 '의식' 같은 것을 생각해 보는 것은 무의미한 노릇인가. '의식'이란 말 자체가 물론 인간의 경험에서 비롯된 것이기 때문에, 이렇 게 제기된 문제도 결국은 문제의 인간화로 귀착되고 만다. 따라서 이 개 념도 본디 인간 영역 밖에서는 사용할 수 없는 것이다. 이렇게 엄격하게 제한해 버린다면 결국 한 마리 동물의 의식에 관해서 운운하는 것은 허용 될 수 없을 것이다. 그런데도 사람들은 그런 말의 방식에 어떤 뜻이 있는 것같이 느끼고 있다. 그래서 사람들이 '의식'이라는 말을 인간의 영역 밖 에서 쓰려고 할 때 그 개념의 의미는 더 광범위해지고 더 모호해짐을 느 끼게 될 것이다.

실증주의자들은 이러한 경우 세계에 대하여 분명하게 말할 수 있는 부 분이 있고 침묵을 지켜야 할 부분이 있다는 식의, 간단하게 해결하는 방 법을 하나 가지고 있다. 따라서 그들은 이러한 경우에 침묵을 지켜야 할 것이다. 허나 이보다 더 무의미한 철학이 또 어디에 있을까. 그 까닭은 사람들에게 어느 하나도 완전히 뚜렷하게 말할 수 있는 것은 없기 때문이다. 모든 불분명한 것을 제거해 버린다면 아무 흥미도 없는 동어반복만이 남게 될 것이다.

볼프강이 다시 이야기를 시작하였기 때문에 내 사색은 중단될 수밖에 없었다.

"자네는 아까 옛 종교에서 말하고 있는 그 상들과 비유들도 결코 낯설지 않으며, 따라서 실증주의자들의 제한을 가지고는 아무것도 할 수 없다고 말했다. 그리고 자네는 또 매우 다양한 상을 가지고 있는 여러 종류의 종교는 결국 같은 사태를 뜻하고 있으며 중심적인 자리에서 가치 문제와 결부되어 있다고 말하였는데, 그것은 무엇을 말하려고 한 것이며, 바로 이 '사태'라는 것은 자네의 진리개념과 어떠한 관계에 있는가?"

"가치에 관한 문제, 그것은 말하자면 우리가 무엇을 하고, 무엇을 하려고 노력하며, 어떻게 행동하여야 하는가에 관한 물음이다. 따라서 이 물음은 인간에 의하여, 그리고 인간에게 제출된 문제이다. 그것은 우리가 인생을 살아가는 데 그 방향을 지시해 주는 나침반에 관한 물음이다. 이 나침반은 여러 가지 종교와 세계관 속에서 매우 다양한 이름으로 불리고 있다. 이를테면 행복, 신의 의지, 의미와 같은 것들이다. 이와 같이 그 명칭이 서로 다른 것은 바로 그와 같은 이름을 부여한 인간 그룹들의 의식구조, 즉 그들이 가고 있는 나침반의 심각한 차이를 나타내는 것이다. 나는 이 차이를 없애려고 하지는 않는다. 그러나 나는 또한 이 모든 표현 안에서 세계적인 중심질서에 대한 인간의 관계가 문제시되고 있다는 인상을 짙게 받고 있다. 물론 우리는 현실이 우리의 의식구조에 좌우된다는 것을 알고 있다. 그리고 객관화할 수 있는 부분은 현실의 매우 작은 부분이라는 것도 알고 있다. 그러나 주관적인 영역이 문제가 될 때에도 중심질서는 작용할 수 있으며, 이 영역의 형태들을 우연이나 임의의 자용으로 간주하는 권리를 거부하고 있는 것이다. 물론 주관적인 영역에서는 개개 인이든 민족이든 간에 많은 혼란이 있을 수 있다. 말하자면 악마들이 행패를 부리며 지배할 수도 있다. 좀더 자연과학적으로 표현한다면 중심질서와는 조화되지 않고 그것에서 멀리 떨어진 부분적인 질서가 작용하고 있을지도 모른다. 그러나 결국은 항상 중심질서, 즉 종교의 언어와 관련되어 있는 예부터 내려오는 말, 즉 '하나'가 그곳을 관통하고 있는 것이다. 따라서 가치문제를 논할 때에는 분리된 부분질서에서 일어날지도 모르는 혼란을 피하기 위하여 이 중심질서의 뜻에 따라 행동할 것을 뜻하는 것으로 여겨진다. 이 하나의 작용은 이미 우리가 질서잡힌 것을 선으로 보고 혼란된 무질서를 악으로 느끼고 있다는 데 나타나는 것이다. 원자폭탄에 파괴된 도시의 광경은 우리를 공포에 떨게 하지만, 이 황폐의 잿더미 위에 한 송이의 사과꽃이 피어 열매를 맺으면 우리는 거기서 환희를 느낀다. 자연과학에서 중심질서는 결국 '자연이란 이와 같은 계획에 따라서 창조되었다'라고 말해질 수 있는 그러한 음유가 통용될 수 있다는 데서 인식될 수 있는 것이다. 여기서 내 진리개념은 종교에서 의미를 갖는 그 사태와 연결되는 것이다. 나는 이 전체적인 연관성을 양자역학을 이해하고 나서 더 잘 파악할 수 있게 되었다고 생각한다. 왜냐하면 양자역학에서 추상적인 수학적 언어를 써서 광범위한 통일적 질서를 정식화할 수 있었기 때문이다. 그러나 일상언어로써 이 질서의 성과를 기술하려고 할 때는 우리는 비유에 기대거나, 역설과 외견상의 모순을 감수해야만 하는 상보적 고찰방식을 따라야 한다는 것도 아울러 배웠던 것이다."

볼프강이 대답하였다.

"아, 그렇다면 그 사고 모델은 모든 점에서 이해가 가는군. 그러나 자네가 언급한 중심질서가, 자네는 되풀이해서 관통된다고 표현하고 있는데, 그 관통된다는 말은 무엇을 뜻하는가? 중심질서가 있으면 있고 없으면 없는 것이지, 관통된다는 것은 무엇을 말하는 것이지?"

"나는 매우 평범한 사실을 말하고 있을 뿐이다. 즉 겨울이 지나가면 다시 들에는 꽃이 피고, 어떤 전쟁이라도 끝나면 다시 거리는 재건된다. 즉 모든 무질서는 항상 반복해서 질서 있는 상태로 되돌아간다는 것을 뜻하고 있을 뿐이다."

우리는 거기서 얼마 동안 말없이 나란히 걸어가다가 곧 랑게 리니에의 북쪽 끝에 이르렀다. 계속해서 우리는 내항으로 구부러지는 좁은 방파제 위를 작은 등대가 있는 곳까지 줄곧 걸어갔다. 북쪽 하늘에서는 여전히 붉은 노을이 보였으며, 태양은 아직 수평선 밑으로 깊이 가라앉지 않은 채, 동쪽으로 이동하고 있었다. 내항의 건물들의 윤곽이 매우 선명하게 눈에 띄었다. 이렇게 잠시 동안 방파제 끝에서 있었을 때 갑자기 볼프강이 이렇게 물었다.

"도대체 자네는 인격적인 신을 믿고 있나. 물론 이 물음 자체에 뚜렷한 의미를 부여하기란 매우 어렵다는 것은 알고 있지만, 내가 무엇을 묻고 있는지 알 테지."

"내가 그 물음을 좀 달리 표현해 보아도 좋다면, 그것은 이렇게 될 것이다. 즉 전혀 의심할 수 없는 사물이나 어떤 사건의 중심질서에 — 어떤 사람의 영혼이 가능했던 바와 같이 — 바로 대면하고 접촉할 수가 있느냐고. 나는 여기서 오해를 피하기 위하여 그렇게도 어렵게 생각되는 '영혼'이라는 단어를 일부러 썼다. 즉 자네가 이렇게 묻는다면 나는 그렇다고 대답할 것이다. 나 개인의 체험은 여기서 중요한 것이 못 되지만, 파스칼이 항상 몸에 지니고 다녔던 '불'이라는 말로 시작된 저 유명한 구절(이것은 1654년 11월 23일 밤, 파스칼이 경험한 종교적 체험을 기록하여 파스칼이 항상 몸에 지니고 다녔던 유명한 구절을 뜻한다 — 역주)을 상기하는 것도 좋을 것이다. 그러나 이 구절이 나에게 해당되는 것은 물론 아니지만."

"그렇다면 자네는 중심질서가 어떤 사람들의 영혼과 같이 분명하게 현존한다고 생각한단 말인가?"

"나는 그렇게 생각하는데……."

"그렇다면 여기서 자네는 '어떤 사람들'이라고 말할 것이지, 왜 '영혼'이란 말을 구태여 썼는가?"

"왜냐하면 '영혼'이라는 말이 존재의 중심을 나타내는 중심 질서를 뜻하며, 그것이 외면으로 나타날 때는 형태가 매우 다양해서 그렇게 간단히 개관할 수 없는 것이기 때문이다."

"내가 자네의 그 같은 의견에 전적으로 동의할 수 있는지 없는지 나 자신도 아직 잘 모르겠다. 어쨌든 사람들은 자신의 경험을 너무 과대평가해서는 안 될 것이다."

"그것은 옳은 말이다. 그러나 자연과학에서도 자신의 체험이나, 충분히 신용할 수 있는 보고를 제공해 주는 다른 사람들의 체험에 기대고 있는 것은 틀림없는 사실이다."

"아마도 내가 좀 서툴게 물은 것 같다. 다시 한 번 우리들의 출발점인 실증주의 철학으로 되돌아가보자. 즉 실증주의 철학은 자네에게는 전혀 낯선 것이 될 것이다. 만약 자네가 그 철학의 금지조항을 받아들인다면 지금까지 자네가 말한 모든 것은 수포로 돌아갈 것이니까. 그러나 자네는 이 철학이 가치의 세계와는 전혀 무관하다고 생각하나? 근본적으로 철학 안에서는 윤리가 태어날 수 없다는 것인가?"

"그것은 언뜻 생각하면 그렇게 보일지도 모르지만 역사적으로는 그 반대이다. 우리가 오늘 토론하고, 또 우리가 만난 이 실증주의는 확실히 실용주의와 그에 속해 있는 윤리적인 태도로부터 비롯한 것이다. 실용주의는 팔짱을 끼고 가만히 서 있지만 말고, 그리고 지나치게 거대하게 세계의 개선 같은 것을 생각하지 말고, 우선 자기 신변의 일부터 개개인이 책임을 지고 처리해 나가기를 힘쓰고, 힘이 미치는 작은 영역에서, 더 나은 질서의 개선을 위하여 일하라고 가르치고 있다. 나는 이 점에서 이와 같은 실용주의가 옛날의 많은 종교들을 훨씬 능가한다고 생각하고 있다. 왜냐하면 옛 가르침은 자기 힘만으로도 능히 해 나갈 수 있는 그러한 자리에서 언뜻 불가피한 것으로 보이는 어떤 힘에 그냥 자신을 복종시키고 마는, 말하자면 지나치게 소극적으로 사람을 유혹하기 쉽기 때문이다. 사람들이 큰 것을 개선하려고 할 때, 작은 일부터 착수해야 한다는 것은 실제적인 행동영역에서 매우 훌륭한 원칙이다. 과학에서도 사람들이 위대한 연관성을 상실하지 않는 한에서는 이 길은 넓은 영역에서도 정당한 것이다. 뉴턴의 물리학에서는 개체성에 대한 세심한 연구와 전체에 대한 조망 — 이 두 경우가 함께 작용하고 있었다. 그러나 현대판인 실증주의는 이 위대한 연관성을 보려고 하지 않으며 — 내 비판이 좀 지나칠지도 모르지만, 내식대로 말하면 — 알고 있으면서도 그것을 애매모호하게 만들려고 하고 있는 — 적어도 그것에 관해서 생각하는 것을 아무에게도 권하려 하지 않는 — 과오를 범하고 있는 것이다.”

“자네도 알다시피 자네의 실증주의에 대한 비판에는 나도 전적으로 찬성이다. 그러나 자네는 내 질문에는 아직 대답하지 않고 있다. 즉 실용주의와 실증주의의 혼합체에서 나오는 태도에 하나의 윤리가 있다면 — 자네는 분명히 그 윤리를 인정하였고, 또 그 윤리는 미국이나 영국에서 영속적으로 작용하고 있다고 자네가 생각하고 있는 점은 나도 전적으로 옳다고 생각하지만 — 바로 이 윤리가 가져오는 행동의 방향은 자네가 말한 그 나침반의 어디에 연결된다는 말인가. 자네는 그 나침반은 결국 항상 중심질서와 맺는 관련에서만 나올 수 있다고 분명히 주장하였는데, 그렇다면 실용주의에서 이 관계는 어디서 발견한다는 말인가.”

“나는 실용주의의 윤리는 결국 칼뱅주의로부터, 그러니까 결국 그리스도교로부터 비롯하는 것이라고 말하는 베버의 명제를 지지한다. 만약에 사람들이 서구사회에서 무엇이 선이고 무엇이 악이며, 또 무엇이 추구할 만한 가치가 있는 것이고 무엇이 책망을 받아야 할 것인지를 물으면, 그리스도교의 상과 비유들로서는 더 이상 아무것도 할 수 없게 된, 오래전에도 여전히 반복해서 항상 그리스도교에 기반을 두고 있는 가치척도가 다시 고개를 들곤 한다. 이 나침반을 움직이고 있는 자력이 일단 소멸해 버린다면 — 이 힘은 여전히 중심질서로부터 나오는 것인데 — 나치의 강제수용소나 원자폭탄을 능가하는 참사가 또다시 공포의 도가니로 몰고 갈 것이 아닌지, 나는 크게 두려워하고 있다. 나는 이 세상의 이런 어두운 측면을 말하고 싶지 않았지만, 중심적인 영역은 여전히 또 다른 측면에서 그 모습을 다시 드러낼 거라고 본다. 어쨌든 과학에서는 보어가 말한 바와 같이 실용주의자들과 실용주의자들의 요청, 즉 개체적인 것에 대한 세심한 정확성과 언어의 극단적인 명확성을 우리는 쾌히 받아들인다고 선언해도 좋을 것이다. 그러나 사람들은 그들의 금지조항을 극복하지 않으면 안 될 것이다. 그 까닭은 만약 사람들이 그 위대한 연관성에 관해서 토론하고 고찰하는 것이 금지된다면 우리가 올바르게 방향을 잡을 수 있는 나침반을 잃게 될 것이 틀림없기 때문이다."

밤이 깊었는데도 작은 보트가 방파제에 남아 있어서 우리를 콘겐스 니토르프까지 데려다 주었고, 그래서 우리는 쉽게 보어의 집으로 돌아갈 수 있었다.

18. 정치와 과학의 대결 1956~1957

　　종전 뒤 10년이 지나서야 심한 파괴들은 복구되었다. 적어도 독일의 서반부, 즉 연방공화국에서의 재건은 상당히 진보되었고 발전하고 있는 원자기술에 독일 산업이 참여하는 것도 생각해 볼 수 있게 되었다. 1954년 가을, 나는 정부의 위촉을 받고 워싱턴에서 열리는 연방공화국의 원자기술사업의 재개에 관한 최초의 교섭회의에 참석하게 되었다. 독일이 전쟁 동안에 원자폭탄 제조에 관한 원리적인 지식은 갖고 있었음에도 거기에 대해 어떠한 시도도 하지 않았다는 사실이 이 회의에 유리하게 작용하였다. 어쨌든 우리에게 하나의 작은 원자로 건설이 허용되었다. 그리고 독일에서 원자기술의 평화적 이용에 대한 제한이 쉽게 풀릴 것 같았다.

　　이와 같은 상황 아래서 연방공화국에서도 이 분야의 장래에 대한 진로를 결정하지 않으면 안 되었다. 첫째 과제는 물론 물리학자들이나 엔지니어들, 그리고 독일의 산업 일반이 이 새로운 분야의 기술적인 문제를 배울 수 있는 연구용 원자로의 건설이었다. 카를 비르츠가 이끌고 있던 괴팅엔의 막스플랑크 연구소 물리분과팀이 이 계획에 중요한 구실을 맡게 되는 것은 분명했다. 이곳에는 전쟁 중에 원자로 개발에 관한 모든 자료들이 보관되어 있었고, 그뒤의 문헌들이나 학회 등에서 발표된 연구결과가 되도록 추적되고 있었기 때문이다. 그 당시 나는 아데나워로부터 자주 초청을 받아 관계(官界)나 산업계의 사람들과 회의를 가졌고, 이 최초의 계획이 학문적인 관점으로부터 현실적인 필요성에 잘 조화되도록 여러 사람들과 자주 접촉을 가졌었다. 예상치 않은 것은 아니지만, 질서가 엄연히 존재하는 법치민주국가에서도 새로운 원자기술을 시작하는 결정과 같은 중요한 결단을 내리게 될 때에는 간단하게 그 합목적적 관점에서만 결정되는 것이 아니라 개개의 이익에 얽힌 복잡한 조정이 필요하며, 도무지 앞을 내다볼 수 없고 경우에 따라서는 원래의 목적과 어긋나는 일들이 계획 추진을 방해한다는 사실이 나로선 새로운 경험이기도 하였다. 그렇다고 정치가를 비난할 수만도 없는 일이었다. 오히려 서로 얽혀 있는 상반된 이해를 생활공동체에 조화시키도록 하는 일이 정치가들의 중요한 과제일 것이며, 그들이 그것을 쉽게 수행할 수 있도록 도와주어야 할 것이라고 생각하였다. 그러나 경제적이나 정치적인 이해관계를 조정하는 일에 나는 매우 미숙하였다. 따라서 나는 생각하였던 것만큼은 이바지할 수 없었다.

그 당시에 나는 가까운 공동연구자들과 자주 나눈 대화에서 기술적인 목적을 위하여 건설되는 첫 연구용 원자로는 우리 연구소와 아주 가까운 곳에 자리를 잡는 것이 합리적이라는 생각을 하게 되었다. 그래서 나는 목적에 따라서 연구소와 뒤에 새로 지어야 할 기술시설까지를 아우를 커다란 부지를 찾아야만 했다. 나는 그 입지 후보로서 뮌헨 근교를 주장하였다. 나는 소년시절과 학생시절부터 이 지역과 밀접한 관계가 있었기 때문에 이렇게 주장하는 데는 개인적인 동기도 부인할 수는 없다. 그러나 이것과는 별도로 뮌헨처럼 현대세계에 개방적인 문화중심지이기도 한 도시의 인접지가 연구소 일을 해 나가는 데는 매우 유리한 조건이라고 보았다. 한편 연구소와 신설되는 원자력기술센터 사이의 밀접한 협동작업에, 연구소가 가진 전쟁 중의 경험이 중요하게 이바지할 수 있으며, 그런 작업을 위해 훈련된 우리 연구소 팀은 순수하게 원자기술만을 연구할 것을 원하고 있었기 때문에 기술센터의 막대한 자금력을 다른 목적에 이용하려는 유혹에 빠질 위험성은 없겠다는 고려도 내 주장 안에 들어 있었다. 그러나 나는 얼마 안 가 산업계에 가장 많은 영향력을 미칠 수 있는 대표자들이 바이에른주에 이런 종류의 연구시설을 건립하는 데 아무런 흥미도 가지고 있지 않다는 것을 알게 되었다. 정당하였는지 잘못이었는지는 알 수 없으나 그들은 바덴-뷔르템베르크의 입지조건들이 더 유리하다고 받아들이고 말았다. 그 결과 입지는 칼스루에로 결정되었다. 그런데 기적적으로 바이에른 주정부가 자진해서 우리 막스플랑크 연구소를 위해 뮌헨에 새로운 연구소를 세울 것을 약속하고 나섰다. 카를 비르츠는 그의 원자로 연구팀을 데리고 연구소에서 따로 떨어져 칼스루에로 이동하라는 요청을 받았다. 그리고 카를 프리드리히는 함부르크대학의 철학교수로 초빙되었다.

뮌헨이라는 입지에 대한 내 개인적인 소원은 참작이 된 셈이지만 우리 연구소 근처에서 원자기술 개발을 추진해야 한다는 내 본질적인 주장이 무시된 이 결정이 나로서는 석연치 않았다. 긴 세월을 통하여 계속되어 온 프리드리히와 비르츠와의 밀접한 협동연구도 이제는 그 끝을 보게 되어 마음은 매우 울적하였고, 칼스루에에서 새로 건설되는 평화적 원자기술센터가 시간이 흘러감에 따라 그 막대한 자금력을 오히려 다른 목적에 쓰기를 더 원하고 있는 사람들에게 장악되는 것을 끝까지 피할 수 있을 것인지가 몹시 걱정스러웠다. 중요한 결정을 내린 사람들에게 평화적인 원자기술과 원자무기기술 사이의 한계가, 원자기술과 원자의 기초연구의 경계와 마찬가지로 매우 유동적이었다는 것이 나를 불안하게 했다.

그뒤 핵무장이야말로 외부의 위협으로부터 국가의 안보를 지켜내는 하나의 통상적인 수단에 지나지 않으며, 따라서 독일연방공화국도 이를 배제할 수 없다는 의견이 국민들로부터가 아니라 정계나 재계에서 높아지는 것을 듣게 됨으로써 내 불안은 커져만 갔다. 그러나 이러한 의견과는 대조적으로, 나는 핵무장이 연방공화국의 외교적 처지를 약화시킬 뿐이며, 우리나라가 어떤 형식으로든지 원자무기를 가지려고 노력하는 것은 백해무익이라는 확신 — 나와 친한 대부분의 친구들도 마찬가지 의견 — 을 가지고 있었다. 그 까닭은 전쟁 중에 독일사람들의 행동이 준 공포심 때문에 원자무기를 독일사람들의 손에 맡기기는 아직도 시기상조라는 생각이 너무 널리 퍼져 있었기 때문이다. 내가 그 당시 아데나워 수상과 가진 여러 번의 협의에서 그도 군비문제에 관해서는 연방공화국은 항상 동맹국의 요구 가운데서 최소한도의 것만을 유지해야 한다는 논지를 잘 이해하는 것같이 느껴졌다. 그러나 이 경우에도 항상 매우 조정하기 어려운 여러 가지 이해관계가 엇갈리고 있었다.

나의 친구들 가운데서도 특히 카를 프리드리히는 항상 이 주제로 되돌아왔으며, 나중에는 정치적인 조처에 대한 주도권을 잡고 있었다. 프리드리히와 나눈 많은 대화 가운데서 어느 한 대화는 아마 다음과 같은 내 질문으로 시작되었을 것이다.

"자네는 우리 연구소의 장래에 대하여 어떻게 생각하고 있는가? 나는 원자기술에 관한 연구는 완전히 우리 연구소에서 떨어져나가는 것이 아닐까 하고 몹시 걱정하고 있다. 물론 그 밖에도 학문적인 과제는 얼마든지 있다. 그러나 이런 분리를 원하는 사람이 누가 있을까? 어쩌면 뮌헨 입지에 관한 다소 고집스러운 내 주장이 이 같은 원자력의 연구 분리라는 결과를 가져왔는지도 모르겠다. 아니면 원자기술의 평화적 이용 연구 센터가 막스플랑크 연구협회로부터 분리 성립되어야만 하는 무슨 본질적인 근거라도 있는 것일까?"

프리드리히가 대답하였다.

"반은 정치적인 그런 질문의 경우 '본질적'이라는 말은 정의하기가 매우 어렵습니다. 그런 기술개발의 중심지로 선정된 지역에는 상당한 경제적 변화가 올 것은 틀림없는 일이지요. 많은 사람들이 그곳에서 직업을 얻을 것이고, 따라서 이들을 위한 주택단지가 조성될 것이며, 그곳에서 생산되는 에너지와 그 에너지를 이용하는 데 관계되는 업체들이 그곳에 새로운 설비를 하고 사업을 벌이게 될 것입니다. 따라서 어떤 도시나 주가 그러한 기술개발을 위한 입지로서 선정되기를 바라는 것은 그런 뜻에서 충분히 '본질적'인 근거가 있다고 말할 수 있겠습니다. 여기서는 ― 우리가 팜―홀에서 원자폭탄에 관해 토론하였던 때와 같이 ― 평화적 원자기술산업을 위한 연구센터의 입지선정은 연방공화국 전체로서 경제적 기술적 발전계획의 일부로 보아야 할 것입니다. 물론 그 입지를 어디로 선정해야 가장 조속한 시일 안에 원자로를 가동할 수 있겠느냐는 점만을 고려하는 것으로는 또한 충분하다고 볼 수 없을 것입니다. 전체적인 협력관계라는 면에서 발생되는 다른 요인들도 충분히 고려해야 한다고 생각합니다."

"물론 그 같은 요인도 인정해야겠지만, 그렇다면 자네는 이번 경우에 그런 이유가 더 많이 존중되었다는 말인가?"

"저는 그 점을 확실히 알지 못합니다. 그래서 저는 걱정입니다. 선생님이 많은 협의과정을 통해서 아시는 바와 같이, 대부분의 문외한에게서 한편으로는 군사기술, 다른 한편으로는 기초연구라는 문제를 안고 있는 기술개발 ― 이것이 지금 계획되어 있는 것입니다만 ― 에 어떤 예리한 선을 긋는다는 것은 매우 어려운 과제임에 틀림없습니다. 따라서 이 기술개발과는 전혀 관계가 없는 기초연구 영역을 신설되는 연구센터 안에 포함시키려는 노력도 있을 것입니다. 그리고 다른 한편에서는 ― 이것은 더 위험한 일이지만 ─ 평화적 원자기술에서 뒷날 군사적 이용을 고려하는 방향 ─ 예컨대 플루토늄의 생산과 같은 ─ 으로 노력하는 경향도 나올 수 있는 문제입니다. 비르츠는 이 경우 평화적 원자기술이라는 견해만을 타협 없이 관철시키려고 온 힘을 다할 인물이라고 생각합니다. 그러나 개인의 힘으로는 어쩔 수 없는 다른 방향에서 강력한 힘이 작용할지도 모를 일이지요. 우리는 정부로부터 원자무기의 생산은 전혀 고려되지 않을 것이라는 구속력 있는 성명을 얻어내도록 힘써야 할 것입니다. 그러나 정부라는 것은 항상 되도록 많은 가능성을 열어 놓으려는 경향이 있습니다. 그들은 손발이 묶이는 일은 하려 하지 않습니다. 또 한편으로는 공적 성명 같은 것도 생각할 수 있습니다. 그러나 그와 같은 성명이 무슨 의미가 있습니까. 선생님은 지난해에 마이나우섬에서 일련의 물리학자들이 발표한 성명서에 서명하신 일이 있지 않습니까. 선생님은 그 성명에 만족하셨습니까?"

"내가 그때 협력한 것은 확실하지만 나는 근본적으로 그러한 성명을 내는 데는 반대다. 평화를 사랑하고 원자폭탄을 반대한다는 것을 공공연하게 주장한다는 것은 아무리 생각해도 어리석은 헛수고에 지나지 않는다. 오장육부를 제대로 가지고 있는 사람이라면 누구나 평화는 사랑하고 원자폭탄은 싫어할 것인데 새삼스럽게 학자들의 성명이 필요할 까닭이 없기 때문이다. 정부는 그들의 정치적인 계산까지 포함시켜서 자신도 물론 평화를 원하고 원자폭탄에 반대한다고 주장하겠지만, 이 경우의 평화는 자기 국민에게만 유리하고 명예로운 평화를 뜻하며, 특히 타국의 원자폭탄 사용에 지대한 관심을 갖는다는 점을 덧붙일 것이다. 거기에서 얻어지는 것이 무엇이 있단 말인가?"

"그럼에도 민중은 원자무기에 따른 전쟁이 얼마나 불합리한 것인가를 다시 한 번 깨닫게 될 것입니다. 그런 경고가 합리적인 것이 아니었다면 아마 선생님은 거기 서명하지 않으셨을 것 아닙니까?"

"그것은 그렇겠지. 그러나 그와 같은 성명은 일반적이고 구속력이 없을수록 효과가 적은 법이다."

"좋습니다. 그렇다면 우리는 좀더 새로운 시도를 하기 위하여 좀더 나은 수단을 생각해내야겠군요."

"옛 정치철학, 즉 경제력이나 정치권력이나 무기로 위협하면서 압력을 가하는 정치철학은 특히 독일 밖의 대부분의 나라들에서 이미 반대에 부딪히고 있음에도 여전히 현실적으로 살아 있다고 보아야 한다. 나는 최근에 우리 연방공화국 정부의 한 요원으로부터 만약 프랑스가 원자무기를 비축하게 되면 연방공화국도 같은 것을 요구할 권리가 있다고 말하는 것을 들었다. 물론 나는 즉각 반대하였지만, 그 논지에서 내가 놀란 점은 그것이 지향하고 있는 목표가 아니라 그 전제였다. 즉 원자무기를 소유하는 일이 우리에게 정치적으로 유리하다는 점은 이미 자명한 것으로 여겨졌으며, 문제는 우리가 어떻게 이 자명하게 유리한 목표에 이를 수 있느냐가 추구되고 있었다는 사실이다. 이런 의견을 대표하는 사람들은 자기들의 의견에 반대하는 사람들, 즉 그들이 말하는 그 전제 자체를 의심하는 모든 사람들을 한갓 형편없는 광신자로 여기거나 그렇지 않으면 그들이 생각하고 있는 정치목표와 다른 정치목표를 가지고 있는, 예컨대 연방공화국이 소련과 병합하는 따위의 교활한 사기꾼에 지나지 않는 것으로 여기고 있지 않나 하는 생각이 들 정도였다."

"지금 선생님은 화가 나셨기 때문에 생각하시는 것이 좀 지나치다고 느껴집니다. 우리 연방공화국의 정책은 확실히 합리적이라고 생각하며, 순전히 다른 나라의 원조에만 기대는 완전한 수동적 태도와 자체 핵무장 사이에 많은 중간단계가 존재할 수도 있다고 생각합니다. 어쨌든 우리는 여기서 잘못된 방향으로 발전되는 것을 막기 위해 있는 힘을 다해야 한다는 것은 틀림없습니다."

"그것은 아마 매우 어려울 것이다. 내가 지난 몇 년 동안의 진전에서 배운 것이 있다면, 사람들은 두 가지 즉 정치와 학문을 아울러 잘 해 나갈 수는 없다는 점이다. 어쨌든 나로서는 그것이 매우 힘에 부치는 일이었다. 한편 생각해 보면 그것은 당연한 일이기도 하다. 학문에서와 마찬가지로 정치에서도 온 힘을 쏟는 자만이 승리를 거두게 될 것이다. 두 마리의 토끼를 아울러 쫓을 수는 없는 법이다. 따라서 나는 완전히 학문으로 되돌아가기로 결심할 것이다."

"그러나 그것은 옳지 않습니다. 정치는 정치 전문가들의 직업인 것과 아울러, 우리들이 1933년과 같은 파국을 되풀이하기를 원치 않는다면 정치는 또한 만인의 의무이기도 합니다. 선생님이 여기서 도망치실 수는 없을 겁니다. 적어도 그것이 원자물리학의 성과에서 빚어지는 일이라면 더욱 그렇습니다."

"좋네! 자네에게 내 도움이 필요하다면 나는 언제든지 자네 쪽에 서 있겠네."

이 대화가 있었던 1956년 여름에 나는 피로를 느꼈고, 내 힘에 한계가 왔다는 것을 깨달았다. 특히 볼프강 파울리와 가진 학문적 논쟁이 나를 우울하게 하였는데, 그것은 내가 대단히 중요하다고 여기는 학문적 문제에 관한 내 견해를 그가 납득해 주지 않았기 때문이었다. 1년 전 피사에서 열린 학회에서 나는 소립자이론의 수학적 구조에 대하여 일반적인 방법과는 다른 전혀 새로운 제안을 발표하였는데, 볼프강은 이것을 인정하려 하지 않았다. 그 자신이 탁월한 중국계 미국인 물리학자 이정도(李政道; 소립자 연구로 노벨상 수상 — 역주)가 고안해냈던 수학적 모델과 비슷한 가능성을 연구 조사한 바 있는 파울리는, 내가 잘못된 방향에서 연구결과를 이끌어냈다는 결론에 이르고 있었다. 그러나 나는 그의 견해를 옳다고

민을 수가 없었다. 그러자 파울리는 그의 특유한 예리함으로 내게 비판을 가해 왔다.

그는 취리히에서 보내온 한 편지에서 다음과 같이 말하고 있었다.

> 피사에서 열린 학회를 시작으로 한 자네의 그 같은 주장은, 자네가 자신의 연구에 대하여 아무것도 모르고 있다는 것을 보여주는 증거와 다를 바 없네.

나는 여기서 내가 마주한 어려운 수학적 문제에 온 힘을 기울이기에는 너무나 지쳐 있다는 것을 부인할 수 없어서 당분간 충분한 휴양을 갖기로 결심하였다. 그래서 나는 가족을 모두 데리고 덴마크의 젤란드섬에 있는 작은 해수욕장 리젤레의 별장으로 옮겼다. 그곳은 티스빌데에 있는 보어의 여름별장과 고작 10킬로미터 정도 떨어져 있었다. 나는 이 기회에 보어에게 손님으로서 부담을 주지 않고 많은 시간 그와 함께 보내려고 마음먹었다. 참으로 행복한 몇 주일이었다. 서로의 방문은 피로를 몰아내 주었고, 과거에 같이 지냈던 시대와 그뒤에 변모한 세계 사이의 공백을 메워주는 좋은 기회가 되었다. 내가 파울리와 대결하지 않으면 안 되었던 그 어려운 수학적 논쟁에 그는 분명하게 개입하기를 꺼렸다. 그는 물리학적이라기보다는 수학적인 성격을 띤 문제는 자기의 관할 밖이라고 여기고 있었던 것이다. 그러나 그는 내가 소립자물리학의 기초로 삼고자 하였던 철학적인 관점에 관해서는 동의하였고, 그 방향으로 연구를 진전시키도록 격려해 주었다.

덴마크에서 돌아온 뒤 몇 주일 동안 나는 심하게 앓았고 오랫동안 병상에 누워 있어야 했다. 그 당시에는 연구한다는 것은 생각도 할 수 없었고, 프리드리히가 다른 친구들과 함께 정부를 상대로 벌였던 정치적인 토론도 그저 멀리서 지켜볼 뿐이었다. 내가 병상을 떠날 수 있었던 첫날에 — 그것은 11월말경이라 생각되지만 — 내 집에서는 뒷날 이른바 '괴팅엔의 18인회'라고 불리게 되는 모임의 협의회가 열렸다. 거기서 당시의 국방 부장관이며 전에 원자력 장관이었던 시트라우스에게 보내는 서한 초고가 작성되어 결의되었다. 그 편지에는 만약 우리가 만족스러운 회답을 얻지 못할 경우에는 핵무장에 관한 문제에 대하여 우리의 견해를 갖고 공적인 자리에 참석하는 권리를 유보한다는 내용이 담겨 있었다. 나는 프리드리히가 이와 같은 움직임을 주도한 것을 기쁘게 생각하였다. 나는 남이 하는 일을 지켜볼 수 있을 뿐이었고, 기껏해야 남의 절반 정도밖에는 힘을 쓸 수 없었기 때문이었다.

원기가 매우 천천히 회복되어 가고 있었던 몇 주일 동안에 나는 파울리와 가진 논쟁에 결말을 지어보려고 애썼다. 소립자에 관한 자연법칙의 정식화를 위하여 양자역학이 출현한 뒤로 그러한 목적으로 이용되었고, 다소 부정확하기는 하였지마는 물리학자들이 '힐베르트 공간'이라고 부른 수학적 공간을 확대시켜 보려는 것이 이 논쟁의 골자였다. 양자역학에서보다도 더 일반적인 메트릭(metrik, 일종의 계량을 뜻함 — 역주)을 허용함으로써 이 공간을 확장시켜 보려는 시도는 이미 13년 전에 폴 디랙에 의하여 이루어지고 있었다. 그러나 이때 파울리는 이미 양자역학에서는 확률로써 해석하지 않으면 안 되는 양이 때때로 마이너스의 값을 나타내기도 하기 때문에 그 같은 수학으로는 더 이상 합리적인 물리적 해석이 불가능하다는 것을 증명하고 있었다. 파울리는 피사학회에서 이정도(李政道)가 제안한 모델에서 그의 반론을 세부에 이르기까지 이끌어내 보였다. 이에 반해 나는 디랙의 제안을 다시 끄집어내서, 내가 기술하였던 특수한 경우에는 파울리의 반론을 피할 수 있다고 주장하였다. 그것은 물론 파울리에 의해서 거부되었다.

그래서 나는 다시 파울리가 사용한 수학적 방법으로 이(李)의 모델을 갖고서 내가 지적하는 그 특수한 경우에는 그 같은 어려움을 피할 수 있다는 증명에 들어갔다. 1월 말 무렵에 가서 비로소 나는 그 증명을 상세히 정식화하여 파울리에게 편지로 보낼 수 있었다. 그러는 동안에 내 건강은 다시 나빠졌고, 의사는 철저한 치료를 위하여 괴팅엔을 떠나 마조레 호반에 있는 아스코나로 아내와 함께 전지요양하러 갈 것을 권하였다. 아스코나에서 파울리와 나눈 서신들은 지금도 아주 끔직한 기억으로 남아 있다. 그 까닭은 쌍방이 다 같이 격렬한 논쟁을 폈고, 극도의 수학적 표현을 빌려 그 명백성을 증명하려고 애썼기 때문이다. 처음에는 내 증명에 애매모호한 점이 있어서 파울리는 내가 무엇을 지향하고 있는지를 이해하지 못했다. 나는 거듭 내 고찰을 더 상세하게 풀어 나가려고 애썼으며, 그때마다 볼프강은 자기의 반박을 받아들이지 않은 데 분개하였다. 마침내 그의 인내심은 한계에 이르렀고, 다음과 같은 편지가 날아왔다.

　　도대체 자네의 편지는 불쾌하기 짝이 없다. 나는 자네가 주장하는 모든 것이 더 이상 참을 수 없는 거짓말투성이라고밖에는 생각되지 않는다. ……도대체 내가 한 번도 편지를 한 적이 없는 양 자네의 고정관념에만 사로잡혀 아무짝에도 쓸모없는 결론만 거듭하고 있다. 이런 상태로는 시간 낭비만 하는 꼴이니까 나는 여기서 자네와 토론을 중단할 수밖에 없다.

그러나 나는 여기서 물러설 수 없었다. 내 병은 여러 번 재발했고, 그때마다 현기증의 발작과 우울증이 거듭되었으나 나는 이 문제를 끝까지 풀기 위해 여전히 손을 늦추지 않았다. 거의 6주에 걸친 극도의 긴장 어린 노력 끝에 파울리의 방어선에 하나의 돌파구를 만드는 데 성공했다. 그는 드디어 내가 여기서 제기된 수학적인 문제의 일반적 해법에 흥미를 가지고 있는 것이 아니라 그 일반적인 해법 안에서 몇몇 특수한 군에 한해서 물리적 해석을 내릴 수 있다고 주장한 것이라는 점을 이해하기에 이르렀던 것이다. 그래서 우리는 합의의 첫걸음을 내디딜 수 있었고, 세부에 걸친 철저한 수학적 검토 끝에 서로가 다 완전한 합의에 이르렀다는 확신을 갖게 되었다. 내가 소립자이론의 바탕으로 삼고자 하였던 내 비정상적인 수학적 도식에는 직접적으로 눈에 띄는 모순이 들어 있지 않았다는 점에 자신을 가질 수 있었다. 그렇다고 그것이 바로 실용화할 수 있다고 증명할 수는 없었으나 그 올바른 해결을 위해서는 이 자리에서 더 깊이 파고들어야겠다고 믿을 만한 다른 이유들이 내게는 있었던 것이다. 그래서 나는 이제는 정해진 방향에서 연구를 계속해 나갈 수 있게 되었다. 아스코나로부터 돌아오는 길에 나는 다시 한 번 철저한 검사를 받기 위하여 취리히에 있는 대학병원에 들르게 되었다. 나는 이 기회에 파울리를 만났다. 우리의 만남은 아주 평온한 가운데 이루어졌는데 서로 작별할 때 파울리는 우리의 합의를 '지루한 합의'라고 결론짓는 것이었다. 우리들이 나중에 농담으로 '아스코나의 싸움'이라고 이름 붙인 이 논쟁은 이렇게 해서 결국 끝을 보았던 것이다.

그 다음 주일은 옛 고향인 우어펠트의 발헨 호반에서 보냈다. 그동안에 나는 아스코나에서보다 훨씬 더 빨리 원기를 되찾았다. 괴팅엔으로 돌아가는 길에 핵무장 문제에 관한 정치적 토론이 위기에 빠져 있다는 사실을 알게 되었다. 연방정부는 우리 물리학자들에게 일정한 정책 방향을 제시하려 하지 않았던 것이다. 그것은 그런대로 이해 못할 바 아니었지만, 잘못된 방향으로 접어들 수 있다는 우리의 불안감을 높였다. 바로 그 무렵, 아데나워 수상은 어느 공적인 연설에서 원자무기는 근본적으로는 다른 화기의 개선과 개량에 지나지 않을 뿐이며, 통상적인 무기에 견주어 정도의 차가 있을 뿐이라는 뜻을 밝혔다.

그 같은 표현을 우리는 참아 넘길 수 없었다. 왜냐하면 독일국민에게 원자무기의 영향력에 대한 인상을 거의 강제적으로 그르칠 수 있기 때문이었다. 따라서 우리는 어떤 행동을 하지 않으면 안 되겠다는 의무감을 자각하게 되었으며, 특히 프리드리히는 공개성명을 발표해야 한다고 주장하였다. 그러나 우리가 내는 성명이 평화를 사랑하고 원자폭탄에 반대한다는 일반적이고 우호적인 것에 멈추어서는 안 된다는 데 우리들의 의견이 재빨리 모아졌다. 오히려 주어진 상황 아래서 우리가 이룰 수 있는 구체적인 목표설정이 필요하였다. 따라서 당연히 두 가지 목표가 세워졌다. 첫째는 독일의 국민들에게 원자무기의 영향력에 대하여 충분히 계몽시켜야 하며, 원자무기에 대한 유화책이나 얼버무리는 모든 시도는 물리쳐야 한다는 것이었다. 둘째로는 핵무장 문제에 대한 연방정부의 태도를 바꾸도록 애써야 한다는 것이었다. 따라서 이 성명은 연방공화국에만 국한된 것이고, 원자무기의 소유는 연방공화국에서는 국가안보를 증진시키는 것이 아니라 오히려 위태롭게 한다는 점을 명백하게 진술하는 것이어야 했다. 다른 나라 정부가, 그리고 그 국민들이 원자무기에 관해서 어떻게 생각하는가 하는 문제에 관한 한 우리가 상관할 바가 아니었다. 그리고 우리가 개인으로서 원자무기에 관한 어떠한 협력도 거부할 의무가 있다는 점을 분명히 하면 우리 성명이 한층 더 무게를 갖게 될 것이라고 믿었다. 이와 같은 거부는 우리에게는 매우 당연한 일이었다. 경위야 어찌 되었든 우리는 전쟁 중에도 원자무기 제조에 관한 연구는 계속 피할 수 있었기 때문이다. 프리드리히가 주로 세부에 걸친 내용을 여러 친구들과 논의하였다. 당시에 나는 아직도 정양을 필요로 하였기 때문에 대부분의 회의에 빠지고 있었다. 그래서 성명의 원문은 카를 프리드리히가 초안을 잡았고, 몇 번에 걸친 수정 끝에 괴팅엔의 18인회에 의해서 의결되었던 것이다.

원문은 1957년 4월 16일, 신문지상에 공표되었다. 그것은 분명하게 세상에 강한 영향력을 발휘하였다. 모든 분야에서 원자무기의 영향을 가볍게 보는 경향은 전혀 없었기 때문에 우리의 첫째 목표는 수일 안에 상당한 정도의 성과를 거둔 것으로 보였다. 그 당시 연방정부의 태도는 통일되어 있지 않았다. 아데나워는 그가 신중하게 숙고를 거듭한 계획이 위협을 받는 움직임에 당황한 것처럼 보였으며, 우리 괴팅엔 그룹의 몇 명 ── 그가운데는 나도 포함되어 있었지만 ── 에게 본에서 회합을 갖자고 요청해 왔다. 나는 이를 거절하였다. 한편으로는 쌍방의 견해를 좁힐 수 있는 어떤 새로운 방안이 나올 것을 기대할 수 없었고, 다른 한편으로는 내 건강상태가 이 같은 힘든 대결을 이겨낼 자신이 전혀 없었기 때문이었다. 아데나워는 재고를 촉구하기 위하여 내게 전화를 걸어왔다. 그래서 전화로 하나의 긴 정치적 대결이 펼쳐졌다. 나는 그때의 줄거리를 본질적인 면에서 정확하게 기억하고 있다고 믿고 있다(이때 하이젠베르크는 입각할 것을 강력히 요청받았지만 이를 단호히 거절하였다고 한다 ── 역주).

아데나워는 우선 지금까지 우리가 근본적인 문제에서는 서로 잘 이해하고 있었다는 점, 그리고 연방정부는 평화적인 원자기술을 위해 많이 이바지해 왔음을 말하고, 우리가 발표한 '괴팅엔 선언'은 대부분이 오해에서 비롯되었다고 지적했다. 아데나워는 핵무장 문제에서는 그에게 선택의 여지를 남겨두고자 했던 그 취지를 우리가 충분히 경청해 주어야 할 의무가 있다고 믿고 있었다. 그리고 우리가 그 취지를 충분히 이해하면 쉽게 합의점에 이를 것이고, 그러면 그 합의된 것을 공표하는 것이 매우 중요하다고 생각하고 있었다. 나는 아직도 병중이며 핵무장과 같은 그렇게 중요한 문제를 놓고 대결하기에는 건강이 허락하지 않는다고 대답하였다. 나로서는 그렇게 쉽게 합의점에 이르리라고는 도저히 생각되지 않았다. 그가 우리들에게 설명할 취지라는 것이 연방공화국 군사력의 취약

점, 소련의 우월성, 따라서 이에 대비하기 위해서는 우리가 희생을 각오하지 않는 한 미국에 원조를 기대해야 하는 부당성 이외에 다른 것이 있을 수 없었다. 그러나 우리는 이미 이와 같은 가능성에 대해서는 충분히, 그리고 철저하게 검토를 끝마치고 있었던 것이다. 그리고 우리는 다른 사람들보다 영국이나 미국과 같은 나라 사람들의 독일인에 대한 감정을 더 잘 알고 있었다. 내가 과거에 했던 여행에서, 독일군의 어떠한 핵무기도 특히 미국에서는 항의의 돌풍을 불러일으킬 것이 틀림없다고 생각되었으며, 따라서 그로부터 비롯되는 바는 그렇지 않아도 불안정한 정치풍토를 더욱 악화시킬 것인데, 내가 보기에 이것으로 말미암아 어떠한 군사적 이점으로써도 상쇄할 수 없는 중대한 파국이 몰려오리라는 것은 명약관화한 일이었다.

아데나워는 우리 물리학자들이 이상주의자들이고, 인간의 선의를 믿고, 어떠한 폭력의 사용도 증오한다는 사실을 잘 이해하고 있다고 대답하였다. 그리고 핵무장을 중지하고 평화적 수단에 따라서 모든 이해의 충돌을 조정하는 노력을 호소하는 일반적인 성명을 모든 사람들을 향해 하는 것이었다면, 자기도 거기에는 서슴지 않고 동의하였을 것이며, 자기가 바라고 있는 바이기도 했다고 말하였다. 그러나 우리들의 성명은 마치 우리가 연방공화국의 약화라도 바라는 듯한 느낌이 없지 않으며, 따라서 그 성명은 그러한 방향에서 영향력을 발휘하게 될 것이라고 비난하였다.

나는 이와 같은 그의 비난에 대하여 매우 격렬하게, 그리고 거의 노기를 띠면서 우리를 방어하였다. 나는 우리가 이상주의자로서가 아니라, 냉철한 현실주의자로서 행동하기를 바란다고 말하였다. 우리는 바로 이 시점에서 독일연방군의 어떠한 핵무장도 연방공화국의 정치적 입지를 약화시킬 것이 틀림없으며, 그가 그렇게도 중시하고 있었던 국가안보도 핵무장으로 말미암아 극도로 나빠지리라는 것을 확신하고 있었다. 나는 우리가 현재, 마치 옛날의 중세로부터 근대에 이르는 과도기와 같이, 안보문제에 관해서는 급변하는 시대에 살고 있다고 믿었다. 그리고 사람들이 옛날의 사고방식에 따라 경솔하게 행동하기 전에 근본적으로 이 변화를 깊이 생각해야 한다고 믿고 있었다. 이와 같은 방향에서 사람들을 충분히 의식화시키고 구식의 전략적인 배려에서 잘못된 방향으로 나가는 것을 막자는 것이 우리들의 성명이 의도하는 바였다. 이러한 내 논지를 아데나워에게 설득하는 일은 심히 어려운 노릇이었다.

그는 작은 무리들 — 즉 이 경우에는 소수의 원자물리학자들 — 이 큰 정치공동체의 이익을 위하여 충분히 심사숙고해 작성한 계획에 감히 시비를 거는 것은 부당한 짓이라고 생각하고 있었다. 그러나 그는 아울러 우리 선언에 대한 반응과, 우리 성명이 독일 안의 상당수 사람들과 다른 나라의 많은 사람들의 의사를 대변하고 있는 것이기 때문에, 그렇게 쉽사리 우리의 논지를 처리해 버릴 수는 없다고 느끼는 모양이었다. 그래서 그는 좀 무리라는 것을 알면서도 거듭 내가 본에 나와 줄 것을 설득하려 했다.

그 당시 아데나워가 우리 행동에 대하여 얼마나 불만족스러워하였는지를 나는 알지 못한다. 몇 년 뒤에 그는 내게 보낸 한 통의 편지에서 자기와 의견을 달리하는 정치적 견해에 대하여서도 충분히 존중할 수 있었다고 분명하게 서술하고 있었다. 그러나 그는 근본적으로 모든 정치적 협상에서 주어진 한계를 충분히 인식할 줄 아는 회의론자였다. 그리고 다른 한편으로는 주어진 한계 안에서 앞으로 나갈 수 있는 길을 발견하는 데 일종의 즐거움을 느끼는 위인이었다. 그러나 그가 발견한 길이 자기가 생각하였던 것보다 더 힘들다는 것을 알게 되자 그는 실망하였다. 그때 그를 이끌었던 나침반은 내가 수십 년 전에 덴마크에서 닐스 보어와 같이 도보여행을 하였을 때 이야기했던 저 옛 프러시아의 지도상과는 아무런 관련이 없는 것이었으며, 그렇다고 대영제국을 이끌었던 아이슬란드의 전설 속에 나오는 바이킹 도적들의 자유표상과도 무관한 것이었다. 오히려 그는 가톨릭교회 안에 아직도 상존하고 있는 유럽의 옛 로마 — 그리스도교적인 전통과, 공산주의와 무신론에도 아랑곳없이 그가 그리스도교적인 핵심을 알 수 있었던 19세기에 형성된 저 사회적 표상에서 방향을 결정하고 있었다. 가톨릭적인 사고는 동양철학과 인생철학의 한 부분을 내포하고 있으며, 바로 아데나워가 어려운 상황에 맞닥뜨렸을 때 힘을 얻을 수 있었던 것은 아마 이 '부분'에서 말미암았을 것이다. 나는 우리의 억류생활 동안의 체험에 관해서 그와 나눈 대화의 한 토막을 기억하고 있다. 아데나워는 상당한 기간 동안 게슈타포에 의해서 좁은 감방 안에 아주 나쁜 급식을 받으며 감금되었었다. 나는 영국에서 꽤 좋은 환경에서 억류생활을 보냈기 때문에 그에게 그 기간이 얼마나 고통스러웠느냐고 물었다. 그랬더니 아데나워는 다음과 같이 대답하는 것이다.

"아마 박사님도 아시겠지만 사람이 그같이 좁은 감방에 감금되어서 며칠, 몇 주, 그리고 몇 달 동안을 전화 한 통, 방문자 하나 없이 지내노라면 깊은 사색에 잠길 수 있습니다. 그리하여 아주 조용히, 그리고 침착하게 오로지 혼자서만 지나간 일들과 앞으로 닥쳐올 일들에 대하여 깊이 숙고할 수 있습니다. 그것은 참으로 얻기 어려운 훌륭한 기회가 아닐 수 없습니다."

19. 통일장 이론 1957~1958

네치아 항구의 총독관저 맞은편에 산 지오르지오라는 섬이 있다. 이 섬은 치니 백작 소유로서, 그는 이 섬에다 고아와 기아를 위한 학교를 운영하고 있었다. 그들은 여기서 앞으로 선원이나 장인이 되는 훈련을 받고 있었다. 치니 백작은 또 그 섬에 있는 옛날의 베네딕트 수도원을 수리하여 이층의 화려한 몇 개의 방을 자기 객실로 꾸며 놓았다.

1957년 가을, 치니 백작은 도바에서 열린 원자물리학에 관한 학회에 참석하였던 몇몇 연장자들을 산 지오르지오에 머물도록 초대하였다. 그가운데 볼프강 파울리와 나도 끼어 있었다. 항구의 소음이 희미하게 들릴 정도로 한적한 수도원의 안뜰과, 때때로 도바를 향해 같이 움직이게 되는 공동여행이 우리에게 그 당시 학문상으로 문제가 되고 있었던 실제적인 과제에 관해 대화를 나눌 수 있는 좋은 기회를 제공해 주었다. 그때 우리의 공동관심사는 중국계 미국인인 이정도(李政道)와 양진령(楊振寧)의 발견이었다. 이 두 물리학자는 그때까지 거의 자연법칙의 자명한 구성요소로 여겨지고 있었던 왼쪽과 오른쪽 사이의 대칭성이, 방사능현상을 지배하고 있는 약한 상호작용에서는 방해를 받고 있을 것이라는 데 생각이 미쳤다. 실제로 우리는 실험에서 방사능의 β붕괴가 일어날 때 좌우대칭성에 강한 이탈현상이 일어난다는 사실을 밝혀냈다. 마치 β붕괴에서 방출된 질량 없는 입자, 이른바 '중성미자'(中性微子; neutrino)는 우리가 좌형(左形)이라고 불렀던 한 가지 형태만 존재하고, 그 반면에 '반(反)뉴트리노'는 우형(右形)으로 나타날 것이라 보았다. 이미 20년 전에 파울리는 뉴트리노의 존재를 처음 예언한 바 있었으며, 따라서 그는 이 뉴트리노의 성질에 관해 특별히 흥미를 가지고 있었다. 이 입자의 존재는 얼마 가지 않아서 바로 증명되었지만, 이 새로운 발견은 뉴트리노의 상에 특징적이고 자극적인 어떤 변화를 가져왔던 것이다.

우리들, 즉 파울리와 나는 항상 가장 단순하고 질량이 없는 이러한 입자들에 의해 표현되는 대칭성은 아울러 그 밑바탕에 깔려 있는 자연법칙의 대칭성임에 틀림없을 것이라는 견해를 가지고 있었다. 그런데 지금 이와 같은 입자들에 좌우대칭이 결여되어 있다면 근본적으로 자연법칙에도 좌우대칭이 없는 것인데, 그것이 2차적으로 — 예컨대 상효작용과 그 작용의 결과로부터 생기는 질량과 같은 우회로를 거쳐서 — 비로소 자연법칙 안으로 들어온다는 가능성도 계산에 넣어야 할 것이다. 만약 그렇다면 수학적으로는 하나의 방정식인데, 그 방정식을 풀면 두 개의 정당한 값이 나오는 것과 같이, 수학적으로 발생할 수 있는 추가적인 배가(倍加)의 결과일지도 모른다. 만약 이와 같은 가능성이 정당하다면 이것이야말로 대단히 충격적일 수밖에는 없었다. 그 까닭은, 이것이 자연법칙의 단순화로 연결되기 때문이다. 우리는 물리학 연구에서 실험적인 경험에서 예상되지 않았던 단순성이 출현하였을 때에는 극도의 세심한 주의가 요구된다는 것을 옛날부터 배워 왔던 것이다. 바로 그때 사람들은 커다란 연관성을 접할 수 있는 한 장소에 와 있을지도 모르기 때문이다. 따라서 이(李)와 양(楊)의 발견의 배후에는 결정적인 통찰이 숨어 있지나 않을까 하는 느낌을 갖게 되었던 것이다,

두 발견자 가운데 한 사람인 이(李)가 그 회의에 참석했는데, 이 친구도 나와 견해를 같이하는 것처럼 보였다. 한번은 우리가 묵고 있던 수도원 안뜰에서 관찰된 비대칭성으로부터 이끌어질 수 있는 결론에 대하여 그 와 긴 대화를 나누었다. 그때 이(李)도 새로운 중요한 연관성이 '바로 저 모퉁이에' 와 있는 것같이 보인다고 말하였다. 그러나 물론 그 모퉁이를 지나가는 일이 얼마나 쉬울 것인지 또는 얼마나 어려울 것인지에 대하여 서는 아무도 알지를 못한다. 파울리는 대단히 낙관적이었다. 그는 특히 뉴트리노에 대한 수학적 구조에 매우 정통하고 있었고, 이른바 '아스코나 의 싸움'에서 우리 사이에 펼쳐진 토론의 결과로부터 상대론적으로 양자 화된 장의 이론을 수학적인 아무런 모순 없이 구성할 수 있다는 희망을 가질 수 있었기 때문이다. 그는 특히, 이미 언급한 바 있는 배가나 이분할 의 과정에 매혹되고 있었다. 그는 바로 이것이 좌우대칭성의 출현을 책 임지고 있는 것일지도 모른다고 믿는 것이었다 — 비록 사람들이 아직은 구체적인 수학적 정식화는 못 하고 있었지만 — 이 2분할은 지금부터 자 연에 대해 연구되어야 할 방식에 따라 추가적으로 새로운 대칭성을 부여 하는 것이라야만 한다. 뒤에 대칭의 교란이 어떻게 일어나는가에 대해서 당시 우리들이 갖고 있었던 개념은 2분할에 관한 개념보다 훨씬 불분명 했었다. 좌우간에 우리들의 대화 안에서 세계 전체 — 즉 우주 — 로서 자 연법칙이 변하지 않고 영구적으로 남아 있을 수 있는 연산에 대하여, 이 것은 반드시 대칭적일 필요가 없다는 생각, 따라서 대칭의 감소는 어쩌면 우주의 비대칭성에 소급될지도 모른다는 생각이 떠올랐다. 그 당시에는 이 같은 생각은 지금 여기서 기술되는 것보다 훨씬 불분명한 형태로 우리 머리 속에 오가고 있었다. 그러나 생각이 한번 이 방향으로 미치자, 도저 히 거기서 떨어질 수 없는 일종의 매력이 그곳으로부터 발산되고 있었다. 그러므로 이러한 생각은 장래를 위해서 아주 중요한 것이었다. 나는 한

번 파울리에게 어째서 그렇게도 2분할의 과정에 대하여 큰 가치를 부여하는지 물었더니 다음과 같이 대답하였다.

"지금까지의 원자각(原子殼)의 물리학은 고전물리학의 목록에 있는 직관적인 상들로부터 출발한 것이다. 비록 그 적용 가능성은 제한되어 있다고 하지만, 또한 보어의 이른바 '대응원리'라는 것도 바로 그러한 상들을 주장한 것이라고 할 수 있다. 그러나 원자각에서도 실제로 나타난 수학적인 기술은 그 상들보다 상당히 더 추상적인 것이었다. 사람들은 심지어 입자상이나 파동상과 같이 서로 판이한 대립되는 상들을 같은 실질적인 사태에 귀속시킬 수 있다. 그러나 소립자물리학에서는 그런 상을 가지고는 아무것도 시작할 수 없을 것이다. 이 물리학은 사실상 훨씬 더 추상적이다. 따라서 이 영역에서의 자연법칙들의 정식화를 위해서는 자연계에 실현되고 있는 대칭성, 즉 다른 표현을 빌리자면 '자연의 공간'에 뻗치는 대칭적 연산 — 예컨대 변위(變位)라든가 자전(自轉)과 같은 — 이외에는 아무것도 의지할 것이 없다. 그러나 그때 사람들은 왜 대칭연산이 있어야 하며, 다른 것들은 존재해서는 안 되는가 하는 문제에 필연적으로 부닥치게 된다. 여기서 내가 생각하는 2분할의 과정이 도움이 될지도 모르겠다. 그것은 자연의 공간을 아마 강제적이 아닌 방법으로 늘리고, 그럼으로써 새로운 대칭을 위한 가능성을 만들기 때문이다. 현실적으로 존재하는 모든 자연의 대칭성은 이상적으로 말할 때 바로 이 2분할의 결과라고 생각할 수 있을 것이다."

물론 이 문제에 관한 본격적인 연구는 그 회의에서 돌아온 뒤에 비로소 시작할 수 있었다. 나는 괴팅엔에서 내부 상호작용을 가지고 있는 물질의 장(場)을 기술하고, 가능하면 자연에서 관찰되는 모든 대칭성을 짜임새 있는 형식으로 표현할 수 있는 하나의 장의 방정식을 발견하는 데 온갖 노력을 쏟았다. 그때 나는 모형으로서 β붕괴에서 경험적으로 결정적인 구실을 하는 상호작용을 이용하였는데, 이것은 이(李)와 양(楊)의 발견으로 말미암아 가장 간결하고 아마도 궁극적인 형태로서 얻을 수 있었던 것이다.

1957년 늦가을이었다. 나는 주네브에서 이러한 문제에 관한 학술강연을 끝마치고 돌아오는 길에, 내 시도에 관하여 파울리와 대화를 나누기 위하여 취리히에 잠시 머물렀다. 볼프강은 내가 이미 접어든 방향에서 계속 추구해 나갈 것을 권하며 나를 격려하였다. 그것은 나에게는 매우 중요한 일이었다. 그리고 계속되는 몇 주일 동안을 나는 물질장의 내부 상호작용이 표현될 수 있는 여러 가지 형식을 되풀이하면서 연구를 계속해 나갔다. 갑자기 흔들리는 상들 밑에서 이상하게도 높은 대칭성을 갖는 장의 방정식이 떠올랐다. 그것은 수학적 표현에서 옛날의 디랙의 전자방정식보다 별로 복잡한 것은 아니었지만, 상대성이론의 시간과 공간의 구조뿐만 아니라, 양성자와 중성자 사이의 대칭도 안고 있는 것이었다. 좀더 수학적인 표현을 빌려서 말한다면 이 방정식은 로렌츠군(群)과 더불어 아이소스핀군도 포함하고 있어서, 분명히 자연에 나타나고 있는 대칭성의 대부분을 표현하고 있었다. 이것에 관하여 내가 써 보낸 편지를 받아본 파울리도 즉시 대단한 흥미를 보였다. 왜냐하면 이 방정식은 전체적으로 매우 복잡한 소립자의 스펙트럼과 그것들의 상호작용을 아우르기에 충분했고, 아울러 이 영역에서 단순히 우연이라고 생각하지 않으면 안 되는 것 이외에는 모든 것을 확정시킬 수 있는 하나의 틀이 발견된 것같이 보였기 때문이다. 우리는 이 방정식을 소립자의 통일적인 장(場) 이론의 밑바탕으로 삼을 수 있는 것인지에 관한 문제를 공동으로 추구해 나가기로 결심하였다. 그때 파울리는 이 방정식에 여전히 결여되어 있었던 작은 부분의 대칭성은 2분할의 과정을 통해서 이 다음에 추가할 수도 있을 것이라는 희망을 가지고 있었다.

이 방향으로 한 발짝씩 깊이 들어감에 따라 파울리는 거의 열광상태로 빠져들어 갔다. 파울리가 이렇게 흥분상태에 빠져 있는 모습은 전무후무한 일이었다. 그때까지의 연구과정에서 — 물로 그것은 소립자물리학의 부분적 질서에 관한 것이었지 전체적 연관성에 관한 것은 아니었지만 — 그는 모든 이론적 시도에 비관적이고 회의적으로 임해 온 데 반하여 이번에는 새로운 장의 방정식의 도움으로 큰 연관성을 자기자신의 힘으로 정식화하기로 결심한 것이었다. 그는 확실히 단순성과 고도의 대칭성에서 유일한 형상을 갖추고 있는 이 방정식이야말로 소립자의 통일장(統一場) 이론의 올바른 출발점이 될 수 있다는 확고한 희망을 가지고 있었다. 나 또한 지금까지 오랫동안 찾아 헤매었던 소립자의 세계를 향한 닫힌 문의 열쇠를 비로소 손에 쥔 것 같은 이 새로운 가능성에 매혹되고 있었다. 물론 나는 기대되는 목표까지 이르려면 얼마나 많은 어려움을 극복해야 할 것인지를 잘 알고 있었다. 1957년 크리스마스 직전에 나는 파울리로부터 편지 한 장을 받았다. 수학적인 내용이 대부분인 그 편지에는 그 주간에 그가 느낀 고조된 기분이 고스란히 나타나 있었다.

이것이야말로 삽살개의 정체(괴테의 《파우스트》에서 인용된 것으로서, 어떤 일의 정체라는 뜻 — 역주)다. 2분할이야말로 예부터 내려오는 악마의 속성인 것이다. "의심(Zweifel)이라는 단어는 원래 2분할(Zweiteilung)을 뜻하였음에 틀림없다." 버너드 쇼의 어느 작품 안에서 한 주교가 "악마를 위해서부디 페어플레이를 해 주시오"라고 말하고 있다. 까닭에 악마도 크리스마스 축제를 위해서는 없어서는 안 될 존재이다. 두 사람의 거룩한 분들 — 그리스도와 악마 — 은 그 사이에 훨씬 더 대칭적이 되었다는 점을 깨닫게 되실 것이다. 이런 이단적인 가르침을 자네의 어린이들에게는 말하지 말도록. 그러나 폰 바이츠재커 남작에게는 말씀하셔도 무방하지 이제야말로 우리는 발견한 것이야. 정말로 충실한 자네의 볼프강 파울리.

8일쯤 뒤에 쓴 편지에는 다음과 같은 인사말이 있다.

　신년에 자네의 가족에게 축복이 임하기를! 그리고 원컨대 금년에는 소립 자물리학에 광명이 있기를 빈다.

그리고 계속해서 볼프강은 다음과 같이 서술하고 있다.

　상(像)은 매일같이 바뀌고 있다. 만사가 유동적이지. 아직 발표는 하지 말도록. 그러나 잘 되어 가겠지! 현재로서는 어떠한 것이 나올지 도무지 종잡을 수 없군. 내가 걸음마를 배워가는 데 행운이 있기를 빈다.

그리고 그는 《파우스트》에서 다음과 같이 인용하고 있었다.

　"이성은 다시 고개를 들고 희망은 다시 부풀기 시작하고 있다. 그리고 사람들은 생명의 시냇물을, 그리고 생명 샘을 흠모한다." 1958년 새해 아침에 축복의 인사를 드리노라.……오늘은 이만 줄인다. 자료를 많이 동봉한다. 자네는 이제 많은 사실을 이끌어내겠지……자네는 삽살개가 지나간 것을 알겠지. 그 삽살개는 자기의 정체를 드러냈지, 즉 2분할과 대칭성의 감소! 그래서 나는 그에게 반대칭(反對稱)을 가지고 대들었지 — 나는 그에게 페어플레이를 했어 — 그랬더니 그 놈은 조용히 사라지고 말았어.…… 자아 새해에 만복이 깃들기를! 우리는 그것을 향해 전진해가세. 티퍼러리까지는 아직도 길은 멀지만, 아직도 길은 멀리만……자네의 볼프강 파울리.

물론 이러한 말 외에 물리나 수학의 상세한 내용들이 기록되어 있었지만 그것은 이 자리에서는 필요 없을 것으로 본다.

몇 주일 뒤에 파울리는 미국으로 떠나게 되어 있었다. 그곳에서 3개월 동안 강의할 약속이 있었던 것이다. 이런 미완성상태에서, 아직 흥분도 가라앉지 않고 있는 그가 미국 사람들의 무미한 실용주의의 분위기 속으로 젖어든다는 것은 나로서는 결코 시원한 일이 아니었다. 나는 되도록 그 여행을 중단할 것을 권하였지만 이미 계획은 변경의 여지가 없었다. 우리는 관례에 따라 공동발표를 위한 초고를 작성하여 이 방면에 관심을 가지고 있는 몇몇 친분이 있는 물리학자들에게 발송하고 있었던 때였다.

우리 둘 사이에는 대서양이라는 바다가 가로막고 있었으며 파울리의 편지는 차츰 뜸해졌다. 나는 그의 편지 안에서 그의 피곤과 체념의 빛을 느낄 수 있었지만 그래도 파울리는 여전히 자기의 방향을 고수하고 있었다. 그런데 아닌 밤중에 홍두깨 식으로, 그는 갑자기 아주 쌀쌀한 어조로 이 연구에 더 이상 관여하고 싶지 않다는 뜻과 공동발표도 포기하겠다는 결심을 편지로 전해 왔다. 그리고 우리가 이미 초고의 사본을 보낸 바 있는 물리학자들에게도 그 내용이 자기의 현재 견해와는 맞지 않는다는 뜻의 서한을 발송하고 있었다. 그리고 지금까지 결과에 대한 권리를 전부 나에게 양도한다는 것이었다. 그뒤로는 오랫동안 서신왕래가 끊어졌고, 그의 심경의 변화에 대한 더 자세한 소식은 영영 들을 수 없게 되었다. 그에게서 용기를 빼앗아간 원인은 전체적인 사고체계에서의 불명확성이 아닌가 하고 추측되기는 했으나 나로서는 그의 태도가 전혀 이해되지 않았다. 나 또한 이 전체적인 사고체계의 불분명성을 모르고 있었던 것은 아니었지만 전에도 여러 차례 함께 이와 같은 안개 속에서 길을 찾아 헤맸던 사이였고, 연구에서는 바로 이런 상태가 가장 흥미 있는 것이 아닌가라고 그는 생각하고 있었던 것이다.

그뒤 1958년 7월, 주네브에서 열렸던 학회석상에서 처음으로 파울리와 재회하였다. 나는 그 학회에서 장의 방정식에 대한 그 당시까지의 분석 결과를 보고하였다. 그는 나에게 정면으로 맞섰다. 그는 그 비판이 정당하지 않은 것으로 생각되는 경우에서까지도 시시콜콜 물고 늘어지면서 도무지 상세한 대화에 응할 기미를 보이지 않았다. 몇 주일 뒤에 그와 나는 코머 호반의 바레나에서 만나 다시 한 번 긴 얘기를 나눌 기회를 가질 수 있었다. 경사진 높은 정원의 테라스로부터 호수 중심의 대부분을 바라볼 수 있는 별장에서 매년 정기적으로 하계학교가 열리고 있었으며, 그해의 대상은 소립자물리학에 관한 것이었다. 그래서 파울리와 나는 이곳에 강사로 초대되었던 것이다. 그는 거의 이전과 같이 나에게 친절하였으나 어딘지 딴 사람같이 보였다. 우리는 자주 공원과 호수 사이에 가로 놓인 장미꽃으로 덮여 있는 돌 울타리를 왔다 갔다 하거나, 꽃밭 사이에 놓여 있는 벤치에 앉아서 푸른 호수 저 너머로 마주 서 있는 산들의 능선을 바라보며 시간을 같이 보냈다. 그때 파울리는 우리의 공통의 희망에 대하여 말하기 시작하였다.

"나는 자네가 이 문제에 관해서 계속 연구를 하는 것은 좋은 일이라고 생각한다. 자네는 이제부터 하지 않으면 안 될 많은 문제가 쌓여 있다는 것을 알고 있으며, 또 세월이 흐르면 전진할 것이라고 생각한다. 아마도 모든 것은 우리가 기대하였던 그대로인지도 모르며, 자네의 낙관주의는 어쩌면 전적으로 옳은 것인지도 모르겠다. 그러나 내 힘은 이미 그것에 미치지 못하고 있으며, 따라서 나는 더 이상 자네를 도울 수 없다. 지난 크리스마스 때 나는 또다시 전처럼 온 힘을 쏟아 이 새로운 문제의 세계로 들어갈 수 있다고 생각하고 있었다. 그러나 지금은 그렇지가 못하다. 아마도 자네와 자네의 젊은 공동연구자들은 그것을 해낼 수 있다고 생각한다. 괴팅엔의 자네 연구소에는 몇몇 뛰어난 젊은 물리학자들이 있는 것으로 보이는데, 나에게는 그것이 너무 힘겨우며, 따라서 이대로 만족할 수밖에는 다른 도리가 없다."

나는 그를 위로하려고 노력하였다. 모든 일이 지난번 크리스마스 때 꿈꾸었던 것만큼 그렇게 빨리 진행되지 않았기 때문에 실망하였을 뿐이지 다시 시작하면 기운이 되살아날 것이라고 격려하였지만, 그는 끝내 동의하지 않았다.

"아니야. 모든 것이 이 전과는 달라졌어."

그는 이렇게 말할 따름이었다.

바레나까지 나와 동행하였던 아내 엘리자베트는 파울리의 건강상태를 몹시 걱정하고 있었다. 그녀는 그가 무슨 중병에 시달리고 있는 사람 같다고 말하였으나 나는 그렇게는 생각하지 않았다. 바레나 공원을 같이 산책하였던 일이 그와 마지막 만남이 되고 말 줄은 꿈에도 생각할 수 없던 일이었다.

1958년 말께 나는 파울리가 응급수술을 받다가 사망하였다는 놀라운 소식을 접하였다. 소립자 이론의 조기완성에 대한 희망을 포기하였던 바로 그 주일에 그의 병이 시작되었으리라는 것은 의심할 수 없다. 그러나 무엇이 원인이며 결과가 무엇이었느냐 하는 문제에 관해서는 감히 판단할 마음이 없다.

20. 소립자와 플라톤 철학 1961~1965

　내가 공동연구자들과 함께 전후에 세웠던 막스플랑크 물리학 및 천체 물리학 연구소는 1958년 가을에 뮌헨으로 옮겨갔고, 따라서 우리들의 생활에도 새로운 장이 열렸다. 청년운동시절부터 옛 친구였던 세프 루프의 설계에 따라서 시의 북부에 있는 영국공원 옆에 세워진 널찍하고 현대적인 연구소 건물에서 학문이 발전되면서 제기된 과제들은 젊은 세대들에게 넘겨졌다. 소립자의 통일장 이론 연구는 특히 한스-페터 뒤르가 흥미를 가지고 있었다. 그는 독일에서 성장하여 미국에서 전문교육을 받았으며, 오랫동안 캘리포니아에서 에드워드 텔러의 조수생활을 하다가 다시 독일에서 연구를 계속하려고 했다. 그는 이미 캘리포니아에서 아마도 텔러에게서 우리들의 '라이프치히의 서클'에 대하여 이야기를 들었던 것 같으며, 물리학과 철학 사이의 관련을 두절시키지 않기 위하여 가을마다 몇 주일씩 규칙적으로 뮌헨에서 우리 연구소에 와서 머무르곤 하였던 카를 프리드리히와 나눈 대화에서 이미 우리들의 전통을 몸에 익히고 있었다. 그래서 새 연구소 안에 있는 내 연구실에서 프리드리히와 뒤르 그리고 나, 이렇게 셋 사이에서 통일장 이론의 물리적 철학적 관점이 대화의 대상이 되는 일이 종종 있었다. 많은 대화들 가운데서 한 예를 소개해 보겠다.

프리드리히 : 지난 1년 동안 당신들은 통일장 이론에서 어떤 진보를 이룩했습니까? 나는 내가 근본적으로 흥미를 느끼고 있는 철학적 문제를 가지고 곧바로 토론을 시작하려는 것은 아닙니다. 우선 그 이론은 확실한 물리학의 이론이어야 하며, 실험을 통해 증명되거나 부정되어야 할 것입니다. 그런 의미에서 당신들이 나에게 이야기해 줄 수 있는 어떤 진보가 있었는지? 특히 파울리의 명제인 '2분할과 대칭성의 감소'에 대하여 무엇인가 새로운 것을 알아냈는지를 알고 싶군요.

뒤르 : 우리들은 지금은 적어도 2분할을 좌우대칭성의 한 경우에서 이해하였다고 믿고 있습니다. 그것은 실제로 상대성이론에서는 항상 소립자의 질량의 제곱만을 갖는 방정식이 존재하지 않으면 안 되며, 따라서 이 방정식은 두 개의 해(解)를 갖게 됩니다. 그러나 대칭성의 감소는 원래 더 흥미 있는 것입니다. 그때 지금까지 주의하지 못했던 매우 일반적이고 중요한 연관성이 문제되는 것으로 보입니다. 즉 자연법칙의 엄격한 대칭성이 소립자의 스펙트럼에서 교란된 상태로밖에는 나타나지 않는다면 그것은 세계 또는 우주 — 따라서 소립자 — 가 생기게 되는 유일한 근거가 자연법칙 자체보다는 덜 대칭성을 가지고 있다는 데서만 이루어질 수 있을 것입니다. 그것은 확실히 일어날 수 있는 일이고, 대칭적인 장의 방정식과도 모순되는 것이 아닙니다. 그와 같은 상황이 존재한다면 — 지금 여기서 증명을 제시하려는 것은 아니지만 — 그때 원격작용의 힘 또는 정지질량이 영(零)인 소립자가 존재하지 않으면 안 된다는 결과가 필연적으로 나타난다고 봅니다. 아마도 전기역학은 이 방식으로 이해할 수 있을 것이고, 중력 또한 이러한 방식으로 생기는 것인지도 모르겠습니다. 따라서 우리는 아인슈타인이 그의 통일장 이론과 우주론의 밑바탕에 두

려고 하였던 가정과의 연결이 여기서 회복될 수 있기를 바라고 있습니다.

프리드리히 : 내가 당신의 말을 올바로 이해하였다면, 당신은 우주의 형태는 장의 방정식에 따라서 일의적으로 결정되지 않는다고 상정하고 있군요. 따라서 장의 방정식과 조화될 수 있는 여러 가지 우주의 형태가 있을 수 있다는 말이 됩니다. 그것은 또한, 이론은 개연성의 요소를 안고 있으며 우연 — 좀더 적절하게 표현한다면 더 이상 설명할 수 없는 일회성 — 이 그 안에서 어떤 구실을 하고 있다는 말이 됩니다. 지금까지의 물리학의 관점에서 이야기한다면 그것은 별로 놀랄 만한 일이 아닙니다. 그 까닭은 그 안에서도 초기조건은 자연법칙에 따라서 확정되는 것이 아니라 우연적인 것, 즉 다른 것일 수도 있기 때문이요, 또 광범위하게 항성(恒星) 및 항성계의 무질서한 분포를 가진 수많은 은하계가 존재한다는 오늘의 우주 형태를 일별하더라도 그것은 다른 것일 수도 있지 않습니까? 즉 별의 양, 그 위치, 은하계의 수와 크기 등이, 다른 자연법칙들을 가진 세계가 아니고서도 같은 자격을 가진 다른 값을 취할 수도 있다는 생각이 강요될 정도입니다. 소립자의 스펙트럼이 문제될 때에는 다행스럽게도 세부적인 우주관계는 중요하지 않다는 이야기가 됩니다. 그런데 당신들은 우주의 일반적인 대칭성이 그래도 이 스펙트럼에 영향을 미친다고 생각하는 것입니까? 그러한 일반적인 특성들은 일반상대성원리에서와 같이 우주의 단순화된 모델을 통해서 표현될 수 있을 것입니다. 그래서 그 바탕에 놓여 있는 장의 방정식은 어떤 모델은 허용하고 또 다른 모델은 배제할 것입니다. 소립자의 스펙트럼은 이 가능한 모든 모델에 대하여 조금씩 다르게 보일지도 모릅니다. 만약 그렇다면 당신들은 소립자의 스펙트럼으로부터 우주의 대칭성을 역으로 이끌어낼 수 있을 것입니다.

뒤르 : 네. 바로 그것이 우리의 희망입니다. 예를 들어, 우리는 조금 전에 이 대칭성에 대하여 하나의 가정을 내렸는데 그것은 뒷날 어떤 종류의

소립자의 새로운 실험에서 부정되었습니다. 그래서 우리는 실험 사실에 맞는 가능한 다른 가정을 발견하였습니다. 지금으로서는 마치 전체적인 전기역학이 양자와 중성자의 교환에 대하여 — 더 일반적으로 말한다면 아이소스핀군(群)에 대한 세계의 비대칭성의 기반 위에서 이해될 수 있는 것처럼 보입니다. 따라서 통일장 이론은 관찰된 현상들을 일반적인 연관성 안에서 질서 있게 정돈하는 데 우선 충분한 유연성을 갖고 있습니다.

프리드리히 : 사람들이 이 방향으로 생각을 계속한다면 흥미는 있지만 매우 어려운 문제에 맞닥뜨리게 된다고 봅니다. 나는 우연성의 영역에서 일회적인 것과 우연적인 것 사이에 근본적인 구분이 있어야 한다고 믿습니다. 우주는 오로지 일회적인 존재입니다. 따라서 우주의 대칭성은 태초에 있었던 일회적인 결정일 것입니다. 그리고 나중에 가서 많은 은하계와 별들이 형성되었고, 이 같은 일은 계속 반복되고 똑같은 결정이 내려졌지요. 바로 이 같은 풍부성과 반복성 때문에, 어느 의미에서 사람들은 이것을 우연이라고 부를 수도 있게 됩니다. 이와 같은 상황 아래 비로소 양자역학의 빈도에 관한 규칙성이 작용하게 됩니다. 물론 그 경우 '처음에'라든가 '나중에'라는 시간적 표현 자체가 문제됩니다. 그 까닭은 시간개념도 우주의 모델을 통해서 비로소 명백한 뜻을 갖게 되기 때문이지요. 그러나 이 문제는 여기서는 다루지 않기로 합시다. 그렇지만 태초에 있었던 일회적인 결정 자체에 당신들이 당신들의 방정식에서 기술하려고 하는 그 자연법칙도 속해야 할 것입니다. 왜냐하면 우주가 어째서 바로 이런 대칭성을 가지고 다른 대칭성은 갖지 않느냐고 물을 수 있는 것과 같이, 왜 그 자연법칙은 바로 그러한 형식을 가지고 다른 형식을 가져서는 안 되느냐를 문제삼을 수 있기 때문입니다. 아마도 이러한 물음에는 원래가 답이 존재하지 않는 것인지도 모르지요. 그러나 당신들의 장의 방정식이 설사 그 고도의 대칭성과 단순성에 의해서 가능한 모든 다른

형식보다 두드러지게 우수하다 하더라도, 그 장의 방정식을 그저 단순히 받아들이는 것은 만족스러워 보이지 않습니다. 어쩌면 파울리의 '2분할과 대칭성의 감소'라는 과정을 통해서 당신들의 장의 방정식에는 한층 더 깊은 의미가 주어질지도 모르는 일입니다.

하이젠베르크 : 물론 나도 그것을 배제하려고 하지는 않는다. 그러나 나는 여기서 태초에 있었던 그 결정의 일회성을 더 강조해 보고 싶다. 이 결정은 대칭성을 확고하게 일회적으로, 그리고 영원히 확립하고 있다. 그리고 그것은 그뒤에 전개되는 사건들을 광범위하게 규정하는 형식을 설정하고 있다. '태초에 대칭성이 있었다' ─ 이것은 데모크리토스의 '태초에 입자가 있었다'는 명제보다 더 옳은 것이다. 소립자는 대칭성을 구체화시킨 가장 단순한 표현이지만 그것은 또 비로소 대칭성이 이루어진 한 결과인 것이다. 우주의 발전에서 뒤에 우연이 작용하게 된다. 그러나 그 우연 또한 태초에 설정된 형식에 따르고 있으며, 양자이론의 빈도법칙을 만족시키는 것이다. 뒷날 차츰 더 복잡해지는 발전과정에도 이 작용은 여전히 반복되는 것이다. 다시 일회적인 결정에 따라 그뒤의 사건을 넓게 규정하는 형식이 설정될 수 있다. 그래서 생물의 발생에서도 그와 같이 진행된 것같이 여겨진다. 그러므로 나는 현대생물학의 발견은 이 점에서 가장 계발적인 것으로 생각하고 있다. 우리가 살고 있는 이 행성에서는 그 특이한 지질학적 기상적 조건이 정보가 저장될 수 있는 쇄장(鎖狀)분자를 만드는 복잡한 유기화학을 가능케 하였던 것이다. 핵산이 생물의 구조에 대한 진술을 가능케 하는 정보 저장소로서 적합하다는 것이 증명되었다. 여기서 일회적인 결정이 내려졌고, 그것이 그뒤에 전반적인 생물학을 규정하는 하나의 형식을 설정하였던 것이다. 그러나 그뒤의 발전에서 우연이 다시 중요한 구실을 하였다. 다른 항성계의 어떤 혹성에서 우리 지구와 같은 기상적 지질학적 조건이 지배하고, 거기서 예컨

대 유기화학이 핵산을 이끌어냈다고 할지라도 그곳에 바로 이 지상에서와 같은 생물들이 발생하리라고는 단언할 수는 없다. 그러나 그곳에 살아 있는 생물들은 핵산의 기본구조에 따라 형성된 것임에는 틀림없을 것이다. 모든 식물학을 원시식물로부터 이끌어내려고 하였던 괴테의 자연과학을 이와 같은 확인과정에서 도저히 무시할 수 없다고 나는 생각하고 있다. 원시식물은 하나의 객체여야 하지만 아울러 그것으로부터 모든 식물들이 만들어지는 기본구조를 뜻하는 것이라야 할 것이다. 핵산이란 한편에서는 분명한 하나의 객체이지만 다른 한편에서는 모든 생물학적인 하나의 기본구조를 표현하고 있기 때문에 사람들은 핵산을 괴테적 의미에서 원형생물로 여길 수 있을 것이다. 사람들이 이렇게 말한다면 그것은 바로 플라톤 철학의 핵심으로 몰입한 격이 되고 만다. 소립자는 플라톤의 《티마이오스》에서의 정다각형과 견줄 수 있을 것이다. 그것들은 물질의 원형이고 이념이었던 것이다. 핵산은 생물의 이념이다. 이 원형은 넓은 범위에 걸친 모든 사건을 규정하고 있다. 그것은 중심질서의 대표자인 것이다. 그뒤에 모든 피조물의 충실한 발전에서 우연이라는 것이 또한 중요한 구실을 하였다고 할지라도, 그 우연 또한 어떠한 방식으로든지 이 중심질서와 연결될 수도 있을 것이다.

프리드리히 : 말씀 가운데 '어떠한 방식으로든지'란 표현에 나는 만족할 수 없습니다. 선생님이 말씀하시고자 하는 바를 좀더 정확하게 말씀해 주실 수 없습니까? 선생님의 견해에 따르면 이 우연은 완전히 무의미하다는 뜻입니까? 그것은 말하자면 양자역학적인 법칙들이 사건의 빈도에 대하여 수학적으로 정식화한 것만을 그저 그대로 수행해 나간다는 점을 뜻하는 것인지요? 선생님의 말씀에 따르면, 그것은 낱낱의 결과에 하나의 뜻을 부여할 수 있다고 생각되는 전체와 어떤 연관성이 가능하다고 말씀하시는 것처럼 들립니다만……,

뒤 르 : 양자역학의 빈도법칙으로부터 모든 이탈현상은 그 밖의 현상들이 어째서 양자이론의 테두리 안에 질서잡히는지를 이해할 수 없게 만들 것입니다. 따라서 그 같은 이탈현상을 지금까지 경험에 비추어 결코 가능한 것으로 생각해서는 안 될 것입니다. 그러나 선생님도 이 일에 관해서는 전혀 생각해 보신 적이 없으신 것 같습니다. 따라서 그 문제는 본질적으로 일회적인, 그러므로 빈도가 문제되지 않는 사건이나 결정을 지향하고 있을 것입니다. 그러나 선생님이 사용하신 '의미'란 말은 이 문제를 자연과학에서는 어딘가 접근하기 어려운 것으로 만들고 있습니다.

이 대화는 일단 여기서 중단되었다. 그러나 며칠 뒤에 내가 방청객으로 참석하였던 한 토론회에서 이 대화가 계속되었다. 슈타른베르크호(湖)와 아버호 사이의 구릉지대에 숲으로 둘러싸인 작은 호숫가에 자리잡고 있는 막스플랑크 비교행동생리학연구소에서는 그 당시 콘라트 로렌츠 (Konrad Lorenz, 1973년도 노벨 의학생리학상 수상자 — 역주)와 에리히 폰 홀스트 (Erich von Holst)가 그들의 공동연구자들과 같이 그곳에 서식하고 있는 동물들의 생태에 대한 연구에 몰두하고 있었다. 그들은 — 로렌츠의 어느 저서의 제목이 그렇지만 — 가축이나 새 그리고 물고기와 더불어 이야기를 나누고 있었다. 바로 이 연구소에서 매년 가을에 정기적으로 토론회가 열렸으며, 이 모임에는 생물학자 · 철학자 · 물리학자 · 화학자들이 생물학의 기본적인 문제, 특히 인식론적인 문제에 관하여 토론을 벌이고 있었다. 그 모임은 약간 간략화해서 '육체와 영혼의 토론'이라고 불리고 있었다. 나는 너무나 생물학 분야에 대한 지식이 없었기 때문에 이 토론회에는 방청객으로 가끔 참석하여 생물학자들의 토론에서 무엇인가를 배우려고 노력하고 있었다. 그날의 주제는 현대적인 형태를 지닌 다윈의 이론인 '돌연변이와 자연도태'에 관한 것이었으며, 이 학설을 기초 짓기 위하여 다음과 같은 비교가 토론되었던 것으로 기억하고 있다. 즉 종의 발생은 아마도 인간의 도구 발생과 거의 같이 진행되었을 것이라고. 그래서 물 위에서 전진하기 위해서는 우선 노를 젓는 보트가 고안되었을 것이고, 사람들은 이와 같은 도구를 사용하여 호반이나 해변에 살게 되었을 것이다. 그때 어떤 사람에게 돛을 달고 풍력을 이용하는 아이디어가 떠올랐다. 그래서 큰 바다에서는 돛단배가 노를 젓는 보트를 물리치고 말았다. 계속해서 증기기관이 만들어지고 기선이 모든 해상에서 범선을 추방하고 말았다. 한편 불충분한 노력의 결과는 발달되는 기술에 의해서 재빨리 도태되어 갔다. 예컨대 조명기술에서는 네른스트 전구가 바로 백열전구에 의해서 밀려나고 말았다.' 이와 같이 다양한 종류의 생물 종 사이에서 일어나는 도태과정도 이러한 식으로 생각하지 않으면 안 될 것이다. 돌연변이란 바로 양자이론이 규정하고 있는 바와 같이 순수하게 우연적인 것이다. 그리고 도태과정에서 자연의 이와 같은 대부분의 시도들은 추방당하고 만다. 그리하여 결국은 주어진 환경조건 아래서 적응할 수 있었던 극히 소수의 형만이 생산된다는 논지였다.

이 비교를 깊이 생각하는 가운데, 이상에서 묘사된 기술의 발전과정은 어느 결정적인 한 점에서 ─ 즉 다윈의 이론에서 ─ 우연이 문제되는 바로 그 시점에서 다윈의 학설과는 모순된다는 것이 나에게는 이상하게 생각되었다. 다양한 인간의 발견은 바로 우연을 통해서가 아니라 인간의 의도와 숙고를 통해서 비로소 생기는 것이다. 이 같은 비교를 사람들이 좀더 신중하게, 그리고 진지하게 받아들인다면 어떠한 결론이 나올 수 있을까? 그렇다면 다윈의 우연의 자리에는 무엇이 대신할 수 있는가를 마음에 그려보려고 노력하였다. 여기서 '의도'라는 개념이 어떠한 구실을 할 수는 없는 것인가? 본디 '의도'라는 말은 인간의 경우에만 문제되는 개념이다. 그러나 소시지를 먹을 욕심으로 부뚜막에 오르는 강아지이 경우에는 아마도 '의도'라는 것을 간신히 허용할 수 있을는지 모르겠다. 그러나 박테리아에 접근하고 있는 '박테리오파지'는 그곳에서 증식하기 위하여 그 박테리아 속으로 침투하려는 어떤 의도를 갖는다고 말할 수 있을까? 만약 우리가 여기서 '그렇다'라고 대답할 수 있다면 아마도 주위의 환경조건에 잘 적응할 수 있도록 변화해 가고 있는 유전자의 구조에서도 어떠한 의도를 인정할 수 있는 것이 아닐까? 물론 이렇게까지 생각을 거듭하게 되면 '의도'라는 말이 남용되고 있다고 말할 것이다. 그러나 사람들은 그 질문에 대해서 좀더 신중한 표현을 선택할 수 있을 것이다. 실현 가능한 것, 즉 이를 수 있는 목표가 인과적인 진행에 영향을 미칠 수 있는 것일까? 그렇다면 그것은 다시 양자이론의 테두리 안으로 들어오게 된다. 왜냐하면 양자이론의 파동함수는 실제적인 것이 아니라 가능한 것을 나타내고 있기 때문이다. 다른 말로 표현하면 다윈의 이론에서 그토록 중요한 구실을 하고 있는 우연은 그것이 양자역학의 법칙들을 배열하는 것이기 때문에, 우리들이 그저 단순하게 생각하는 것보다는 훨씬 더 미묘한 그 무엇일 것이라고 생각되었다.

이와 같은 사고의 연쇄는 토론과정에서 생물학에서 양자론의 의미에 대한 현저한 견해차 때문에 중단되고 말았다. 이와 같은 대립이 생기는 중요한 원인은, 대부분의 생물학자들은 원자나 분자의 존재는 양자이론을 무시하고는 이해할 수 없다는 데 주저하지는 않지만, 그들은 그 밖의 경우에는 화학자나 생물학자의 연구요소, 즉 원자나 분자는 고전물리학의 대상으로 생각하고 싶어 하는, 따라서 그것들을 돌멩이나 모래알과 똑같이 다루고 싶어 하는 소망을 가지고 있는 데서 비롯된다고 본다. 그와 같은 사고방식은 경우에 따라서는 올바른 결론을 이끌어낼지도 모른다. 그러나 그것을 좀더 정확하게 생각해야 할 경우, 양자이론의 개념적 구조는 고전물리학의 그것과는 전혀 다르다. 따라서 사람들이 고전물리학의 개념으로 생각할 때에는 종종 잘못된 결론에 이르게 될 것이다. '육체와 영혼에 대한 토론회'에서 이 부분에 관한 토론내용을 여기서 상론할 필요는 없을 것이다.

내 뮌헨연구소에는 소립자의 통일장 이론에 따라서 제기된 문제를 중심으로 항상 연구하고 있는 젊은 물리학자들이 한 그룹 형성되어 있었다. 처음 몇 해 동안 숨을 몰아쉬었던 우리의 폭풍과 같은 대결은 오래전부터 조용한 고찰로 이행되고 있었다. 지금은 한걸음씩 그 이론을 파고 들어가서 그 테두리 안에서 되도록 낱낱의 현상들이 연관되어 있는 어떤 상을 그려내려고 노력하는 일이 주요한 과제였다. 제네바와 브루크헤이븐에 있는 거대가속기에서 수행된 실험들은 소립자의 스펙트럼에 대한 상세한 새로운 정보를 제공하고 있었기 때문에 이 결과들이 이론에서 이끌어지는 주장과 맞는지의 여부를 확인하지 않으면 안 되었다. 해가 지나면서 통일장의 이론이 어떤 물리적인 형태를 이루게 되었고, 이와 아울러 통일장 이론의 철학적 해석에 대한 카를 프리드리히의 흥미도 고조되고 있었다. 파울리의 옛 명제인 2분할과 대칭성의 감소는 아직도 완전히 파헤쳐지지 않고 있었다. 뒤르가 논의한 좌우대칭성의 예는 문제의 본질적인 특징을 거의 통찰할 수 없는, 아주 특수한 한 경우에 지나지 않았다. 프리드리히는 근본적으로 이 문제에 도전할 것을 시도하고 있었다.

이 해에는 우리들의 토론이 심심찮게 우어펠트에서 이루어졌다. 시대는 우리에게 평화스러움과 안정감을 안겨주고 있었다. 따라서 우리들은 자주 주말이나 휴가 때는 옛 고향인 발헨호를 찾아갔다. 집 앞의 테라스 위에 앉아 있노라면 호수와 산들은 40년 전에 로비스코린트가 그의 그림 안에서 감격적으로 표현하였던 그 광채로 다시 빛나고 있었으며, 전쟁 중의 일들이 어쩌다 한번씩 뇌리를 스쳐갔다. 미국의 육군대령 파시가 자동피스톨을 들고 담 뒤에서 사격자세로 겨누고 있고, 거리에서**는 총소리**

가 울려 퍼지고 있었다. 어린이들은 지하실의 모래주머니 뒤에 숨어서 사태가 어떻게 펼쳐질 것인지 전전긍긍하고 있었다. 그러나 이와 같은 불안한 시기는 다 지나갔고, 지금 우리는 플라톤이 제기했고 아마도 소립자의 물리학에서 그 해결을 볼 수 있을지도 모르는 커다란 문제에 대하여 조용히 명상에 잠기고 있는 것이다.

우리를 방문하였던 프리드리히는 그가 시도하려고 하는 기본적인 아이디어를 나에게 이렇게 설명하였다.

"자연에 대한 모든 심사숙고는 불가피하게 커다란 원이나 나선형으로 움직일 수밖에 없을 것입니다. 그 까닭은 우리가 자연에 대해서 깊이 고찰할 때에만 자연에 관해서 무엇인가를 이해할 수 있으며, 우리의 사고와 모든 행동방식은 자연의 역사로부터 발생하고 있기 때문입니다. 따라서 사람들은 원칙적으로는 어떤 자리에서도 시작할 수가 있을 것입니다. 그러나 우리의 사고는 가장 간단한 것으로부터 시작하는 것이 합목적적으로 보이는 것 같습니다. 그리고 바로 그 가장 간단한 것이란 다름 아닌 양자택일입니다. 예스냐 노냐, 존재냐 비존재냐, 선이냐 악이냐 하는 것들입니다. 그러나 우리의 일상생활에서 항상 일어나고 있는 바와 같이, 그런 양자택일만 생각하고 있는 한 거기서는 아무것도 생겨나지를 않습니다. 그러나 양자이론에서는 확실히 양자택일에서도 예스나 노라는 대답이 존재할 뿐만 아니라, 그 밖에 상보적인 대답도 존재한다는 것을 알고 있습니다. 즉 그 대답 안에서는 예스나 노에 대한 확률이 정해져 있으며, 더 나아가서 예스와 노 사이에 하나의 진술가치(陳述價値)가 있는 어떤 종류의 간섭이 확정되어 있습니다. 따라서 가능한 대답의 하나의 연속체가 존재한다고 말할 수 있습니다. 수학적으로는 두 개의 복소변수(複素變數)를 가지고 있는 일차변환의 연속군이 문제가 됩니다. 이러한 군 안에는 이미 상대성이론의 로렌츠군이 포함되어 있습니다. 만약 사람들이 이 가능한 대답들 가운데 어떤 하나에 대하여 그것의 정당성 여부를 묻는다면 그것은 이미 현실세계의 공간·시간 연속체와 같은 하나의 공간에 대해 문제를 제기한 꼴이 됩니다. 이와 같이 나는 당신들의 장의 방정식으로 말미암아 확립되었고, 또 어떤 의미로는 세계를 주름잡고 있는 군 구조를 양자택일의 중첩된 층에 의해 전개하는 것을 시도해 보았으면 합니다."

"그렇다면 자네는 다음과 같은 것에 가치를 부여하겠다는 말이군" 하고 나는 반문하였다.

"즉 파울리가 말한 2분할은 아리스토텔레스의 논리학적 의미에서 2분할이 아니라, 여기서는 상보성이 결정적인 구실을 한다는 뜻이군. 아리스토텔레스적인 의미에서 2분할은 파울리가 편지에서 서술하였던 바와 같이 바로 악마의 속성이며, 그것은 계속 반복함으로써 혼란을 불러올 뿐이지. 그러나 양자이론적인 상보성과 함께 출현한 제3의 가능성은 결실을 맺을 수 있으며, 또한 그 반복에 따라서 현실적인 세계의 공간에 이르게 되는 것이지. 사실상 고대의 신비종교에서는 '3'이라는 수는 신적인 원리와 결부되어 있다. 신비종교까지 끌어내지 않더라도 사람들은 헤겔의 삼단논법을 생각해 볼 수 있지 않을까? 명제, 반명제, 그리고 종합. 이 종합은 단순한 하나의 혼합이나, 명제나 반명제로부터의 타협을 뜻할 수 없을 뿐만 아니라 명제와 반명제의 결합에서부터 질적으로 새로운 어떤 것이 생겨날 때에만 어떤 결실을 보게 될 것이 틀림없다."

프리드리히는 그렇게 만족스러운 표정은 아니었다.

"그렇습니다. 그것은 매우 훌륭한 일반적인 철학적 사고이지만 나는 그것을 좀더 정확하게 알고 싶습니다. 나는 본디 이러한 방식으로 사람들이 바로 실제적인 자연법칙에 이를 수 있기를 바라고 있습니다. 자연을 올바로 표현하고 있는지의 여부에 관하여 아직 정확하게 알지 못하고 있는 당신들의 장의 방정식은 바로 양자택일의 이 철학에서부터 생겨날 수 있는 것처럼 보입니다. 그러나 이러한 사실이 최종적으로는 수학에서 일반적으로 표현되는 정도의 엄격성을 가지고 기술되어야 할 것은 물론입니다."

내가 덧붙였다.

"따라서 자네는 마치 플라톤이 그의 정다면체를 — 그리고 그것과 더불어 세계를 — 삼각형으로부터 구축하려고 생각하였던 것과 같이 소립자를 — 그리고 그것과 더불어 세계를 — 양자택일로서 구성해 보고 싶다는 말이지. 양자택일은 플라톤의 《티마이오스》에 나오는 삼각형과 같이 물질은 아니지. 그러나 사람들이 양자이론의 논리를 그 바탕에 둔다면 양자택일은 복잡한 기본형식이 반복에 의해서 출현할 수 있는 하나의 기본형식이 된다. 따라서 내가 자네를 정확하게 이해하였다고 한다면, 그 방향은 양자택일로부터 대칭성이라는 어떤 하나의 특성에 이르게 될 것이다. 하나 또는 몇 개의 특성들은 소립자를 나타내는 수학적인 형식에 의해서 표현되어야 할 것이다. 이 형식은 결국은 소립자라는 객체에 상응하는, 말하자면 소립자의 이념일 것이다. 이와 같은 일반적인 구조는 나에게는 참으로 잘 이해되는 것이다. 양자택일 또한 삼각형보다는 훨씬 더 기본적인 우리들의 사고구조이다. 그러나 자네의 프로그램을 정확하게 수행하는 것은 매우 어려우리라 본다. 왜냐하면 그것이 지금까지 물리학에서는 전혀 겪어 보지 못한 고도의 추상성을 지닌 사고를 요구할 것이기 때문이다. 그것은 확실히 나에게는 너무 어려운 것 같다. 그러나 젊은 세대들은 추상적으로 사고하는 것이 훨씬 쉬우리라고 생각한다. 따라서 자네는 이것을 자네의 공동연구자들과 무조건 시도해 보아야 한다고 나는 말하고 싶다."

멀리 떨어져서 우리의 대화를 듣고 있던 엘리자베트가 끼어들었다.

"아니, 당신들은 요즈음의 젊은 세대들이 당신들이 논하고 있는 그와 같은 커다란 연관성 따위의 문제에 관심이나 있는 줄 아세요? 젊은 세대들의 관심은 대부분 낱낱의 작은 문제에 쏠려 있지, 커다란 연관성 같은 것은 거의 거론해서는 안 되는 터부가 되어 있는 것같이 보이던데요. 사람들이 바로 다음의 일식과 월식을 원과 주전원의 중첩으로 계산해내는 데만 만족해 버리고, 아리스타쿠스의 태양 중심의 혹성계 같은 것은 까맣게 잊고 있었던 저 옛날과 같은 일이 다시 되풀이되고 있는 것은 아닐는지요. 당신들이 말하는 커다란 연관성에 관한 일반적인 물음에 대하여 사람들이 흥미를 완전히 상실해 버리고 마는 일이 일어날 수도 있지 않을까요?"

나는 그렇게 비판적이 될 수는 없었다. 그래서 반론을 폈다.

"낱낱의 작은 일에 대한 관심은 결코 나쁜 것이 아니며 오히려 필요한 것이야. 왜냐하면 우리는 바로 그것이 어떤 것인가를 알아야만 하기 때문이지. 당신도 보어가 항상 즐겨 인용한 구절, 즉 '충실한 곳에 바로 명석이 따른다'는 말을 기억하고 있지 않소. 그리고 그 터부라는 것도 나는 그렇게 불만스럽게 생각하고 있지는 않아요. 터부라는 것은 사람이 그에 대해 언급하는 것을 금지하기 위해서 있는 것이 아니라, 많은 사람들의 수다와 조롱에서 그것을 보호하기 위해서 있는 것이니까 말이오. 예부터 터부의 논거로서 괴테는 다음과 같이 말하고 있지 않소. '아무에게나 말하지 말고 오로지 현인에게만 말하라. 많은 사람들은 그것을 조롱하기 때문에'라고. 그러니까 터부에 대해서 저항해서는 안 되오. 항상 세상의 젊은이들 가운데는 끝까지 성실하기를 바라는 마음에서 커다란 연관성을 깊이 생각하려는 몇몇이 꼭 있게 마련이오. 그때는 그 수의 다소가 문제되지 않소."

플라톤의 철학을 명상해 본 사람은 세계가 어떠한 상으로 정해져 있다는 사실을 알고 있다. 따라서 이 대화 묘사도 최근에 내가 뮌헨에서 보낸 세월의 상징으로 내 마음에 각인되었던 상을 통하여 완결되어야 할 것이다. 우리 넷 ― 즉 아내 엘리자베트와 두 아이들 ― 은 막스플랑크 비교행동생리학연구소의 에리히 폰 홀스트를 방문하기 위하여 슈타른베르크호와 아머호 사이의 들꽃이 만발한 구릉지대의 들판을 가로질러 제비젠으로 차를 몰고 있었다. 폰 홀스트는 뛰어난 생물학자였을 뿐만 아니라 훌륭한 비올라 연주자에다 바이올린 제조자이기도 하였다. 우리들은 어떤 악기에 관해서 그에게 조언을 구하려던 참이었다. 그 당시 아직 젊은 학생이었던 두 아이들은 혹시 연주할 기회가 있을지도 몰라 바이올린과 첼로를 가지고 갔었다. 폰 홀스트는 자기 생각대로 구석구석까지 설계하고 정돈한 예술미와 활기가 넘치는 그의 새로 지은 집을 우리에게 보여주고 나서 널찍한 거실로 우리를 안내하였다. 그 방안에는 활짝 열린 창문과 발코니를 통해서 들어온 맑게 갠 하늘의 햇빛이 가득 차 있었다. 눈을 창 밖으로 돌리면 제비젠연구소의 보호를 받고 있는 새들이 푸른 하늘 아래 엷은 초록빛의 너도밤나무 숲 사이에서 빙빙 날고 있는 것이 보였다. 폰 홀스트는 비올라를 갖고 우리 두 아이들 사이에 앉아서 베토벤이 청년시절에 작곡한 세레나데 D장조를 연주하기 시작하였다. 그 곡은 생명력과 환희에 넘쳐 있었으며, 중심적 질서를 향한 신뢰가 무기력과 피로감을 완전히 물리쳐 주고 있었다. 그 곡을 경청하는 동안 내 전신에는 보어가 "사람은 항상 커다란 드라마 속의 관객이면서도 공연자"라고 말한 것처럼, 인류의 시간이란 척도에서 본다면 우리들 자신의 협력은 매우 짧다고 할지 모르나 생활도 음악도 학문도 끊임없이 전진하리라는 확신이 차츰 깊이 파고드는 것이었다.

역자후기

　이 책은 내가 일본 와세다대학에 교환교수로 가 있었을 때 접한 것으로 기억한다. 일본의 기독교인 교수들이 1년에 봄가을로 두 번에 걸쳐 이른 바 국제적인 문제를 놓고 일종의 심포지엄을 열고, 서로의 식견과 우정을 나누는 모임이 있는데, 나는 1974년도 가을 협의회에 초청학자로서 참석하게 되었다. 그 모임에서 이 책이 화제로 등장하였기에, 나도 이 책을 구입하여 읽게 되었는데, 일단 읽기 시작하자 좀체 책을 놓을 수가 없었다.

　20편의 대화 속에 펼쳐지는 각 장면이 그저 부럽기만 하였고, 일종의 감격까지도 안겨주는 것이었다. 서문에서 저자 자신이 말하고 있는 바와 같이 "토론과 대화에서 원자물리학이 항상 주역을 연출하고 있는 것은" 아니었다. 그야말로 '인간적이고 철학적이며 정치적인 문제'들이 얽혀가고 있었다. 머리 속에 가장 깊이 남아 있는 대화 장면은, 1939년 미국 시카고대학의 교수로 활약하고 있었던 이탈리아의 학자 페르미와 가진 토론이었다. 제2차 세계대전 발발을 앞두고 미국을 방문한 하이젠베르크에게 페르미는 미국에 머물 것을 간곡히 권하는 것이었다. 관심 있는 독자는 이미 다 잘 아는 사실이지만, 하이젠베르크는 1932년에, 그리고 페르미는 이 대화가 벌어지는 바로 전해인 1938년에 노벨물리학상을 받

380

은 바 있는 세계적인 석학들이다. 한 사람은 독일사람이요, 또 한 사람은 이탈리아사람이다. 여기서 나는 구태여 각 사람의 출생국을 구별하려는 것은 아니다. 너무나도 판이한 그 두 사람의 처지에서 비롯된 대조적인 대화 내용이, 흥미롭다기보다는 일종의 경외의 마음을 불러일으키는 것이었다. 어쨌든 이미 미국으로 이민을 간 페르미는 시카고대학에서 강의하면서 미국의 원자물리학계를 이끌어가는 인물이 되었고, 한쪽은 자기 자신도 절대로 승산이 없다고 생각하는 당시 독일의 강압적인 나치 정권 밑에서 신음하고 있는 초라한 학자였기 때문이었다. 독자들은 본문에서 이 장면을 생생하게 읽어 나갈 수 있으리라 보는데, 갖은 방법으로 하이젠베르크를 만류하려는 페르미의 노력은 결국 수포로 돌아간다. 결국 하이젠베르크는 "우리는 어느 누구 할 것 없이 어떤 일정한 주위환경과 일정한 언어와 사고영역에 태어나서 매우 어릴 때 그곳을 떠나지 않는 이상, 그는 그 영역에서 가장 적절하게 성장할 수 있으며, 또 그곳에서 가장 능률적으로 일할 수 있는 것입니다"라는 말을 남기고, 앞으로 어떠한 처절한 일이 자기 주변에 생길지도 모르는 조국 독일로 귀국 길을 재촉하는 모습은 마치 순교자의 거룩한 모습을 연상시키는 숭고한 장면이다.

이는 이렇게 펜을 들고 있는 이 순간에 머리에 떠오르는 한 장면이기에 다시 한 번 그것을 생각해 본 것뿐이다. 이와 같은 감격스러운 장면은 이 책의 어디에서나 나타난다. 그야말로 일반사람들이 가장 이해하기 어렵다고 생각하는 원자물리학을 전공하는 학자의 글에서 이와 같은 감격을 느끼기란 그리 쉬운 일은 아니다. 일본 도쿄의 어느 한 구석에서 밤이 깊어가는 줄도 모르고 이 책에 몰두하였던 때가 새삼 그리워진다.

1년 동안의 교환교수 생활을 마치고 1975년 봄에 귀국하였다. 귀국 뒤 몇 달 되지 않아서 학교에서 물러나게 되었다. 별안간의 일이라 당황할 수밖에 없었으나, 그런대로 몇몇이 모여 이 책 저 책을 텍스트루 하여 돌아가며 읽기 시작하였다. 주로 내가 다니는 교회에 나오는 학생들과 가진 모임으로 영어와 독어의 원본을 읽어 나가는 일이었다. 약 4년이 가까워질 무렵에 다행스럽게도 복직이 되었지만 윤독 모임은 그냥 계속하기로 하였으므로, 나는 이 책의 독일어 원본(*Der Teil und das Ganze, Gespräche im Umkreis der Atomphysik*; Deutscher Taschenbuch Verlag 판)을 구해서 1979년 6월에 윤독을 시작하였다. 이 윤독에 참석한 사람은 그 당시 이화여대 독문학과에 다니던 김선희 양과 숭전대 전자공학과의 최승철 교수, 이렇게 단 세 사람뿐이었다. 매주 한 차례 모여서 두서너 시간씩 읽어 나갔고, 또 그날 읽은 부분을 김선희 양이 정리해 나갔다. 그러다가 김선희 양이 독일로 유학을 떠나게 되었으므로, 우리들은 그가 출국하기 전에 이 책을 다 떼기로 작정하고 1주일에 두 번씩 모여 읽어 나갔다. 그래서 이 책을 독파한 것이 1980년 3월 9일이었다. 그뒤에 김선희 양은 바로 독일로 떠나 하이델베르크대학에서 고전법을 연구했으며, 최승철 교수도 독일 아헨대학에서 연구생활을 한 것으로 알고 있다.

그러는 동안에 뜻밖에도 다시 학교를 못 나가게 되어서 이 책을 정식으로 번역할 결심을 하게 되었다. 그래서 김선희 양이 그때그때 번역하였던 것을 원문과 대조해 가면서 다시 번역을 하였다. 하이젠베르크의 생활주변에 관한 부분은 이해가 잘 되지 않는 곳이 많아 일본어 번역판의 도움을 많이 받았다.

내 이름으로 번역이 되어서 출판된 책들이 몇 권 있다. 그러나 나는 이 번역서만큼 애착을 느끼는 책은 없다. 어떤 의미로는 1975년 뒤의 내 생활을 반영하는 것이기도 하기 때문이다. 그러나 번역자로서 내 이름이 나가기는 하지만, 이것은 어디까지나 거의 빠짐없이 윤독에 참석해 주었던 김선희 양과 최승철 교수와의 공역이라고 해도 과언이 아닐 것이다.

하이젠베르크는 1901년 12월 5일 독일의 뷔르츠부르크에서 태어났다.

그의 조부는 뮌헨에 있는 막스 김나지움의 교장을 역임하였다고 한다. 본문에도 잠깐 나오지만, 그의 아버지는 비잔틴 문학자로서 뒷날 뮌헨대학의 교수가 된다. 따라서 그는 교육자이자 학자의 가정에서 태어났다고 할 수 있다. 지금도 뮌헨에는 그의 아버지의 이름을 따서 하이젠베르크 거리가 있다고 하니, 그의 아버지도 매우 저명한 학자였음에 틀림없다. 그리고 이 책의 전편에 흐르고 있는 하이젠베르크의 인품에서 우리는 그를 그렇게 길러낸 그의 아버지의 인품도 충분히 짐작할 수 있다.

초등학교에서부터 대학까지 그의 생활은 경제적으로 대단히 어려웠다는 것을 우리는 본문을 통해서 알 수 있다. 그러나 그러한 어려운 환경이 그에게는 아무런 문제를 던져주지 않았을 뿐 아니라 도리어 게르만 민족의 한 특성이라고 할 수 있는 일종의 강인성을 기르는 데 크게 도움이 됐던 것으로 보인다. 이상하게도 생일이 똑같으며, 다만 33년 연장인 그의 첫 번째 스승 조머펠트가 사준 기차표로 '보어의 축제'에 참석하였던 나이 어린 대학생 하이젠베르크와 당대의 대석학 닐스 보어와 나눈 대화도 매우 인상적이다.

어쨌든 1925년, 23세라는 약관으로 양자역학이라는 학문의 건설에 첫걸음을 내디딘 지 고작 2년 만에, 저 유명한 '불확정성의 원리'를 세상에 내놓은 그는, 세기에 한둘 있을까 말까 한 대천재였음을 우리는 부인할 수 없다. 그래서 그는 1932년에는 노벨물리학상을 받았으며, 1927년 불과 26세라는 나이로 라이프니츠대학의 교수가 되었고, 1941년에는 베를린대학 교수, 1946년에는 괴팅엔의 막스플랑크 물리학연구소 소장, 1958년 뮌헨의 막스플랑크 물리학 천체물리학연구소 소장을 거쳐 1970년에 은퇴하였고, 은퇴한 지 6년 뒤인 1976년 2월 1일에 세상을 떠났다. 저 유명한 독일의 시인 괴테와는 먼 친척이 된다고도 하며, 본문에 나오는 바와 같이 피아니스트로서도 상당한 경지에 이르렀다

　필자는 물리학 전공자도 아니고, 따라서 하이젠베르크의 전공분야에 관해서 길게 소개하기에는 내 힘에 부치는 일이기 때문에 삼가기로 한다. 다만 저자가 어찌하여 이 책의 제목을 "부분과 전체"라고 붙였을까 하는 점을 생각해 보면서 역자의 후기를 마칠까 한다.

　최근의 과학기술의 발달뿐만이 아니라 모든 학문의 발달은 도리 없이 학문의 세분화와 전문화를 가져오고 말았다. 단순히 소립자물리학 한 분야만 하더라도 같은 분야에 종사하는 학자들 사이에서도 서로가 무엇을 연구하는지를 잘 모를 정도로 세분화해 가고 있다. 이것은 비단 물리학에 한한 이야기만은 아니다. 모든 분야가 마찬가지다. 그래서 오늘날 과학자들은 전체를 보는 눈은 아예 없어지고 말았다 해도 과언이 아닐 정도로 부분만을 응시하게 되었다. 이러한 점을 원자물리학이 아닌 일반적인 문제로서 저자는 7장에서 히틀러 유겐트의 지도자인 젊은 학생의 입을 통해서 구구절절 부분적으로는 매우 정당한 항의를 토로케 하고 있다. 그의 주장은 부분적으로는 결코 틀린 말이 아니다. 그리고 그 청년은 매우 진지한 인격의 소유자이기도 하다. 그러나 그 청년은 인류 전체라는 콘텍스트를 잊어버린 채 나치즘이란 그릇된 부분적 질서에만 집착하고 있다. 오늘날 세계 전체로 볼 때 차츰 이와 같은 경향이 짙어가는 현상을 눈앞에 보며 그는 오늘의 모든 학자들, 그리고 모든 지성인들에게 이 점을 경고한 것이 아니었을까. 본문에서 필자가 느낀 바로는, 그가 조머펠트에게서는 물리학도 부분적으로는 수학을 가지고 다루어 나가야 하는 것을 배웠고, 전체적인 콘텍스트와의 연관성을 고려한 철학적인 사고방식은 닐스 보어에게서 배운 것으로 생각된다. 즉 부분과 전체가 하이젠베르크에서 완성되었다고 보아도 잘못이 없을 것 같다.

　어떤 구체성을 띤 일을 하기 시작할 때는 대단히 작은 점까지를 세밀하게 검토해 가면서 몰두하는 저자의 모습을 우리는 본문에서 볼 수 있다.

거의 초인적인 정력을 쏟으며 산중에서 씨름하고 있는 저자의 모습에서, 우리는 부분적인 문제를 정확하게 처리해 나가는 그의 태도와, 일단 결과가 얻어지면 이론 전체 또는 실험 전체의 상황 아래서 총체적인 관련성을 재검토하는 데 상당한 시간을 할애하는 것을 볼 수 있다. 나는 이와 같은 전체성을 재검토하는 일들이 바로 본문에 펼쳐지고 있는 주옥같은 대화들이라고 생각한다.

　부분성만 생각하였을 때 그는 아마도 미국으로 이민을 갔을지도 모른다. 전체성을 생각하였기 때문에 그는 그의 조국 독일에 남아서 끝까지 원자력 무기로 개발되는 것을 막으려 했던 것이다. 만약에 전체성을 전혀 고려하지 않고 부분적인 질서에만 충실하였더라면, 그래서 독일에서 먼저 원자탄이 개발되었더라면, 세계 역사는 과연 어찌 되었을까.

　인류 전체를 항상 머리 속에 넣고 있는 하이젠베르크는 미국이 원자탄을 히로시마와 나가사키에 투하하였다는 소식을 듣고, 이제는 지금껏 인류의 이상으로 여겨져 온 미국도 더 이상 신천지일 수가 없음을 한탄하였던 것이다.

　그의 저서 가운데 전문분야의 논문과 책말고도 일반인을 위한 책이 여러 권 있는 것으로 알고 있다. 또한 그의 강연을 모아놓은 책자도 있다. 이와 같은 저서들이 하루 바삐 우리말로 옮겨져서, 많은 젊은 학생들이 읽어 보았으면 하는 마음이 간절하다.

　끝으로 어려운 때 이 번역을 출판하기 위해 배려와 수고를 아끼지 않으신 지식산업사 김경희 사장님께 감사를 드리고 싶다.

1981년 12월

김 용 준